BEAUTY SCIENCE II

미용과학 II

- 모발과학편 -

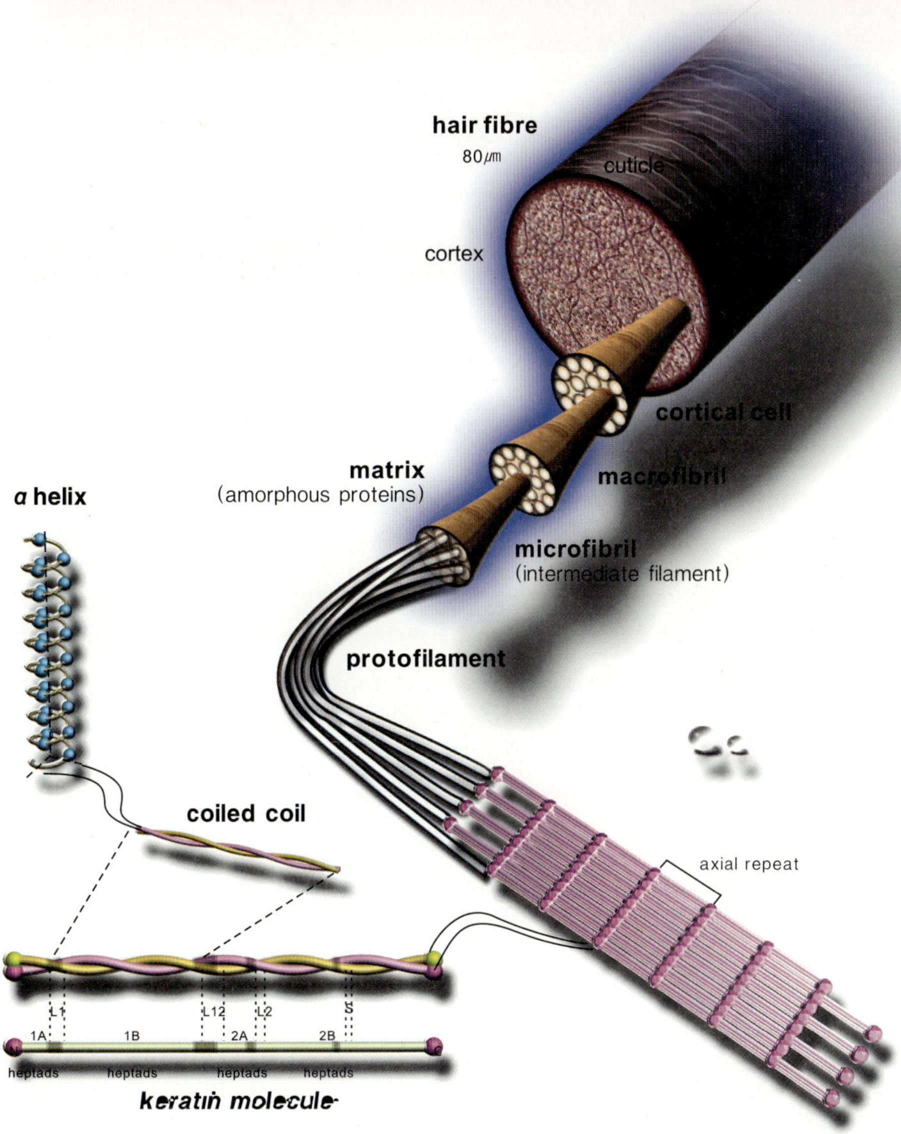

청구문화사

머리말

90년대 초반 우리나라 2년제 대학에 미용관련 학과가 개설되면서 미용이 학문적으로 인정되는 계기가 되었다. 그 후 약 17년이 지난 현재 미용관련분야는 고등학교에서부터 대학교 학부과정 그리고 일반대학원 석사과정과 박사과정까지 개설되어 운영되고 있다. 대학에 개설된 지 20년도 안 된 짧은 기간 동안 많은 대학에서 미용관련 학과가 개설되어 신학문으로써 양적 팽창의 엄청난 변화를 보이고 있는 것도 사실이다. 또한 미용 산업에서의 여러 가지 환경적 변화와 직업으로써의 인식 그리고 위상도 높아졌다. 뿐만 아니라 미용관련 전문 서적이 출판되면서 미용 이론과 기술의 양적, 질적으로 급격한 변화도 있어 왔다.

그러나 본 저자는 대학 강단에 선지 15년이 지난 지금 한 가지 아쉬움이 있다면 '미용관련 분야의 교과과정에 따른 교과목의 내용들이 아직도 많은 혼선이 있는 것이 아닌가?' 하는 생각이 든다. 즉 미용관련 학과의 교과목마다 고유 목적에 따른 내용이 이론을 바탕으로 기술적인 측면이 충실하게 수록되어야 하는데 다소 미진한 생각이 든다. 한 가지 예를 들면 '피부과학'이라는 교과목도 의과대학에서 배우는 교과목으로써 미용관련학과에서 수학하기에는 부담이 가는 교과목이다. 그러나 모든 대학의 미용관련 교과과정에는 '피부과학'이라는 교과목을 그대로 사용되고 있고, 내용에 있어서도 전문 지식보다는 너무나 일반적이고 평범한 내용과 미용분야의 한계를 넘어서는 피부질환 등이 포함되어 있다. 아울러 미용관련 잡지나 인터넷에 의한 정보의 경우도 피부미용, 헤어미용, 메이크업 등 미용에 관한 일반적인 상식의 도를 넘어서 기존의 전공서적 수준에 준하는 내용이 범람하여 일반인들의 미용 수준도 매우 높아지고 있다. 따라서 본 저자는 미용관련학과의 학생이나 화장품 연구원의 경우 피부에 관한 전문 지식의 깊이나 수록 내용 그리고 미용관련학과의 교과과정에 맞는 교과목의 명칭도 바뀌어야 할 것으로 생각한다.

따라서 본 저서에서는 기존의 피부과학 분야와 밀접한 교과목을 미용과학Ⅰ으로 나타내었고, 모발과학 분야와 밀접한 교과목을 미용과학 Ⅱ로 나타내었다. 본 저서의 수록 내용도 피부나 모발의 질환 보다는 피부미용과 헤어미용 그리고 메이크업에 도움이 되는 피부나 모발 관련 분야를 보다 깊이 있게 다루고자 심사숙고 하였다. 본 저서는 미용과학Ⅰ에서는 피부 관련 분야를 총 15장, 미용과학 Ⅱ에서는 모발관련 분야의 내용을 총 11장으로 구성되어 있고, 이해를 보다 쉽게 하기 위하여 가능한 반복하여 설명하였고 되도록이면 그림과 사진 그리고 표를 많이 이용하였다. 즉 미용과학 Ⅰ, Ⅱ는 미용관련 학생들의 전문성과 화장품을 연구하는 연구원들에게 학술적인 부문과 미용기술에 실제적으로 도움이 될 수 있도록 미용 전문지식 전달에 최선을 다하려고 애를 썼다. 그러나 원고를 마무리하고 보니 부족하고 미진한 부분이 많음을 실감한다. 짧은 집필기간으로 인하여 잘못된 부분이나 미비한 점에 대해서는 독자 여러분의 많은 지도편달을 바라며, 계속하여 수정, 보완하도록 노력할 것이다.

끝으로 본 저서의 출판을 위하여 적극적으로 지원해주신 청구문화사 이상태 사장님과 편집부 여러분 그리고 표지 디자인에 힘을 써주신 광주여자대학교 정기석 교수님의 노고에 깊은 감사를 드린다.

2010년 3월 원고를 마감하며

저자 김 한 석

Contents

피부의 구조와 기능

1

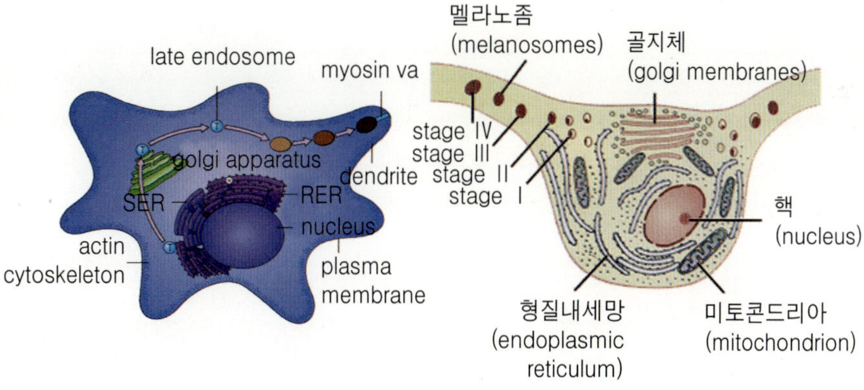
late endosome
myosin va
golgi apparatus
dendrite
SER
RER
nucleus
actin
cytoskeleton
plasma
membrane
멜라노좀
(melanosomes)
골지체
(golgi membranes)
stage IV
stage III
stage II
stage I
핵
(nucleus)
형질내세망
(endoplasmic
reticulum)
미토콘드리아
(mitochondrion)

피부(*skin*)는 인체의 최외각을 감싸고 있으며 외부 환경으로부터 인체를 보호하는 중요한 기관 중의 하나이다. 즉 피부는 자외선, 온도, 습도, 먼지, 세균 등의 물리적, 화학적, 생물학적 요인으로부터 인체를 보호해 주는 중요한 역할을 한다. 또한 피부는 내적 요인에 의해서도 영향을 받는다. 예를 들면 몸이 건강하면 피부에 생기와 윤기 그리고 피부의 탄력과 색깔이 좋아 보이나 건강하지 못하면 그러하지 못하다. 이와 같이 피부의 건강은 신체의 내·외적 요인에 의해서 좌우된다. 성인의 경우 피부의 총 면적이 약 1.6~1.8m^{2}이고, 피부의 무게는 몸무게의 약 7%를 차지한다. 피부의 두께는 인체의 부위, 성별, 연령, 영양상태 등에 따라 다소 차이가 있다. 피부 전체의 두께는 1.5~4.0mm이고 표피의 평균 두께는 0.4~1.5mm이다. 손바닥과 발바닥의 피부가 가장 두껍고, 눈꺼풀 등은 피부의 두께가 가장 얇은 부위이다. 일반적으로 여성에 비하여 남성의 피부가 두껍다. 그러나 피하지방의 경우 여성이 남성보다 두껍다. 피부는 표피(*epidermis*), 진피(*dermis*), 피하지방(*subcutaneous layer*)의 3층으로 구성되어 있고, 피부의 부속기관으로 모발(*hair*), 한선(*sweat gland*), 피지선(*sebaceous gland*) 그리고 조갑(*nail*) 등이 있다. 이와 같은 피부는 끊임없이 재생하는 조직이며, 피부부속기관은 피부의 기능을 돕는 역할을 한다.

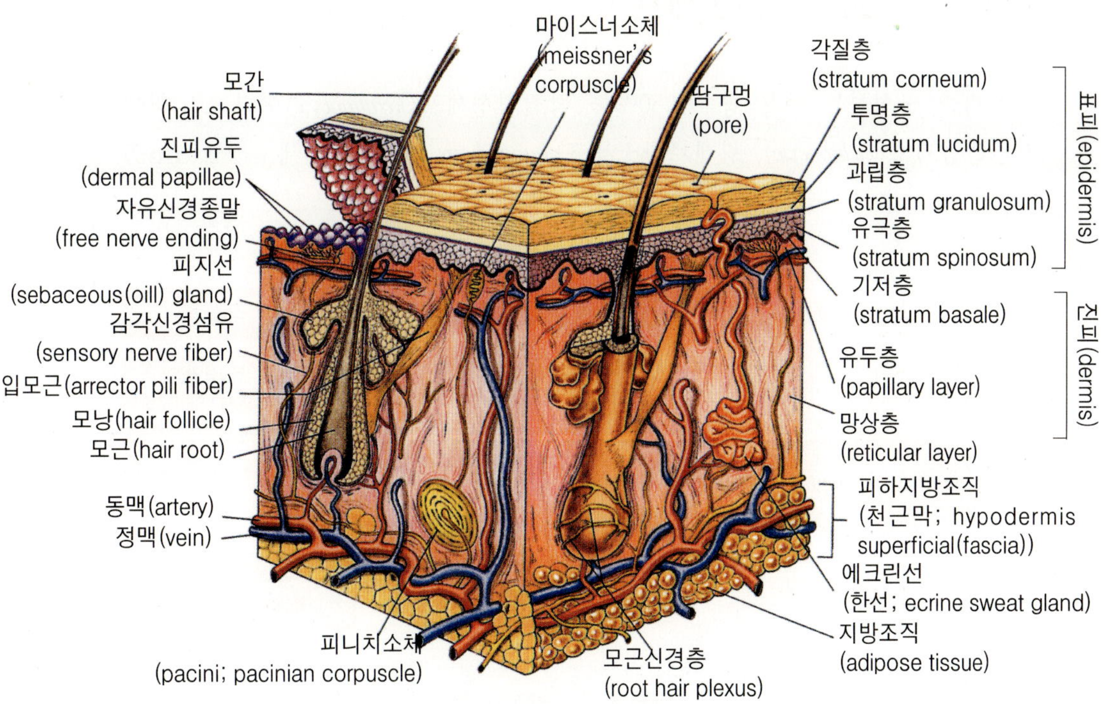

그림 1-1. 피부의 구조

1. 피부의 구조

1-1. 표피(epidermis)

표피(*epidermis*)는 신체를 감싸고 있는 가장 바깥층으로서 외부 환경과 직접 접촉되어 있어 물리적, 화학적, 생물학적인 요인에 항상 노출되어 있다. 표피는 외배엽에서 유래하며 중층편평상피(*stratified squaamous epithelium*)로 된 얇은 막으로 구성되어 있고, 두께는 보통 0.07~0.12mm 정도 이다. 표피는 이러한 각화 세포의 변형에 따라 기저층(*stratum basale, basal layer*)과 유극층(*stratum spinosum, spinous layer*), 과립층(*stratum granulosum, granular layer*), 투명층(*shining layer*) 그리고 각질층(*stratum corneum*)의 5개 층으로 구성되어 있다. 기저층과 유극층은 세포에 핵이 있는 유핵층이고 과립층, 투명층 그리고 각질층은 핵이 없는 무핵층 이다. 핵이 있는 세포로 구성된 기저층과 유극층을 말피기층(*malpighian layer*)이라고도 한다.

1-1-1. 표피의 구성 세포

표피를 구성하는 세포 중 약 80%는 각질형성세포(*keratinocyte*)이다. 그 외에도 멜라닌생성세포(*melanocyte*), 랑게르한스세포(*Langerhans cell*), 머켈 세포(*Merkel cell*) 등이

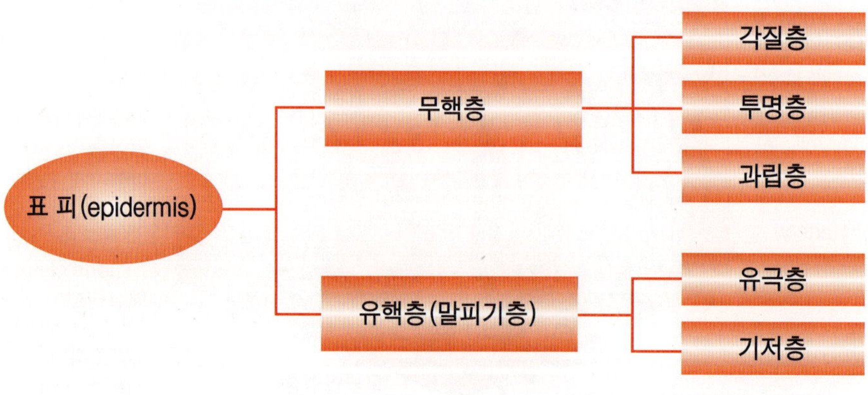

그림 1-2. 표피의 구성

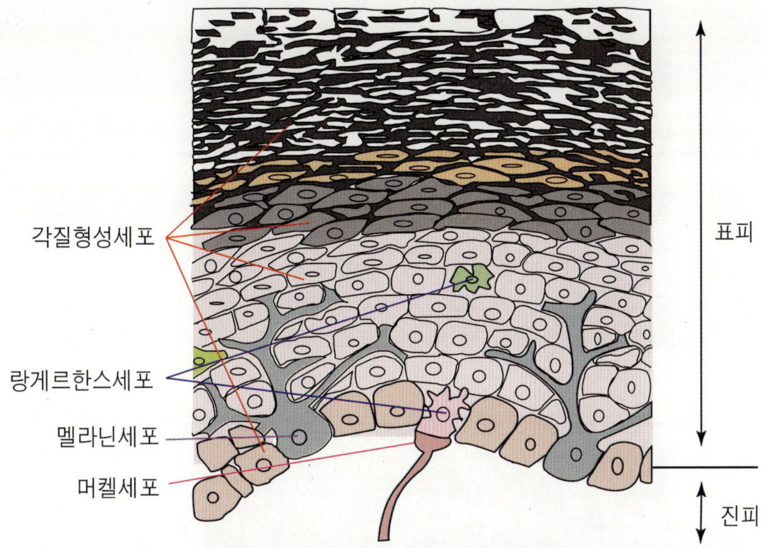

그림 1-3. 표피의 구성 세포

있으며, 이러한 세포는 가지모양의 돌기를 가지고 있어서 가지모양세포(*dendrite cell*)라고도 한다. 각질형성세포는 표면외배엽에서 유래하며, 멜라닌생성세포는 신경외배엽 유래의 세포이고 랑게르한스세포는 중배엽에서 유래되었다.

1) 각질형성세포(keratinocyte)

각질형성세포는 각화세포라고도 하며, 표피의 각질형성세포(*epidermal keratinocyte*)와 한선(*sweat gland*)을 둘러싸고 있는 한선의 각질형성세포(*acrosyringial keratinocyte*)로 구분된다. 표피의 기저층을 구성하는 각질형성세포의 10%는 줄기세포(*stem cell*)로 분류할 수 있으며, 표피를 구성하는 대부분의 각질형성세포는 기저층 내의 줄기세포에서 유래한다. 이와 같은 각질형성세포는 기저세포에서 분열하여 유극세포, 과립세포, 각질세포로 분화되어 결국은 피부표면에서 탈락된다. 또한 손바닥과 발바닥의 피부는 과립세포와 각질세포 사이에 투명세포가 존재한다.

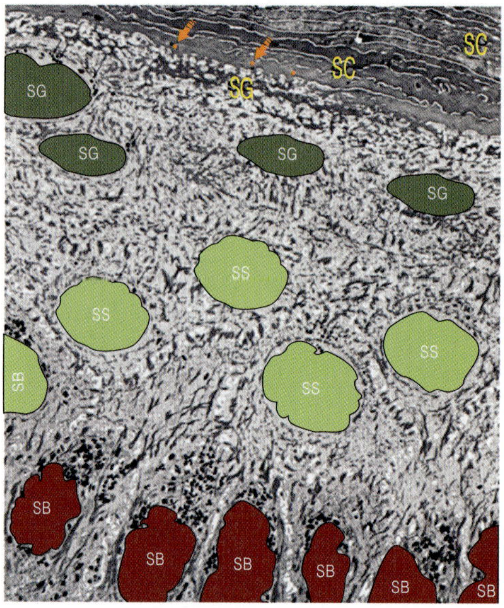

그림 1-4. 각질형성세포(SB : 기저세포, SS : 유극세포, SG : 과립세포, SC : 각질세포)

2) 가지모양세포(dendrite cell)

표피에 존재하는 가지모양세포는 멜라닌생성세포(*melanocyte*), 랑게르한스세포(*Langerhans cell*), 머켈 세포(*Merkel cell*)의 세 종류가 있다.

① 멜라닌생성세포(melanocyte)

멜라닌생성세포는 주로 표피의 기저층에 존재하나 자외선 등에 의해 멜라닌 합성이 자극되면 유극층에서도 관찰된다. 멜라닌생성세포는 표피를 구성하고 있는 세포의 약 5~10%를 차지한다. 멜라닌생성세포는 외배엽의 신경능선(*neural crest*)에서 유래되었으며, 작고 둥근 핵과 각화세포 사이로 뻗어 있는 세포질돌기, 즉 가지모양돌기(*dendrite process*)를 가지고 있다.

멜라닌생성세포(*melanocyte*)의 세포질 내에는 골지체, 리보솜, 형질내세망, 중간세사(*intermediate filament*) 등의 세포 소기관이 존재하며, 또한 멜라닌을 생성하는 멜라닌소체(*melanosome*)를 함유하고 있다.

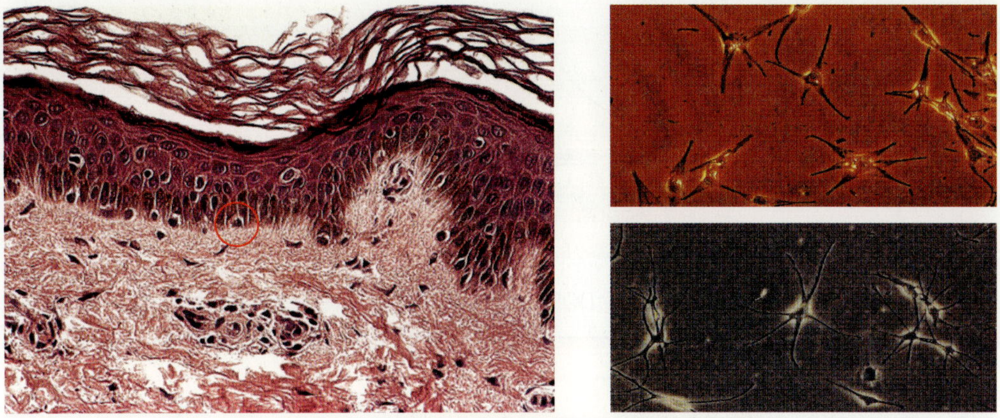

그림 1-5. 가지모양돌기를 가진 멜라닌생성세포의 존재 위치와 모양

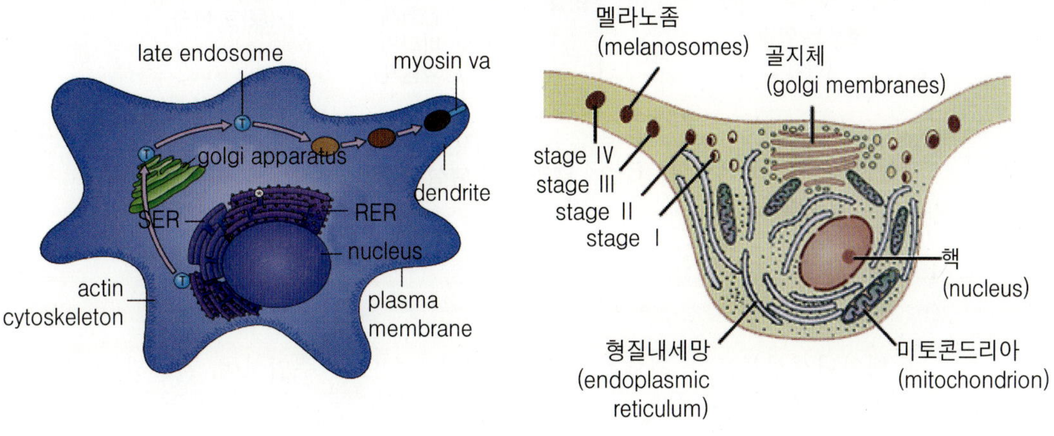

그림 1-6. 멜라닌생성세포

멜라닌소체는 리보솜(*ribosome*)에서 만들어지며 형질내세망(*endoplasmic reticulum*)과 골지체(*Goli' s apparatus*)를 거쳐 가지모양돌기로 보내진다. 이와 같은 멜라닌소체는 멜라닌생성세포의 가지모양돌기를 통과하여 표피의 기저층과 유극층에 있는 각질형성세포로 전달된다. 이러한 전달체계는 구체적으로 밝혀지지는 않았지만 각질형성세포가 멜라닌생성세포의 돌기를 포식하거

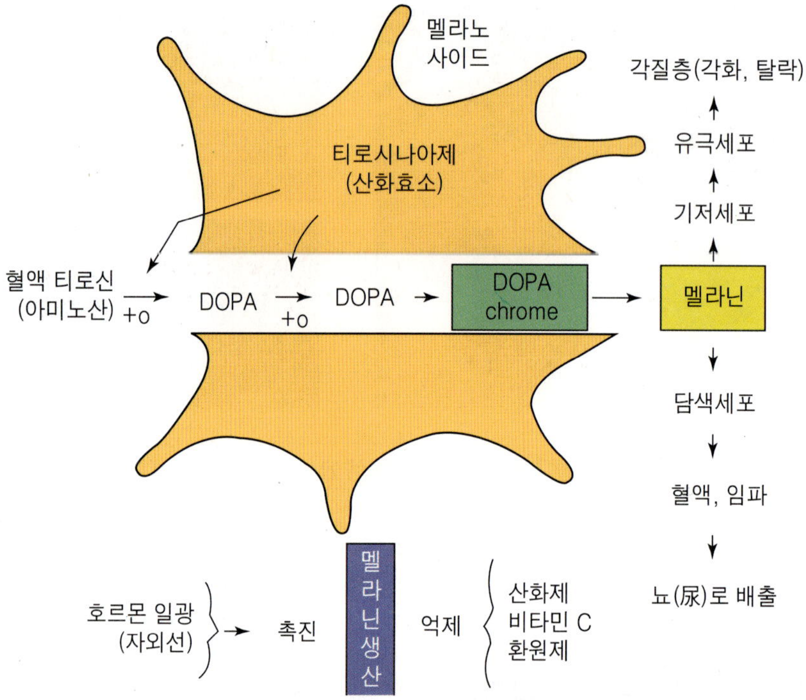

그림 1-7. 멜라닌의 생성과 탈락

나 멜라닌생성세포가 과립을 각질형성세포 속으로 주입하여 전달된 것으로 알려져 있다. 이러한 전달방식을 세포질 분비(*cytocrine*)라 한다.

소포 속에 함유된 티로시나아제는 멜라닌전소체(*premelanosome*)와 융합한 후 4단계를 거쳐 멜라닌소체가 성숙된다. 성숙된 멜라닌 과립은 길이가 0.4~1.0㎛정도의 타원형을 이룬다. 각화세포 속에 존재하는 멜라닌소체는 멜라닌을 합성하는데 필요한 티로시나아제(*tyrosinase*)를 가지고 있으며, 주로 세포 속의 핵 윗부분에 분포되어 있어서 유핵세포를 자외선으로부터 보호한다. 멜라닌소체 내에서 아미노산 중의 하나인 티로신(*tyrosine*)이 티로시나아제에 의하여 산화되는 등 여러 가지 복잡한 과정을 거쳐서 멜라닌색소가 합성된다.

멜라닌생성세포가 자외선에 노출되면 티로시나아제 효소의 활성이 증가되어 멜라닌이 합성되고, 유극층 사이의 세포질돌기를 통하여 표피의 모든 층에 분산된다. 멜라닌 소체에서 생성된 멜라닌은 주위의 각질형성세포에 전달되어 자외선을 흡수하거나 산란시키고, 최후에는 각질형성세포와 함께 이동하여 피부표면으로부터 탈락된다. 그러나 일부는 기저세포의 멜라닌생성세포가 진피 속으로 유리되어 림프관으로 운반되어 체외로 배설된다. 멜라닌색소의 색상은 황갈색, 갈색, 흑갈색이나 피부표면에 가까워지면 산화되어 점점 검은색으로 된다. 멜라닌색소의 생성이나 피부 침착 정도는 유전적, 환경적, 호르몬성 요인 등에 의하여 결정된다. 종족에 따라 피부의 색이 다른 것은 멜라닌 색소의 활성도, 즉 생성되는 멜라닌색소의 양과 생성속도 그리고 분포에 따라 다르기 때문이다. 멜라닌생성세포 자극호르몬(*melanocyte stimulating hormone*, MSH)은 멜라닌생성세포의 가지모양돌기 속으로 멜라닌소체를 이동시키고, 각질형성세포로 전달될 수 있도록 자극한다. 자외선에 노출되는 등 환경적인 요인은 멜라닌생성세포의 효소활성화 및 합성을 증가시키며, 멜라닌색소를 각화세포에 침착시킨다.

② 랑게르한스세포(Langerhans cell)

랑게르한스세포는 별 모양으로 가지모양돌기(*dendrite process*)가 있으며, 주로 표피의 유극층의 상부 또는 과립층에 존재한다. 수지상 세포로서 표피 세포 중 약 2~8%를 차지하며, 16일의 주기를 가지고 있다. 랑게르한스세포는 표피에만 존재하는 것이 아니고 진피를 비롯하여 구강점막, 식도, 질 등의 중층편평상피뿐만 아니라 모낭, 피지선, 한선 그리고 림프절 등에서도 볼 수 있다. 랑게르한스세포는 피부 내에서 면역반응에 관여한다. 즉 랑게르한스세포는 외부의 항원을 면역담당세포인 림프구로 전달하는 항원전달세포이며, 림프구를 특정의 항원에 감작되게 하여 세포성 면역을 유발하게 한다.

③ 머켈세포(Merkel cell)

머켈세포(*Merkel cell*)는 감각신경계통의 세포로서 신경종말이 붙어 있고, 표피에 광범위하게 퍼져 있으나 주로 기저층이나 그 부근에 존재한다. 털이 있는 피부뿐만 아니라 털이 없는 손가락, 입술, 구강 점막에도 존재한다. 이 세포는 모양이 불규칙한 핵을 가지고 있으며, 세포질에는 작고 진한 과립이 많다. 이 과립은 카테콜아민(*catecholamin*)을 함유한 세포의 과립과 비슷하며, 기저층 부근에 밀집되어 있다. 머켈세포(*Merkel cell*)는 랑게르한스세포와는 달리 인접한 각화세포와 많은 교소체(*desmosome*)에 의하여 부착되어 있다. 머켈 세포는 감각의 기계적 수용기능을 수행하는 촉각 수용체로서 각질세포 사이의 운동을 탐지하기도 하고, 아래층의 결합조직에 대한 표피의 운동을 감지하는 작용을 하는 것으로 알려져 있다.

1-1-2. 표피의 구성 층

1) 기저층(stratum basale, basal layer)

기저층은 표피의 가장 아래층으로 진피의 유두층과 파상형으로 접해 있다. 원주상 혹은 입방상의 단일 세포층으로서 주로 각질형성세포(*keratinocyte*)와 멜라닌생성세포(*melanocyte*)로 구성되어 있다. 기저층을 구성하고 있는 각질형성세포와 멜라닌생성세포는 4:1에서 10:1의 비율로 구성되어 있다. 그 외에도 기저층에는 랑게르한스세포(*Langerhans cell*), 머켈 세포(*Merkel cell*) 등이 일부 관찰된다. 기저

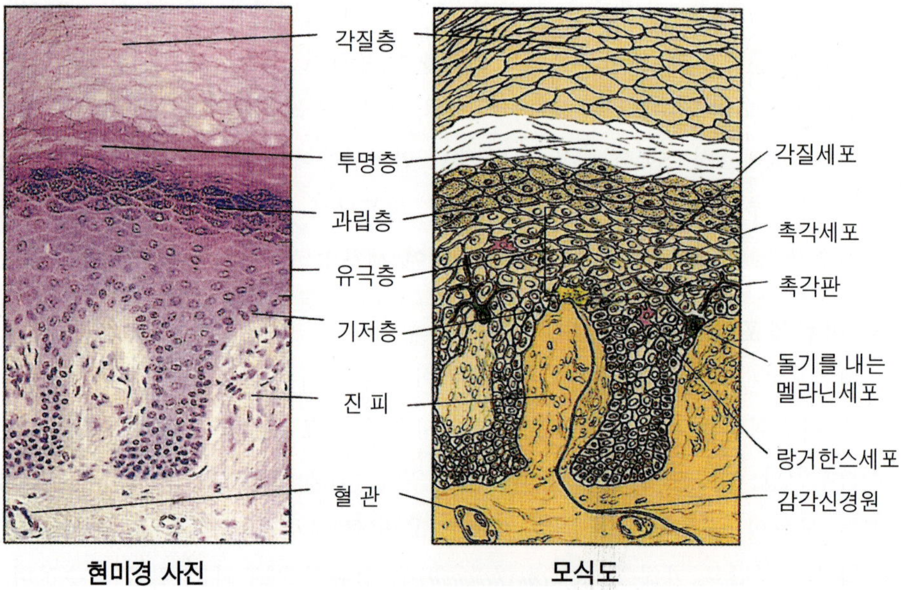

그림 1-8. 표피의 구조와 세포

층에서 유래한 각질형성세포가 혈액을 통해 영양소와 산소를 공급받아 세포 분열하여 유극층, 과립층을 거쳐 가장 바깥층인 각질층까지 이동하는 데는 14일 정도 소요된다. 이렇게 이동된 각질형성세포가 각질층에서 탈락되기까지 약 14일 정도 소요된다. 이와 같이 기저층에서 형성된 각질형성세포가 인체에서 완전히 탈락되는 과정을 각화과정(*keratinization*)이라 하며, 약 28일(4주) 정도 소요된다.

2) 유극층(stratum spinosum, spinous layer)

기저층 상부에 약 5~10층의 다각형 세포로 구성되어 있으며, 세포 간 유착에 관계하는 교소체(*desmosome*)가 풍부하게 존재한다. 세포 표면에는 가시모양의 돌기가 나와 세포사이의 세포간교(*intercelluiar bridge*)를 형성하고 있다. 이러한 가시모양을 하고 있어서 이 층을 가시층이라고도 하며, 가시층을 구성하는 세포를 가시세포(*prickle cell*)라 한다. 이와 같은 세포간교를 통하여 림프액이 흐르고, 이러한 림프액은 세포에 필요한 영양소나 산소를 공급받고 노폐물을 배출하며 면역작용을 하게 된다. 따라서 가시세포는 살아있는 세포로서 세포분열을 할 수 있지만 활발하지는 않으나 유극층이 손상될 경우 복구할 수 있는 세포이다. 면역기능에 중요한 랑게르한스세포(*Langerhans cell*)도 유극층에 존재한다. 유극층에서 교소체에 의해 다각형의 특징을 보이던 각질형성세포는 유극층 상부로 올라감에 따라 크기가 증가하면서 편평하게 변한다. 세포가 기저층에서 유극층 그리고 과립층으로 이행되면서 세포 소기관 중의 하나인 층판소체(*lamellar granule*)가 유극층 상부에서 최초로 존재하게 된다.

3) 과립층(stratum granulosum, granular layer)

과립층은 3~5층의 방추형 세포로 이루어진 층으로써 세포가 피부표면과 평행하게 배열되어 있다. 특히 과립층의 세포 내에는 케라토히알린 과립(*keratohyalin granule*)이 존재한다. 케라토히알린 과립은 프로필라그린(*profilaggrin*), 각질중간세사(*keratin intermediate filament*) 그리고 각질세포막(*cornified cell envelope*, CE) 구성단백질(*loricrin*) 등을 포함하고 있는 세포 소기관이다. 이중 프로필라그린(*profilaggrin*)은 필라그린(*filaggrin*)의 전구체로서 과립층의 세포가 각질층으로 이동하면서 필라그린(*filaggrin*)으로 변하게 된다. 그리고 층판소체(*lamellar granule*,

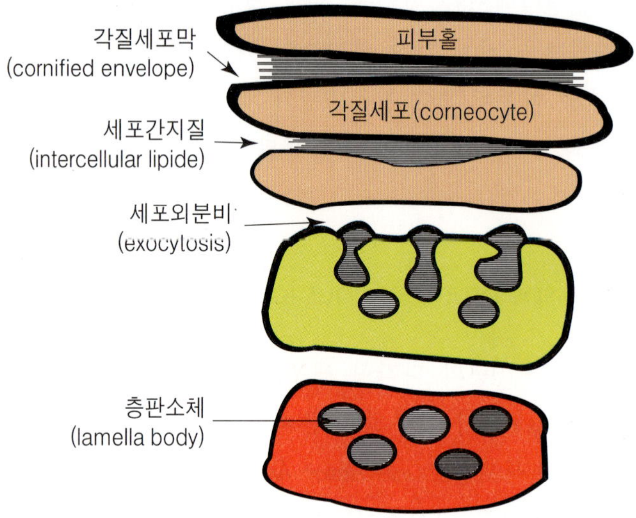

그림 1-9. 세포간지질의 형성

lamellar body, LB)는 이중 막으로 둘러싸인 분비성 세포 소기관으로서 골지체(*Golgi complex*)에서 유래되며, 유극층 상부에서 처음으로 나타나지만 과립층에서 가장 많이 관찰된다. 또한 각질층 내의 세포간 지질(*intercellular lipids*)을 구성하는 지질을 제공한다. 층판소체에는 각질세포간 지질의 전구체와 이러한 전구체에 다양한 효소가 작용하여 각질세포간 지질의 구성성분을 배출한다. 그 결과 세포막 사이에 비극성지질이 분포되어 각질형성세포를 서로 접착하여 단단한 각질층을 구성하고, 각질층의 수분 손실 억제에 기여한다.

4) 투명층(shining layer)

투명층은 색깔이 없고 핵이 없는 편평한 형태의 이행세포(*transition cell*)가 2~3층으로 구성되어 있다. 얇은 피부에는 존재하지 않고, 손바닥이나 발바닥처럼 두꺼운 피부에만 존재한다. 또한 엘라이딘(*elaidin*)이라는 반유동성 물질이 함유되어 있으며, 소수성의 성질을 가지고 있다. 사람이 오랜 시간동안 물에 들어갔다 나오면 손바닥과 발바닥이 쭈글쭈글해진다. 이는 손바닥과 발바닥의 각질층에는 수분이 스며드는데 반하여 투명층에는 엘라이딘(*elaidin*)으로 인하여 수분이 흡수되거나 섞이지 않기 때문에 나타나는 현상이다.

5) 각질층(stratum corneum)

각질층은 편평하고 비늘 모양의 각질세포가 피부표면과 평행하게 여러 층으로 이루어져 있으며, 피부의 최외각에서 외부환경으로부터 인체를 보호하고 수분 증발을 억제하는 장벽기능을 한다. 각질층의 주성분은 케라틴 단백질이 58%, 지질이 11% 그리고 천연보습인자(*natural moisturizing factor*, NMF)가 38% 차지한다. 각질층은 신체 부위에 따라 두께가 다르나 일반적으로 15~25개의 층으로 이루어져 있다. 즉 팔 안쪽의 각질층은 약 15개의 층으로 구성되어 있는 반면에 손바닥이나 발바닥은 신체에서 가장 두꺼운 피부에 속한다. 또한 각질층은 신체 부위 이외에도 성별, 나이, 질병 등에 따라 두께가 다르다.

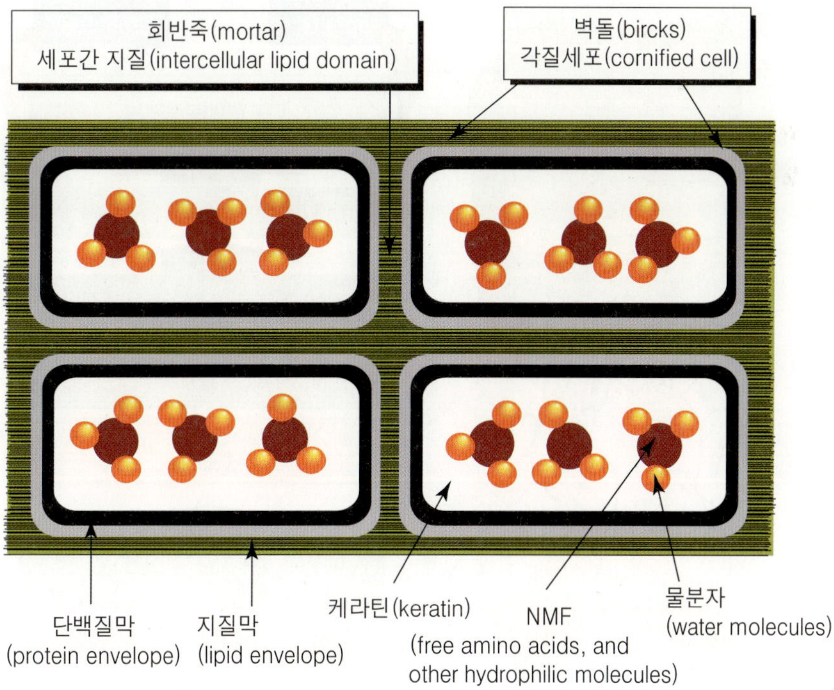

그림 1-10. 각질층의 벽돌과 회반죽 모델

이와 같은 각질층은 단백질이 풍부한 각질세포(*corneocyte*)와 세라마이드(*ceramide*), 자유지방산, 콜레스테롤과 같은 다양한 지질로 이루어진 세포간지질(*intercellular lipid*)로 구성되어 있다. 각질층을 구성하고 있는 각질세포와 이 세포 사이를 메워주는 세포간지질은 마치 집을 지을 때 쓰이는 벽돌과 벽돌 사이의 회반죽이 메워 주듯이 단단한 장벽을 형성하고 있다(*bricks and mortar model*). 각질층 내에서 벽돌은 각질세포를 말하며, 회반죽은 다양한 구조의 지질로 이루어진 세포간지질의 복합체들이다. 벽돌의 각질세포 내에는 케라틴과 천연보습인자 그리고 수분을 함유하고 있다. 각질형성세포의 형질막 내측을 따라서 약 15nm 두께의 전자 밀도가 큰 띠(*electron-dense band*)가 있는데, 이를 각질세포단백질막(*protein envelope*)이라 한다. 각질세포단백질막은 다시 각질세포지질막(*lipid envelope*)으로 싸여 있고, 각질세포지질막(*lipid envelope*)은 세포간지질과 상호 결합,

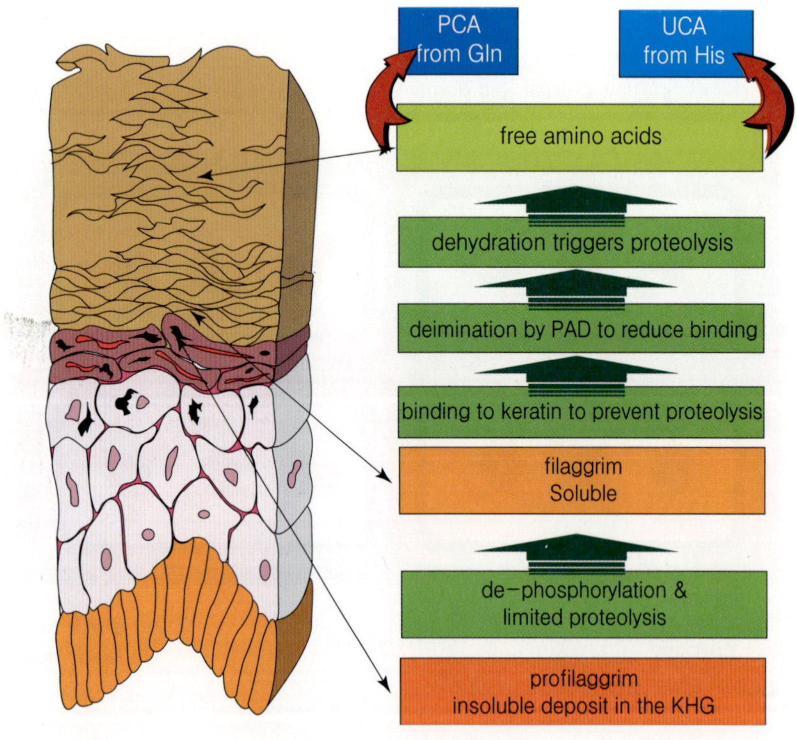

그림 1-11. 프로필라그린의 대사와 필라그린의 분해 과정

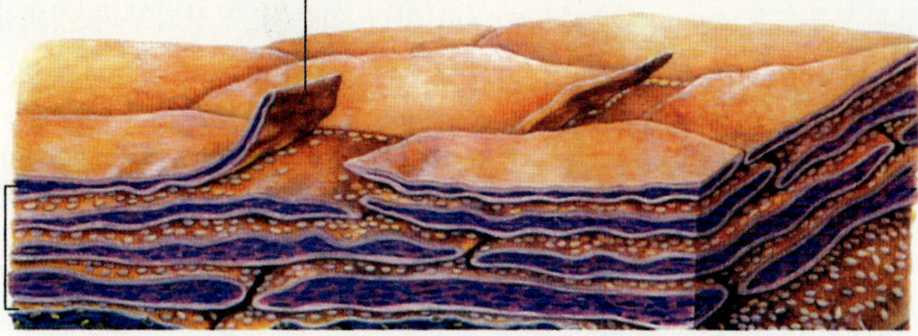

그림 1-12. 각질층의 구조와 각질세포

즉 각질층을 구성하는 각질형성세포와 세포간지질이 상호 결합되어 있어서 각질층이 단단한 장벽기능을 할 수 있다.

과립층의 케라토히알린 과립(*keratohyalin granule*) 내부에 존재하는 프로필라그린(*profilaggrin*)이 단백질 분해와 탈인산화 과정을 거쳐서 필라그린(*filaggrin*)으로 변화된다. 필라그린은 세포 내에서 접착제의 역할을 하며 각질중간세사(*kertin intermediate filament*)들이 수평적으로 배열되어 거대섬유(*macrofibril*)를 형성하게 한다. 필라그린은 각질층에서 분해효소에 의하여 아미노산과 유로칸산(*urocanic acid*)으로 분해되어 천연보습인자(NMF)로서의 보습작용을 한다.

표피의 최종 분화과정을 거쳐 형성된 각질세포는 다발로 묶인 케라틴중간세사가 각질세포지질막(*corneocyte lipid envelope* : CLE)에 둘러싸여 단단히 공유결합되어 있는 형태이다. 이러한 각질세포는 주로 케라틴의 다발로 구성되어 있고 피부의 구조적 안정과 탄력성을 갖게 하고 층을 이루며, 배열된 표피지질에 의해 결합되어 각질층을 형성한다. 각질층의 하부는 세포막이 케라틴의 거대섬유로 채워진 각질세포지질막(*corneocyte lipid* envelope : CLE)에 의해 둘러 쌓여있는 구조를 이루게 된다.

표피의 기저층에서 과립층 하부까지는 수분함량이 65~79% 정도로 비교적 일정하다. 그러나 과립층과 각질층의 경계부위에서는 40%로 감소하고, 각질층의 상부로 갈수록 15%까지 감소한다. 즉 신체의 내부에서 외부로 수분이 수동 확산되는 과정에서 나타나는 현상이다. 각질층의 수분함량은 15~20%가 적당하며,

수분함량이 부족하면 건조한 피부가 된다. 피부표면으로부터 수분이 이탈하는 현상을 경피수분손실(*transepidermal water loss*)이라 하는데 정상피부의 경피에서는 시간당 0.1~0.4mg/cm^3 정도 수분이 손실된다.

1-1-3. 표피의 각화과정(keratinization)

각질형성세포(*keratinocytes*)가 기저층에서 생성된 후 유극층과 과립층으로 분화되면서 세포의 형태가 편평하게 된다. 각질형성세포는 과립층에 도달하면서 세포 내 소기관들이 사라지기 시작하고, 섬유성 단백질의 생성, 탈수 및 세포막의 비후 등 각화과정을 거친 후 탈락된다. 이러한 각질형성세포의 탈락과정을 각화과정(*keratinization*) 혹은 분화과정(*epidermal differentiation*)이라 한다. 각화된 각질세포는 세포의 크기가 크고 모양은 편평해지며 구조의 재구성이 일어난다. 또한 세포막과 표

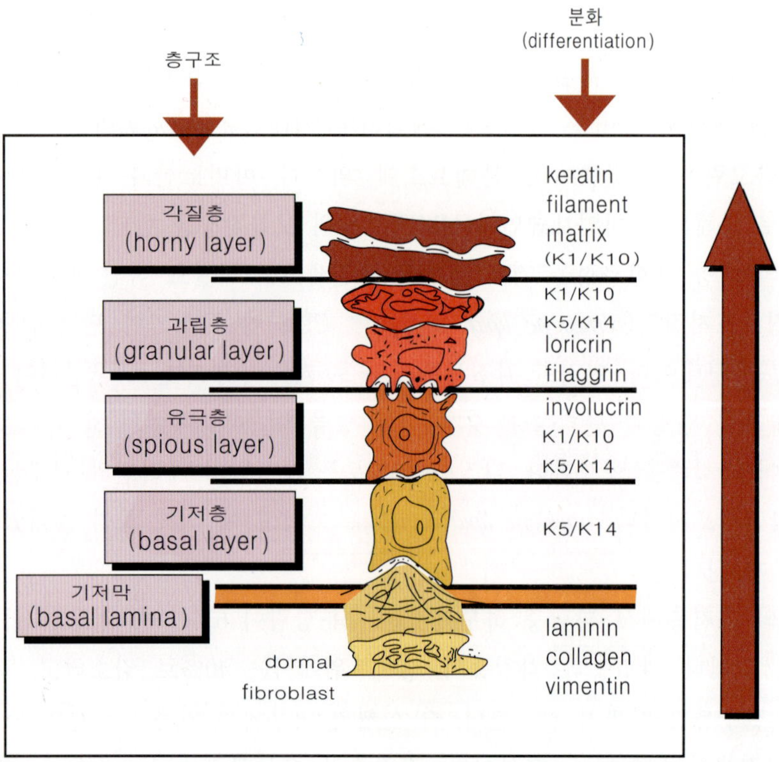

그림 1-13. 표피의 각화과정

면 항원 및 수용체가 변화되고 세포 내 소기관이 분해되며 탈수가 일어난다. 표피에서 생성되는 케라틴의 종류는 20개이며, 모발은 10개 정도이다. 케라틴 1형은 K10~K20이고, 케라틴 2형은 K1~K9이다. 케라틴의 두 부류는 쌍을 이루어 세섬유(*filament*) 형태를 이루며, 세포의 형태, 조직의 형태, 발생학적, 분화적 상태에 따라 그 종류가 달라진다. 기저세포는 K5/K14, 모낭 내 표피는 K1/K10, 점막에는 K4/K13, 각막에는 K3/K14, 손, 발바닥의 기저층 상부는 K9 케라틴을 생성한다. 기저층의 각질형성세포에서는 케라틴의 일종인 K5/K14 케라틴이 발현되고, 유극층에서 세포가 분화되기 시작하면 이들의 발현이 억제되면서 K1/K10 케라틴 쌍이 나타나기 시작한다.

과립층에서는 케라토히알린 과립이 현저히 나타나는데, 그 안에는 프로필라그린, 케라틴중간세사(*keratin intermediate filaments*)가 들어있고 각질세포지질막(*corneocyte lipid envelope* : CLE)인 로리크린(*loricrine*)도 있다. 정상 상태에서는 각질형성세포가 피부에서 탈락되는 과정의 조절은 아직 정확하게 밝혀지지는 않았다. 그러나 지질, 가수분해효소, 당단백질, 교소체 등이 모두 관여되는 것으로 추정하고 있다. 표피가 분화되면서 세포 간격은 점점 증가하는데, 과립층에서는 세포간격이 전 부피의 약 1%를 차지하는데 반하여 각질층에서는 약 5~30%를 차지한다. 이와 동시에 교소체에 의한 각질세포간의 결합도 피부 표면으로 갈수록 약해지며 교소체의 숫자도 적어지면서 형태도 점차 해체된다. 이것은 글리코시다아제(*glycosidase*)와 단백질분해효소(*protease*) 등이 교소체에 작용하여 해체시키기 때문에 각질세포의 탈락에 중요한 역할을 한다. 글리코시다아제와 단백질분해효소 등의 효소들은 층판소체에 의해 각질층으로 운반된다. 또한 신체의 부위에 따라 교소체의 해체 정도가 다른 것은 효소에 저항하는 단백질이나 교소체를 보호하는 당 분자 등에 의해 감수성이 다르기 때문이다. 그리고 각질세포의 분화에 칼슘(Ca), 즉 칼슘의 농도가 낮으면 각질형성세포는 증식하고, 높으면 세포의 증식은 중지되면서 분화가 일어난다. 표피에는 칼슘 농도의 차가 있는데 기저층에서는 칼슘 농도가 낮고 과립층에서는 칼슘 농도가 높다. 비정상적인 각질세포의 탈락의 경우 각질층이 두꺼워지고, 건조한 인설이 동반된다. 이는 각각의 세포가 탈락되는 생리적인 현상과는 달리 각질 세포가 무리를 이루어서 탈락이 되기 때문이다.

피부장벽의 주된 지질인 세라마이드, 콜레스테롤, 유리지방산 등은 각질층 전 층에 같은 양으로 분포하는 것이 아니라 피부 표면으로 갈수록 점차 많아진다.

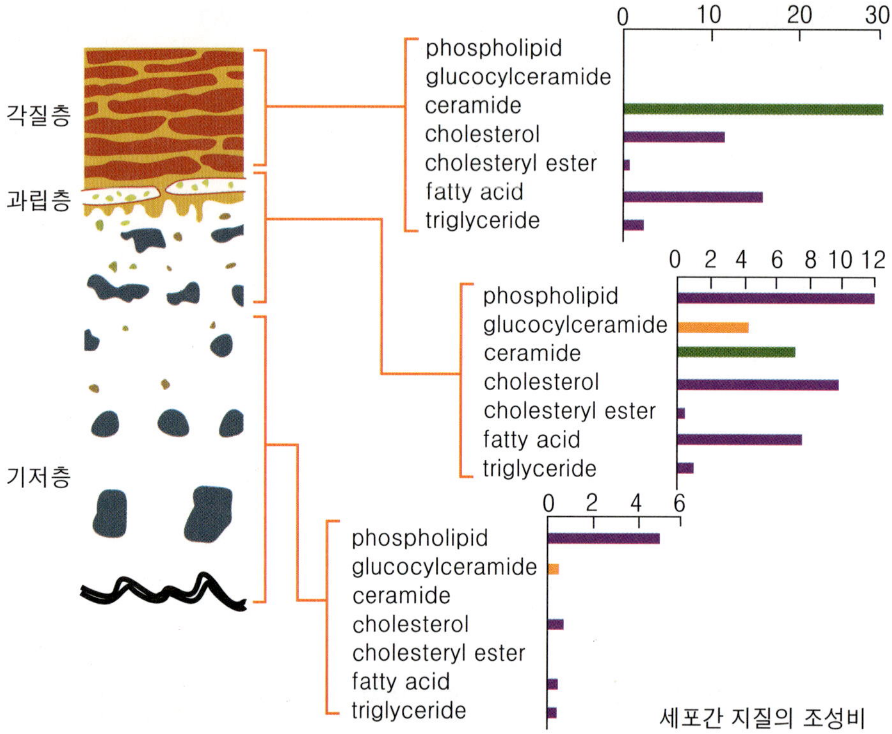

그림 1-14. **표피의 각화과정**

각질층의 상부는 세포막이 점점 사라지면서 불용성의 각질세포지질막(*corneocyte lipid envelope* : CLE)으로 대체된다. 이런 각질세포는 산이나 알칼리성 용액, 단백질 분해 효소 그리고 유기 용매 등 외부 자극으로부터 피부를 보호한다. 각질층의 각질 세포간지질은 다른 일반적인 생체막들과는 다르게 인지질이 아닌 세라마이드(*ceramide*), 콜레스테롤(*cholesterol*), 유리지방산(*free fatty acid*)으로 이루어져 있다. 이 외에 약간의 황산 콜레스테롤(*cholesterol sulfate*)이 세포간지질에 존재한다. 이러한 각질세포간지질은 표피 내 과립층의 층판소체에서 유래한다. 인지질(*phospholipid*), 스핑고미엘린(*sphingomyelin*), 콜레스테롤을 함유하는 보통의 생체막은 수분이나 물에 잘 녹고, 분자량이 낮은 물질에 대한 투과성이 강하여 피부장벽으로서의 역할을 할 수 없다. 그러나 각질층의 세라마이드, 콜레스테롤, 유리지방산 등의 각질 세포간지질은 직선적으로 잘 결합되어 있기 때문에 수분과 친수성 물질의 투과를 억제하는 피부 장벽기능을 가지고 있다.

1-2. 진피(dermis)

진피는 세포와 세포외 기질(*extracellular matrix*, ECM)로 구성되며, 세포외 기질은 진피를 구성하는 섬유와 기질로 구성되어 있다. 구성 섬유는 교원섬유(*collagenous fiber*)가 약 70~80%를 차지하고, 탄력섬유(*elastic fiber*)는 약 2~4%를 차지한다. 그 외에는 기질(*ground substance*)로서 글리코스아미노글리칸(*glycosaminoglycans*, GAGs), 당단백질(*glycoprotein*), 물로 구성되어 있다.

1-2-1. 진피의 구성 세포

피부의 진피층을 구성하는 세포는 섬유아세포(*fibroblast*), 대식세포(*macrophage*), 색소보유세포(*chromatophore*), 비만세포(*mast cell*), 랑게르한스세포(*Langerhans cell*), 림프구(*lymphocyte*), 형질세포(*plasma cell*) 등이 있다. 이러한 진피의 구성 세포 중 섬유아세포(*fibroblast*)와 대식세포(*macrophage*)가 대부분을 차지한다.

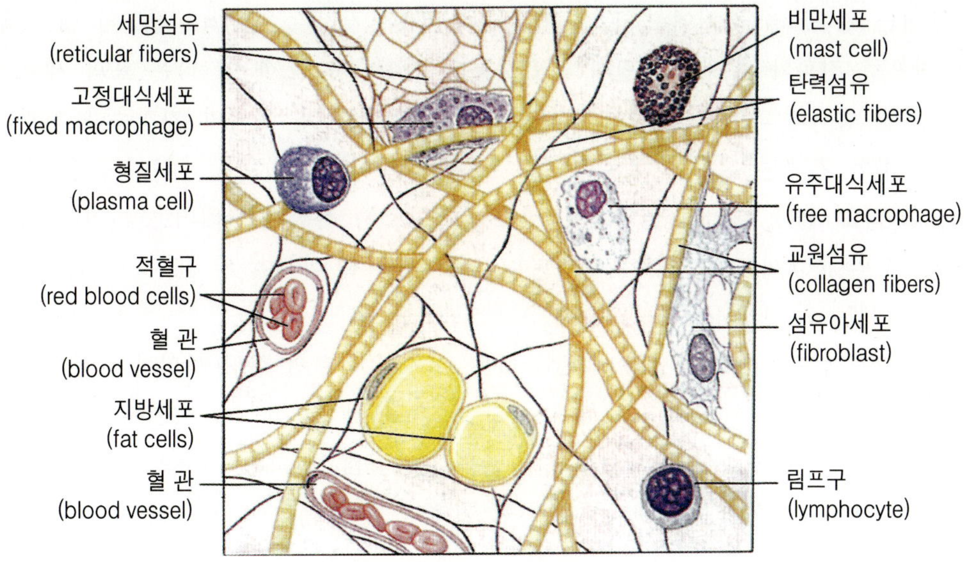

그림 1-15. 진피의 구성세포와 섬유

섬유아세포(*fibroblast*)는 세포외 기질인 결합조직의 섬유 성분을 합성하고, 분비하는 세포이다. 대식세포(*macrophage*)는 조직구(*histiocyte*)라고도 하며 모양은 일정하지 않으나 아메바 운동을 하고, 이물질을 탐식하여 신체 방어와 조직의 청소부(*scavenger*) 역할을 하는 세포이다. 색소보유세포(*chromatophore*)는 색소를 보유하고 있으며 세포질 돌기를 가지고 있다. 특히 색소보유세포는 항문 주위, 유륜 등에 집중적으로 분포되어 있으며 피부색을 짙게 한다. 그러나 색소보유세포는 멜라닌세포와는 달리 색소를 만들지 않고, 다만 색소를 포식하여 보유하고 있는 세포이다. 진피층에는 멜라닌세포가 거의 존재하지 않으나 천골부위의 진피에는 분포되어 있어서 몽고반점(*Mongolian spot*)을 형성하기도 한다. 얼굴과 목에서는 표정근(*mimmic muscle*)이라는 횡문근이 진피에 위치하며, 근육세포 일부는 진피 내 탄력섬유의 그물구조에 부착되어 있다. 비만세포(*mast cell*)는 구형 또는 난원형의 세포로 세포질 내에 많은 과립이 차 있다. 아메바 운동을 하며 헤파린(*heparin*), 히스타민(*histamine*), 세로토닌(*serotonin*) 등을 분비한다. 형질세포(*plasma cell*)는 B 림프구가 특수하게 분화된 것으로 항체(*antibody*)를 생산하며 만성염증이 있을 경우나 림프조직에서 주로 나타난다.

1-2-2. 진피의 구성 층

진피는 기저막을 사이에 두고 표피와 접해 있다. 기저막은 0.1㎛ 정도의 매우 얇은 막으로 진피와 표피를 단단히 결합하는데 기여한다. 또한 이 막은 표피 세포의 정상적인 증식과 각화를 유지하는데 중요한 역할을 한다. 표피의 기저층과 진피의 유두진피의 경계는 요철 구조로 되어 있으며, 진피가 표피로 들어간 부분을 유두(*papilla*)라고 한다. 나이가 들어감에 따라 요철구조는 점점 평탄해지는데 이는 각질형성세포의 증식이 저하되기 때문이다. 진피는 표피에 비하여 약 15~40배 정도 두껍고, 두께는 약 0.5~4mm 정도이다.

진피층은 결합조직의 구성과 세포의 밀도, 신경과 혈관의 형태에 의하여 상부에는 유두층(*papillary layer*) 그리고 하부에는 망상층(*reticular layer*)의 두 층으로 구분된다. 유두층 하부의 혈관망이 망상층과 경계면을 형성한다. 진피는 피부의 탄력에도 영향을 미치며, 모세혈관, 림프관, 신경 등이 진피 속에 복잡하게 얽혀 있다.

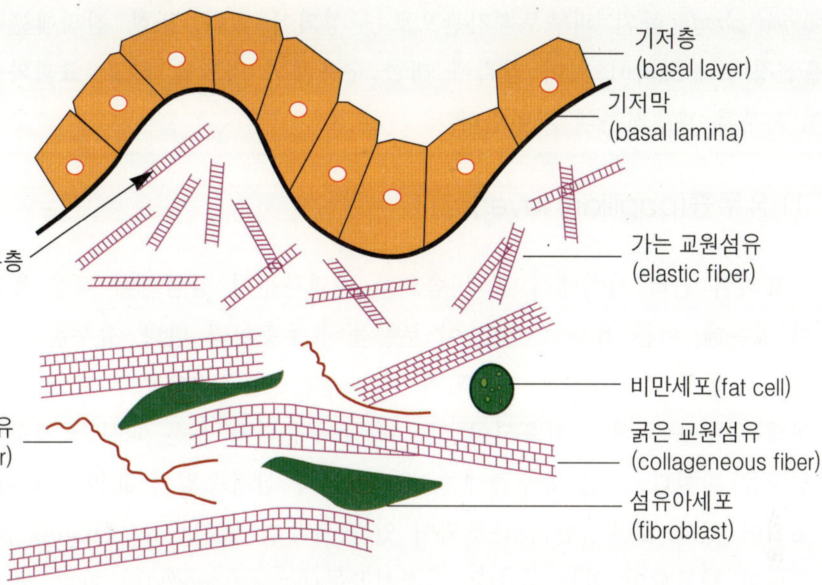

그림 1-16. 진피의 단면 구조와 구성 세포

진피에는 세포를 제외한 섬유조직, 즉 교원섬유(*collagenous fiber*), 탄력섬유(*elastic fiber*), 세망섬유(*reticular fiber*)가 치밀하고 불규칙한 그물모양으로 구성되어 있다. 유두층에는 가늘고 비교적 성글며 수직방향으로 향하는 섬유가 많다. 그러나 망상층에는 조밀하고 두꺼우며 주로 수평방향으로 향하는 차이가 있다. 또한 유두층에서는 모세혈관과 신경말단이 조밀하게 분포되어 있다. 세포와 섬유조직 외에 진피를 구성하고 있는 성분인 기질(*ground substrate*)은 무정형의 산성 점액다당류(*mucopolysaccharide*)로서 히아루론산(*hyaluronic acid*), 더마탄설페이트(*dermatan sulfate*), 콘드로이틴-6-설페이트(*chondroitin-6-sulfate*), 헤파란 설페이트(*heparan sulfate*) 등이 주된 구성 성분이다. 이러한 구성 성분들은 단백질과 결합하여 당단백질(*glycoprotein*)의 형태로 존재하는데 대량의 물을 보유하여 겔 상태로 섬유사이에 채워져 있다. 겔 내의 수분은 영양분, 대사산물, 호르몬 등을 혈관으로부터 조직 내의 세포로 확산시키는 역할을 함과 동시에 조직을 부드럽게 해 준다. 이렇게 구성된 진피는 피부의 결합조직으로서 피부에 유연성, 탄력성 그리고 장력을 제공한다. 이 외에 혈관, 림프관, 자율신경과 지각신경, 기모근(*arrector pili*) 등과 함께 소한선(*eccrin gland*)과 대한선

(*apocrine gland*) 등의 피부부속기관으로 구성되어 있다. 또한 진피에는 지각신경과 자율신경이 분포되어 있어 감각에 대한 수용체의 역할을 하고, 표피와 상호작용을 하여 피부를 재생하는데 기여한다.

1) 유두층(papillary layer)

표피와 진리 사이에서 표피 속으로 진피부분이 침범하여 작은 돌기가 돌출되어 있는데, 이를 유두라 하고 이 부분을 유두층이라 한다. 유두층은 얇은 교원섬유가 성글고 불규칙하게 배열되어 있는 성긴결합조직으로 되어 있다. 이 섬유 사이에는 수분이 많이 함유되어 있으며, 유두층의 수분은 피부의 팽창과 탄력도에 영향을 미친다. 또한 유두층에는 모세혈관과 신경종말이 표피 가까이에 많이 분포되어 있다. 모세혈관이 분포되어 있는 유두를 혈관성유두(*vascular papilla*), 신경종말이 분포되어 있는 유두를 신경성유두(*nervous papilla*)라 한다. 표피에는 혈관이 분포되어 있지 않으므로 대사에 필요한 영양소와 산소는 진피 유두의 모세혈관에서 조직 내로 이동하는 조직액을 통해 확산되어 각질형성세포에 운반된다. 세포의 대사가 원활하게 이루어짐에 따라 표피의 각화과정에 의하여 피부표면이 매끄럽게 되고 피부 탄력과 긴장감을 준다.

2) 망상층(reticular layer)

망상층(*reticular layer*)은 유두층(*papillary layer*) 아래에 있는 단단하고 불규칙한 결합조직으로서 진피의 대부분을 차지한다. 즉 교원섬유와 탄력섬유가 매우 치밀하게 구성되어 있으며, 깊이 들어갈수록 섬유는 더욱 굵어지고 교원섬유가 약 98%를 차지한다. 특히 탄력섬유는 모구(*hair bulb*)나 한선, 피지선의 주위에서 피막(*capsule*)을 형성한다. 섬유의 배열은 피부의 표면과 평행한 배열을 하고 있다.

망상층에는 혈관, 림프관, 신경, 한선, 피지선, 모낭 등이 복잡하게 분포되어 있다. 망상층은 탄력성과 팽창성이 큰 층으로 임산부와 비만한 사람의 피부가 늘어나더라도 지탱할 수 있게 한다. 그러나 피부가 늘어나는 한계를 지나치면 살이 트게 되는데, 이를 팽창선조(*stria distensa*) 혹은 Linea Albicantes라 한다. 이 팽창선조는 둔부, 대퇴부, 유방, 복부의 피부에 흔히 발생한다.

1-2-3. 진피의 구성 섬유

1) 교원섬유(collagenous fiber)

피부 두께의 약 85%를 차지하는 진피는 70%의 교원섬유와 5%의 탄력섬유로 구성되어 있어서 교원섬유는 진피의 대부분을 차지한다. 교원섬유는 단백질의 다발로 이루어져 있으며, 굵은 섬유와 가는 섬유가 있다. 단백질로 구성된 굵은 섬유는 진피에 장력을 제공하여 물리적 외력이나 생리적, 화학적 자극에 대한 저항력을 가지고 있다. 이러한 교원섬유는 나이가 들어감에 따라 섬유가 늘어나고, 그의 기능이 저하되어 피부의 노화를 유발한다.

2) 탄력 섬유(elastic fiber)

탄력섬유(*elastic fiber*)는 교원섬유에 비하여 짧고 가늘며 신축성이 있어서 피부에 탄력을 주는 역할을 한다. 이러한 탄력섬유는 황색을 띠며, 물에 끓여도 젤라틴으로 되지 않고 화학약품에 저항성이 강하다. 탄력섬유는 30~40 대로 나이가 많아짐에 따라 점점 파괴되어 그 효능이 저하된다. 주름은 진피의 피부조직이 변화되어 생성된다. 즉 콜라겐(*collagen*)과 엘라스틴(*elastin*)은 수분과 결합하여 탄력성을 유지한다. 교원섬유와 탄력섬유가 수분보유 능력이 저하되어 수분을 상실하고, 규칙적인 섬유의 배열이 흐트러져 탄력성이 감소하게 되면 피부에 주름이나 노화현상이 유발된다.

3) 세망 섬유(reticular fiber)

세망섬유는 림프양기관(*lymphoid organs*)의 세망조직에 풍부하게 존재하고, 교원섬유에 비하여 훨씬 가늘다. 표피 바로 아래에 있는 세망섬유는 원섬유로 되어 기저판에 단단히 붙어 있으며, 진피 쪽으로는 수직으로 뻗어 있다. 기저판과 그 밑에 세망섬유를 합쳐서 기저막(*basal membrane*)이라 한다. 광학현미경적으로는 구분할 수 없지만 전자현미경적으로는 교원섬유에서 보다 작은 단위의 원섬유가 있고, 약 250Å 간격으로 된 횡문이 관찰된다.

4) 기질(ground substance)

세포를 제외하고 진피를 구성하고 있는 물질은 세포외 기질(*extracellular matrix*, ECM)이다. 세포외 기질은 교원섬유(*collagenous fiber*)와 탄력섬유(*elastic fiber*) 그리고 기질(*ground substance*)로 구성된다. 기질은 이와 같이 세포와 섬유조직 사이를 채우는 물질로서 글리코스아미노글리칸(*glycosaminoglycans*, GAGs), 당단백질(*glycoprotein*), 물로 구성되어 있다. 글리코스아미노글리칸(*glycosaminoglycans*, GAGs)은 다당류로서 히아루론산(*hyaluronic acid*), 더마탄설페이트(*dermatan sulfate*), 콘드로이틴설페이트(*chondroitin sulfate*), 헤파린(*heparin*) 등이 있다. 이와 같은 기질의 구성 물질은 수분에 대한 친화도가 매우 높다. 따라서 기질은 진피 내의 수분을 일정하게 유지시켜주는 역할을 하는데, 글리코스아미노글리칸(*glycosaminoglycans*, GAGs)의 기능을 잃게 되면 피부에 함유된 수분이 감소됨으로서 피부노화의 원인이 된다. 친수성 탄수화물과 단백질의 복합체인 글리코스아미노글리칸(*glycosaminoglycans*, GAGs)은 건조 중량이 진피의 0.1~0.2%를 차지하며, 혈청 단백, 다른 비섬유성 단백질, 물, 전해질 등과 함께 겔을 이루고 있다. 또한 글리코스아미노글리칸(GAGs)은 진피층에서 수분을 유지하는 기능이외에도 박테리아의 침입을 저지하는 장벽으로 작용할 뿐만 아니라 혈액에서 공급된 영양 성분이나 염 등을 다시 표피세포로 전달하는 기능을 한다. 이와 같은 글리코스아미노글리칸(GAGs)은 섬유아세포나 비만세포에서 대사되고 분해 된다.

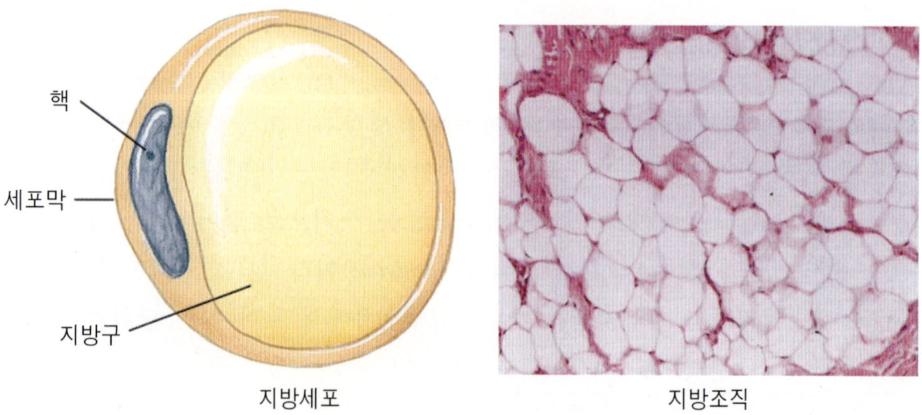

그림 1-17. **지방 세포와 지방조직**

1-3. 지방조직(adipose tissue)

진피의 망상층은 섬유질이 대부분을 차지하고 있는 연결조직으로 구성되어 있지만 피하지방층은 지방조직이 대부분을 차지한다. 이러한 지방조직의 분포 및 두께는 신체의 영양상태, 부위, 성별, 연령에 따라 다르다. 피하지방층은 진피의 망상층 아래에 지방세포가 모여 지방조직 또는 지방조직덩어리를 형성하는 층이다. 그러나 피하지방층은 피부에 속하지 않는다. 피하지방층의 두께는 복부에서 약 3cm 이상이며, 음경(*penis*), 음낭(*scrotal*), 눈꺼풀(*palpebra*) 등에는 피하지방층이 없다. 피하지방층은 신체의 체온을 조절하며 영양소를 저장하여 에너지원으로 사용할 수 있게 한다. 또한 외부로부터의 충격을 완화하고 피부의 운동성을 향상시키는 역할을 한다. 그리고 신체의 윤곽을 결정하는 심미적인 역할도 한다. 일반적으로 남성보다는 여성의 경우에 잘 발달되어 있고, 성인 보다는 소아의 경우에 잘 발달되어 있다.

2. 피부부속기관(the skin appendage)

피부에는 피부를 보호하고 기능을 도와주는 피부부속기관이 있다. 한선(*sweat gland*), 피지선(*sebaceous gland*), 모발(*hair*), 손(발)톱(*nail*) 및 유선(*mammary*) 등이 피부부속기관이다.

2-1. 한선(sweat gland)

한선은 땀을 분비하기 때문에 땀샘이라고도 하며, 소한선(*eccrine sweat gland*)과 대한선(*apocrine sweat gland*)의 두 종류가 있다.

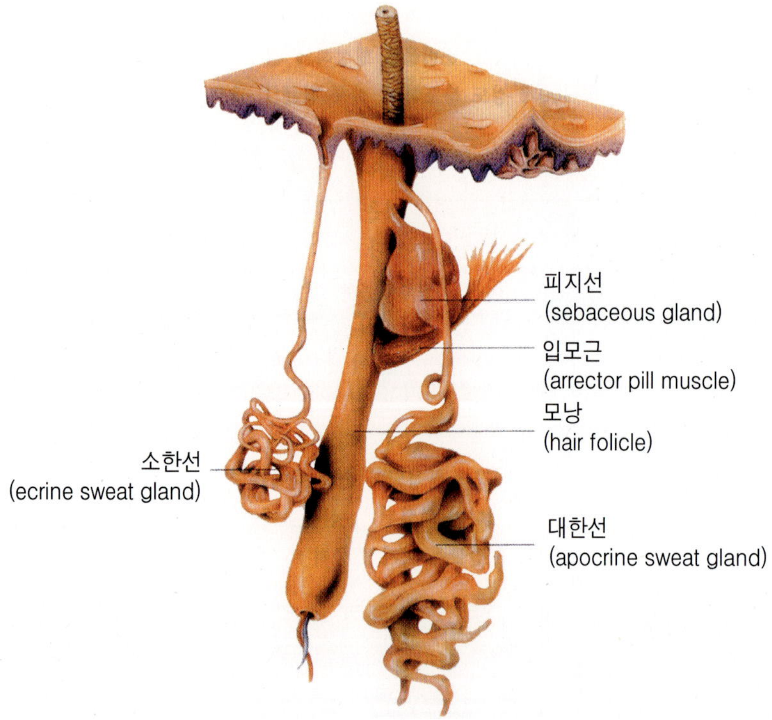

그림 1-18. 피부부속기관의 구조

2-1-1. 소한선(eccrine sweat gland)

1) 소한선의 분포

소한선(*eccrine sweat gland*)은 땀을 분비하는 나선형의 분비선과 한관으로 구성되어 있다. 진피 내에서의 소한선은 직선 형태를 보이며 두층의 입방형 세포로 구성되어 있고, 표피 내의 소한선은 표피에 직접 연결되어 있다. 점막과 입술경계부 등의 피부 경계부, 소음순, 귀두부, 조갑상을 제외한 전신의 피부에 존재한다. 특히 손바닥, 발바닥, 두피, 이마에 주로 분포되어 있다. 소한선은 실타래 모양의 선체가 진피 하층 혹은 피하조직 내에 있으며, 도관을 통하여 진피와 표피를 지나 피부의 표면에 이른다.

2) 소한선의 기능과 땀의 분비

소한선은 여러 가지 운동으로 인하여 체온이 상승하거나 고온에 노출되는 경우 땀을 분비하여 체온을 저하시킨다. 또한 신맛과 매운맛을 내는 음식물이나 정

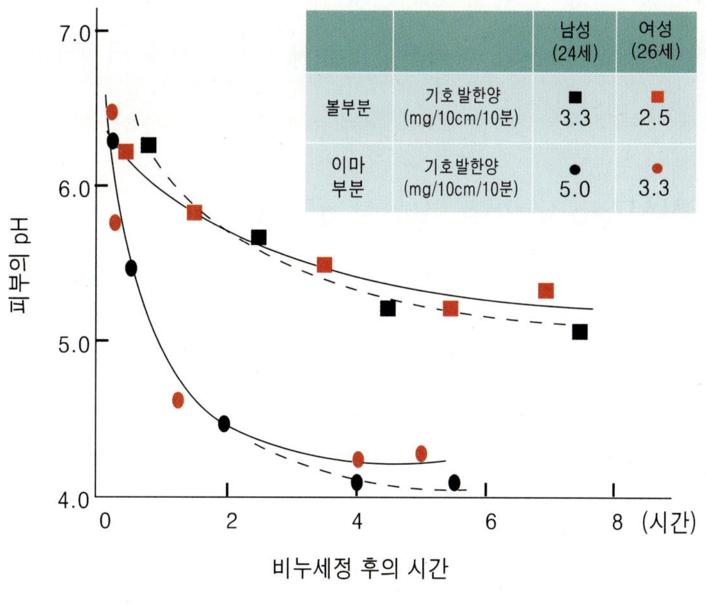

그림 1-19. **성별 부위별 알칼리 중화 기능**

표 1-1. 땀의 구성 성분

땀의 성분	함 량(wt %)	땀의 성분	함 량(wt %)
식 염	0.648~0.987	암모니아	0.010~0.018
요 소	0.086~0.173	요 산	0.0006~0.0015
젖 산	0.034~0.107	크레아틴	0.0005~0.002
황화물	0.006~0.025	아미노산	0.013~0.020

신적인 스트레스에 의하여 땀이 분비된다. 소한선에서는 저장액(*hypotonic*)을 분비하여 몸의 표면에서 증발된다. 땀의 특징은 무색, 무취의 저장액으로서 혈장성분과 유사하다.

3) 땀의 구성 성분

소한선에서 분비되는 땀은 99%가 수분이고, 주요 성분은 소금(NaCl)이며 그 외의 성분은 요소, 젖산, 황화물, 암모니아, 요산, 크레아틴, 아미노산 등도 함유되어 있다. 땀의 pH는 4.5~5.5의 약산성으로 세균의 번식을 억제하며, 피부 표면에 도달하면 더욱 묽어진다.

2-1-2. 대한선(apocrine sweat gland)

대한선(*apocrine sweat gland*)은 겨드랑이, 사타구니, 음낭, 대음순, 항문 주위 등의 털이 있는 부위와 젖꼭지 주변의 유륜에 분포되어 있다. 대한선 분비구의 구조는 나선형 형태로 분비세포와 근상피세포로 구성되어 있으며, 아드레날린, 콜린성 신경섬유의 지배를 받는다. 대한선은 피지선과 함께 모포와 일체를 이루고 있으며, 피부 표면에 노출되어 있지 않고 모공으로 연결되어 있다. 대한선에서 분비된 땀은 성분이 다양하고, 소한선에서 분비된 땀과는 다르게 끈끈하게 냄새가 나는 물질도 포함되어 있다. 피부의 표면에 존재하는 미생물이 땀의 성분인 유기성 물질을 분해함으로써 체내의 냄새를 유발한다. 대한선에서 분비된 땀은 사춘기에 분비되기 시작하며, pH는 5.5~6.5이나 액취증의 경우 약알칼리로 변한다. 소한선은 자율신경의 지배를 받지만 대한선은 주로 호르몬의 영향을 받는다. 대한선은 나이가 들어감에 따라 구조가 달라지고 분비세포가 위축됨에 따라 땀의 분비가 감소된다.

2-2. 피지선(sebaceous gland)

2-2-1. 피지선의 분포

피지선은 손바닥, 발바닥을 제외한 전신의 피부에 존재한다. 신체의 각 부위에 따라 피지선의 크기, 형태, 분포, 밀도가 다르며, 두피, 얼굴, 목, 등과 가슴에 주로 분포되어 있다. 얼굴에서도 피지선 분포의 차이가 있으며, 얼굴의 중앙부위 즉, 이마, 눈썹 사이, 콧방울, 입 주변에 이르는 T-존(*T-zone*) 부위에 발달되어 있다. 두피, 이

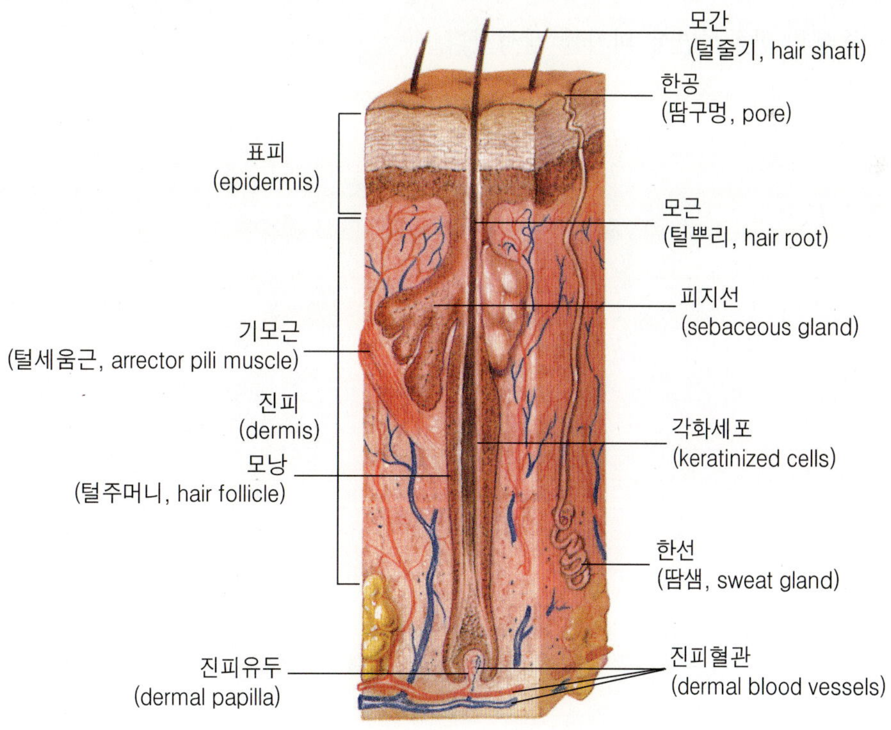

그림 1-20. 피지선

마, 빰 부위에는 1cm²당 400~900개의 피지선이 존재하지만 기타 부위는 100개 이하이다. 일반적으로 피지선은 모공과 연결되어 있기 때문에 모공을 통하여 피지(*sebum*)를 표피 밖으로 배출한다. 모낭이 없는 손바닥과 발바닥의 경우에는 피지선이 존재하지 않는다. 그러나 구강점막, 입술 경계부, 여성의 유륜, 소음순, 눈꺼풀 부위에 존재하는 피지선의 경우 모공과 연결되어 있지 않다. 이러한 피지선을 독립피지선(*free sebaceous gland*)이라 한다.

2-2-2. 피지선의 발생과 피지 분비

피지선은 전분비(*holocrine*)하는 특징을 지니고 있다. 즉 피지(*sebum*)의 분비는 피지세포의 분화에 의하여 일어난다. 피지선에 연결되어 있는 소엽의 외각부는 미분화된 피지세포로 이루어져 있으며, 교소체에 의하여 기저막에 연결되어 있다. 약 1주일간의 분화 과정을 통하여 피지세포가 성숙하게 되면서 많은 수의 피지 액포(*vacuole*)를 지니게 되고, 피지관을 통해 피지를 분비하게 된다. 결국 피지선 세포는 붕괴와 증식을 반복하면서 피지를 생성한다.

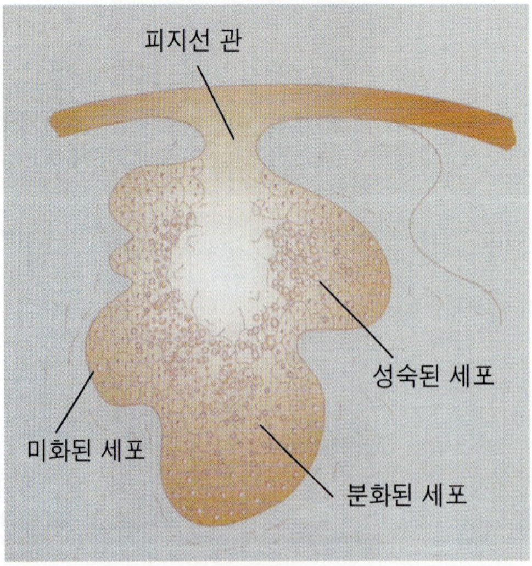

그림 1-21. **피지선의 구조와 구성 세포**

피지선의 크기는 피지 분비량과 상관관계를 가지고 있다. 피지선은 임신 4개월에 발생하여 출생 시 모체로부터 성호르몬의 영향으로 기능이 항진하지만 출생 이후 쇠퇴하여 작아진다. 8~10세에 기능이 성숙되고, 사춘기에 이르면 성호르몬의 영향에 의하여 피지선의 기능이 최고에 이르게 된다.

그 후 여성은 폐경기 이후 난소 기능이 저하되면서 피지선의 기능이 감소되고, 남성은 50~60세 이후 피지선의 기능이 감소된다. 피지선의 기능은 성호르몬과 밀접한 관계를 가지고 있으며, 남성 호르몬인 안드로겐(*androgen*), 특히 테스토스테론(*testosterone*)에 의해 많은 영향을 받는다. 일반적으로 남성이 여성에 비하여 피지선의 크기가 크고, 피지 분비량도 많다. 피지의 분비량은 호르몬 이외에 인종, 신체의 부위, 연령, 성별, 계절, 음식물, 시간, 온도 등의 영향을 받고, 피지의 분비 균형이 상실되면 다양한 피부의 이상 즉, 건성피부, 여드름 등을 유발한다. 피지 분비는 하루에 1~2mg이 생성된다.

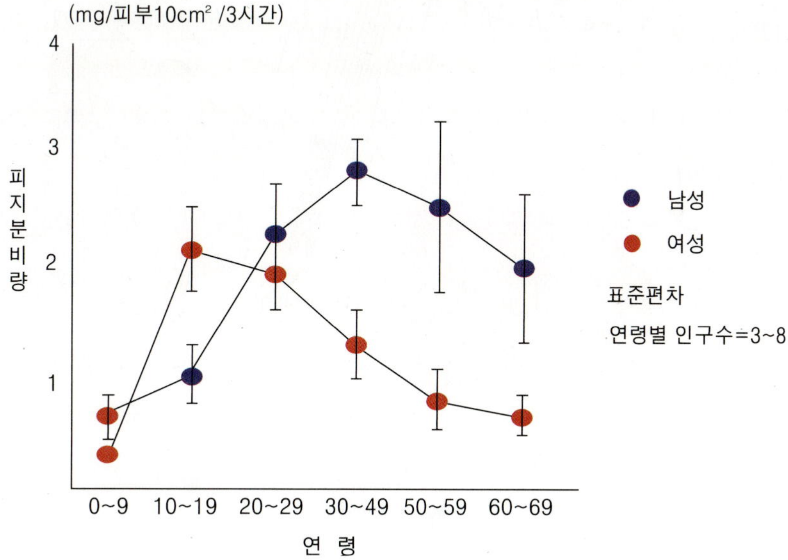

그림 1-22. 연령별 피지 분비량

2-2-3. 피지의 구성 성분

피지선에서 분비된 피지의 구성 성분은 중성지질(*triglyceride*)이 대부분을 차지하고, 왁스(*wax*), 스쿠알렌(*squalene*), 콜레스테롤(*cholesterol*), 콜레스테롤 에스테르(*cholesterol ester*) 등이다. 이러한 피지 중 중성지질은 지질의 분해 효소인 리파아제(*lipase*)에 의하여 유리지방산(*free fatty acid*), 모노글리세라이드(*monoglyceride*) 그리고 디글리세라이드(*diglyceride*) 등으로 분해된다.

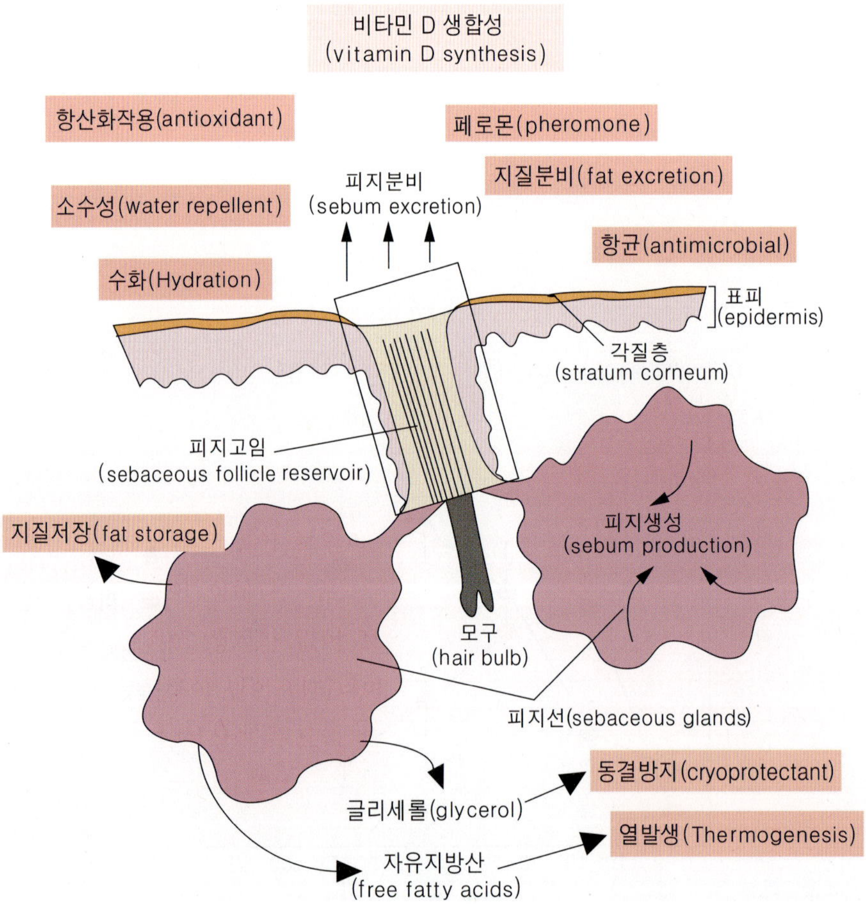

그림 1-23. 피지의 기능

2-2-4. 피지의 기능

피지선에서 분비되는 피지는 각질층의 수분증발을 억제하여 수분을 일정하게 유지시키고, 유연성을 부여한다. 또한 피지는 땀과 섞여서 피지막을 형성하여 피부의 pH가 4.5~5.5로서 일정한 약산성을 유지한다. 이와 같은 피지막은 외부로부터 유해물질이나 세균의 침입을 막아 피부를 보호하는 기능을 한다. 그래서 피지막을 산성막 혹은 보호막이라고도 한다. 또한 피지 세포는 염증 반응과 관련된 사이토카인을 분비한다. 그 외에 피지는 피부장벽의 항상성 유지와 피부 표면에 항산화물질을 공급하며 UVB로부터 각질형성세포를 보호하는 역할을 한다. 또한 피부 상재균이 분비하는 리파아제(*lipase*)에 의하여 생성되는 자유지방산은 항균작용(세균, 박테리아)을 하지만 여드름을 유발하는 면포를 형성하기도 한다.

2-2-5. 피부 표면의 지질

피부 표면의 지질은 크게 피지선과 각질층의 세포간 지질 등에서 유래한 지질과 외부 환경 및 화장품 등에서 유래한 지질로 구분할 수 있다. 이와 같은 피부 표면 지질은 주로 피부의 항상성 유지와 투과 장벽 기능을 한다. 특히 각질층의 세포간지질은 피부의 투과장벽 기능에 있어서 중요한 역할을 한다.

표 1-2. 피부 표면의 지질 구성 성분

지질 성분	피 지(wt %)	세포간지질(wt %)	화장품
중성지질triglyceride)	41.0		유지, 올리브유 등
디글리세라이드(diglyceride)	2.2		
지방산(fatty acid)	16.4	30.0	스테아린산, 팔리틴산 등
왁스에스테르(wax ester)	25.0		밀랍, 경랍 등
스쿠알렌(squalene)	12.0		스쿠알렌
콜레스테롤(cholesterol)	1.4	15.0	
콜레스테롤 에스테르 (cholesterol esterol)	2.1	5.0	라놀린, 콜레스테롤 등
세라마이드		50.0	
기타			

2-3. 손(발)톱(nail)

손톱과 발톱은 딱딱한 케라틴(*hard keratin*)으로 얇은 판 모양의 각화세포가 밀착된 표피의 각질층과 같다. 손톱은 손가락의 끝을 보호하며 감촉을 예민하게 하고 힘을 가할 수 있게 하여 미세한 동작이나 작은 물건을 잡는데 유용하다. 건강한 사람의 경우 손톱은 하루에 0.1~0.15mm 정도 자라지만 개인 그리고 여러 가지 요인에 따라 다르다. 일반적으로 손톱이나 발톱의 경우 뿌리에서 끝까지 자라는 데는 6개월 정도 걸린다. 유아기에서 청년기에는 빠르게 자라고 노년기에는 자라는 속도가 느리다. 손톱의 윤기나 색깔이 건강과 관련되며, 건강상태가 좋지 않을 경우에는 손톱의 윤기가 없고 거칠어지며 부서지기 쉽다. 또한 계절에 따라 길어나는 속도가 다르며, 여름에는 가장 빠르게 길어나고 겨울에는 느리다. 일반적으로 손톱이 발톱에 비하여 비교적 빠르게 자란다.

2-3-1. 손(발)톱의 구조와 조성

일반적으로 손가락 끝을 보호하고 미세한 힘을 가할 수 있도록 하는 손톱의 딱딱한 부분을 조갑(*nail plate*)이라 한다. 손톱이 피부에 덮여 있는 부분을 조근(*nail root*)이라 하고, 그 선단을 조모(*nail mother*)라 하는데 새롭게 손톱이 만들어지는 부분이

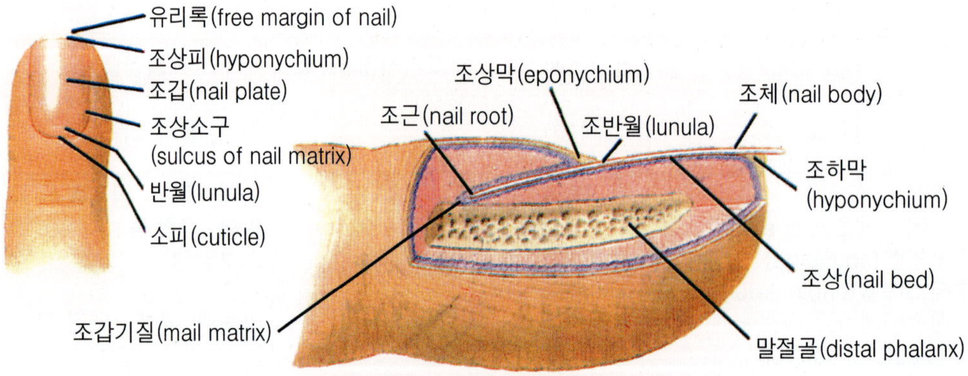

그림 1-24. 손톱의 구조

다. 조갑은 조갑기질(*nail matrix*)에서 만들어지며, 조상부(*nail bed*)의 위를 조상의 방향으로 조갑과 조상이 하나가 되어 손끝을 향하여 진행된다. 손톱은 이와 같은 과정에 의해서 자라난다.

조상부는 조갑(*nail plate*)에 수분을 공급하기도 하고, 조곽(*nail wall*)과 함께 조갑이 일정한 방향으로 자라도록 형태를 잡는데 기여한다. 조갑이 자라서 조상부로부터 분리된 부분을 유리록(*free margin of nail*)이라 한다. 이 부분은 조갑으로부터 수분 공급이 어렵기 때문에 수분 함유량이 감소하여 약하고 부서지기 쉽다.

조반월(*lunula*)은 손톱 뿌리 부분에 반달형의 유백색을 띠고 있는 부분이다. 이부분에서의 조갑의 형성은 불완전하고, 충분히 각질화되어 있지 않다. 조반월은 조갑의 다른 부분에 비하여 약간 부드럽고, 하부와의 접착도 불완전하다. 조갑을 둘러싼 피부의 부분을 조곽(*nail wall*)이라한다. 조갑의 뿌리 쪽을 후조곽, 양 옆 부분을 측조곽이라 한다.

조갑(*nail plate*)의 위를 덮은 피부를 조상피(*eponychium*)라 하는데, 미완성의 조갑을 보호하는 역할을 한다. 조상피가 없으면 조갑은 손상될 수 있고, 새로이 생긴 조갑의 형태에 이상이 생긴다. 조갑기질에는 멜라닌 색소를 생산하는 멜라닌생성세포(*melanocyte*)가 존재하기 때문에 조갑 중에도 미량의 멜라닌 색소가 존재한다.

조갑(*nail plate*)은 지질의 함량이 0.15~0.75%로 피부의 각층과 비교하여 지질의 함량이 상대적으로 적다. 그러나 유황의 함량은 3% 이상으로 피부의 각층에 비하여 많이 존재 한다. 손톱은 모발과는 형태적으로 다르지만 동일한 경케라틴(*hard keratin*)으로써 손톱의 아미노산 조성이 연케라틴(*soft keratin*)으로 구성된 피부의 각질층보다는 모발에 가깝다.

2-3-2. 손(발)톱의 물리적 성질

손(발)톱의 경우도 피부나 모발과 같이 주위 환경에 따라 흡습력과 건조에 의한 딱딱한 정도가 변한다. 손톱의 수분 함량은 외부 환경에 의하여 5~24% 정도까지 변할 수 있다. 수분의 함량이 많아지면 유연해지고, 건조하면 딱딱해 진다. 흡습에 의한 손(발)톱의 체적 변화는 종, 횡 방향보다도 두께의 방향으로 변화가 크다.

2-3-3. 손(발)톱의 손상

조갑층상 분열증(*onychoschsis*)은 조갑 선단의 유리록 부분이 마치 운모가 벗겨지듯이 층상으로 박리되는 현상이다. 이러한 현상은 조갑 끝의 유리록에서 조상부로부터 수분을 공급받기 어렵기 때문에 수분이 감소하여 나타난다. 그리고 네일 에나멜이나 리무버의 빈번한 사용에 의하여 탈수, 탈지작용 그리고 비누나 세제에 의한 탈지 등도 또 하나의 요인이다. 따라서 네일 에나멜과 리무버 등을 사용하여 손톱관리를 하고자 할 때에는 손톱의 탈지나 탈수에 대하여 고려하여야 하고, 평소에 네일 트리트먼트로 손톱을 보호하여야 한다.

2-4. 모발(hair)

태아의 취모(*lanugo*)는 태아기 8개월째에 모두 빠지고, 2cm까지 자란 다소 굵은 연모를 지닌 상태에서 사람은 태어난다. 사람은 태어난 후에 모낭이 새로이 생기지 않는다. 또한 성장과 함께 부위에 따라 길고 두꺼운 경모(*terminal hair*)로 바뀐다. 경모는 성장시기, 부위 그리고 성별에 따라 다르며, 경모는 모발이 길어날 수 있는 길이에 따라 단모와 장모로 나눈다. 모발은 피부의 부속기관 중의 하나로 손바닥, 발바닥, 입술, 생식기 등 특정 부위를 제외하고 신체의 모든 부위에 존재한다. 사람의 신체 표면에는 약 500만개의 체모가 있다. 그 중 두피에는 약 10만개의 모발이 존재한다.

이와 같은 체모는 신체의 각 부위에서 태양광선, 마찰, 충격 등을 완화시켜 주고, 땀과 먼지 그리고 세균 등 여러 가지 이물질의 침입을 방지하여 신체를 보호한다. 그리고 여러 가지 환경적인 영향에 의한 체온을 조절하고 이성을 유혹하는 역할을 한다. 그 외에도 모발의 경우에는 사람의 개성과 외모의 미적 효과를 높이기 위한 장식적인 역할을 한다. 모발에 대해서 제3장부터 보다 구체적으로 자세히 설명하고자 한다.

3. 피부의 기능

피부는 인체의 외부 환경과 접촉하고 있기 때문에 인체에 해로운 여러 가지 물질에 노출되어 있으며, 인체의 개구부에서 점막과 연결되어 있다. 따라서 피부는 물리적, 화학적 자극 또는 미생물로부터 인체를 보호하는 기능을 한다. 그리고 혈관계와 땀샘을 통하여 체온을 조절하고, 광범위하게 분포되어 있는 신경세포를 통하여 외부 환경에 대한 정보를 인체에 전달하는 역할을 한다. 이외에도 면역반응, 분비와 배설작용, 대사, 흡수 및 호흡 작용 등 다양한 기능을 수행하는 중요한 기관 중 하나이다.

3-1. 보호 작용(protective function)

3-1-1. 물리 · 화학적 보호 작용

피부는 인체와 주위 환경과 직접 접촉하기 때문에 여러 가지 물리적 자극이나 화학적인 자극으로부터 인체를 보호한다. 즉, 절단, 분쇄, 찌름, 당김 그리고 쇼크 등 인체에 크고 작은 외상에 위험을 줄 수 있는 여러 가지 기계적인 자극으로부터 보호한다. 그리고 실생활에서 사용되고 있는 다양한 화학물질과 환경오염으로 발생한 화학물질 등으로부터 인체를 보호한다. 먼저 피부의 가장 바깥쪽을 싸고 있는 각질층은 물리적 자극이나 화학적 자극으로부터 인체를 보호한다. 즉 표피의 각화과정에 의하여 생성된 각질층의 케라틴과 각질 비후막은 기계적 자극 뿐만 아니라 화학물질에 대해서도 저항성이 강하다. 팔꿈치나 발꿈치 그리고 무릎과 같이 지속적으로 기계적 자극을 받는 부위는 다른 부위에 비하여 각질층이 두껍고, 보다 강하게 변화한다. 진피의 구성 성분으로 피부에 탄력을 주는 탄력 섬유나 피부에 강도를 부여하는 교원섬유 그리고 피하조직은 외부로부터의 물리적인 힘이 내부에 직접 미치지 않도록 쿠션역할을 한다. 화학물질 중에도 알칼리는 각질층에 존재하는 젖산이나 지방산에 의하여 중화됨으로써 피부는 항상 약산성(pH 4.5~5.5)을 유지한다. 피부는 산(酸)에 노출되면 단백질이 응고하기 때문에 그 장해는 비교적 표층에서 머물지만, 알칼리에 침해당할 경우에는 단백질이 용해되기 때문에 장해가 깊은 곳까지 미치는 경향이 있다.

3-1-2. 미생물에 대한 보호 작용

자연환경과 직접 접해 있는 인체의 피부는 여러 가지 요인들로부터 미생물에 의해 쉽게 오염된다. 피부 표면에는 한선에서 분비되는 땀과 피지선에서 분비되는 피지에 의하여 얇은 막이 형성되는데 이러한 막을 보호막(산성막, 피지막)이라 한다. 이러한 보호막은 약산성으로써 미생물의 번식을 막아준다. 또한 비병원성균인 부생균류(*saprophyte*)의 미생물들은 서로간의 경쟁을 통하여 병원균의 생성을 억제하며, 병원균에 저항하는 상대적인 보호기능을 한다. 피부의 각질층은 미생물의 침투를 막는 물리적, 수동적인 방어막이다. 상처나 화상에 의하여 각질층이 파괴되면 진피의 염증 반응이 나타난다. 염증 반응은 혈관 확장, 모세혈관의 투과성 증가로 다핵세포(*polynucleocyte*)와 대식세포(*macrophage*)가 감염부위에 모여들면서 대식작용(*phagocytosis*)에 의해 세균을 박멸한다. 염증부위에 고름이 생성되는 것은 이러한 세포들이 모여서 죽은 덩어리이다.

3-1-3. 면역 작용

피부는 인체에 이물질이 침입하는 것을 방지하는 역할을 한다. 특히 표피의 각질층에서부터 이물질의 침입을 저지한다. 그러나 세균 등의 병원성 미생물이 피부의 상처 난 부위로 침입한 경우에 면역 반응(*immune reaction*)에 의해 이물질을 배제하는 기능을 가지고 있다. 단 이러한 이물질에 대한 면역학적 응답은 유해한 병원성 미생물에 한정하지 않고 이종 단백질(항원)이나 그런 자신은 항원성이 없으나 자기의 단백질과 결합하여 항원성을 나타내는 화학물질(하프텐)에 대해서도 마찬가지로 작용한다. 그리고 신체 주위의 물질에 대한 필요이상의 과도한 면역반응 즉, 알레르기 반응을 일으키기도 한다. 결국 염증이라는 피부반응을 일으킴으로써 이물질이 배제된다. 면역 응답 반응의 제1단계는 항원성이 있는 이물질을 인식하는 것으로 시작된다. 표피에 존재하는 랑게르한스 세포가 그 역할과 항원(*antigen*) 제시 기능을 한다. 항원이 진피에 도달한 경우에는 대식세포(*macrophage*)가 항원 제시 역할을 한다. 랑게르한스 세포는 표피에 수지상돌기를 통하여 외부로부터 침입한 이물질(항원)을 인식한 후 표피로부터 림프절로 이동하고, 그 항원을 특이하게 인식하는 T림프구(*Lymphocyte T*)를 증식시킨다. 또다시 그 항원이 표피로 침입하면 아주 적은 양이라도 랑게르한스 세포로부터 T림프구에 정보가 전해진다. 그 결과 표피의 세포는 염증성 사이토카인을 방출시켜서 혈관 확장, 세포 침윤, 유종 등의 염증 반응을 유발시킨다. 이와 같은 T림프구가 주체로써 일어나는 접촉성 알레르기 반응에 의한 습진이나 피부 염증 반응은 알레르기 물질이 침입하고 난 후 1~3일이 반응의 절정으로 인식되기 때문에 지연형 알레르기 반응이라고 한다. 항원의 종류나 양 등에 따라서 B림프구에 IgE 항체가 생겨서 비만 세포(*mast cell*)의 세포 표면에 결합된다. 다시 침입한 항원은 이 비만 세포상의 IgE와 즉각 반응하고, 혈관 확장 작용을 가진 히스타민 등의 염증성 물질을 방출시켜서 즉시형 알레르기 반응을 일으킨다. 이러한 유형의 대표적인 염증 반응이 접촉성 두드러기이다. 아토피성 피부염은 IgE 항체를 만들기 쉬운 경우인데, 아토피성 피부염의 습진형 반응은 T림프구에 의한 지연형 알레르기 반응에도 관여한다. 그리고 진피의 대부분을 차지하는 각질형성세포(*keratinocyte*)도 IL-1, IL-6 그리고 IL-8을 시작으로 하는 염증 반응의 발현에 관여하는 각종 사이토카인을 생산하여 피부면역에 관여하고 있다.

3-1-4. 자외선 방어 작용(UV protective function)

태양에서는 여러 가지 광선이 지구에 도달한다. 이러한 광선은 생물에 여러 가지 이로운 작용도 하지만 사람의 피부에 해로운 작용도 한다. 특히 이러한 광선 중 자외선은 사람 피부의 노화와 색소 침착을 유발하는 광선이다. 따라서 이러한 유해한 광선에 대하여 일반적으로 보호하는 기능을 맡고 있는 것은 표피이다. 피지막의 경우 광선에 대한 보호기능은 약하다. 그러나 주로 땀 속에 함유되어 있는 유로칸산(*urocanic acid*)은 UVB를 흡수하여 피부를 보호한다. 또한 각질층 표면의 요철에 의하여 자외선을 반사시키거나 분산 혹은 흡수함으로써 피부를 보호한다. 그리고 피부 내에 투과된 자외선의 방어에는 멜라닌생성세포(*melanocyte*)가 만드는 멜라닌(*melanin*)이 가장 중요한 역할을 한다. 자외선에 노출된 피부는 멜라닌생성세포의 수를 증가시킴과 동시에 각각의 멜라닌생성세포의 멜라닌 합성 능력을 높여서 자외선의 방어능력을 더욱 높인다. 멜라닌은 각질층을 통과한 자외선의 90% 이상을 흡수하고 반사하여 피부를 보호한다. 이러한 멜라닌은 각 개인의 유전적인 요인에 따라 다르다. 멜라닌은 크게 갈색을 띠는 유멜라닌(*eumelanin*)과 붉은색을 띠는 페오멜라닌(*phaeomelanin*)이 있는데 유멜라닌이 보다 더 효과적인 자외선 방어 기능이 있다. 피부의 부속기관인 모발도 자외선으로부터 두피를 보호하는 역할을 한다. 그래서 피부암은 대머리를 제외하고 이 부위에서 거의 발병하지 않는다.

3-2. 보습 작용

3-2-1. 수분 보유능(water retention capacity)

각질층의 수분 보유 능력에 중요한 역할을 하는 것은 각질층에 존재하는 수용성 성분이다. 이를 천연보습인자(*natural moisturizing factor*, NMF)라 한다. NMF의 주요 성분은 아미노산(*amino acid*)과 피롤리돈 카르복실산(*pyrrolidonic acid*) 등의 단백질 대사 산물이다.

각질층 내의 아미노산은 과립층의 케라토히알린 과립(*keratohyalin granule*)을 구성하는 필라그린(*filaggrin*)이라는 단백질이 각질층으로 이행하면서 완전히 분해 됨에 따라 생성된다.

따라서 각질층의 수분 보유 기능이 유지되기 위해서는 정상적인 각화과정이 일어나는 것이 중요하다. 피부가 거칠어지거나 건조하는 등 약간의 변화에도 아미노산 함량, 나아가서 수분 보유능의 저하가 쉽게 나타난다. 일반적으로 각질층 내의 아미노산 함량이 적어지면 피부가 건조해지는 경향이 크다. 수분 함량이 10% 이하가 되면 각질층은 유연성을 잃고 딱딱하거나 약해지고 갈라지거나 부스러기가 생긴다. 손바닥, 발바닥에는 아미노산의 함량이 적기 때문에 습도가 낮은 겨울철에 피부가 갈라지는 경향이 크다.

표 1-3. 천연보습인자(NMF)의 조성

성 분	조 성(%)
아미노산(amino acid)	40.0
피롤리돈 카르복실산(PCA)	12.0
젖산염(lactate)	12.0
요소(urea)	7.0
암모니아(NH_3)	1.5
무기염 Na^+, K^+, Ca^{2+}, Mg^{2+} Cl^-, 인산염 등	18.5
당류, 기타	9.0

3-2-2. 피부장벽기능

피부의 가장 중요한 기능 중의 하나는 피부장벽(*skin barrier*)으로서의 역할이다. 피부의 가장 바깥에 위치하여 외계와 직접 접촉하고 있는 각질층은 비록 세포가 죽어 있는 상태이지만 피부 장벽 기능의 중요한 역할을 한다. 즉 각질층은 피부를 통한 수분과 전해질의 손실을 억제함으로써 피부가 정상적인 생물학적 기능을 유지할 수 있는 환경을 제공한다. 또한 외부 환경으로부터 유해한 인자가 피부를 통해 침범할 때 이를 제일선에서 막아내는 역할을 한다. 각질층의 구조는 단백질이 풍부한 각질형성세포(*corneocyte*)와 그 사이를 채우고 있는 각질세포간 지질로 이루어져 있다. 표피가 분화되면서 세포간격은 점점 증가한다. 과립층에서는 세포간격이 전 부피의 약 1%를 차지하는데 반하여 각질층에서는 약 5~30%을 차지한다. 특히 각질세포간 지질은 과립층의 층판소체에서 유래하며 각질형성세포가 분화되는 마지막 단계에서 세포외유출(*exocytosis*) 과정을 거쳐 과립층과 각질층의 경계부위에서 배출된다. 이러한 유출단계에서 각 지질의 전구체가 층판소체 내부의 효소에 의한 작용과 세포외변환(*extracellular processing*) 과정을 거쳐 구성성분이 달라진다. 즉, 각질세포간 지질성분인 세라마이드, 콜레스테롤 그리고 자유지방산 등으로 변환되어 다중층상 구조를 이룬다. 이러한 각질 세포간 지질은 장벽의 주된 역할을 한다.

표 1-4. 세포간 지질의 구성

성 분	조 성(%)
세라마이드(ceramide)	41.1
세라마이드 에스테르(ceramide ester)	3.8
콜레스테롤(cholesterol)	26.9
콜레스테롤 에스테르(cholesterol ester)	10.9
지방산(fatty acid)	9.1
황산 콜레스테롤(cholesterol sulfate)	1.9
기 타	6.3

피부장벽의 주된 지질인 세라마이드, 콜레스테롤, 자유지방산 등은 각질층의 모든 층에 같은 양으로 존재하는 것이 아니라 상부로 올라갈수록 점차 많아진다. 또한 교소체에 의한 각질세포간 결합도 상부로 올라갈수록 약해지고 교소체의 숫자도 적어지면서 형태도 점차적으로 소멸된다. 이와 같은 현상은 글리코시다아제(*glycosidase*)와 단백분해효소(*protease*) 등이 교소체에 작용하기 때문이며 각질세포의 탈락에 중요한 역할을 한다. 이와 같은 효소들은 층판소체에 의해 각질층으로 운반되며 부위에 따라 교소체의 해체 정도가 다른 것은 효소에 저항하는 단백질이나 교소체를 보호하는 역할을 하는 당류 등에 의한 감수성이 다르기 때문이다.

따라서 외부 환경과 접하고 있는 피부는 수분 손실을 막고 NMF 성분의 아미노산 방출을 막을 뿐만 아니라 유해한 환경으로부터 신체를 보호하는 가장 중요한 일차 방어선이다. 또한 독성 물질이나 미생물, 기계적인 자극이나 자외선에 대한 장벽 기능을 담당한다.

3-3. 항산화 작용(antioxidation)

사람은 생활하는데 필요한 에너지를 얻기 위해서 절대적으로 산소가 요구된다. 인체의 대사에 활용되는 산소는 호흡을 통하여 유입되고 혈액에 의하여 세포로 까지 전달되기 때문에 체내·외에 항상 산소가 존재하게 된다. 이와 같은 산소는 인체의 생리작용, 자외선이나 환경오염 등 여러 가지 요인에 의하여 인체의 대사에 필요한 산소보다 훨씬 불안정한 산소종이나 자유라디칼로 변하게 된다. 이러한 산소 종을 유해산소종 혹은 활성산소종(*reactive oxygen species*; ROS)이라 한다. 슈퍼옥사이드음이온라디칼($O_2^{\cdot-}$; *superoxide anion radical*), 과산화수소(H_2O_2; *hydrogen peroxide*), 단일항산소($^1O_2$; *singlet oxide*), 히드록시라디칼(·OH; *hydroxy radical*) 등이 이러한 활성산소종에 속한다. 이러한 활성산소종은 피지막이나 세포막을 구성하는 지질을 과산화시키고, 유전자와 단백질 등과 화학 반응 즉, 산화반응을 일으켜 피부에 손상을 입힌다. 이와 같은 활성산소종은 정상적인 생활에서도 생성될 뿐만 아니라 스트레스 그리고 질병, 담배 등 여러 가지 요인에 의하여 생성되며 인체 내에 축적되어 노화를 유발시킨다.

피부에는 이러한 활성산소종을 제거하기 위하여 효소와 비효소성 물질의 항산화 분자가 존재한다. 인체 내의 효소는 카탈라아제와 SOD 등이 과산화수소와 슈퍼옥사이드음이온라디칼에 대하여 항산화 작용을 한다. 그리고 이러한 효소에 의하여 항산화작용을 억제시킬 수 없는 단일항 산소나 히드록시 라디칼의 경우는 항산화제 즉, 토코페롤(*tocopherol*)이나 아스코르브산(*ascorbic acid*, Vit. C) 그리고 플라보노이드(*flavonoid*) 등을 이용하여 항산화작용에 활용한다.

3-4. 흡수 작용

피부를 통하여 여러 가지 물질들이 인체 내로 흡수된다. 이와 같은 흡수는 크게 2가지 방법이 있다. 하나는 경피를 통한 흡수이고, 다른 하나는 피부부속기관, 즉 한선이나 피지선 그리고 모공을 통한 흡수이다. 경피 흡수에 비하여 피부부속기관을 통한 흡수가 보다 빠르다. 그러나 피부부속기관은 평균적으로 피부 $1cm^2$ 당 한공이 200~250개이고 모공이 40~70개 정도 분포, 즉 총 피부표면적의 0.1% 미만을 차지하므로 전체 흡수에 기여하는 정도는 매우 적다. 따라서 대부분 경피를 통하여 흡수된다. 또한 살아있는 표피와 진피의 세포 그리고 모세혈관은 상대적으로 흡수가 용이하지만 각질층의 두께와 구조는 흡수가 어렵다. 그 결과 각질층은 피부의 물질 흡수에 대한 장벽기능을 하게 되는 것이다. 그러나 일부는 경피를 통하여 흡수되고, 경피흡수경로는 피부각질세포를 직접 통과하는 경로(*transcellular*)와 각질세포간지질을 통과하는 경로(*intercellular*)로 나눌 수 있다. 일반적으로 수용성 물질은 피부각질세포를 직접 통과하는 반면에 지용성물질은 각질세포간지질을 통과한다.

남성호르몬, 여성호르몬 그리고 부신피질호르몬 등 스테로이드성 물질이나 비타민 A, D, E, K 등의 지용성 물질은 경피 흡수가 비교적 잘된다. 그러나 표피의 각층에는 세포막이나 세포간지질이 소수성이므로 물이나 수용성 물질은 경피를 통하여 흡수되기 어렵다. 이와 같이 흡수되는 물질의 친수성과 소수성도 중요하지만 흡수될 수 있는 물질의 분자량을 고려하여야 한다. 즉 경피를 통하여 흡수될 수 있는 분자량은 200~600 달톤(*dalton*) 정도이기 때문에 분자량이 이보다 커지면 흡수속도가 느려지거나 흡수가 불가능하다. 그 외에도 경피 흡수에는 물질의 지용성 정도, 연령, 피부 국소 혈류량, 피부의 온도, 각층의 수화성, 각질층의 손상 정도, 주위의 온도와 습도, 기제 등 여러 가지 요인이 영향을 미친다.

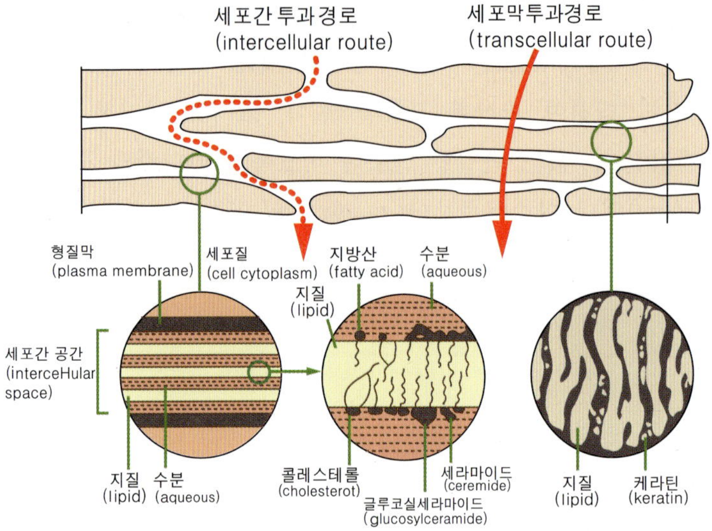

그림 1-25. 경피 흡수 경로

3-4-1. 피부의 습도와 온도

각질층이 습도가 높으면 각질층이 연화되어 물질의 투과가 잘되고, 각질층의 온도가 상승하면 모공이 열려 투과가 잘된다.

3-4-2. 각질층의 두께

각질층이 두꺼운 손바닥, 발바닥에서는 물질이 잘 흡수되지 않는 반면에 각질층이 얇은 얼굴에서는 물질이 잘 흡수된다. 특히 각질층이 얇은 점막, 음부에서는 흡수가 훨씬 잘된다. 각질층이 얇은 예민 피부의 경우에도 유해물질의 흡수가 빠르게 일어난다.

3-4-3. 연령

유아와 노인의 경우 일반 성인보다 피부 두께가 얇기 때문에 흡수가 잘된다.

3-4-4. 피부의 혈류량

피부의 혈류량이 많을 수록 즉, 혈액순환이 잘 될수록 흡수가 용이하다. 사우나나 목욕 직후 혈액순환이 잘 될 때 평소에 비하여 경피 흡수가 평소보다 쉽게 일어난다.

3-4-5. 물질의 상태

각질층의 세포사이를 각질세포간 지질로 채우고 있기 때문에 친유성 물질은 흡수가 잘된다. 물질의 분자량이 작을수록 흡수가 잘된다. 특히 분자량이 500 이하인 지용성 물질이 피부의 흡수에 용이하고 고분자일 경우에는 흡수가 매우 어렵다. 또한 각질세포간 지질이나 세포막의 구성 물질과 유사한 물질일수록 피부와의 친화력이 높고 흡수가 용이하다.

3-5. 분비 · 배설 작용

피부에는 한선과 피지선에 의해서 땀과 피지가 분비된다. 땀의 구성 성분은 99%가 수분이고 1%가 용해물이며, 소변과의 별 차이가 없는 투명한 액체이다. 평상시에도 땀은 지속적으로 분비되지만 양이 매우 적기 때문에 육안으로 보이지 않는다. 그러나 외부의 온도가 높을 때에는 분비가 많기 때문에 피부를 따라서 흐르게 되고 육안으로 쉽게 볼 수 있다. 땀의 분비는 온열성과 정신성이 있다. 온열성의 경우 체온이 높아질 때 말초 혈관에서 뇌로 운반된 더운 혈액에 의하여 자극되는 것으로 온 몸에서 땀이 나게 된다. 그리고 정신성의 경우 긴장이나 흥분 등의 정신적인 요소가 있을 때 손바닥이나 발바닥 그리고 겨드랑이에서 땀이 분비된다. 땀의 분비는 수분이나 노폐물을 몸 밖으로 분비함으로써 신장의 소변 배설 기능을 보충함과 동시에 체온 조절에도 큰 역할을 한다.

피지는 모근을 따라 피부 표면에 분비되어 피지막을 형성하여 피부의 건조를 막고 피부를 부드럽고 매끄럽게 해준다. 또한 수분이나 물에 녹아 있는 유해 물질이 피부 내에 침입하는 것을 막는다. 피지는 땀과 달라 전신에서 일정하게 분비되는 것이 아니고, 얼굴의 T-존(*T-zone*) 영역과 가슴 등에 가장 많이 분비된다. 또한 온도에도 민감하다. 그리고 피지선은 남성호르몬에 의해 지배를 받기 때문에 청년기에 피지 분비가 가장 많다. 그러나 나이가 들어감에 따라 성호르몬의 분비가 감소하면서 피지의 양도 줄게 된다. 땀과 피지는 피지막을 형성하여 피부를 보호하는 기능을 한다.

3-6. 기타 기능

3-6-1. 호흡 작용

피부는 폐호흡의 약 2%에 해당하는 양의 산소와 탄산가스를 교환하는 호흡작용을 한다.

3-6-2. 재생 작용

정상적인 피부는 각화과정에 의하여 낡은 각질세포는 탈락되고, 탈락된 세포의 분량만큼 기저세포가 차례로 분열하여 새로운 표피세포를 생성한다. 즉, 표피의 재생은 각화된 세포의 탈락이 자극되어 일어난다. 피부의 결손이 표피에 한정될 경우 기저세포가 남아있으면 기저층으로부터 재생되어 상처를 남기지 않고 회복된다. 따라서 피부 조직은 외부의 물리적인 힘에 의해 손상을 당한 경우 일정 시간이 지나면 피부 조직의 복구 능력에 의하여 원래의 모양으로 되돌아간다. 그러나 진피층이나 기저층의 세포에 손상을 당한 경우에는 재생되지 않고 흉터를 남기게 된다. 피부이식이나 성형술은 이와 같은 재생능력을 바탕으로 이루어진 것이다. 또한 털을 많이 있는 부위는 그렇지 않는 부위에 비하여 재생력이 높다.

3-6-3. 표정 작용

얼굴 근육의 움직임과 얼굴에 분포되어 있는 혈관 등으로 내면의 감정 상태를 표시한다. 따라서 반복적으로 사용한 곳에는 주름이 형성되고 사람의 인상을 결정짓는다. 또한 사람이 화가 나거나 부끄러울 때 붉은 혈색을 나타내고 좋지 않은 감정이나 놀랄 때 푸른색을 나타내는 것처럼 피부의 색으로도 감정을 표시한다. 그리고 털 세움근에 의하여 피부의 감정 전달 기관이기도 한다.

3-6-4. 체온 조절 작용

피부는 혈관의 확장과 수축에 의한 혈류량 변화와 땀을 분비함으로써 체온을 조절한다. 피부의 혈관과 소한선은 자율신경의 지배를 받고, 체온 조절 중추는 시상하부에 있다. 체온이 낮아지면 피부의 혈관을 수축시켜 체온의 저하를 막아주고, 체온이 높아지면 혈관이 확장되어 열의 발산을 증가시킨다. 땀의 분비 기능 중추도 시상하부에 있다. 그리고 피부의 각질층과 피하조직도 신체의 열 발산을 방지하기도 하고, 외부의 온도 변화를 신체의 내부에 전달하지 않는 단열작용을 함으로써 신체의 온도 조절을 돕는다. 또한 체온이 낮아지면 자율신경의 지배를 받는 입모근도 수축되어 체내로부터 열 확산을 감소시킴으로써 체온 조절을 돕는 역할을 한다.

3-6-5. 저장 작용

표피와 진피는 수분을 포함한 영양물질을 저장하고 있다. 피부는 섭취한 영양물질을 에너지원으로 사용하며, 여분의 영양물질을 피하지방에 저장한다. 이러한 지방은 물리적 충격으로부터 신체를 보호하고, 필요할 때 에너지원으로 사용된다. 피하지방 조직은 지방 외에 유동체나 염분도 저장한다.

3-6-6. 비타민 D 형성 작용

표피 내에서 생성되는 프로비타민 D(*provitamin D*)가 자외선에 의해 변화되어 비타민 D(*vitamin D*)를 생성한다. 생합성된 비타민 D는 체내에 재흡수 되어 칼슘의 흡수 촉진과 인의 대사에 관여함으로써 뼈와 치아의 형성에 도움을 준다.

3-6-7. 감각 작용

피부에는 신경종말(*nerve ending*)과 수용체가 존재하여 외부 환경의 변화를 수용하는 피부 감각을 가지게 한다. 피부 감각에는 압각, 촉각, 통각, 온각, 냉각이 있다. 이러한 감각은 신체의 방어기능으로써 역할을 하며, 척수, 뇌간, 시상을 경유하여 대뇌피질에 전달되어 감지된다. 말초신경은 1개 혹은 몇 개의 종말분지를 이루어 말초기관에 분포한다. 이러한 신경종말은 운동신경과 감각신경에서 각각 특수한 형태를 가지고 있다.

피부 유형별 특성

Skin Type Properties

2

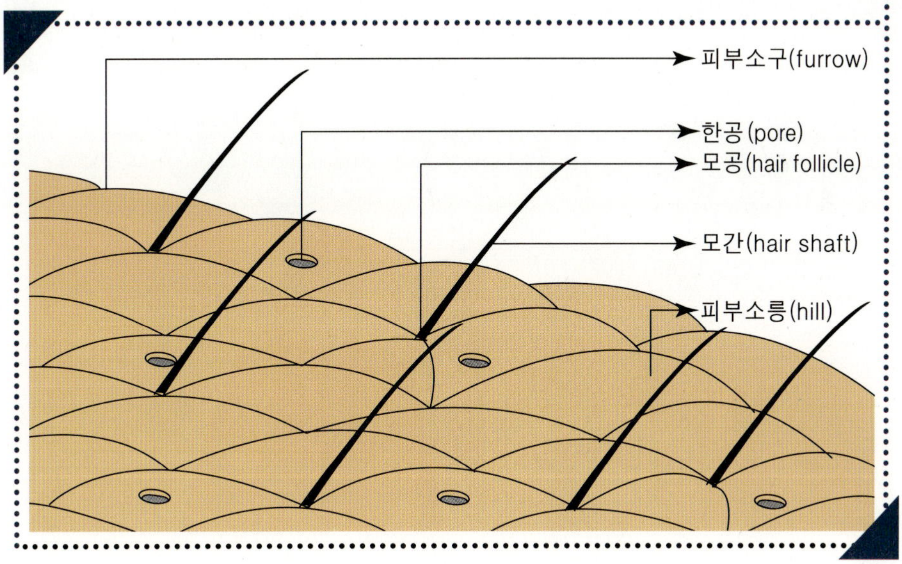

1. 피부의 표면 형태와 색깔

1-1. 피부 표면 형태(types of skin surface)

피부표면을 확대경으로 관찰하면 가는 고랑이 그물모양으로 펼쳐져 있고, 가는 고랑에 의하여 둘러싸인 마름모 혹은 사각형 등의 면으로 되어 있다. 피부의 가는 고랑은 피부소구(*furrow*)라 하고, 피부소구(*furrow*)로 둘러싸인 피부면(*ridge*)은 피부소릉(*hill*)이라 한다. 이들로 만들어진 문양을 피부 결(*grain*)이라 한다. 피부소구(*furrow*)가 교차하는 곳에는 털이 나 있고 피지가 분비되는 출구를 모공이라 하고, 피부소릉(*hill*)에 땀이 분비되는 한선의 출구를 한공이라 한다.

피부 표면에는 피부소구(*furrow*), 피부소릉(*hill*), 한공, 모공이 있다. 이러한 피부소구(*furrow*)의 폭과 깊이 그리고 한공과 모공의 크기는 사람마다 다소의 차이가 있다. 피부소구(*furrow*)의 폭이 좁고 얕은 경우 우리의 눈에는 고운피부로 보인다. 그러나 피부소구(*furrow*)의 폭이 넓고 깊으면 감촉이 거칠고 윤기가 없으며 거칠어 보인다. 나이가 어린 경우의 피부는 피부결(*grain*)이 매우 미세하고, 피부소구(*furrow*)와 피부

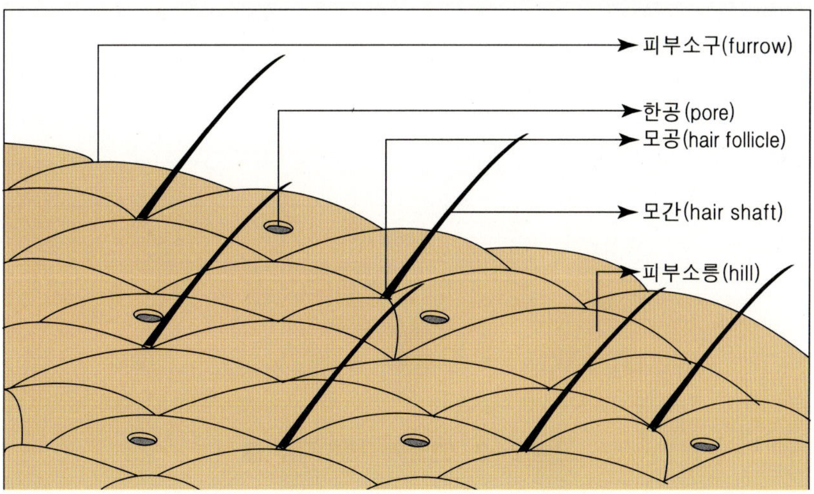

그림 2-1. 피부의 표면 구조

소릉(*hill*)의 요철이 명료하며 피부소릉(*hill*)의 형상이 정돈되어 있어서 피부에 치밀한 질감을 준다. 나이가 들어감에 따라 피부결(*grain*)은 성글어짐과 동시에 피부소구(*furrow*)와 피부소릉(*hill*)의 요철은 얇고 불선명해진다. 또한 피부소구(*furrow*)의 균질성을 잃고 모공이 커지는 경향이 있으며, 전체적으로 피부결(*grain*)이 거칠은 질감으로 변화한다.

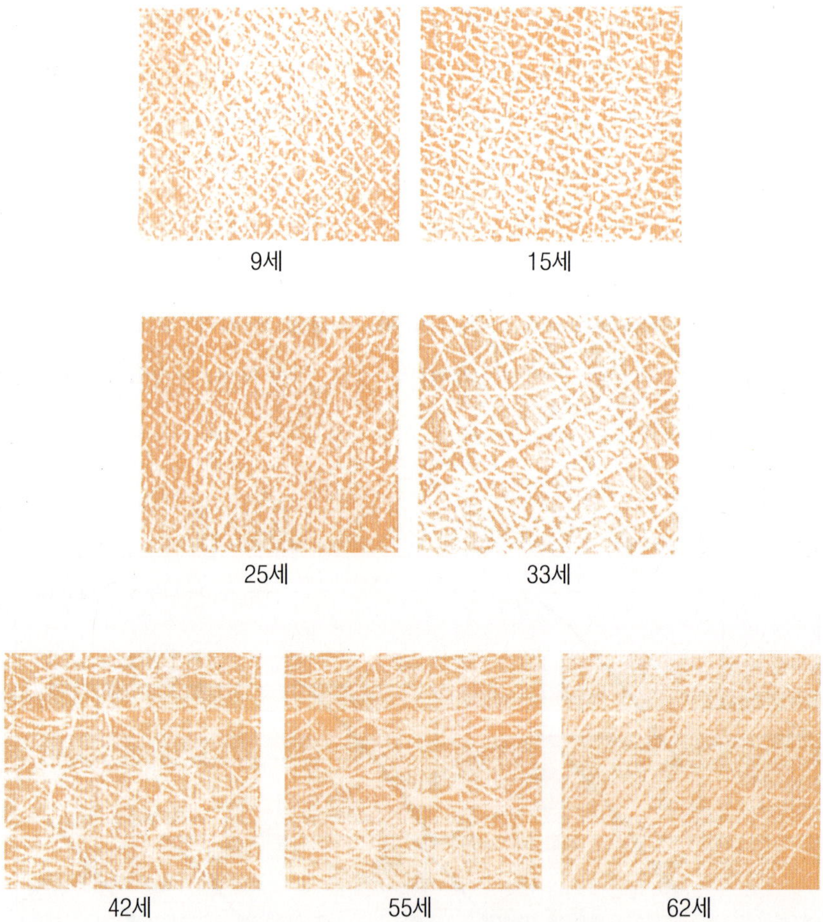

그림 2-2. 연령에 따른 피부 결

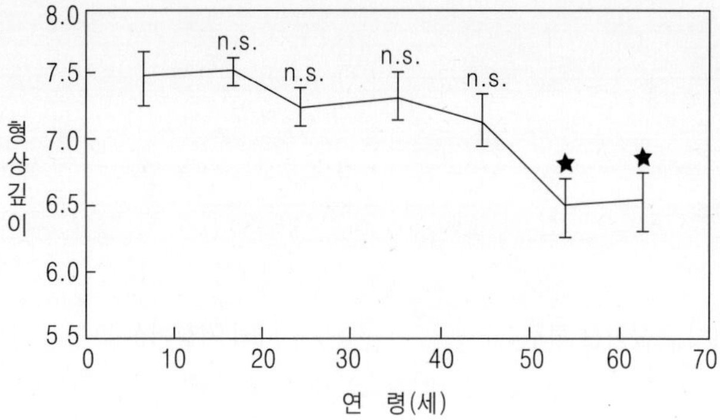

그림 2-3. 연령에 따른 형상의 깊이

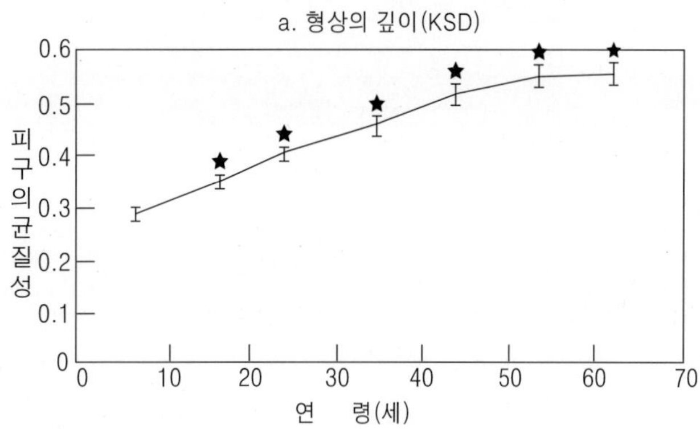

그림 2-4. 피구의 균질성

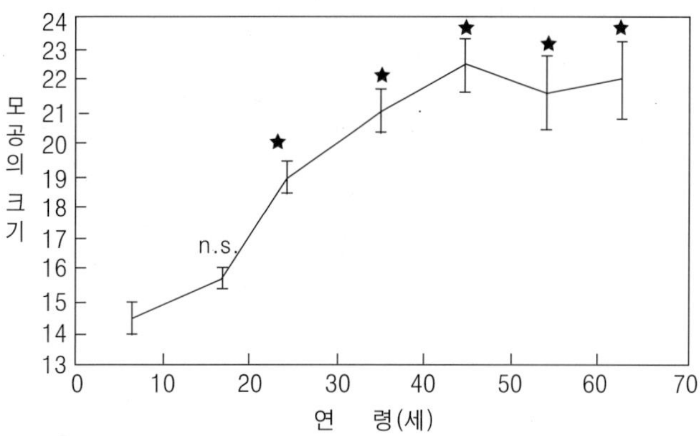

그림 2-5. 모공의 크기

[A] 거칠어진 피부

[B] 거칠어진 피부

[C] 중간피부

[D] 아름다운 피부

[E] 아름다운 피부

[A] 피부소구, 피부소릉의 소실, 광범위한 각층 박리
[B] 피부소구, 피부소릉의 불명료, 부분적인 각질층 박리
[C] 피부소구는 인지되나 평탄하여 피부소름 형태는 불명료
[D] 피부소구, 피부소릉이 선명하게 정돈됨

그림 2-6. 피부 표면의 형태

피부 표면은 실리콘 수지를 이용하여 피부 표면의 주형(*negative replica*)을 떠서 확대하면 자세하게 관찰할 수 있다. 피부결(*grain*)의 규칙성, 형상의 선명도가 다른 얼굴의 특정 부위의 복제(*replica*)를 나타내고 있다.

피부가 외관상 젊고 건강한 피부는 피부결(*grain*)이 명료하고 고우며 규칙적이다. 반대로 각질이 일어나고 거친 피부는 피부결(*grain*)이 불분명하고, 최악의 경우에는 피부 결이 없어진 경우도 있다. 이러한 방법으로 피부 표면을 확대하여 관찰하면 외관의 관찰만으로는 나타나지 않은 피부 결의 변화가 있음을 알 수 있다. 피부 표면에 나타나는 형태의 변화는 피부 내부의 변화, 즉 각화에 의한 피부 변화나 피부의 노화 정도에 의하여 영향을 받기 때문에 피부의 내부에 변화가 있음을 예측할 수 있다.

1-2. 피부 표면의 색깔(the color of skin surface)

1-2-1. 피부의 색

피부색은 신체의 부위, 성별, 연령, 계절, 지역 그리고 개인의 건강상태나 스트레스 등에 의해서 달라진다. 신체의 경우 손바닥이나 발바닥에는 색소가 적고, 음낭, 음순, 항문주위 그리고 유두 등에는 색소가 많이 존재한다. 일반적으로 여성보다는 남성이, 나이가 어린 사람보다는 노인의 경우에 피부의 색소가 많이 존재한다. 따라서 나이가 들어감에 따라 피부색은 변하고, 색상은 적색에서 황색으로 변하며 명도는 낮아진다. 또한 인종에 따라 피부색은 현저하게 다르며, 동양인은 백인에 비하여 멜라닌의 흡수가 강한 황색에 가까운 피부이다.

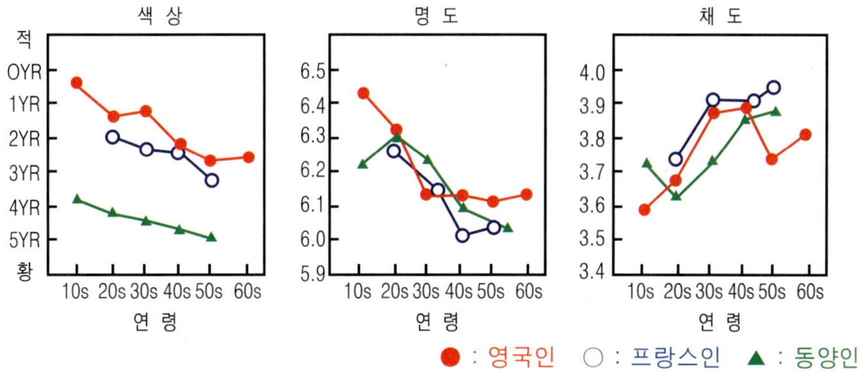

그림 2-7. 피부색의 연령별 변화

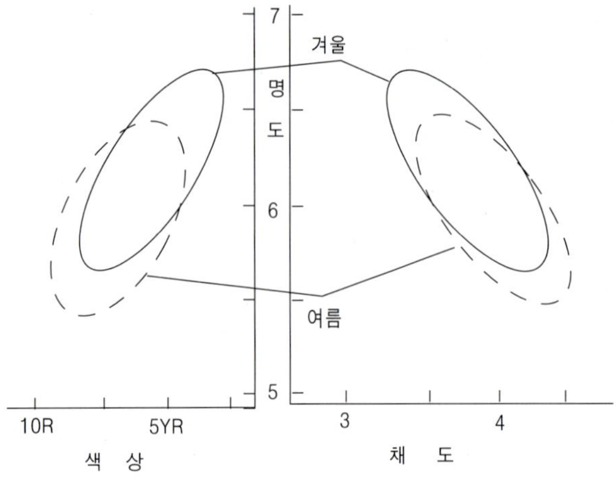

그림 2-8. 계절에 따른 피부색

1-2-2. 피부색의 결정 인자

사람의 피부색을 결정하는 근본적인 인자는 각질층의 두께, 혈관의 분포, 헤모글로빈, 카로틴, 멜라닌 등이 있다. 이와 같은 피부색의 결정 인자 중 멜라닌(*melanin*), 카로틴(*carotene*), 헤모글로빈(*hemoglobin*) 등이 가장 많은 영향을 미친다.

1) 멜라닌(melanin)

사람의 피부색을 결정하는 가장 큰 인자는 멜라닌이다. 멜라닌은 멜라닌소체(*melanosome*) 내에서 티로신(*tyrosine*)이 티로시나아제에 의하여 산화되는 등 여러 가지 복잡한 과정을 거쳐서 합성된다. 멜라닌소체는 멜라닌생성세포의 소기관인 리보솜(*ribosome*)에서 만들어지며, 멜라닌생성세포의 가지모양돌기를 통과하여 표피의 각화세포로 전달된다. 멜라닌생성세포의 수는 개인차가 있으며, 동일인에 있어서도 신체의 부위에 따라 다르다. 일반적으로 신체의 피복 부위에는 멜라닌생성세포 수가 적고 노출 부위에는 많다. 자외선에 피부가 노출되면 티로시나아제의 활성을 증가시키는 멜라닌생성세포 자극호르몬(*melanocyte stimulated hormone*;

MSH)이 분비되어 멜라닌 합성이 증가된다. 피부가 자외선에 노출되지 않게 되면 멜라닌생성세포의 활성이 원래의 상태로 되돌아간다. 인종에 따라 피부색이 다르지만 멜라닌생성세포의 밀도는 큰 차이가 없다. 그러나 멜라닌의 합성 능력, 각화세포로 이행되는 멜라노좀(*melanosome*)의 수와 그 성숙도에 따라 피부색에 큰 영향을 미친다. 피부 상층의 각화세포 내에서 백인의 멜라노좀(*melanosome*)은 가늘게 단절되어 있는데 반하여 흑인의 멜라노좀(*melanosome*)은 각질층까지 그대로 형태가 남아있어서 피부색에 큰 차이를 보인다.

2) 카로틴(carotene)

카로틴은 카로티노이드 색소의 일종이며, α, β, γ의 3종의 이성질체가 존재한다. 카로틴의 유도체인 크산토필도 카로티노이드의 일종이다. 이들을 경구 섭취하면 주로 장 점막에서 비타민 A가 생성되지만 비타민 A로 전환되지 않고 장에서 흡수된 카로티노이드는 혈중으로 이동하여 β-리포단백질과 결합한다. 혈중 카로티노이드는 각질층에 침착하기 쉬워서 각질층의 두꺼운 부위나 피하조직이 특유의 황색을 보이는 요인이 된다. 피부의 황색은 주로 카로틴에서 유래하며 여성보다 남성의 피부에 많이 존재한다.

3) 헤모글로빈(hemoglobin)

혈액의 적혈구에는 헴 4분자와 단백질의 일종인 글로빈이 존재한다. 헴은 글로빈 분자의 히스티딘 측쇄의 이미다졸과 결합하고 있다. 산소 분자와는 가역적으로 결합하고 산소를 폐로부터 조직으로 운반한다. 정맥의 혈액에 있는 환원형 헤모글로빈은 푸른 홍색을 띠고, 동맥의 혈액에 있는 산화형 헤모글로빈은 선홍색이다. 모세혈관이 분포되어 있는 안면, 목 부위 등의 표피에서는 헤모글로빈의 홍색이 피부 색깔에 큰 영향을 미친다. 따라서 혈색을 이용하여 건강상태를 예측할 수 있고, 또한 갑자기 얼굴이 빨게 지는 것도 모세혈관에 의한 혈액의 집중 때문에 나타나는 현상이다.

2. 피부 유형의 분류와 특성

2-1. 피부 유형의 분류

올바른 피부 관리를 하고 피부미용의 효과를 높이기 위해서는 피부타입을 정확하게 파악하는 것이 무엇보다도 중요하다. 또한 피부 타입을 이해하기 위해서는 피부의 각화 상태를 파악하는 것이 중요한 요소 중의 하나이다. 일반적으로 각질층의 수분 함량과 유분 상태 그리고 피부의 거친 정도에 따라 정상피부, 건성피부, 지성피부 등 크게 3가지 피부 타입으로 분류된다. 그러나 최근에는 객관적이고 과학적인 방법으로 여러 가지의 피부 생리 기능을 평가할 수 있기 때문에 피부타입이 세분화되고 있다. 그러나 본 장에서는 각질층의 수분 함량과 피지량을 조합하여 4가지로 크게 분류하였다. 피지량은 보통 보다 적고 수분함량이 많은 정상피부, 피지량과 수

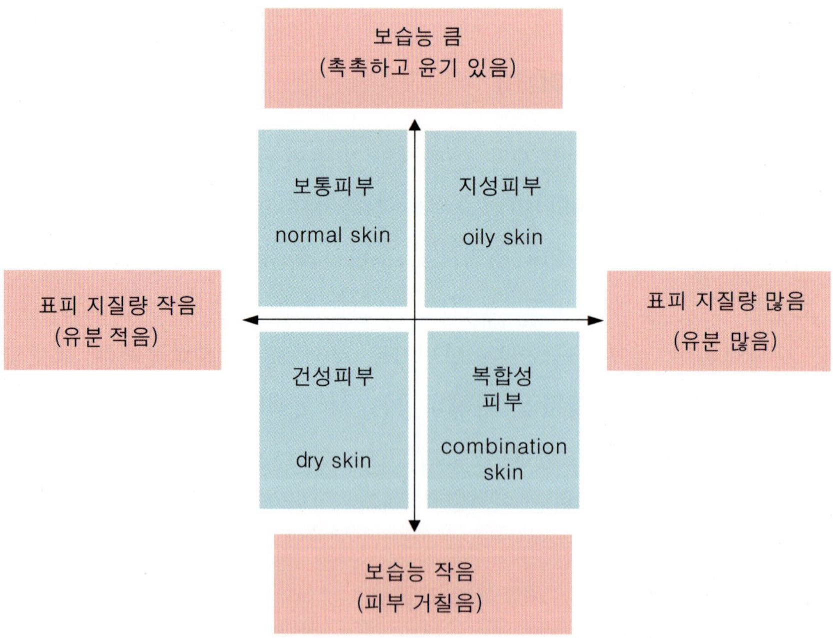

그림 2-9. 피부타입 분류의 기본 개념

분함량이 적고 거칠게 보이는 건성피부, 피지량이 많고 수분함량도 많은 지성피부와 피부가 거칠고 건조하며 피지량이 많은 건조형 지성피부로 분류할 수 있다. 또한 이외에 피부 상태에 따라서 복합성피부와 민감성피부로 분류되는 경우도 있다.

2-2. 피부 유형별 특성

2-2-1. 정상피부(normal skin)

정상피부란 피부조직 뿐만 아니라 피부의 생리적 기능이 모두 정상적으로 이루어지는 가장 이상적인 피부상태이다. 정상피부는 피지 분비와 각질층의 수분 함량이 적당하여 부드럽고 촉촉하며 피부 결도 섬세하고 매끄럽다. 또한 피부 결이 섬세하고 윤기가 있으며 모공이 작아서 눈에 잘 띄지 않고, 여드름이나 뾰루지가 생기지 않는다. 그리고 혈액순환이 잘 이루어지므로 피부색이 맑고 분홍빛이다.

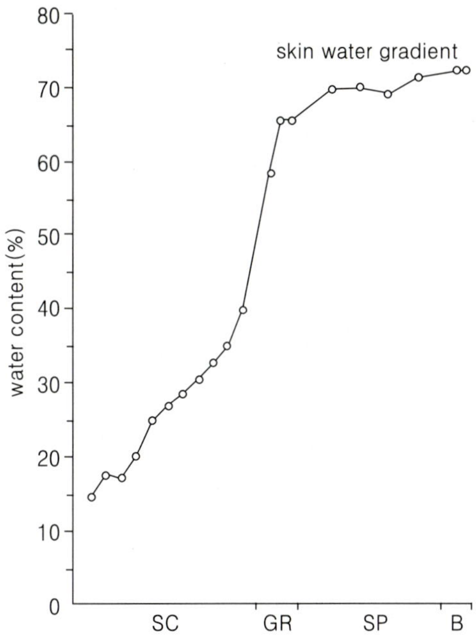

그림 2-10. 정상 표피의 수분 함량

(SC : 각질층, GR : 과립층, SP : 유극층, B : 기저층)

피부에 수분이 비교적 많고 매끄러운 편이지만 피지가 적기 때문에 계절이나 환절기에 피부상태가 지성피부로 되거나 건성피부 혹은 민감성과 복합성피부로 되는 경우도 있다. 특히 나이가 들어감에 따라서 생리적인 노화, 세포의 손상과 활성 산소, 생활환경, 계절적인 요인, 식생활, 스트레스 등 여러 가지 원인에 의하여 실제적으로 정상피부는 찾아보기가 쉽지 않다.

이와 같은 피부의 상태를 결정짓는 가장 중요한 것은 표피의 각질층과 피부 표면 상태이다. 각질층의 중요한 기능은 우리 몸에서 외부로 수분과 전해질의 손실을 막고 외부의 물리적, 화학적 손상으로부터 보호하는 것이다. 각질층은 주로 단백질로 이루어진 각질세포와 각질세포를 둘러싸고 있는 각질세포간 지질로 구성되어 있다. 표피의 기능 중 하나는 각질세포를 생성하는 것이다. 인체에서 각질세포 수와 면적은 신체 부위에 따라 다르다. 건강한 피부상태를 유지하기 위해 각질층에는 약 10~20%의 수분과 각질세포간 지질, 아미노산, 요소, 젖산 등의 천연보습인자(*natural moisturizing factor*) 및 피지가 존재하여야 한다. 과립층, 유극층 그리고 기저층으로 갈수록 수분의 함량은 많아지며 유극층과 기저층에서는 70~75%의 수분이 함유되어 있다. 정상상태에서는 피부의 각화과정과 피부 생리 기능이 정상적으로 이루어지기 때문에 피부의 항상성 유지와 피부장벽기능이 적절하게 유지된다.

일반적으로 정상피부의 특성을 요약해 보면 다음과 같다.

① 피부 결이 종횡으로 균일하게 이루어져 있다.
② 각질층의 수분함유량이 10~20%를 유지한다.
③ 적당한 피지 분비로 피부 표면이 매끄럽고 부드럽다.
④ 피부에 탄력이 있고 혈색이 좋다.
⑤ 모공은 작고 눈에 잘 띄지 않는다.
⑥ 피부 결이 섬세하고 윤기가 있다.
⑦ 눈 가장자리의 잔주름 이외에는 전반적으로 주름이 없다.
⑧ 기미, 주근깨 등의 피부에 색소침착이 없고 깨끗하다.
⑨ 혈액순환이 원활하다.
⑩ 표피 세포의 신진대사가 원활하다.
⑪ 세안 후 피부 당김이 별로 느껴지지 않는다.
⑫ 색조 화장 시 화장이 잘 되며 쉽게 지워지지 않는다.

2-2-2. 건성피부(dry skin)

일반적으로 건성피부는 각질층의 수분함량이 10% 이하의 부족한 상태이다. 또한 약간의 홍반과 균열이 있으면서 인설이 있고 거친 피부 상태를 말한다. 건성피부의 특성은 피부 조직이 비교적 곱고 얇으며 모공은 매우 작아 눈에 잘 띄지 않는다. 또한 피부가 거칠고 세안 후나 건조한 곳에서는 심하게 당기는 현상이 있다.

특히 건성피부는 주름과 색소침착이 두드러지게 나타나는 피부유형이다. 그러나 건성피부는 복합적이고 다양한 생화학적, 생리적인 변화를 내포하고 있으므로 간단히 정의하기는 어렵다. 정상피부에서 설명한 바와 같이 건강한 피부상태를 유지하는 요소들의 균형이 깨지거나 결핍될 때 건성피부가 유발될 수 있다. 피부의 건조는 흔히 겨울철에 발생하나 정확한 원인은 밝혀져 있지 않다. 그러나 일반적으로 외적 요인과 내적 요인에 의해 건성피부로 변화 될 수 있는 것으로 알려져 있다. 외적 요인으로는 자외선, 바람, 대기오염 등의 환경, 수분부족, 잘못된 식습관, 의약품 사용 등의 생활습관 그리고 계절적요인 등이 있다. 그리고 내적 요인으로는 생체리듬, 정신적 스트레스 그리고 생리 주기 등을 들 수 있다. 표피 상층부 중에서도 표피의 장벽 기능을 하는 각질층의 변화가 건성피부의 중요한 원인 중의 하나이다. 그러나 건성피부는 표피와 진피를 포함한 피부의 전 층에서 일어나는 변화에 영향을 받는다.

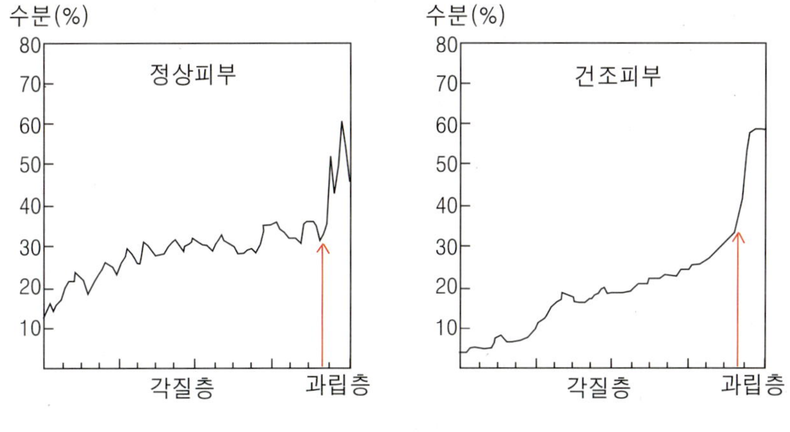

그림 2-11. 정상피부와 건성피부의 수분함량

건성피부의 근본적인 원인은 피지, 각질세포간 지질, 각질세포 내의 천연보습인자 그리고 교소체의 분해에 의한 각질세포의 탈락 등이다. 이러한 생화학적 과정에 장애가 발생할 경우에 피부가 건조해 진다. 천연보습인자는 프로필라그린(*profilaggrin*)에서 유래된 필라그린(*filaggrin*)이 변화된 것이다.

천연보습인자는 보습능력이 매우 강해서 상대습도 60%에서도 수분을 보유할 수 있는 능력이 있다. 이러한 건성피부에서 뿐만 아니라 건선, 심상성 어린선 등에서도 천연보습인자가 감소되어 있다. 건선이나 심상성 어린선의 경우 정상적인 표피분화가 일어나지 않고, 프로필라그린의 합성에 결함이 나타난다.

건성피부에서는 흔히 각질세포가 말라서 단단해지고 부서지게 되어 미세한 흰색 분말의 건조한 각질이 생성된다. 이러한 원인은 각질층의 외측 각질세포 수분을 유지시켜 주는 천연보습인자가 충분하지 못하거나 각질세포 사이의 지질 다층막에 변형이 생긴 경우 그리고 물에 접촉하여 천연보습인자가 빠져나간 경우이다. 교소체는 각질형성세포와 각질형성세포를 연결하는 단백질 구조로서 각질층에서는 정상 각질세포탈락에도 필요한 요소이다. 즉 교소체가 정상적으로 분해 되면 각질세포는 잘 탈락된다. 그러나 적절히 분해가 되지 않으면 각질세포는 서로 결합하고 쌓이게 되어 마르고 단단해져서 부스러지기 쉽게 되며 수분함량이 정상보다 낮아지게 되어 건성피부를 유발시킨다. 건성피부와 관련된 대표적인 피부이상 현상은 아토피성 피부이다. 건성피부의 중요한 원인 중 또 하나는 표피지질(*epidermal lipid*)의 구성성분과 함량의 변화이다. 각질층의 지질은 각질세포사이에 다층상 형태로 존재하는데 이 지질은 건조시킨 각질층 무게의 14%를 차지한다. 이러한 건성피부의 유발 원인들 이외에도 화상이나 수술 후 반흔이 생긴 부위, 방사선 치료를 받은 부위에서 이차적으로 발생하고, 한랭한 장소에서 장기간 있을 때 발생하기도 한다. 건성피부와 관련된 피부의 이상 현상은 아토피성 피부, 어린선, 건선, 만성 습진, 건성 습진 등이 대표적이다.

건성피부 관리의 첫 단계는 세정이다. 가능한 천연보습인자의 손실을 막고, 계면활성제의 피부 잔류를 적게 하여 피부에 자극을 최소화하는 것이다. 두 번째 단계는 각질층에 수분을 공급하고 유지시켜주는 것이다. 건성피부 관리에는 일반적으로 보습제와 밀폐제를 사용한다. 보습제는 천연보습인자를 대치할 수 있는 글리세린(*glycerin*), 프로필렌글리콜(*propylene glycol*), PCA(*pyrrolidone carboxylic acid*), 젖산염(*sodium lactate*) 그리고 요소(*urea*) 등이 주로 사용된다. 특히 글리세린은 가장 오래 동안 사용되어 온 보습제이다. 이는 각질층 내의 지질을 안정화시키고 교소체의 분해를 촉진시키며 각질층에 침투해 들어가 각질층 내의 단백질이나 지질과 단단히 결합하여 경피수분손실을 억제한다. 피부 밀폐제는 지성 물질로서 피부 표면에 지질막을 형성하여 수분 손실을 억제한다. 밀폐제로는 바셀린, 호호바 오일, 파라핀, 올리브 오일 등과 지방 혼합제(*lipid mixture*) 등이 사용된다.

65세 이상의 노인층에서 최소한 75%의 건성피부를 발견할 수 있다. 노인피부에서 건성피부가 발생할 때에는 소양증을 유발할 뿐만 아니라 피부의 탄력이 소실되고 피부 표면이 거칠게 나타난다. 또한 노인 피부는 각질세포간 지질의 양적인 감소와 각질세포간 지질 다층막의 수가 감소되어 있다. 그리고 정상상태의 피부에서는 장벽기능을 적절하게 수행하지만 노인피부에서는 급성 손상 후에 회복되는 능력이 감소된다. 일반적으로 건성피부의 원인으로 논의되고 있는 수분손실과 아미노산의 구성성분의 변화 등은 노인피부에서 건성피부의 원인으로 작용하지 않는 것으로 알려져 있다. 과거에는 노인피부에서 피지의 분비량이 감소되는 것이 건성피부의 중요한 원인으로 지적되기도 하였다. 그러나 사춘기 이전의 소아에서 실제로 피지선의 미성숙으로 인하여 피지의 분비량이 매우 적음에도 불구하고 피부가 탄력이 있고 습윤성을 잘 유지하므로 피지의 감소가 노인에서 건성피부를 일으킨다는 것은 충분한 설명이 되지 못한다. 노인피부는 각질층의 지방성분 중 가장 많은 양을 차지하고 가장 중요한 기능을 하는 것은 세라마이드 이다. 나이가 많아질수록 세라마이드의 양은 감소되며 세라마이드를 분해하는 효소인 세라마이다아제(*ceramidase*)의 활성도가 나이에 비례해서 증가된다. 또한 노인 피부의 경우 지질의 양적인 감소와 각질세포간 지질의 이중 막 숫자도 감소되어 있다. 노인피부에서 경피수분손실은 정상이거나 다소 낮으며 피부장벽을 손상시키면 장벽이 쉽게 파괴되고 손상 후에 회복도 지연된다. 노화된 각질층에서 지질의 다중 층상구조를 형성하는데 중요한 역할을 하는 지질성분의 이상은 노화피부에서 피부장벽기능 저하의 주된 원인이다. 건성피부는 피부 상태에 따라 일반 건성 피부, 표피 건성 피부, 진피 건성 피부로 구분된다.

1) 일반적인 건성피부의 특성

① 모공은 매우 작아 눈에 잘 띄지 않는다.
② 세안 후 또는 건조한 환경에 노출되면 피부가 심하게 당긴다.
③ 피부가 거칠어 보이며 부분적으로 각질이 일어나고 심하면 버짐이 생긴다.

④ 피부 조직은 비교적 곱고 얇다.

⑤ 화운데이션이 잘 받지 않고 발라도 들뜨기 쉽다.

⑥ 입가나 눈꼬리 등에 잔주름이 쉽게 생기게 된다.

⑦ 표피의 심한 건조도에 비하여 피부 늘어짐 현상은 심하지 않다.

⑧ 저항력이 약하기 때문에 피부의 조그만 상처에도 쉽게 아물지 않고 손상되기 쉬우며 노화 현상이 빨리 온다.

2) 표피 건성 피부의 특성

피부의 수분과 피지의 균형이 유지되지 못하는 피부유형을 표피 건성피부라고 한다. 표피 건성피부는 나이와 계절에 따라 노화 현상이 급속하게 나타날 수 있으며 내적 요인 보다는 외부 환경적 요인에 의한 영향이 크다.

① 건성피부의 특성과 거의 유사하다.

② 건성피부와는 달리 피부조직이 별로 얇지 않고 잔주름이 거의 나타나지 않는다.

③ 각질이 일어나고 소양감이 심하다.

3) 진피 건성 피부의 특성

진피 건성은 내적 요인, 즉 섬유아세포 기능의 이상으로 콜라겐이 원활히 생성되지 못하거나 교원 섬유(*collagenous fiber*)의 손상이 원인 중 하나이다. 이와 같은 상태가 지속되면 피부 노화를 초래한다.

① 피부 표면이 거칠어 보인다.

② 피부 당김이 심하다.

③ 피부 조직에 생기가 없어 보인다.

④ 얼굴에 주름이 많이 나타나며, 눈 밑, 뺨, 턱, 입가 등에 피부가 처지게 된다.

⑤ 색소 침착 현상이 두드러져 보인다.

⑥ 화장이 잘 받지 않는다.

2-2-3. 지성피부(oily skin)

지성피부는 정상피부와 비교할 때 피지선과 한선의 기능이 항진되어 피지 분비량이 많은 피부이다. 이로 인하여 피부가 거칠고 모공이 넓으며 끈적임이 있고 유분이 많아 번들거린다. 또한 T-존(*T-zone*) 부위는 모공에 기름이 쌓여 개방면포(*black comedo*)가 관찰되고 화장이 잘 지워지며 시간이 지날수록 피부는 거무칙칙하게 보인다. 반면에 외부 자극에 대한 저항력이 비교적 강하여 햇빛이나 바람에 대한 저항력이 있으므로 다른 피부유형에 비하여 노화 속도가 느리다. 그러나 피지분비가 많아 모공에 기름이 막혀 거칠어지고 여드름이 생기기 쉽다. 그리고 건성피부보다 잔주름이 잘 나타나지는 않지만 주름이 형성되면 깊고 굵은 주름이 생기는 경향이 있다. 지성 피부는 그 양상에 따라 건성 지루 피부와 유성 지루 피부로 나눌 수 있다. 일반적으로 내분비계의 영향으로 인한 피지의 과잉분비와 스트레스로 인한 남성 호르몬 증가 등이 한 원인이다.

1) 건성 지루 피부

건성 지루 피부는 피지 분비 기능의 유전적, 이상 항진으로 피지는 과다 분비되어 표피에 기름기가 흐르게 된다. 그러나 잦은 세안 또는 잘못된 세안 습관으로 한선 및 피부의 보습 기능이 저하되어 유・수분의 불균형으로 인한 피부표면의 당김 현상이 일어나는 피부 유형이다. 건성 지루 피부도 지성피부에서 나타날 수 있는 여드름의 발생과 동시에 건성 피부에서 나타날 수 있는 주름과 색소 침착 등을 들 수 있다. 일반적으로 건성 지루 피부의 특성은 다음과 같다.

① 각질이 과다하게 쌓이게 되어 두껍고 거칠다.
② 피지의 분비는 정상 피부 보다 과다하고 보습상태는 저하되어 있다.
③ 피부가 매우 예민하여 기후 변화에도 민감하다.
④ 표피의 각질 탈락 현상이 쉽게 나타난다.
⑤ 피부가 투명하지 않고 탁해 보인다.
⑥ 건성 피부에 비하여 잔주름은 잘 나타나지 않으나 주름이 형성되기 시작하면 깊고 굵게 생성되는 경향이 있다.
⑦ 자외선에 의한 피부에 과색소침착 된다.
⑧ T-존(*T-zone*) 부위의 모공확장 현상이 일어난다.

2) 유성 지루 피부

유성 지루 피부는 피부표면의 피지량이 과다하여 피지막이 두껍게 되어 있는 피부이다. 계속되는 피지 분비는 산성을 띠는 피부를 알칼리성으로 전환하게 되어 외부의 세균에 대한 저항력이 감소됨으로써 여드름을 초래한다. 또한 모낭 속에 축적되어 있는 피지가 모낭 밖으로 흘러나오지 못하고 모낭 안에서 단단하게 고형화되어 개방 면포(*open comedo*)나 폐쇄 면포(*closed comedo*)가 될 수 있다. 이러한 피부는 피부의 유형이 복합적으로 나타나기 때문에 복합성 피부의 특성을 지니고 있다. 일반적으로 유성지루 피부의 특성은 다음과 같다.

① 피부조직이 두껍다.
② 모공이 열려 있어 피부 표면이 울퉁불퉁하다.
③ 얼굴 표면의 번들거림이 매우 심하여 화장이 쉽게 지워진다.
④ 피부의 투명감이 전혀 보이지 않는다.
⑤ 표피 유분의 산성균형이 알칼리성을 띤다.
⑥ 모낭벽 표피의 각화과정이 빠르게 촉진된다.

2-2-4. 복합성피부

복합성피부는 피지 분비량의 불균형으로 2가지 이상의 피부유형이 공존하는 피부 상태이다. 예를 들면 지성피부와 건성피부가 부위에 따라 다르게 나타나고 있는 경우도 복합성피부 중 하나이다. 일반적으로 나이가 들어감에 따라서 얼굴의 T-zone 부위는 모공이 크고 피지 분비가 많음으로 윤기가 흐르며 여드름이 잘 발생하는 전형적인 지성피부이다. 그러나 볼 부위와 눈 주위에는 피지 분비가 적고 수분함량이 적은 등 건성피부의 특징을 나타내는 복합성피부의 특성을 갖는다. 복합성피부는 대개 중년 이후의 사람들에게 나타나는 피부유형으로서 선천성 요인보다는 후천성 요인에 의하여 나타난 것으로 알려졌다. 특히 정상피부라 하더라도 나이가 들어가거나 잘못된 피부 관리 그리고 여러 가지 환경에 의하여 복합성 피부 유형의 특징을 보이는 경우가 있다. 일반적으로 복합성피부의 특성은 다음과 같다.

① T-zone 부위에 유분기가 많고 다른 부분은 건조하므로 세안 후 눈가나 뺨 등의 부위가 심하게 당긴다.

② 피곤하거나 스트레스를 받을 때 여드름이 발생한다.

③ 눈가에 잔주름이 많이 나타난다.

④ 광대뼈 부분에 기미가 나타나는 경우가 많다.

⑤ 화장품에 의한 면포(*comedo*)가 잘 발생한다.

⑥ 피부에 맞는 화장품 선택이 어렵다.

⑦ 화장이 잘 받지 않는다.

2-2-5. 민감성피부

아직 민감성피부에 대한 명확한 정의는 없지만 일반적인 피부의 자극성 또는 알레르기성 피부염과는 분류되지 않는 이상 피부들을 말한다. 민감성피부는 연령이나 피부타입과 관계없이 외부 자극에 대한 저항력이 약하고, 화학적, 물리적인 반응에 예민한 피부유형이다. 민감성피부의 원인과 반응은 개인에 따라 다르고 어떤 메카니즘에 의해서 발생하는지 아직 구체적으로 밝혀지진 않았다. 민감성피부는 어떤 물질이 도포된 경우나 특별한 환경에 노출될 때 홍반(*erythema*), 화끈거림(*burnung*), 따가움(*stinging*), 가려움(*itching*), 당김(*tightness*), 인설(*scale*), 통증(*pain*) 등이 나타난다. 즉 비누, 일광차단제, 화장품 등을 피부에 사용한 후에 과민하게 반응하는 감수성 때문에 피부의 따가움, 붉어짐, 여드름, 각질 또는 건조함이 유발될 수 있다. 그러나 특별한 물질이나 알려진 노출물과 연관되지는 않는다. 이러한 피부의 이상 현상은 열, 추위, 거친 바람과 같은 환경적인 요인에 의해서도 유발될 수 있다. 또한 주사(*rosacea*)나 지루성 피부염(*seborrheic dermatitis*)과 같은 피부병이 원인이 될 수 있으며, 심리적 요인과도 연관성이 있는 것으로 알려져 있다. 일반적인 민감성피부의 특성은 다음과 같다.

① 정상피부에 비하여 환경 변화에 예민하다.

② 피부 조직이 섬세하고 얇다.

③ 피부 표면이 투명하다.

④ 모공이 거의 보이지 않는다.

⑤ 피부 입자가 섬세하고 조밀하다.

⑥ 피지 분비량이 일정하지 않고 복합성 피부 상태일 경우가 많다.

⑦ 표정에 의한 피부 주름이 일시적으로 나타난다.

⑧ 추운 곳에서 갑자기 따뜻한 곳으로 들어오면 피부가 붉어지고 가렵다.
⑨ 모세혈관이 피부 표면에 잘 드러나 보인다.
⑩ 약품이나 화장품에 민감하여 피부에 부작용을 일으킨다.
⑪ 피부 건조화가 쉽게 이루어져 피부 당김이 심하다.
⑫ 피부 색소침착 현상이 쉽게 나타난다.

이러한 특성은 대부분 얼굴에서 주로 발생하고, 감수성이 예민한 사람들의 경우 도포한지 1시간 이내에 발생한다. 여러 가지 물질들이 이러한 반응을 나타내지만 임상적으로 객관적인 자극 증상은 나타나지 않는다. 일반적으로 알려진 민감성피부의 원인 물질은 프로필렌글리콜(*propylene glycol*), 안식향산(*benzoic acid*), 하이드록시산(*hydroxy acid*), 에탄올(*ethanol*) 등이 있다. 이러한 물질은 '피부민감도(*skin sensitivity*)'를 결정하는 선별 검사에 사용되고 있다. 민감성피부의 강도는 가벼운 정도에서 심한 정도에 까지 다양하고, 증상 발현시간도 즉시 나타나는 것부터 일시적, 하루 종일 지속되는 것까지 다양하다. 민감성피부의 발생률은 폐경기전(*premeno pausal*) 여성에게 가장 많이 발생되며 나이가 들어감에 따라 감소한다. 민감성피부의 경우는 경피수분손실(TEWL)이 크고, 건성피부와도 매우 관련이 높다. 민감성은 특정 성분에 의해 악화되는데 몇몇 방부제 성분으로 민감성이 되거나 꽃가루, 얼굴 스크럽제, 알코올 농도가 높은 아스트린젠트 사용으로도 악화될 수 있다. 따라서 민감성 피부에는 반드시 순하고 섬세한 화장품을 사용해야 한다. 또한 항 알레르기원, 진정효과와 치유효과가 있는 성분이 함유된 제품을 사용하고 항염증 약품도 효과적이다.

모발의 발생과 모발성장 주기

The development of the hair and hair growth cycle

3

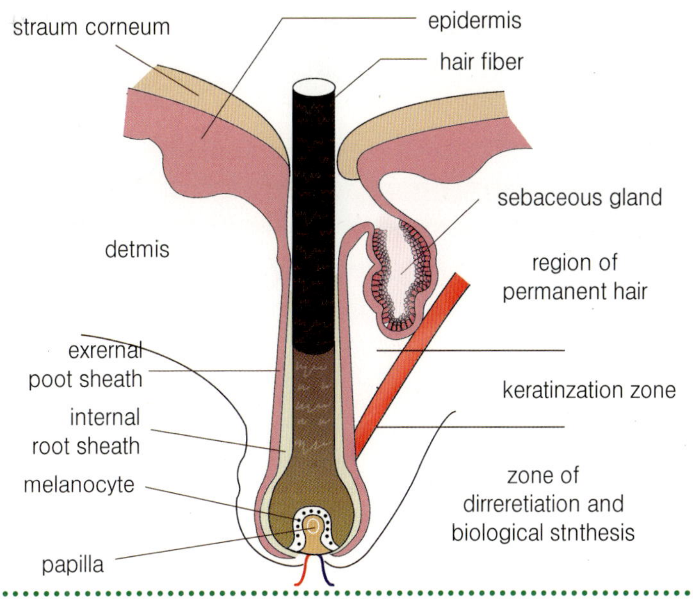

사람은 정자(*sperm*)와 난자(*ovum*)가 융합하여 이룬 접합자(*zygote*) 혹은 수정란(*fertilized ovum*)이라고 하는 한 개의 세포에서부터 시작된다. 수정과 착상 그리고 배아기와 태아기의 발생과정에 대해서는 미용과학 Ⅰ의 제4장에서 자세히 설명하였다. 본 장에서는 모발의 발생에 대하여 중점적으로 설명하고자 한다.

수정란(*fertilized ovum*)은 자궁벽의 점막에 착상(*implantation*)한 후 증식과 분화 그리고 성장을 하면서 배아기(*embryonic period*), 태아기(*fetal period*)를 거쳐 280일 만에 분만하여 신생아(*neonate*)에 이르게 된다. 그리하여 결국 인체의 모든 부분을 완성하게 되는데, 각 배엽으로부터 유래된 사람의 각 기관들은 다음 그림과 같다.

배아(*embryo*)는 4주~7주까지 신체의 외형을 형성하고, 8주경에는 모든 주요 장기의 구성이 이루어져서 인체의 형태를 갖추게 된다. 이를 태아(*fetus*)라 한다. 임신 3개월째에는 체모가 생기고, 외음부에 남, 녀의 차이가 나며 체장은 10cm, 체중은 45g 정도 된다. 4개월째에는 태동하기 시작하며, 5개월째에 이르면 태아의 체장은 25cm, 체중은 240g 정도 되고 모체는 태동을 느끼며 외부에서 태아의 심음을 들을 수 있다.

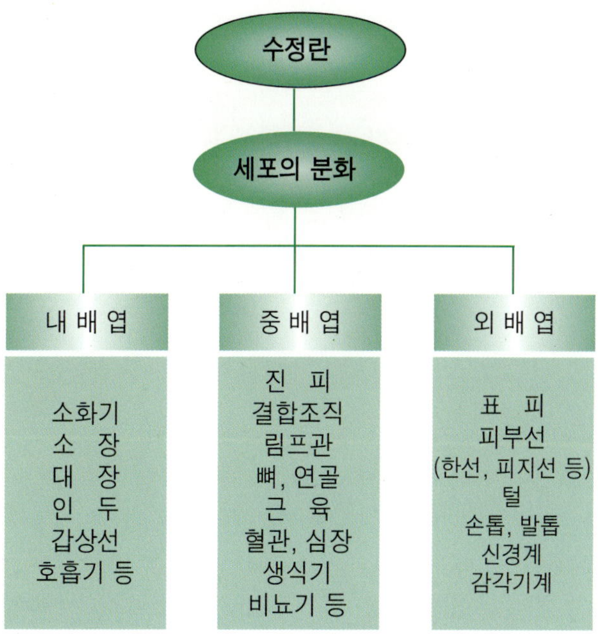

그림 3-1. 각 배엽의 발생 기관

6개월째에는 전신이 체모로 덮이고 7개월에는 두발이 형성되며, 안검이 갈라진다. 10개월이 되어 체장은 50cm, 체중 3.3kg 정도의 신생아(*neonate*)를 분만하게 된다.

사람의 신체 표면에는 약 500만개의 체모가 있다. 체모가 나지 않는 부분은 입술, 손바닥, 발바닥, 손가락 안쪽, 생식기 일부분으로 한정되어 있으며 거의 전신이 체모로 덮여 있다. 체모는 인체에서 중요한 역할을 하고 있다. 그러나 사회가 발달되면서 체모는 한편으로 귀찮은 존재가 되어 버렸고, 예전부터 여성들에게 있어서 체모는 멋을 내는데 있어서 많은 신경을 쓰이는 일이었다. 또한 체모가 적은 몸이 호감을 갖는 요즘에는 여성뿐만 아니라 남성도 체모를 처리하는 경우가 늘어가고 있다. 그러나 미용을 위해 지나치게 체모를 자주 뽑아 버리는 것은 한 번쯤 생각해 볼 일이다.

모발은 죽은 세포의 모임이다. 그럼에도 불구하고 체표로부터 열이 없어지는 것을 방지하고, 물리적·화학적 자극이나 자외선, 복사열로부터 신체를 보호한다. 또한 여러 가지 색이나 모양을 만들어 내고, 때로는 페르몬이나 냄새나는 물질의 확산에 관련되는 등 다채로운 기능을 가지고 있다. 이러한 기능은 모발이 죽은 세포로부터 생겨서 케라틴 등의 섬유상 단백질과 멜라닌 색소로부터 구성된 것에 의해 초래하게 되었다.

1. 모낭의 형성

모발의 발생은 모낭이 먼저 형성되었을 때 시작되고, 모낭을 구성하는 세포는 피부의 표피에서 유래된 것이다. 모낭은 표피의 각질형성세포와 진피의 특수한 섬유아세포 간에 일어나는 복잡한 상호작용에 의하여 일어나는 것으로 알려지고 있지만 아직까지 정확한 메카니즘은 밝혀져 있지 않다. 그러나 현재까지 알려진 과정에 대하여 설명하고자 한다.

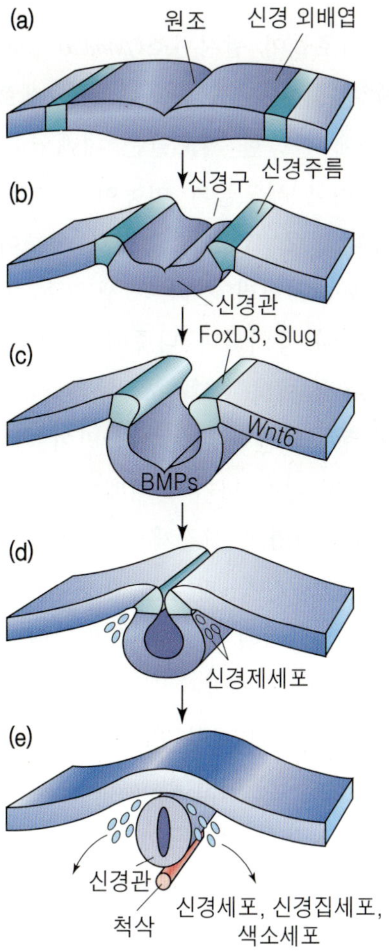

그림 3-2. 외배판 구조

사람은 태생 8주를 기준으로 기관이 형성되는 배아기와 기관 내 조직이 분화되는 태아기의 두 단계로 구분되는데 표피의 발달과정에서도 유사하게 나타난다. 외배엽에서 기원되는 표피는 발생 1개월 이전에 한 층의 미분화된 외배엽 세포로 구성되고, 발생 2개월 이전에 두 층으로 구분된다.

수정과 함께 형성된 접합자(*zygote*)는 빠른 세포분열을 통하여 오디배(*morula*)를 형성한다. 오디배는 내부에 존재하는 내부세포집단(*inner cell mass*)과 겉에 위치한 영양막(*trophoblast*)으로 구분된다. 두 세포집단 사이에 액체가 차면 이를 낭포배(*blastocyst*)라 한다. 착상이 활발하게 이루어지는 발생 2주 정도의 내부세포집단은 외배판(*epiblast*)과 내배판(*hypoblast*)의 두 세포층으로 이루어지는데 이를 이층배자원반(*bilaminar embryonic disc*)라 한다.

발생 3주가 되면 외배판 세포들이 원시선조(*primitive streak*)라 부르는 선상의 구조를 따라 함입된다. 처음에 이동한 세포들은 내배판 세포들을 밀어내고 내배엽층(*endoderm*)을 형성하고, 다음에 이동한 세포들은 내배엽층과 외배판 사이에 중배엽층(*mesoderm*)을 형성한다. 그리고 세포들의 이동이 중지된 외배판 세포들은 외배엽층(*ectoderm*)을 형성한다. 이와 같이 세 조직 층으로 이루어진 발생 3주의 배자를 삼층배자원반(*trilaminar embryonic disc*)이라 한다. 발생 3주 중반에 정중선 근처의 외배엽 세포들이 활발하게 증식하여 융기되며 나중에 신경조직으로 활발하게 발달되는데 이를 신경외배엽(*neuroectoderm*)이라 한다.

발생 4주 말 경 신경관이 형성되면 배아는 횡단면이 대체로 원통 모양이 되고, 이때 신경조직의 발생에 참여하지 않은 나머지 외배엽을 표면외배엽(*surface ectoderm*)이라 한다. 결국 외배엽은 표면외배엽과 신경제 그리고 신경관으로 분화된다. 분화된 신경관은 뇌, 뇌하수체, 척수, 운동신경, 망막을 형성하고 신경제는 말초신경, 부신수질, 멜라닌생성세포, 안면 연골의 기원이 되며 표면외배엽은 표피, 체모, 손톱과 발톱, 피지선 등의 유래가 된다.

한편 중배엽은 부위에 따라 배자의 축을 이루는 척삭(*notochord*)과의 관계에 따라 축옆중배엽(*paraxial mesoderm*), 중간중배엽(*intermediate mesoderm*) 그리고 외측중배엽(*lateral mesoderm*)으로 구분된다. 부위에 따라 척삭 근처의 경절(*sclerotome*), 근절(*myotome*) 그리고 표면외배엽 근처의 피절(*dermatome*)로 구분할 수 있다. 피부는 표면외배엽에서 유래한 표피와 피절에서 유래한 진피로 이루어지므로 이중기원을 가지며, 피부의 발생에는 표피와 진피의 상호작용이 매우 중요하다.

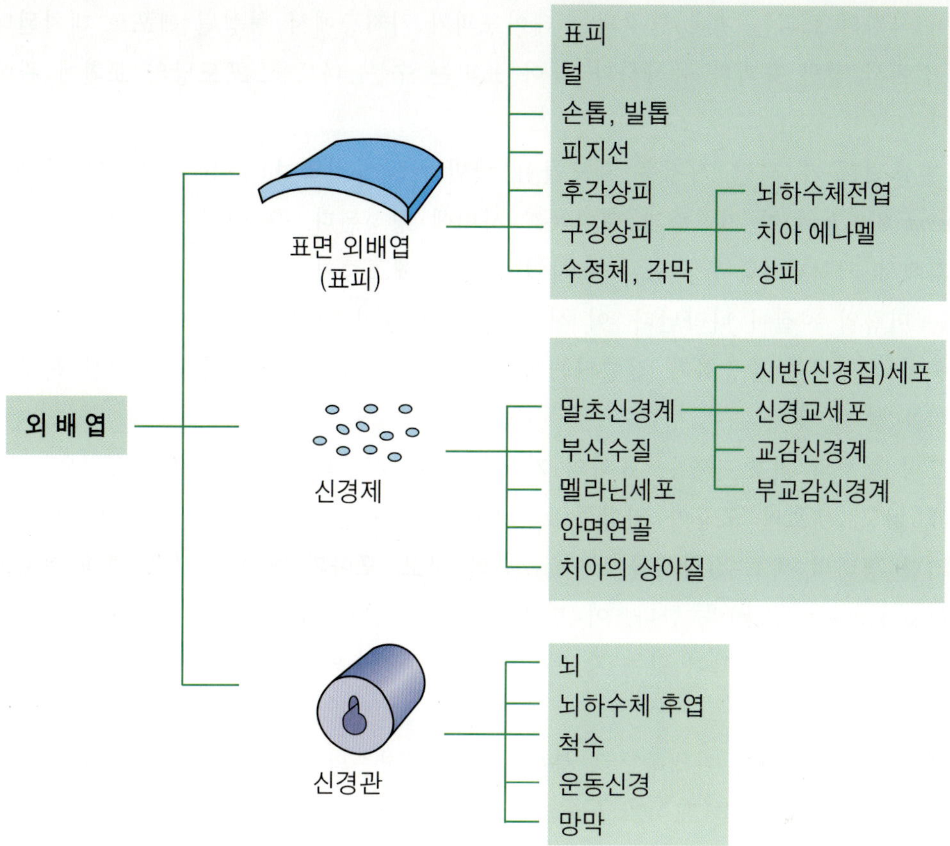

그림 3-3. 외배엽에서의 분화

발생 4주 배자의 표피는 단층입방상피로 이루어져 있으며, 이때의 표피는 비교적 느슨하게 배열되어 있고 교소체도 거의 형성되지 않는다. 양수를 향한 표면에는 약간의 미세융모가 발달해 있으며, 각질세포의 특징을 전혀 가지고 있지 않다.

이후 상피세포의 분열이 활발해지면서 발생 7주 배자의 표피는 기저층(*basal layer*)이라 부르는 입방상피와 이를 덮는 단층편평상피인 태아표피(*periderm*)로 이루어진다. 바깥층의 태아표피는 태생기 표피에서만 볼 수 있는 독특한 구조이며, 내부의 입방상피는 기저세포로서 이후 모든 표피 구조의 모체역할을 수행하게 된다.

이 시기의 표피는 계속 탈락되는 태아표피가 기저층에서 형성된 세포로 대치된다는 점에서 성인 표피와 유사하다. 태아 표피는 수분, 나트륨, 포도당의 교환에 관여한다.

발생 11주가 되면 기저층 세포들이 활발하게 증식하여 3~5 세포층의 중간층(*intermediate layer*)이 기저층과 태아표피 사이에 형성된다. 즉 발생 11주에는 태아의 표피에서 기저세포층과 외표피층 사이에 중간 세포층이 형성되고, 점의 형태로 보이는 미량의 지질이 나타난다. 이 시기로부터 발생이 진행될 수 록 새로운 중간 세포층이 출현하여 중층화가 진행되는데 발생 12주, 13주 태아에서도 뚜렷한 분포의 차이를 볼 수 있다.

모낭 형성의 최초 징후는 표피의 기저층, 즉 기저부의 표피세포가 국소적으로 모이게 되고, 세포의 모양이 입방형(*cuboidal*) 또는 기둥형(*columnnar*) 형태로 변한다. 이러한 형태의 세포 집합체를 모아(*germ*)라 하고, 모아의 형성 개시 단계를 전모아기(*hair pre-germ stage*)라 한다. 이 단계에서는 표피가 일반적으로 기저층의 세포와 태아표피의 2층으로 되어 있는 경우가 많은데, 중간층의 세포가 이미 분화되어 있는 경우도 있다.

전모아기의 표피가 아래쪽으로 볼록해지며, 기저층의 모아가 진피 속으로 급속하게 성장해 가는데 이를 모아기(*hair germ stage*)라 한다. 이때 중간층의 세포가 기저층 세포 속으로 진입하여 모아의 중심부를 형성해 간다.

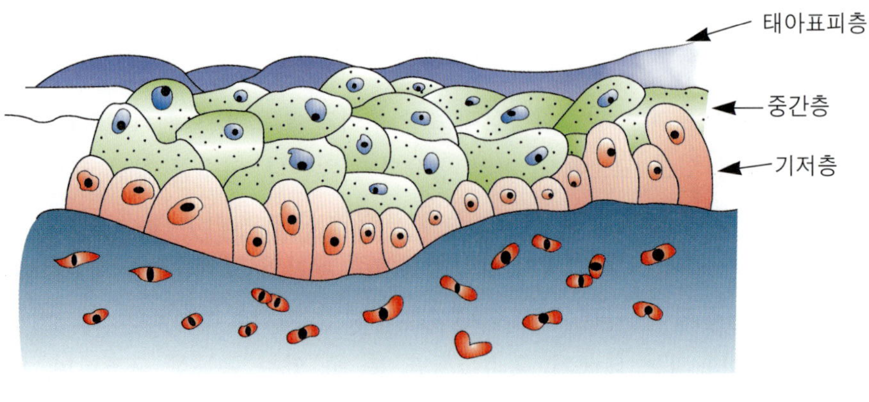

그림 3-4. 전모아기(hair pre-germ stage)

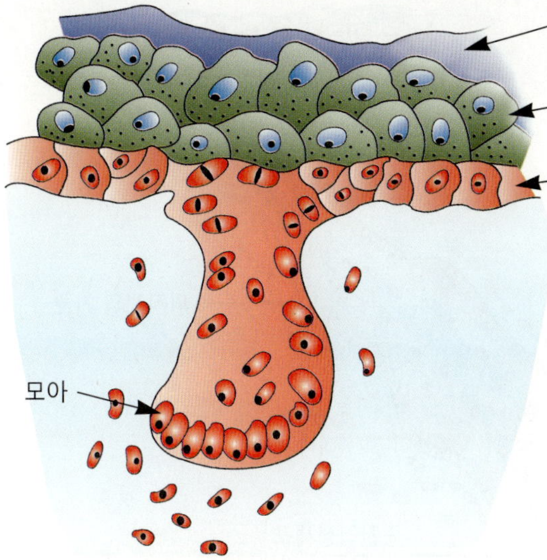

그림 3-5. 모아기(hair germ stage)

모아가 진피층을 향하여 성장해 가며, 모아의 끝에는 모유두를 이루려는 중간엽성 세포(*mesenchymal cell*) 집단이 모이게 된다. 이와 같은 단계를 모항기(*hair peg stage*)라 한다. 모아가 진피층 속을 침입해 갈 때 표피 면과 모아의 기둥은 일정한 각도를 이루고 있다.

예각은 모발의 전면이고, 둔각은 모발의 후면이다. 모항기가 지나면 기둥의 끝은 약간 둥글어지고, 그 중앙부에 모유두가 오목하게 형성된다. 이와 같은 모낭 중심부에는 모추(*hair corn*)가 형성되어 모낭 내부에 모근이 각화되고, 모발이 생성된다. 동시에 모낭의 후면에는 독립된 2개의 세포집단이 모낭의 상부와 하부에 부풀어 있다. 상부는 피지선(*sebaceous gland*)의 근원이고, 하부의 팽륭부(*hair bulge*)는 나중에 퇴화되고 사라지지만 입모근(*musculus arrector pili*)이 부착되는 장소이다. 이와 같이 모낭의 끝이 항아리 모양으로 둥글게 된 것을 모구(*hair bulb*)라 하고, 이 단계의 모낭을 모구성모항기(*bulbous peg stage*)라고 한다.

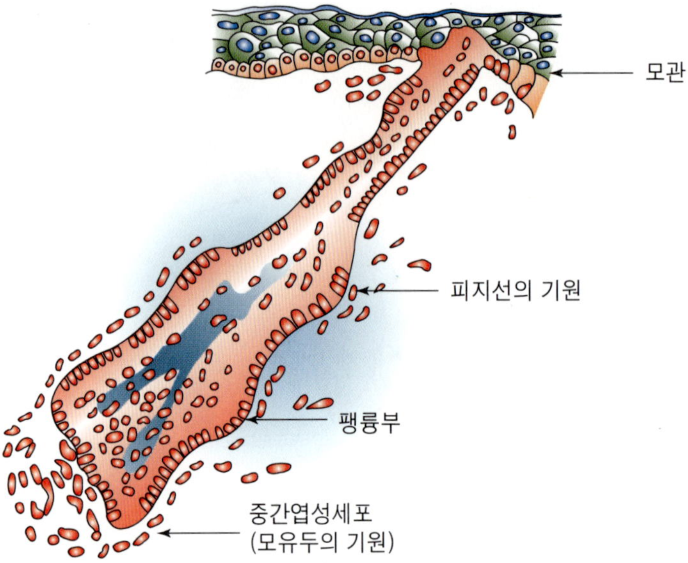

그림 3-6. 모항기(hair peg stage)

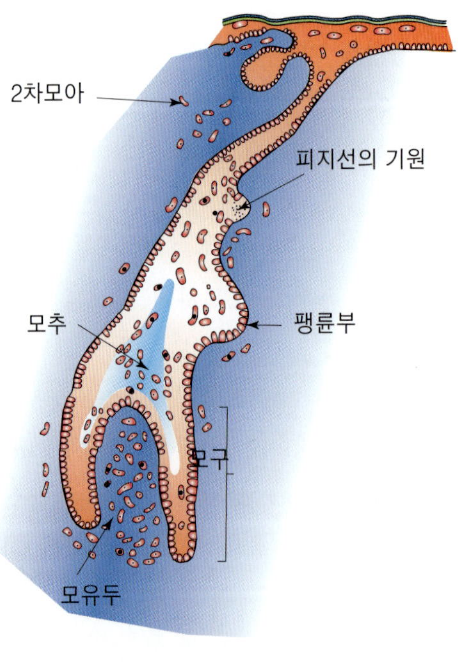

그림 3-7. 모구성모항기(bulbous peg stage)

모구성 모항기를 지난 모낭은 최종적으로 피지선과 입모근이 생성됨으로써 모낭이 완성된다. 완성된 모낭은 모기질(*hair matrix*)과 모유두(*hair papilla*)로 이루어진 모구부(*hair bulb*), 모구의 상단부에서부터 팽륭부(*hair bulge*)에 이르는 모낭하단부(*inferior*), 팽륭부와 피지선관 사이의 좁은 협부(*isthmus*) 그리고 피지선 관과 표피 사이를 누두부(*infundibulum*)로 구분한다. 그리고 피부표면으로 통하게 하는 모관(*hair canal*)은 모낭에서 각화된 모발이 흔들리지 않고 모낭에 고정되도록 돕는 역할을 한다. 모유두에는 모세혈관과 신경이 분포됨으로써 최종적으로 완성된 모낭은 모기질세포(*hair matrix cell*)의 분열이 끝나면 분화가 시작되고 내모근초(*inner root sheath*)와 모발을 형성하게 된다.

모낭이 완성된 후 모기질세포(*hair matrix cell*)의 분열과 성장으로 각화과정이 진행됨으로써 비로소 모발이 생성된다. 모발은 모추 속에서 각화되어 모발이 표피에 도달하기 전에 이미 완성되며, 피부 내에 생성된 모발을 모근(*hair root*)이라 한다. 모근은 내모근초(*inner root sheath*)로 둘러싸여 있고, 내모근초는 외모근초(*outer root sheath*), 외모근초는 진피근초로 둘러싸여 있다.

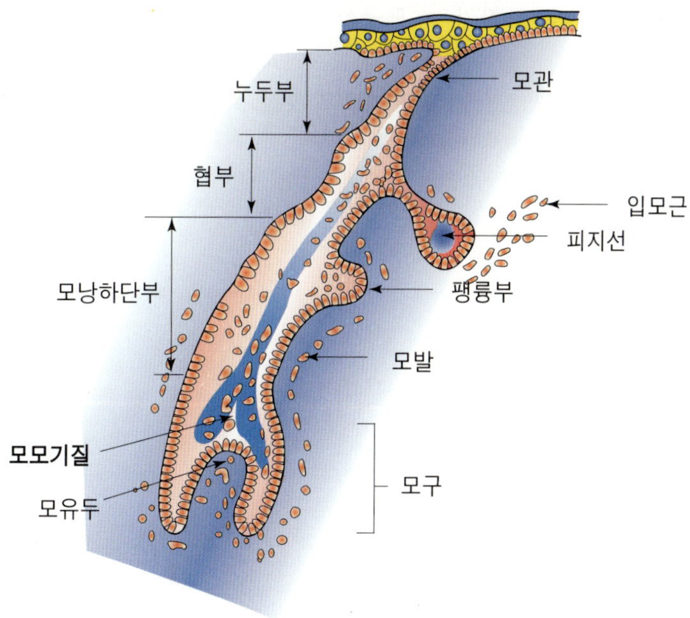

그림 3-8. 완성 모낭(hair follicle)

사람의 모낭(*hair follicle*)은 태생기 9주째에 눈썹과 윗입술, 턱에서 처음으로 생기기 시작하고, 다른 부위의 모낭은 16주에서 나타나기 시작하여 22주째에는 완전한 모낭을 이루게 된다. 이처럼 모낭은 몸 전체에서 동시에 자라는 것은 아니다. 어떤 부분의 모낭에서는 털이 자라는 반면에 다른 부분은 아직 모낭의 성장 초기 단계일 수 있다.

머리카락은 임신 16~20주에서 자라기 시작한다. 이렇게 처음 자라는 털을 배냇머리(취모, *lanugo*)이라 부른다. 배냇머리는 가늘고 색소가 부족하며 몸 전체를 덮는데 임신 32주 정도에서 떨어져 나간다. 만일 배냇머리가 늦게 떨어져 나가게 되면 아기는 털이 많은 상태로 출산된다. 또한 태아기 두 번째 배냇머리가 자라는데 출산 후 2~4개월 안에 떨어져 나간다.

모낭은 태아기에 7~10일 간격으로 이마에거 정수리 부분까지 주기적으로 휴지기에 들어가게 되고, 임신 32~36주에 떨어져나가게 된다. 모낭의 주기적 변화에도 후두부의 모낭은 여전히 성장기이지만 출생 후 갑자기 휴지기에 들어가게 되고, 그 후 짧은 기간을 거쳐 떨어져 나간다. 이처럼 한 살이 될 때까지 머리카락은 머리 전체에서 동시에 자라지 않는다. 또한 출산 후에는 모낭이 더 이상 생성되지 않는다.

그러나 일생동안 모낭은 성장기, 퇴행기, 휴지기의 주기적 변화를 거듭하면서 생성과 소멸을 반복한다. 즉 모항기와 모구성모항기를 번갈아 거치며 성장하는 것이다.

2. 모발의 발생과 분화

사람의 모발은 모낭이 완성되었을 때 자라기 시작하며, 태생학적으로 표피에서 기원한 조직으로서 각화과정을 통하여 형성된다. 모발은 여러 층으로 구성되어 있으

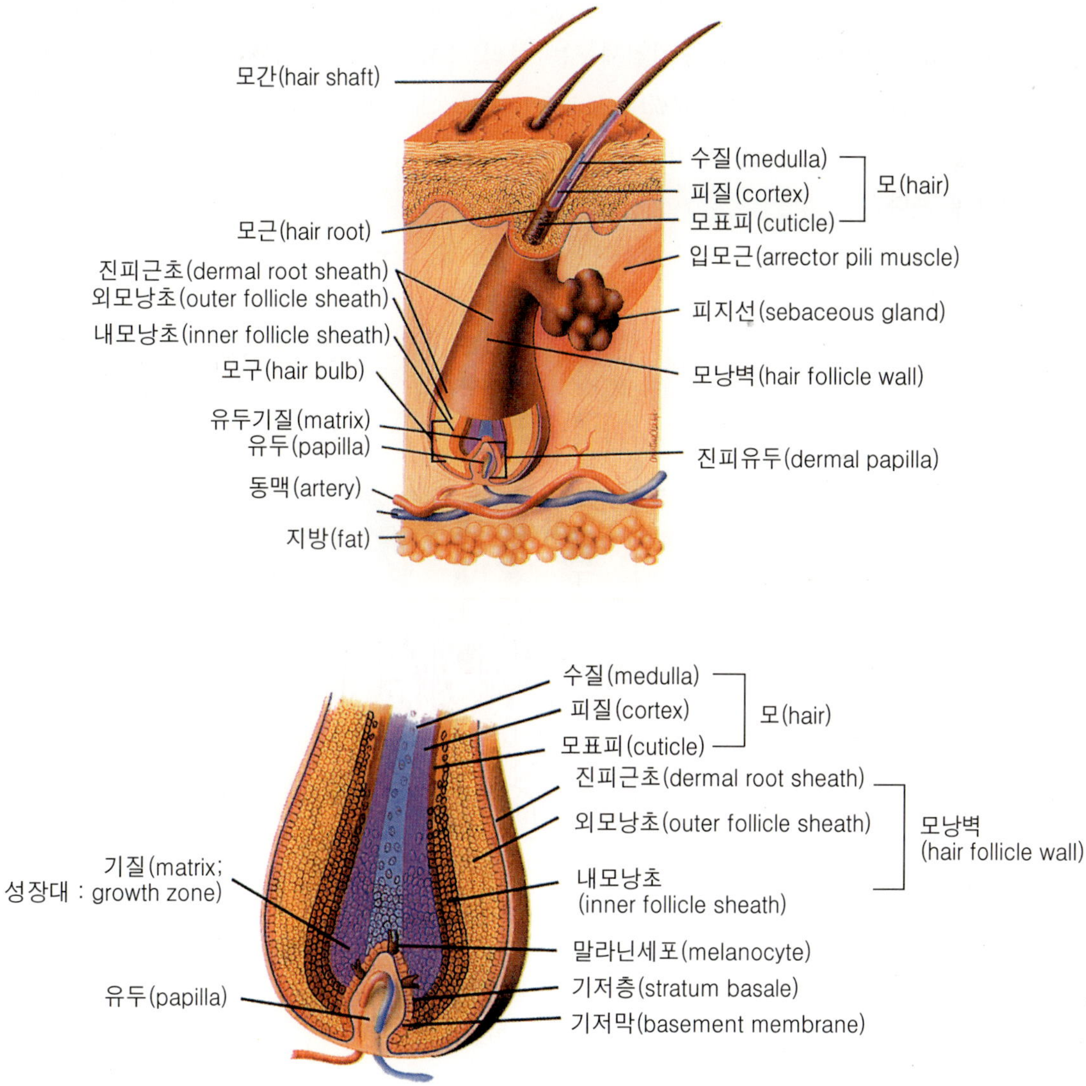

그림 3-9. 모발의 구조

며, 각 층마다 각화되는 과정의 차이가 있다. 각화과정은 모발의 성장뿐만 아니라 모양과도 밀접한 관련이 있다. 모발의 형성, 성장, 탈락 및 주기성에 있어서 표피 성분과 진피 성분의 상호 연관은 필수적이며, 진피 성분은 주로 모유두를 말한다.

모발은 모낭 내에 존재하는 모근(*hair root*)과 피부 밖으로 표출된 모간(*hair shaft*)으로 구분된다. 모근은 3종류의 세포, 즉 모근과 이를 둘러싸고 있고 모근 형성에 반드시 필요한 내모근초(*inner root sheath*) 그리고 내모근초를 둘러싸고 있는 외모근초(*outer root sheath*)로 이루어져 있다.

모발의 각화과정, 즉 모낭의 말단 분화는 모유두 주변에 있는 모기질세포(*hair matrix cell*)로부터 시작된다. 모기질세포는 여러 종류의 세포로 분화될 수 있는 능력을 가진 세포로서 모수질(*medulla*), 모피질(*cortex*), 모소피(*cuticle*) 그리고 내모근초로 분화하여 서로 다른 모발의 미세구조를 만든다. 그러나 외모근초는 이로부터 분화되지 않는다.

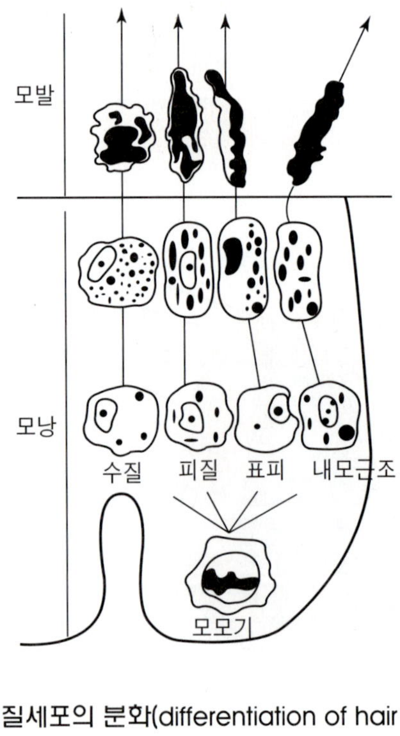

그림 3-10. 모기질세포의 분화(differentiation of hair matrix cell)

2-1. 모피질(cortex)과 모수질(medulla)의 분화과정

모피질을 만드는 세포는 모유두 위의 모기질세포로서 성장기에 왕성한 세포분열을 하는데, 퇴행기에는 고사(*apoptosis*)되어 휴지기에서는 볼 수 없다. 모피질로 분화되는 모기질세포는 다른 부위로 분화되는 모기질세포와 구별할 수 있는 형태학적인

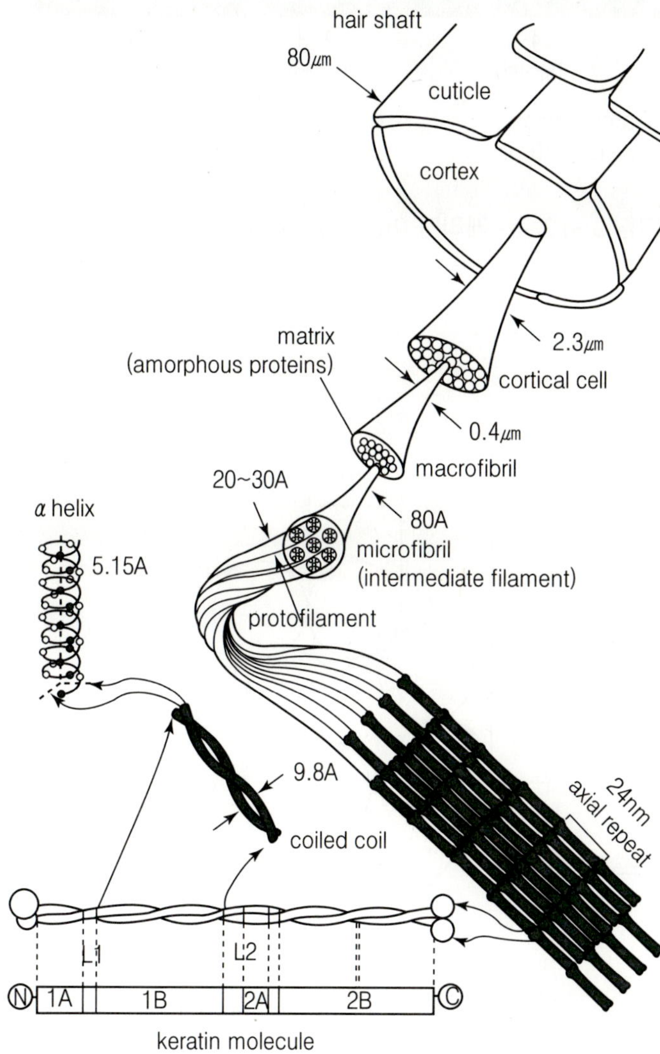

그림 3-11. 모피질의 구성섬유(The struhairfiber of cortex)

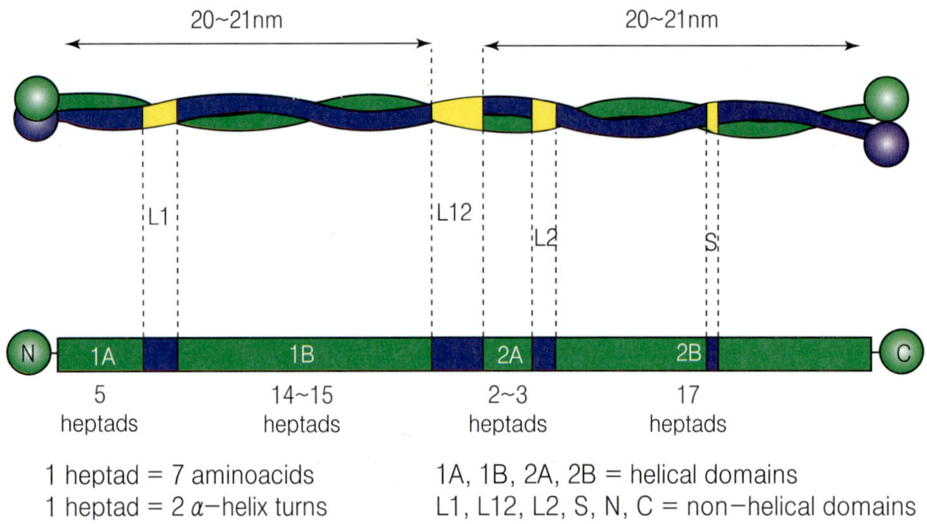

그림 3-12. α-케라틴 미합체(α-keratin heterodimer)

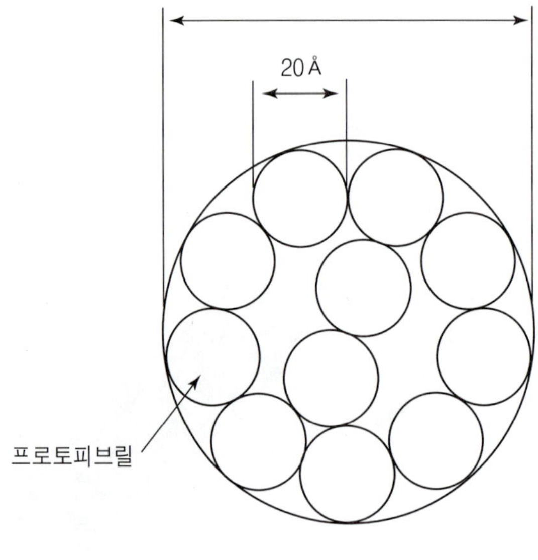

3-13. 미세섬유의 2+9 배열 형태

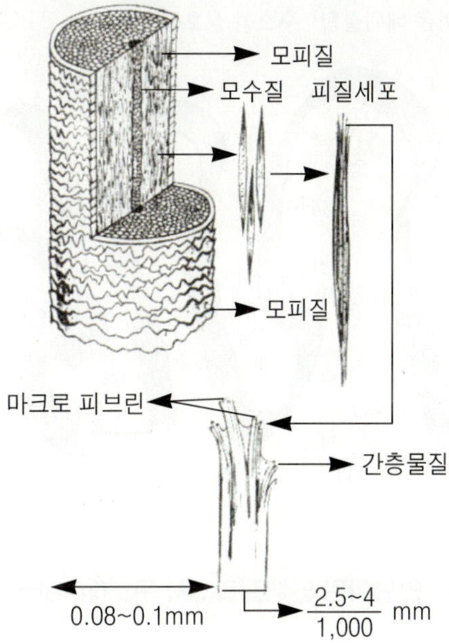

그림 3-14. 중간세사와 모기질을 함유한 모발 구조

특징은 없고, 다만 대표적인 미성숙한 상피세포 모양을 나타낸다. 즉 중간세사(*intermediate filament*, IF)의 양이 상대적으로 적다. 또한 미토콘드리아가 많으며 골지체가 발달되어 있고 세포핵이 세포질에 비하여 크다.

모피질의 각화는 모기질세포가 기저막에서 분리되어 케라틴(*keratin*)의 합성이 증가하면서 시작된다. 케라틴은 40~60KDa 크기의 단백질로 호염기성(*basic*)이 큰 type Ⅱ와 호산성(*acidic*)의 작은 type Ⅰ의 두 종류가 있다. 모발에서 합성되는 케라틴은 경케라틴(*hard keratin*) 또는 저황케라틴(*low sulfur keratin*)이라 하여 상피세포에서 합성되는 연케라틴(*soft keratin*)과 구별된다.

케라틴은 4개의 α-나선형 주사슬(*α-helical domain*)이 짧은 비나선형조각(*nonhelical segment*)으로 구분되어 있는 구조를 가지는데, 단백질이 합성되면서 type Ⅰ 한 분자와 type Ⅱ 한 분자가 꼬여진 나선형(*coiled-coiled helical*) 구조를 이루어 헤테로이합체(*heterodimer*)를 형성한다.

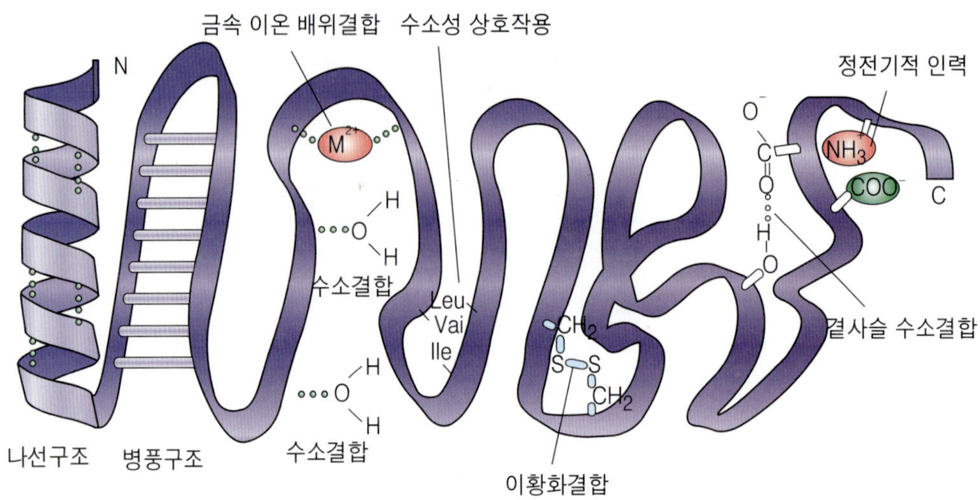

그림 3-15. 안정화된 단백질의 3차 구조(keratin heterodimer)

모기질세포가 세포 분열하여 기저막에서 멀어지면 케라틴 합성이 점점 증가한다. 이때 두 분자의 헤테로이합체는 서로 반대방향으로 평형(*antiparallel*)하게 헤테로사합체(*heterotetramer*) 또는 8-사슬복합체(8-*chain complex*)를 이루어 케라틴 원섬유(*keratin protofilament*)를 만드는 기본단위이다.

이들은 서로 비공유결합(*noncovalent*)하여 8~10nm 굵기의 케라틴중간세사(*keratin intermediate filament*, IF)를 형성하여 모발의 세포 골격을 만든다. 분화가 진행됨에 따라 케라틴 중간세사들이 비공유결합되어 미세섬유(*microfibril*)로 되고, 미세섬유의 2+9 배열로 결집되어 거대섬유(*macrofibril*)를 형성하게 된다.

이에 따라 세포질은 거대한 케라틴 구조물로 채워지게 되어 다른 세포 소기관들은 퇴화(*degeneration*)되고, 세포 자체는 위축된다. 결국 케라틴 섬유(*keratin fibril*)의 사이사이에는 무정형(*amorphous*)의 세포외기질(*extracellular matrix*)이 빽빽이 채워진 모습을 띠게 된다.

세포외기질을 구성하는 단백질은 시스테인(*cystein*) 함량이 많은 "고유황단백질(*high sulfur protein*)"과 "초고유황단백질(*ultrahigh sulfur protein*)" 그리고 케라틴관련 단백질(*keratin associated protein*, KAP)의 하나인 "글리신-티로신 고함량 단백질(*high-glycine-tyrosine protein*)"이다. 이와 같은 케라틴 집합체(*keratin assembly*)가 중간세사 사이사이에 채워(*packing*)지고 복합체(*complex*)를 형성하며, 케라틴 중간세사 세포막에 부착되는 연접된 복합체(*junctional complex*)를 통하여 결국 모피질(*cortex*)을 형성한다. 세포외기질 단백질과 케라틴 중간세사(IF)는 각 분자의 시스테인 잔기 사이의 이황화결합(*disulfide bond*)으로 강하게 공유결합(*covalent bond*)을 형성하고 있다. 또한 케라틴 구조물 자체는 ① 4개의 나선형 구조의 전환점(*helical turn*)마다 형성되는 이황화다리(*disulfide bridge*) ② 케라틴 사슬간의 염결합(*salt bond*, 이온결합; *ionic bond*) ③ 수소결합(*hydrogen bond*) ④ 소수성상호작용(*hydrophobic interaction*)에 의하여 안정화된다.

사람 모발은 모수질(*medulla*)이 전혀 없는 모발부터 모수질이 발달된 모발까지 다양하다. 대체로 굵은 모발에서 모수질이 관찰되지만 모수질의 발달 여부를 결정하는 요인과 기전에 대해서는 알려져 있지 않다. 모수질로 분화되는 세포는 무정형의 호산성(*eosinophilic*)을 띠는 "트리코히알린 과립(*trichohyalin granule*)"이 많이 나타나는 특징이 있다. 이 과립(*granule*)은 220KDa의 트리코히알린으로 구성되어 있는데 분화가 진행됨에 따라 트리코히알린은 과립에서 분리되어 케라틴 중간세사와 특이적으로 결합한다. 트리코히알린은 케라틴과 결합하는 단백질의 하나로 피부 상피조직의 필라그린(*filaggrin*)과 유사한 특성을 가지고 있다. 최종 분화된 모수질에서 응집하여 딱딱하고, 공포(*vacuole*)가 많은 *trabecula network*를 형성한다.

2-2. 모표피(cuticle)의 분화과정

기저막 위에 있는 단층 입방형(*cuboidal*)의 모기질세포는 분화되어 모피질도 형성하지만 계속하여 모표피(*cuticle*)로도 분화된다. 이 입방형의 세포는 분화됨에 따라 점점 길어지고 납작해지는데 마치 한옥 지붕의 기왓장처럼 중첩된 모표피를 형성한다. 완전히 분화되면 고밀도(*compact*)의 5~25nm의 모표피 층이 형성된다. 모표피 층은 3개의 층, 즉 전자밀도가 크고(*electron-dense*) 시스테인이 풍부한 A층(*cystein-rich A layer*), 엑소큐티클 층(*exocuticle layer*), 전자가 투명한(*electron-lucent*) 엔도큐티클 층(*endocuticle layer*)으로 이루어져 있다. 모표피 세포가 중첩되어 있는 부위에서는 모표피 세포가 다층의 층상(*lamellar*) 구조를 이루며 모근(*hair root*)을 둘러싸고 있다. 모근의 가장 바깥을 싸고 있는 모표피 세포는 내모근초의 모표피와 단단히 결합하여 각화되는 모근을 모낭에 부착하는 역할을 한다. 생화학적, 면역조직화학적 연구에 의하면 type Ⅰ과 type Ⅱ 경케라틴(*hard keratin*)은 모피질과 모표피에서만 발현되며, 모표피의 경우 모구의 최대 지름(*mid-bulb, critical level*)을 나타내는 부위부터 경케라틴이 발현된다.

2-3. 내모근초(inner root sheath, IRS)의 분화과정

모근의 바깥은 내모근초가 싸고 있는데, 내모근초 모표피, 헉슬리 층(*Huxley layer*), 헨레 층(*Henle layer*)으로 구성되어 있다. 내모근초로 분화되는 모기질세포는 모구(*hair bulb*)의 측면에 위치하고 있지만 가운데에 위치하고 있는 모근으로 분화되는 모기질세포와 형태학적으로 구분되지 않는다. 내모근초의 말단분화과정은 각질화(*cornification*) 또는 경화(*hardening*)되지만 분화과정 자체는 피부상피조직의 각화과정과는 전혀 다르다.

내모근초 분화과정의 가장 큰 특징은 내모근초의 세포질에 트리코히알린 과립(*trichohyalin granule*)이 많이 나타난다는 점이다. 트리코히알린 과립은 미성숙한 헨레(*Henle*) 층 세포에서 처음 나타나며, 이는 모낭의 분화를 시작하는 표지(*marker*)로 사용된다. 내모근초의 세 층이 형태학적으로 구별되기 시작하면 세 층 모두에서 트리코히알린 과립이 만들어지기 시작하고 헨레 층에서 가장 많이 만들어진다.

내모근초 세포들의 분화가 진행되어 모구로부터 멀어지면 과립의 수도 증가할 뿐만 아니라 점점 커진다.

이러한 과립의 발달은 연케라틴 중간세사(*soft keratin* IF)의 발현 증가와 동반되어 나타나며, 합성된 케라틴 중간세사는 모발의 길이와 평행하게 배치된다. 내모근초세포가 모구상부(*suprabulbar*) 위치에 이르면 세포의 각질화(*hardening*)과정이 시작되는데 헨레 층부터 시작하여 헉슬리 층, 모표피로 이어진다.

각화과정은 세포소기관들이 퇴화되어 사라지고, 트리코히알린 과립(*trichohyalin granule*)이 깨져 트리코히알린이 세포질 내로 퍼져 나가면서 세포질에 잘 발달된 케라틴 중간세사(*keratin intermediate filament, keratin* IF)와 결합하여 단단하게 채워

(*packing*)진 섬유다발(*filament bundle*)을 형성하는 과정이다. 또한 이후 두 종류의 효소가 연속적으로 작용하여 각화과정을 완성한다. 처음에는 트렌스글루타미나아제(*transglutaminase*)가 트리코히알린 단백질사이에 또는 트리코히알린과 케라틴 중간세사(IF) 사이에 가교(*cross-linking*) 형성을 촉매하여 두 단백질 간의 결합을 안정화시킨다. 여기에 펩티딜아르기닌탈이미나아제(*peptidyl-arginine deiminase*)가 작용하여 트리코히알린 단백질의 아르기닌을 탈이민화반응(*deiminize*)을 시켜 시트룰린(*citulluline*)을 형성한다. 이 효소는 아르기닌의 양전하(*positive charge*)를 탈이민화반응(*deiminize*)으로 음전하(*negative charge*)로 바꾸어줌으로써 트리코히알린과 케라틴 사이의 이온결합(*ionic interaction*)을 더 강하게 해준다. 결국 이 과정을 통하여 세포의 골격을 이루는 케라틴 중간세사는 티리코히알린과 결합하여 붕괴(*collapse*)되면서 섬유다발(*filament bundle*)이 모발의 길이와 평행하게 배치되는 것이다.

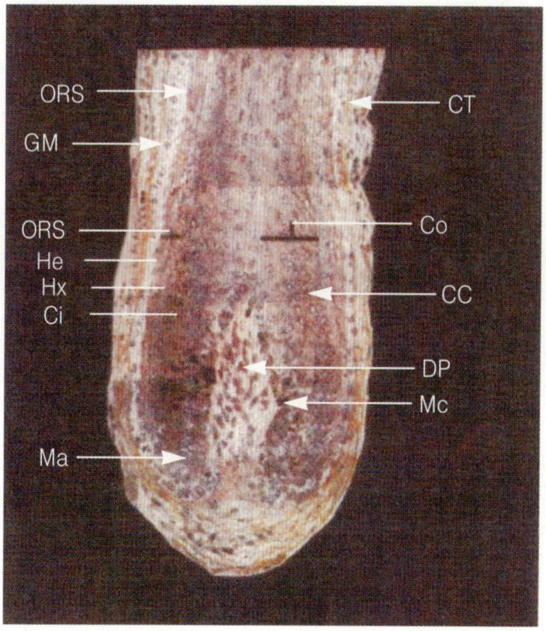

그림 3-16. 성장기 모낭의 구조

CT : connective tissue sheath, GM : glassy membrane, ORS : outer root sheath;
IRS : inner root sheath(with He : Henle' s layer, Hx : Huxley' s layer, Ci : cuticle);
Co : cortex, CC : cuticle cells, Mc : melanocytes, DP : dermal papilla, Ma : matrix cell.

헨레(*Henle*) 층에서 시작된 말단 분화가 내모근초의 모표피에 이르면 모표피는 딱딱해지고 얇아진다. 내모근초의 모표피는 모근의 모표피와 지퍼처럼 물려 있어 모근소피(*hair root cuticle*)의 주형(*template*) 기능을 한다. 따라서 딱딱해진 내모근초 모표피는 모발의 구성성분은 아니지만 모근을 지지하고, 자라는 방향을 지시하는 역할을 한다. 모근이 피지선 관에 이르면 내모근초는 완전히 퇴행되어 탈락된다.

2-4. 외모근초(outer root sheath, ORS)의 분화과정

외모근초 세포의 유래(*progenitor*)는 어디에 있는지 아직 확실하지 않으나 모기질세포로부터 유래하지 않는 것으로 보고되고 있다. 외모근초 세포는 모구 부위에서 세포 분열하여 피부표면의 방향으로 이동한다. 모구 상부에 이르면 다시한번 세포 분열이 이루어져 외모근초가 갑자기 두꺼워진다. 여기에서 외모근초 세포는 피부표면 방향과 모근 방향으로 이동하여 분화가 시작된다. 모근에 가까운 외모근초의 세포가 분화된 세포로서 세포 분열이 일어나지 않고, 세포질 내에 섬유(*filament*)의 양이 증가된다. 협부에 이르면 외모근초 세포는 의사각화(*parakeratinization*)가 이루어지며, 이후에는 피부상피조직과 연결되어 구분할 수 없게 된다.

3. 멜라닌생성세포

멜라닌생성세포는 외배엽의 신경제에서 유래되며, 멜라닌생성세포는 표피의 기저층, 모낭, 눈, 뇌수막 그리고 귀 등에 주로 분포되어 있다.

표피의 기저층에서와 마찬가지로 모구부의 기저층에 분포되어 있는 멜라닌생성세포는 세포질 내에 골지체, 리보솜, 형질내세망, 중간세사(*intermediate filament*) 등의 세포 소기관이 존재하며, 다양한 모발의 색상을 띠게 하는 멜라닌 색소를 합성하고, 멜라닌소체(*melanosome*)를 함유하고 있다.

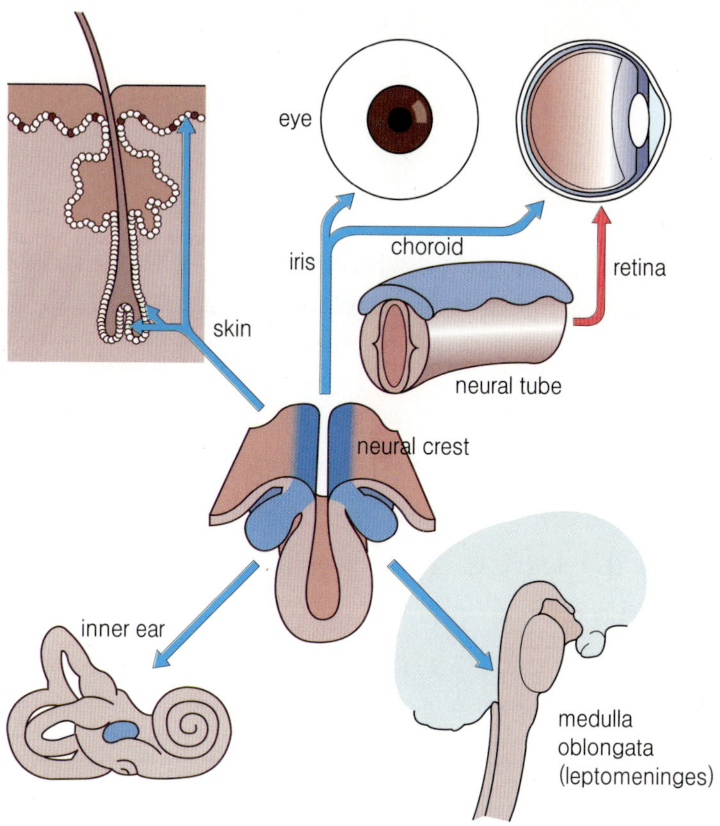

그림 3-17. 인체 내에 분포된 멜라닌생성세포

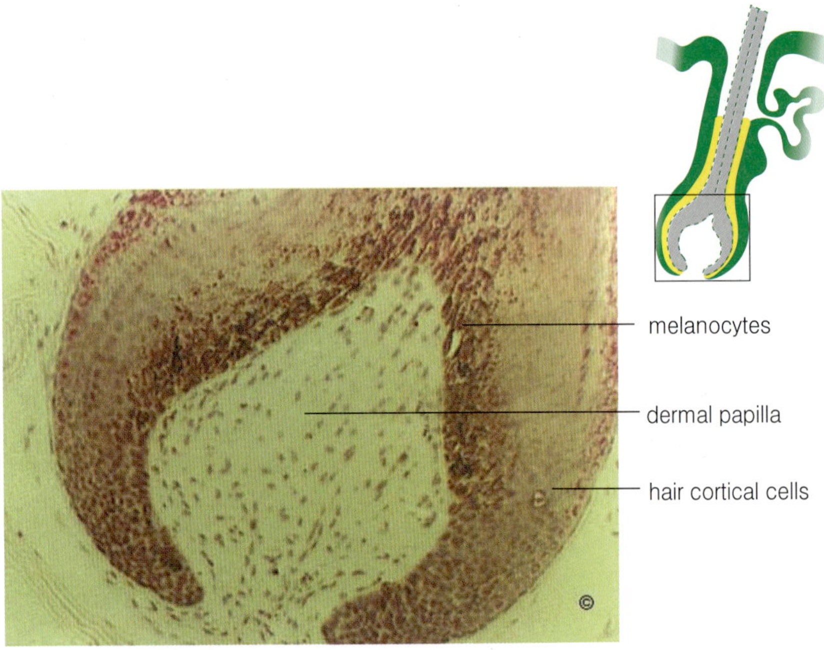

그림 3-18. 모구부와 멜라닌생성세포의 분포

멜라닌생성세포는 작고 둥근 핵과 각화세포 사이로 뻗어 있는 세포질돌기, 즉 가지모양돌기(*dendrite process*)를 가지고 있다. 멜라닌소체는 리보솜(*ribosome*)에서 만들어지며 형질내세망(*endoplasmic reticulum*)과 골지체(*Goli's apparatus*)를 거쳐 가지모양돌기로 보내진다. 이와 같은 멜라닌소체는 멜라닌생성세포의 가지모양돌기를 통과하여 모근의 각화세포로 전달된다. 이러한 전달체계는 구체적으로 밝혀지지는 않았지만 각화세포가 멜라닌생성세포의 돌기를 포식하거나 멜라닌생성세포가 과립을 각화세포 속으로 주입하여 전달된 것으로 알려져 있다. 이러한 전달방식을 세포질 분비(*cytocrine*)라 한다.

합성된 멜라닌은 멜라닌생성세포의 수지상 돌기를 통하여 모피질 세포(*cortex cell*)의 세포질 내에 이입됨으로써 모발의 색깔을 띠게 된다. 모낭내의 멜라닌생성세포는 모낭의 누두부(*infundibulum*), 모구부, 외모근초에 분포되어 있는데, 표피의 기저층에서와 마찬가지로 누두부와 모기질세포 사이에는 색소성 멜라닌생성세포이고 모구부의 외모근초에 근접된 부분과 외모근초에는 무색소성 멜라닌생성세포이다.

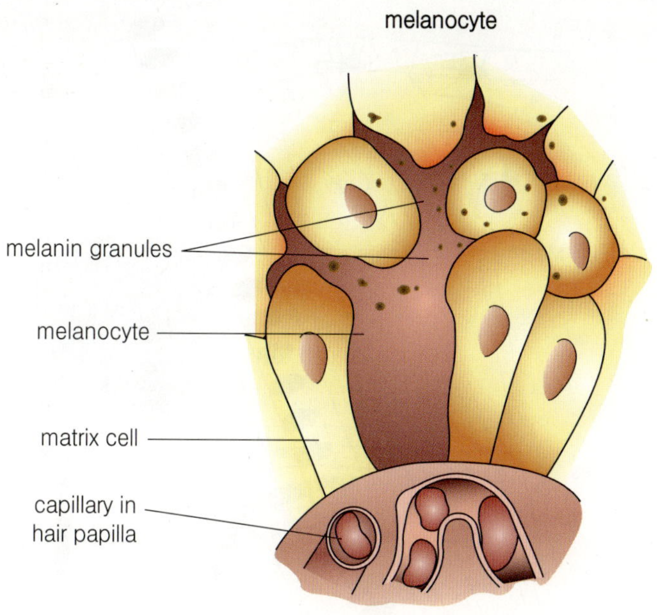

그림 3-19. 모구부의 멜라닌생성세포

멜라닌소체 속에 함유된 티로시나아제는 멜라닌전소체(*premelanosome*)와 융합한 후 4단계를 거쳐 멜라닌소체가 성숙된다. 성숙된 멜라닌 과립은 길이가 0.4~1.0㎛정도의 타원형을 이룬다. 각화세포 속에 존재하는 멜라닌소체는 멜라닌을 합성하는데 필요한 티로시나아제(*tyrosinase*)가 함유되어 있으며, 모간의 색깔을 띠게하는 주요 요인이 될 뿐만 아니라 자외선으로부터 두피를 보호한다. 멜라닌소체 내에서 아미노산 중의 하나인 티로신(*tyrosine*)이 티로시나아제에 의하여 산화되는 등 여러 가지 복잡한 과정을 거쳐서 멜라닌색소가 합성된다.

즉 모발의 색소형성은 색소성 멜라닌생성세포 내에 전달된 티로신(*tyrosine*)이 티로시나아제의 산화에 의하여 멜라닌을 생성하게 된다. 멜라닌은 멜라닌생성세포 내의 소기관인 리보솜(*ribosome*)에서 티로시나아제(*tyrosinase*)의 작용에 의하여 생합성이 시작된다. 티로시나아제(*tyrosinase*)는 아미노산의 일종인 티로신(*tyrosine*)을 산화반응을 시키고, 몇 단계의 합성 과정을 거쳐 멜라닌생성세포의 흑색소포 표면에 침착하여 검고 갈색의 작은 멜라닌 소체(*melanosome*)가 생성된다.

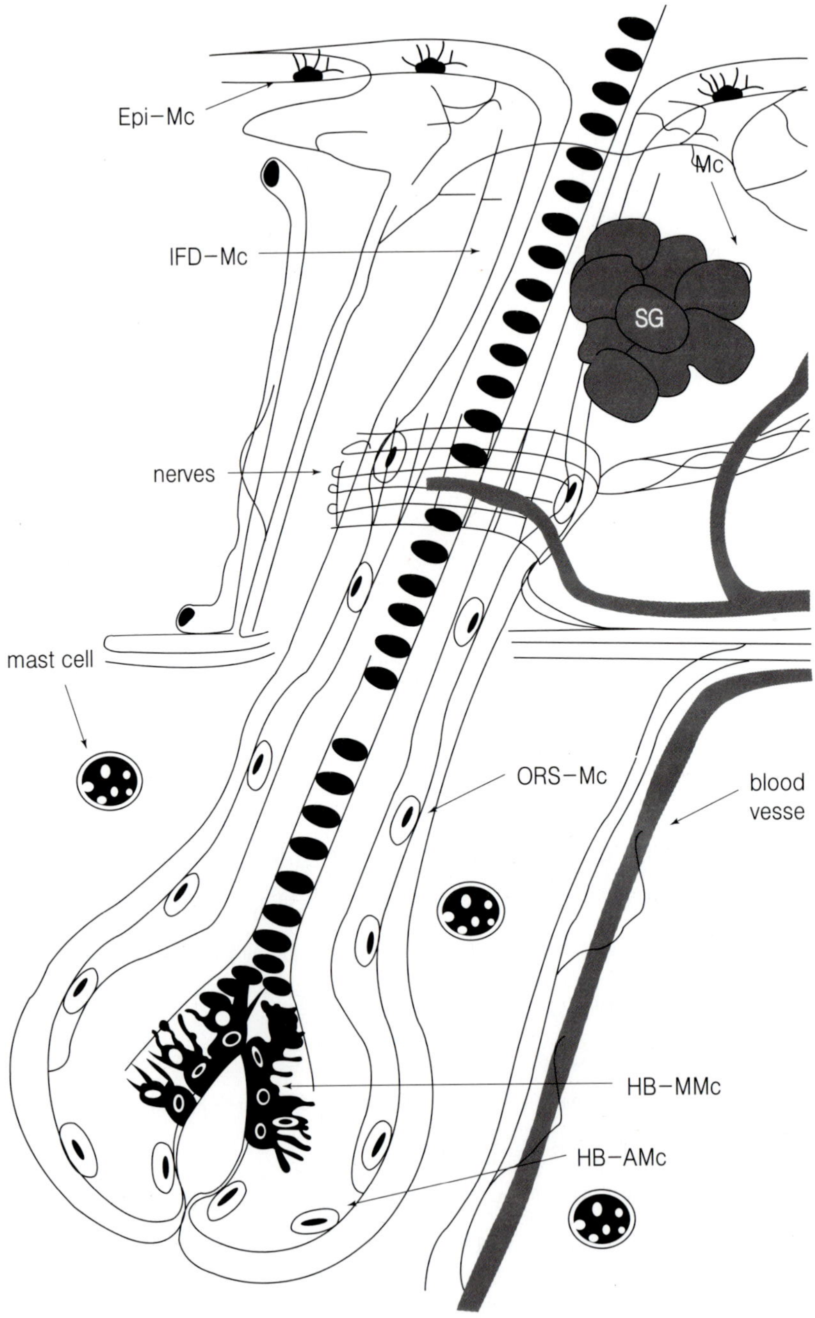

그림 3−20. 모낭 내에서 멜라닌 생성세포의 분포

Epi−Mc; epidermal melanocyte, IFD−Mc; infundibulum melanocyte,
ORS−Mc; outer root sheath amelanogenic melanocyte,
HB−MMc; bulbar melanogenic melanocyte, HB−Amc; bulbar amelanotic melanocyte.

이러한 멜라닌소체는 세포질 분비를 통하여 모발의 각화 세포 속으로 들어가서 서서히 축적되었다가 점차 모간의 모피질로 분화되어 모간의 색깔에 기여하게 된다.

멜라닌생성세포(*melanocyte*)에서 생성되는 멜라닌은 흑갈색~갈색을 띠는 유멜라닌(*eumelanin*)과 적갈색~황색을 띠는 페오멜라닌(*pheomelanin*)이 있다. 멜라닌의 생합성은 아미노산의 하나인 티로신(*tyrosine*)이 티로시나아제(*tyrosinase*)에 의해 도파(*DOPA*)를 거쳐 도파퀴논(*DOPA quinone*)으로 산화된다. 이 최초의 반응이 멜라닌 합성의 속도결정 단계이다.

유멜라닌(*eumelanin*)은 티로시나아제(*tyrosinase*)에 의하여 티로신(*tyrosine*)이 도파(*DOPA*)를 거쳐 도파퀴논(*DOPA quinone*)과의 환원적 호환작용으로 산화되고, 도파퀴논(*DOPA quinone*)은 자발적으로 엔도싸이클 고리(*endocycle ring*)를 형성하여 루코 도파크롬(*leuco DOPA chrome*)으로 된다.

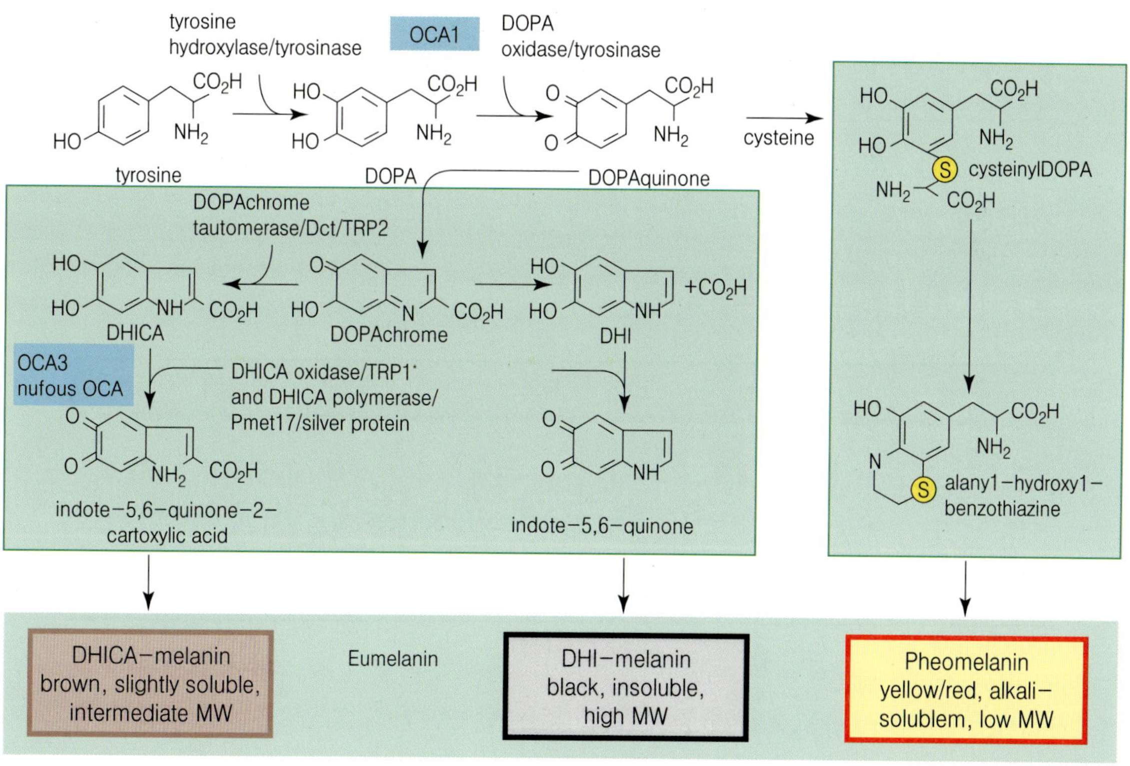

그림 3-21. 멜라닌 합성과정

루코 도파크롬(*leuco DOPA chrome*)은 도파퀴논(*DOPA quinone*)과의 환원적 호환작용으로 산화되어 도파(*DOPA*)와 도파크롬(*DOPA chrome*)으로 된다. 도파(*DOPA*)는 다시 티로시나아제(*tyrosinase*)에 의해 산화되어 도파퀴논(*DOPA quinone*)을 형성하고, DOPA/도파퀴논(*DOPA quinone*) 산화 환원 회로가 멜라닌 생성의 산화적 구동장치로 작용한다. 이어서 도파크롬(*DOPA chrome*)은 TRP-1(*DHICA oxidsae*)에 의한 CO_2 이탈반응과 TRP-2(*DOPA chrome tautomerase*)에 의하여 각각 5,6-dihydroxyindol(DHI)과 5,6-dihydroxyindol carboxylic acid(*DHICA*)로 된다. 이들은 도파퀴논(*DOPA quinone*) 이하의 중간 대사물이고 자동산화반응, 광화학반응 혹은 티로시나아제(*tyrosinase*), 도파크롬(*DOPA chrome*) tautomerase, DHICA oxidase 등에 의하여 촉진된다. 자동산화는 금속이온, 특히 철, 구리 등의 2가 이온에 의하여 촉진된다.

유멜라닌은 길이가 0.8~1.2㎛이고 두께는 0.3~0.4㎛ 정도의 쌀알 형태이다. 분자량이 큰 중합체로 물에 용해되지 않는다.

한편 페오멜라닌(*pheomelanin*)은 도파퀴논(*DOPA quinone*)이 시스테인(*cystein*)에 의해 시스테닐도파(*cysteinyl DOPA*) 등의 부가물을 경유하여 생성된다. 주로 서양인들의 피부색과 모발색을 결정하며 입자의 크기가 유멜라닌에 비하여 작고 타원형이다.

표 3-1. 유멜라닌과 페오멜라닌의 비교

구 분	색 상	크 기	자외선 방어력	모 양	황 함유	탈 색
유멜라닌 (eumelanin)	흑갈색~갈색	크다	크다	구형	비함유	잘 됨
페오멜라닌 (pheomelanin)	노랑색~빨강색	작다	작다	타원형	함유	잘안됨

따라서 모피질의 각질세포는 각화과정에 의하여 영구모발로 성장함으로써 모피질에 분포된 멜라노좀에 의해 모발 색깔을 띠게 된다. 모발의 색상은 생성된 멜라닌의 조성에 따라 달라진다. 멜라닌색소의 생성이나 모발 색깔의 차이는 유전적, 환경적, 호르몬성 요인 등에 의하여 결정된다. 종족에 따라 모발 색이 다른 것은 멜라닌 색소의 활성도, 즉 생성되는 멜라닌색소의 양과 생성속도 그리고 분포에 따라 다르기 때문이다. 멜라닌생성세포 자극호르몬(*melanocyte stimulating hormone*, MSH)은 멜라닌생성세포의 가지모양돌기 속으로 멜라닌소체를 이동시키고, 각화세포로 전달될 수 있도록 자극한다. 자외선에 노출되는 등 환경적인 요인과 모기질세포의 대사과정에서 생성되는 활성산소종(*reactive oxygen species*, ROS)은 멜라닌생성세포를 자극하여 효소활성화 및 합성을 증가시키며, 멜라닌색소를 각화세포에 침착시킨다.

그러나 백반증(*vitiligo*)과 같이 후천적으로 멜라닌이 결핍되거나 사라짐으로써 여러 가지 형태와 크기의 하얀색 반점들이 피부에 나타나듯이 모발에서도 이와 유사하게 백모증이 나타나게 된다. 즉 멜라닌생성세포가 파괴되어 그 수가 감소 혹은 소실되어 멜라닌 결핍으로 여러 가지 크기 및 형태의 백색 반들이 피부에 나타나는 후천적 탈색소 피부질환 중 가장 흔한 대표적인 질환이다.

인종이나 지역 그리고 성별에 관계없이 발생하며 세계 인구의 약 1% 정도 발생한 것으로 보고되고 있다. 백반증의 정확한 발생 원인은 밝혀지지 않았지만 자가 면역, 신경체액, 멜라닌 자가파괴, 유전적 요인, 스트레스와 관련된 것으로 알려지고 있다. 면역설은 백반증 환자에서 부신, 갑상선, 위벽세포, 췌장세포 등에 대한 자가항체의 발생빈도가 높으며, 또한 자가 면역 질환을 동반하는 경우가 많다. 자가면역질환 환자에서 백반증은 10~15% 정도로 보고되어 일반 인구의 발생빈도 1%보다 현저히 높다. 최근 멜라닌생성세포의 파괴나 기능 이상을 초래하는 것으로 설명하고 있으며, 항체의 혈중치가 백반증 발생이나 탈색소의 범위와 비례한다는 주장도 있다. 신경체액설은 멜라닌 세포가 신경 등에서 기원하며 신경절에 따른 분포를 보이는 백반증도 있고, 신경손상이나 정신적 긴장 후에 발생하는 사례 등은 신경체액설을 뒷받침하고 있다. 멜라닌생성세포 근처에 유리된 신경화학물질의 과다로 이들이 멜라닌생성세포의 생성과정을 억제하여 세포파괴를 초래하는 것으로 설명하고 있다. 또한 멜라닌생성세포 자가파괴설은 멜라닌 생성과정에서 생긴 중간물질이나 대사 물질들이 페놀복합체로서 이들이 멜라닌생성세포 내에 축적되어 멜라닌생성세포를 파괴하게 된다는 것이다.

4. 모낭 줄기세포(hair follicle stem cells)

재생이 가능한 모든 조직들은 줄기세포(*stem cell*)가 있다. 줄기세포는 미분화(*undifferentiated*) 된 세포로써 다양한 잠재력(*multipotent*)을 가지고 활발하게 증식이 가능하지만 대개 활동을 하지 않는 세포이다. 줄기세포는 한정된 증식 능력을 갖는 전이증폭세포(*transient amplifying cell*)가 되며, 증식능력이 소실되면 분열이 끝난 세포(*postmitotic cell*)가 된다. 활발하게 분열하는 세포들로 구성된 전이증폭세포들은 최종분화를 통해 소실되는 세포들을 보충하는 역할을 한다. 줄기세포들의 다른 속성으로는 상처나 과증식을 일으키는 자극에 반응하여 증식할 수 있는 능력, 생화학적 특성, 개체를 초과하는 수명 등이 있다.

모낭의 일부분에는 피부 줄기세포의 저장고가 존재하고, 모낭의 팽륭부 근처에 멜라닌생성세포의 줄기세포가 존재한다. 모구부에 존재하는 멜라닌생성세포는 이미 분화가 완전하거나 부분적으로 진행된 세포이다. 표피의 각질층과 모근은 표피와

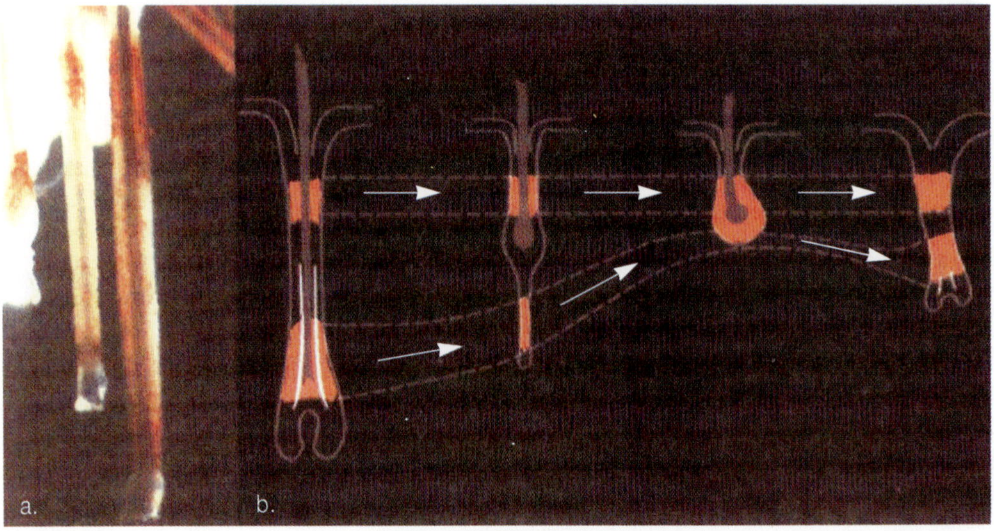

그림 3-22. **줄기세포**

모낭의 증식과 분화과정을 통해 만들어진 최종산물이다. 이러한 구조물들은 피부로부터 탈락되기 때문에 증식 가능한 각질형성세포를 통해 지속적으로 보충되어야 하며, 이러한 증식 가능한 세포들을 결국 줄기세포(*stem cell*)에 의해 재생된다.

모낭의 줄기세포는 모구의 아랫부분과 모낭의 상부에서도 관찰된다. 또한 모낭의 팽륭부(*hair bulge*)에 모낭 줄기세포가 존재하는 다음과 같은 몇 가지 증거가 있다. ① 팽륭부를 포함하여 모낭 상부의 세포들은 모낭의 다른 부위 및 표피와 비교할 때 in vitro에서 가장 높은 증식 능력을 보인다. ② 정상적으로 활동이 거의 없는 팽륭부 세포들은 성장기 초기 또는 모발을 뽑거나 레틴산(*retinoic acid*)의 도포 등 자극 후에는 일시적으로 세포 증식이 있다. ③ 팽륭부 세포들은 미세구조학적으로 비교적 미분화되어 있다. ④ 성장기의 시작 시기에 발암물질을 생쥐 배부의 피부에 도포하면 휴지기에 도포하는 것 보다 훨씬 많은 수의 종양이 발생하였다. 줄기세포는 피부암 형성에 관련된다고 알려져 있기 때문에 팽륭부 세포의 일시적인 증식과 더 많은 종양 발생의 일치는 팽륭부 세포가 줄기세포라는 가설에 합당하며, 모낭 줄기세포가 실험적으로 유도한 피부암을 일으킬 수 있음을 시사한다.

모발의 형성과정에서 모낭은 역동적인 변화과정을 거친다. 즉 모발이 활발하게 자라는 시기(성장기), 리모델링 시기(퇴행기) 그리고 휴지기가 반복된다. 모낭주기를 조절하는 두 가지 중요한 요소는 모낭상피 줄기세포와 모유두를 구성하는 특수한 중간엽세포이다.

5. 모발의 성장(hair growth)과 모주기(hair cycle)

5-1. 모낭 주변의 구조적 특성

모낭(*hair follicle*)은 모근을 싸고 있는 '털 주머니'라고도 하며, 얇은 초자막을 경계로 상피성 모낭과 결합조직성 모낭으로 구분된다. 상피성 모낭은 모근을 감싸고 있고, 결합조직성 모낭은 상피성 모낭을 감싸고 있다.

표피층에서부터 피하조직까지 걸쳐 자리 잡고 있으나 모낭의 활동에 따라 위치가 달라진다. 즉 성장기에는 모구부가 진피층 하부나 피하조직까지 위치하고 있으나 퇴화기나 휴지기에는 위축되어 진피층 상부에 위치하게 된다.

모낭에는 MHC Class Ⅰ(*major histocompatibility complex class* Ⅰ)라는 '대조직적합성 복합체'가 존재한다. 이는 외부로부터 바이러스나 단백질 형성에 이상이 나타날 경우 인체의 T림프구에 작용하여 모발 및 모근을 보호하는 작용을 한다.

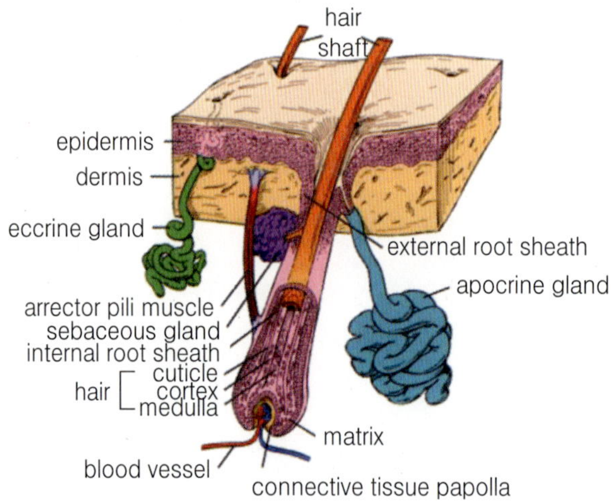

그림 3-23. 모낭 주변의 구조적 특성

모낭은 입모근과 연결되어 있기 때문에 공포나 추위를 느끼게 되면 입모근이 수축되어 모발이 서게 된다. 모기질세포의 증식과 분화 및 각화되어 완전한 모발이 될 때까지 모근을 보호하며, 표피의 외부로 나올 때까지 안내해 주는 역할을 한다. 모낭에는 피지선과 대한선의 도관이 연결되어 있기 때문에 피지와 땀으로 피지막을 형성하고, 두피를 포함한 모든 피부를 보호한다. 또한 분비된 피지는 모발에 윤기를 부여하고 모발을 보호한다.

5-1-1. 모구부(hair bulb)

모낭의 아래 부분에 위치한 모구부는 원형의 도자기 모양이며, 모구부의 아래부위는 다시 도자기 안쪽으로 유두 형태의 모유두 세포가 볼록하게 융기되어 있다. 이를 모유두라 하며, 모구부는 진피의 유두층과 마찬가지로 기저막을 경계로 모유두 세포와 모기질 세포로 구성되어 있다. 모기질세포 사이에는 멜라닌생성세포도 존재한다.

5-1-2. 모유두(hair papilla)

모유두는 모낭의 아래 부분에 위치하고 있는 부분으로 모구부의 기저막을 경계로 모기질 세포(*hair matrix cell*)와 밀착되어 있고, 모구부의 모세혈관과 자율신경이 분포되어 있다. 모발의 대사에 필요한 영양소와 산소를 공급하고, 단백질 합성 효소 및 모발의 성장과 발생을 조절한다. 즉 모세혈관으로부터 공급받은 영양소를 모기질 세포에 전달하고 모발의 발생과 성장을 조절하는 성장인자의 신호를 모기질 세포에 전달하는 기능을 한다. 따라서 모유두의 활동이 왕성하면 모발이 건강하고 탈모가 적지만 모유두의 손상과 기능 저하는 모발의 성장을 저해하는 요인이 된다. 또한 모유두이 크기나 형태는 모발의 상태 및 굵기 등을 결정하는 중요한 작용을 한다.

5-1-3. 모세혈관(capillary vessel)과 자율신경

모유두 주변에는 모세혈관과 자율신경이 존재한다. 동맥의 모세혈관은 영양소와 산소를 모기질 세포에 전달하고, 정맥의 모세혈관은 세포 대사 후의 노폐물과 이산화탄소를 배출하는 기능을 한다. 이러한 기능이 원활하지 못한 동맥경화나 고혈압 그리고 당뇨병 등이 탈모의 원인이 될 수 있다. 자율신경은 모기질 세포의 대사를 조절함으로써 모발의 발생과 성장에 기여한다. 특히 원형탈모는 자율신경의 이상에 의한 탈모의 대표적인 예 중의 하나이다.

5-1-4. 모기질 세포(hair matrix cell)와 멜라닌생성세포(melanocyte)

모구부의 기저막 위에는 모기질 세포와 멜라닌생성세포로 구성된다. 모유두로 부터 영양소와 산소를 공급받은 모기질 세포는 세포 분열과 증식 그리고 모표피(*cuticle*), 모피질(*cortex*), 모수질(*medulla*)로 각각 분화되고 각화되어 모근을 형성한다. 모기질 세포는 인체에서 분열이 가장 왕성한 세포 중 하나이며, 주로 저녁 10시에서 새벽 2시에 세포분열이 가장 왕성하게 일어난다. 따라서 모발의 성장을 원활하게 하기 위해서는 수면이 충분해야 하며, 저녁에 샴푸하는 것이 오히려 바람직하는 이유 중 하나이다. 멜라닌생성세포는 모기질세포 사이에 존재하며, 모발의 색을 결정짓는 멜라닌 색소를 만들어 멜라닌소체(*melanosome*)로 분비한다. 분비된 멜라닌소체는 모피질의 세포내 이입을 통하여 각화된 모발의 색깔을 띠게 된다.

5-1-5. 내모근초(inner root sheath, IRS)와 외모근초(outer root sheath, ORS)

상피성 모낭은 내모근초와 외모근초로 구분된다. 피지선의 도관 입구를 기준으로 아래 부분에서 내모근초가 분화되고 각화되어 사라지고, 윗부분에서는 외모근초가 모근을 감싸고 있다. 내모근초(IRS)는 모근과 가장 가까운 내모근초표피(*inner root sheath cuticle*), 헉슬리 층(*Huxley's layer*), 헨레 층(*Henle's layer*)의 순으로 구성된다. 외모근초는 입방형 혹은 원주형의 세포이며, 표피의 기저층과 연계되어 있다. 모발에 힘을 주어 성장기 모발을 뽑으면 모발과 함께 빠져나온 젤리형태의 반투명한 물질이 내모근초이다. 이들은 모구부에서 발생한 모발의 각화과정이 종결될 때까지 모발을 보호하고, 표피까지 운송하는 역할을 한다.

5-1-6. 피지선(sebaceous gland)

피지선은 모낭의 윗부분에 위치하며, 중성지질, 지방산, 에스테르, 스쿠알렌, 콜레스테롤 등이 주성분인 피지를 분비하는 외분비선이다. 모공에서 분비된 피지는 모발의 윤기와 광택 그리고 탄력을 부여한다. 또한 피지는 땀과 유화되어 피지막을 형성하고 약산성(pH 4.5~5.5)을 띠지만 외부환경에 의하여 산화됨으로써 중성 및 약알칼리성으로 전환된다. 이와 같은 현상은 세균의 번식을 좋게 하거나 모공을 막아 피지와 내분비물의 분비장애를 모낭염과 두피염증, 탈모 등의 두피 문제를 유발한다. 특히 두피의 피지선에서 과잉의 피지가 분비될 경우 지루성두피를 형성할 뿐만 아니라 탈모에 영향을 미칠 수 있다. 이는 남성호르몬(*androgen*), 황체호르몬(*progesterone*), 식생활, 스트레스 등의 내적 자극에 영향을 받지만 신경의 지배를 받지 않는다.

5-1-7. 입모근(arrect pili muscle)

입모근은 피지선의 아래 부위에 위치하고 있으며, 사람의 의지와 관련 없는 불수의근으로 평활근의 섬유다발로 구성되어 있다. 진피의 유두층에서 시작되어 피지선을 돌아 모낭의 중간부에 부착되고 교감신경에 의하여 수축되어 털을 바로 세운다. 즉 공포감이나 추위 등을 느낄 경우 수축하여 털을 수직으로 세우거나 소름이 돋게 한다. 이를 '기모근'이라 고도 한다. 입모근의 잦은 이완과 수축은 모유두와 모모세포를 자극하여 노화를 촉진시키고, 피지선을 자극하여 피지분비를 증가시킨다. 이러한 현상은 두피의 건강과 모발 성장에 장애요인으로 작용하여 탈모의 요인일 수 있다.

5-2. 모발의 성장

모낭이 형성되어 모발이 정상적으로 생성되기 위해서는 몇 가지 조건이 있다. 첫째, 모유두가 정상적이고 건재하여야 한다. 모유두에는 모구부의 기저막을 경계로 모기질세포와 결합되어 있고, 모유두 주변에는 모세혈관과 자율신경이 분포되어 있다. 즉 모유두는 모세혈관으로부터 공급받은 영양분을 모기질세포에 전달하는 기능과 호르몬과 자율신경으로부터 모발 합성을 조절하는데 중요하다. 따라서 모유두에 의하여 모기질세포의 분열과 성장에 여러 가지 영향을 받기 때문이다. 모유두의 기능이 저하되거나 외상과 염증으로 인하여 모유두가 손상을 받게 되면 모발이 생성되지 않는다. 화상이나 외상 그리고 세균감염 등으로 모유두가 손상되어 영구히 모발이 생성되지 않은 탈모를 반흔성탈모증이라 한다. 둘째, 모유두의 모세혈관이 정상적이어야 하고, 혈액순환이 원활하여야 한다.

모구의 모기질세포는 모유두에 분포된 모세혈관에 의하여 케라틴 단백질의 구성요소인 아미노산 등의 영양공급을 받고, 호르몬과 무기질에 의한 단백질합성효소의 조절에 의하여 케라틴 단백질의 합성이 활성화되기 때문이다. 또한 세포의 대사에 필요한 산소의 공급과 노폐물을 배출시키는 중요한 작용을 한다. 셋째, 자율신경이 정상적이어야 한다. 모유두와 모구부에 분포되어 있는 자율신경에 의한 단백질 합성 조절에 의하여 모기질세포의 단백질 합성과 증식이 일어나기 때문이다. 모유두에 영양소가 원활하게 공급된다 하더라도 자율신경계의 이상은 모발이 합성될 수

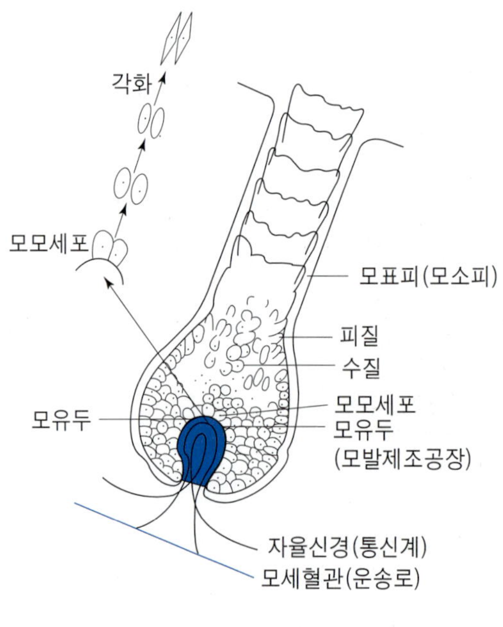

그림 3-24. 모발 성장(hair growth)

없기 때문에 탈모의 원인이 될 수 있다. 넷째, 단백질 합성 효소의 기능이 정상적이어야 한다. 단백질 합성 효소는 모세혈관에 의하여 아미노산 등의 영양공급을 받고, 호르몬과 자율신경 등의 지시에 따른 대사 조절을 받아 단백질을 합성한다. 비타민과 무기질은 단백질 합성이 원활하게 이루어질 수 있도록 돕는 역할을 한다. 이와 같이 단백질 합성 효소의 기능이 정상적으로 작용하지 못하면 모발을 구성하는 케라틴단백질이 합성되지 않고 결국 모발이 성장할 수 없게 된다.

모발의 발생과 성장 등 모발의 모든 대사과정을 건축 공사 현장과 비유해보면 보다 쉽게 이해할 수 있다. 즉 우리 몸의 모든 상황을 판단하고 적합한 신호를 보내는 뇌는 공사를 총괄하는 현장소장에 비유할 수 있다. 모구부의 각 조직에 뇌의 신호를 전달하는 자율신경과 호르몬은 현장소장의 지시를 받아 일꾼들에게 전달하는 반장에 비유할 수 있다. 우리 몸에서 일어나는 모든 생화학적인 작용, 즉 케라틴 단백질의 합성에 관여하는 효소는 반장의 지시를 받아 벽돌을 쌓는 일꾼에 해당된다. 또한 효소의 일을 보조해 주는 조수는 비타민과 무기질에 해당된다. 이러한 벽돌은 아미노산 등의 영양소이다. 모발이 정상적으로 발생하고 성장하기 위해서는 충분한 영양소를 흡수하고 뇌의 정보를 잘 전달해주는 자율신경과 호르몬의 기능에 의하여 단백질 합성 효소는 단백질을 합성하며 이를 돕는 비타민과 무기질이 원활하게 공급되어야 한다.

이와 같은 과정은 모유두의 기능에 직접 관련된 주된 모발 생성 조건이지만 이외에도 모유두의 기능을 간접적으로 지배하는 요인이 여러 가지 있다. 즉 유전인자나 여러 가지 환경 등이 있지만 그 밖에도 알려져 있지 않는 요인들도 있다. 모발의 생성을 저해하는 요인들이 탈모의 원인으로 알려져 있다.

기저막 위의 모기질세포가 세포 분열되고, 모피질(*hair cortex*)과 모수질(*hair medulla*) 그리고 모표피(*hair cuticle*)로 분화되어 각화과정이 일어남으로써 모발이 성장하게 된다. 모낭 내에서 모발의 성장은 3영역으로 나눌 수 있다. 제1영역은 세포의 증식과 생합성이 이루어지는 부분으로서 모구와 그 주변이다. 모구의 가장 최대 직경을 가로로 자른 선을 Auber 임계선(*cirtical level*)이라 하고, 이 선을 경계로 상단부와 하단부로 구분된다. 모구의 하단부는 주로 세포의 증식과 분화가 일어나고 하단부는 유전자가 발현된다. 즉 유사분열(*mitosis*) 또는 2차 세포 분열(*equational cell* dividion)은 분화와 생물학적 합성의 부위인 모구의 하부에서 일어나며, 단백질 합성과 모발 성장의 주요한 부위이다. 제2의 영역은 모발이 자라는 축 방향을 따라 케라틴의 각화관정이 일어나는 영역이며, 시스틴가교의 형성에 의하여 모발구조가 안정화된다. 제3의 영역은 모발이 피부로부터 나오는 영구모의 영역이며, 탈수상태의 각화세포와 세포간충물질로 구성된 모간(*hair shaft*)을 형성한다.

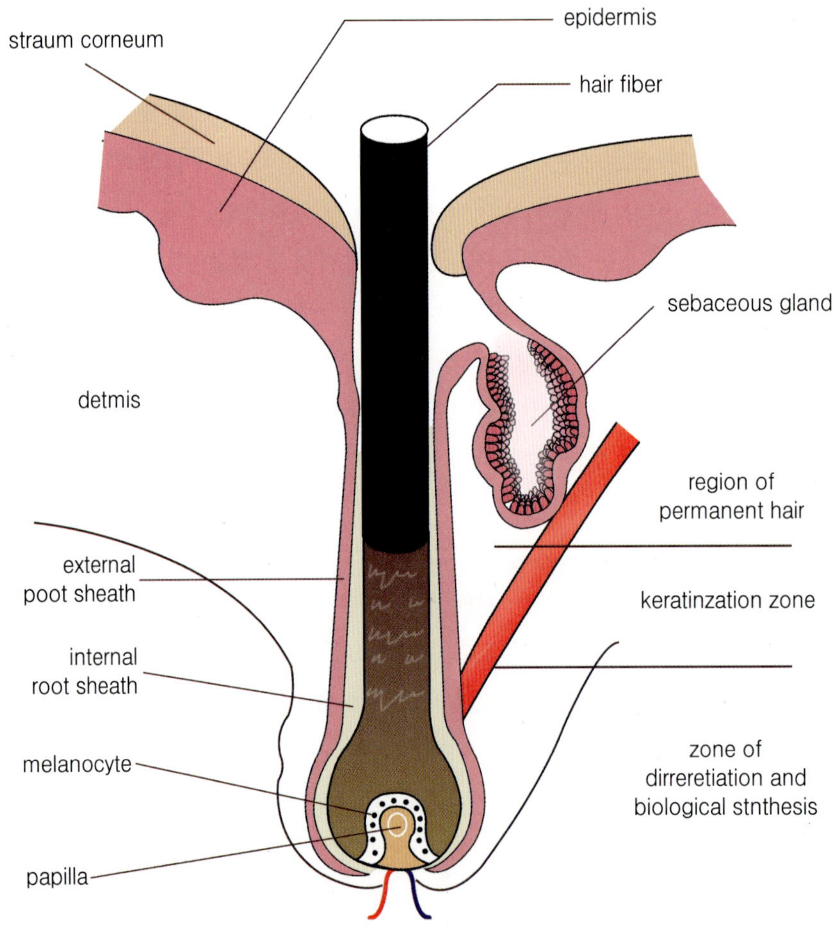

그림 3-25. 모낭 내의 모발 성장 영역(hair growth zone)

5-3. 모발성장주기(hair growth cycle)

사람의 모발은 피부 속에서 모기질세포의 분열과 분화되어 모근(*hair root*)이 형성되고, 모근의 각화과정과 경화(*hardening*)되어 피부 밖으로 모간(*hair shaft*)이 자라게 된다. 그러나 모발은 계속해서 자라는 것은 아니고 모발이 자라는 '성장기(*anagen*)'와 성장이 서서히 멈추는 '퇴행기(*catagen*)' 그리고 더 이상 자라지 않고 빠질 때까지 피부에 머물러 있기만 하는 '휴지기(*telogen*)'를 거치게 된다. 휴지기 모발이 빠질 때쯤 그 자리에서 다시 새로운 성장기 모발이 자라나게 되는 '발생기(*return to anagen*)'가 됨으로써 모발은 계속 순환하게 된다. 이를 모발성장주기(*hair growth cycle*)라 하며, 일반적으로 '모주기(*hair cycle*)'라고 한다.

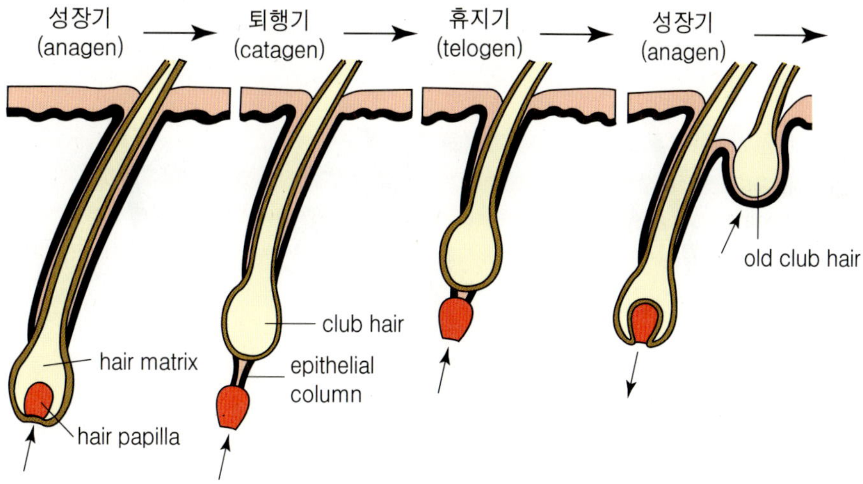

	성장기(anagen)	퇴행기(catagen)	휴지기(telogen)
정상인 모발	~6년/ ~85%	~4주/ ~1%	4개월/ ~14%
탈모증 환자 모발	짧음 60~80%	1%	길다 20~40%

그림 3-26. 모발성장주기(모주기, hair growth cycle)

모주기에서 가장 중요한 것은 표피-중간엽 조직의 상호작용이다. 퇴행기나 휴지기에는 구조적으로 모유두와 표피 간의 접촉이 제한되지만 성장기에는 모발 상피가 모유두를 둘러쌈으로써 보다 활발한 영향력을 모유두로 부터 받게 된다. 모발의 주기에 관여하는 물질은 매우 많으며, 이들 중에는 크게 구조단백질, 효소, 유착물질, 성장조절제, 수용체, 전사조절체, 세포외물질, 세포사멸과 관여되는 물질 등 다양하다.

5-3-1. 성장기(anagen)

모구부는 진피층의 하부와 피하지방층의 상부에 위치하고 모유두를 둘러싸고 있다. 모유두는 모세혈관으로부터 영양 공급을 충분히 받고, 모기질세포로 영양분을 전달함으로써 케라틴 단백질의 생합성과 세포분열이 왕성한 시기이다. 따라서 성장기는 남녀, 연령, 건강상태 등에 따라 다르지만 모발의 성장이 가장 빠른 시기이며, 대체로 남성은 3~5년, 여성은 4~6년이다.

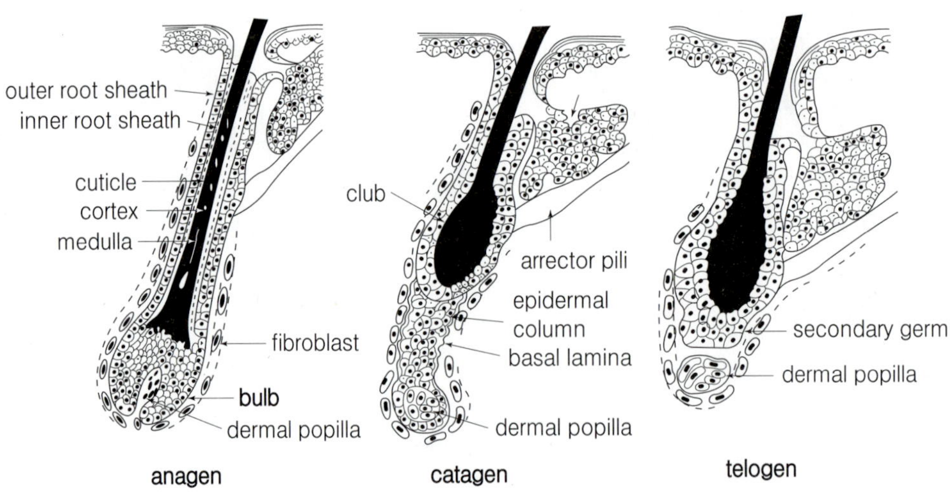

그림 3-27. 표피-중간엽 조직의 상호작용

표 3-2. 모발 발생 부위와 성장기

구 분	모 발	수 염	액와모	음 모	눈 썹	속눈썹	솜 털
성장기	남성 3~5년 여성 4~6년	2~3년	1~2년	1~2년	4~5개월	3~4개월	2~4개월

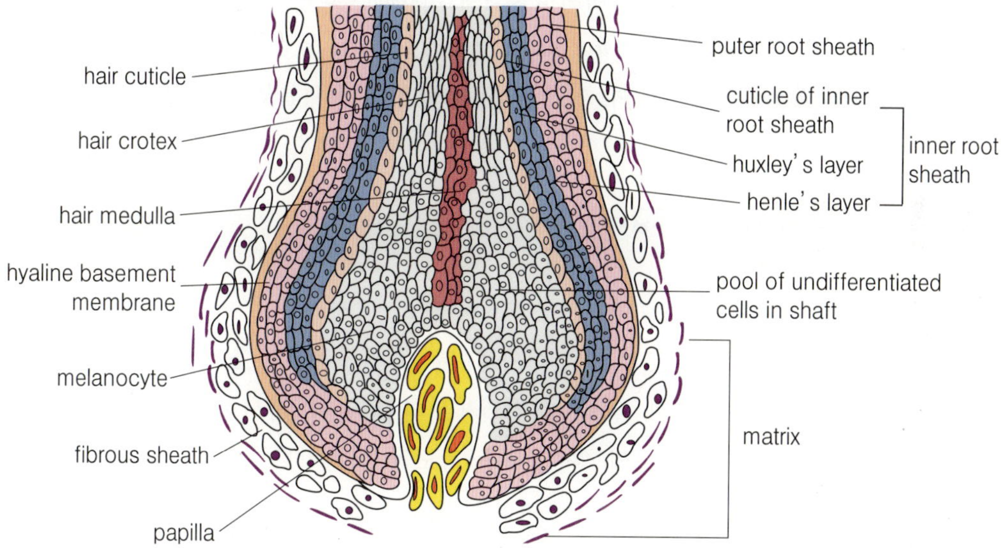

그림 3-28. 성장기 모낭의 구조(structure of the anagen hair follicle)

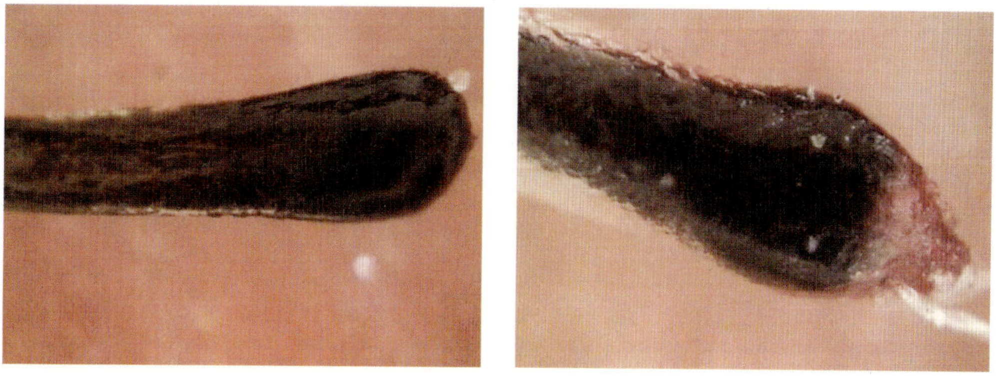

그림 3-29. 성장기 모근

성장기 모발은 전체 모발 수의 약 80~90%를 차지하며, 여성의 모발이 남성의 모발보다 일반적으로 긴 것은 성장기의 차이 때문이다. 또한 성장기 모발의 경우 어느 정도 힘을 가해야만 빠지기 때문에 일반적으로 샴푸할 때에 빠지는 모발은 성장기 모발이 아니다. 그러나 샴푸 시 100개 이상의 모발이 빠질 때에는 탈모를 의심해 볼 필요가 있다. 탈모현상이 나타날 경우 모낭의 위축과 더불어 성장기 비율 및 성장기의 기간이 짧아지는 현상이 나타난다. 또한 성장기에는 섬유아세포성장인자(*basic fibroblast growth factor*, BFGF), 혈관내피성장인자(*vascular endothelial growth factor*, VEGF), 인슐린유사성장인자(*insulin-like growth factor*, IGF-1) 등의 모유두 세포에서 분비되는 성장인자(*growth factor*)가 발현되며, 이는 퇴화기 단계로 접어들면서 약화된다.

5-3-2. 퇴행기(catagen)

모낭이 서서히 위축되어 모구부와 모유두의 분리가 시작되는 단계로써 모근은 위로 올라가고 모유두는 모구로부터 떨어지게 된다. 모구는 그 조직을 수축시키면서 곤봉처럼 가늘고 길게 변하게 된다. 모기질세포의 분열이 서서히 멈추고 성장기에서 휴지기로 가는 중간 단계로써 약 3~4주 정도의 기간이다. 이 기간의 모발 수는 전체 모발의 약 1% 정도를 차지한다. 여성의 산후 탈모 현상은 퇴행기를 거치지 않고 성장기에서 바로 휴지기로 가는 특징이 있다.

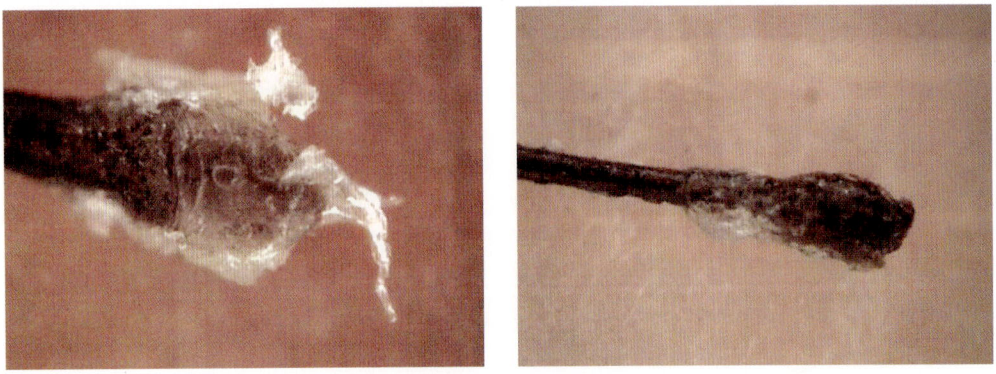

그림 3-30. 퇴행기 모근

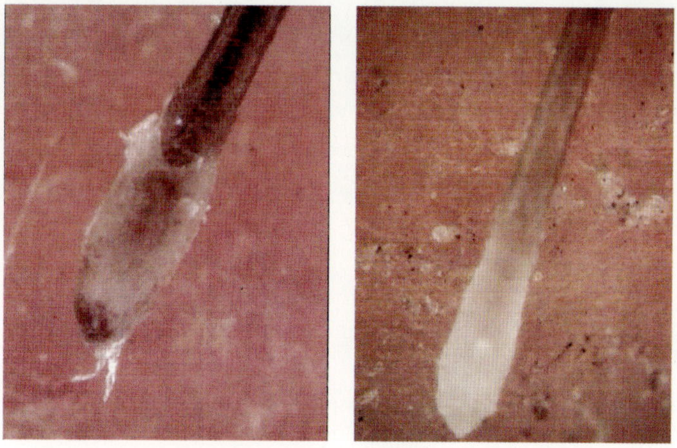

그림 3-31. 휴지기 모근

5-3-3. 휴지기(telogen)

모낭이 위축되어 모구부와 모유두가 완전히 분리되어 영양공급을 받지 않는 등 모발이 더 이상 성장하지 않고 단지 모낭에 담겨져 있는 상태이다.

따라서 샴푸를 하거나 빗질을 하는 등 약한 힘에 의해서도 모발이 쉽게 빠지며, 휴지기 모발은 전체 모발의 약 10~15% 정도를 차지한다. 휴지기는 약 3~4개월 정도이며, 신생모가 자라기까지 모낭 내에 존재한다. 탈모가 시작되는 사람의 경우 휴지기 모발의 비율이 증가하는 특징이 있으며, 여성의 산후 탈모에 주로 관찰된다. 여성의 경우 출산 후 휴지기 모발은 일시적으로 약 30%까지 증가하며, 임신과 동시에 호르몬의 변화로 나타나는 현상이다.

5-3-4. 발생기(return to anagen)

모구부와 모유두가 다시 결합함으로써 영양공급과 조절을 받음으로써 케라틴 단백질의 생합성과 모기질세포의 분열과 증식이 일어나는 시기이다. 발생기의 모낭은 하나의 모낭에 휴지기성 모발과 발생기성 모발이 공존하고, 발생기성 모발에 의하여 휴지기성 모발은 밀려나와 자연 탈모가 일어난다. 휴지기에서 성장기로 가는 중간 단계로 기간은 매우 짧으며, 이와 같은 단계를 거치면서 모발은 일정한 주기를 가지고 성장과 탈모를 반복하게 된다.

두피와 모발의 특성과 모발 성장에 미치는 요인

4

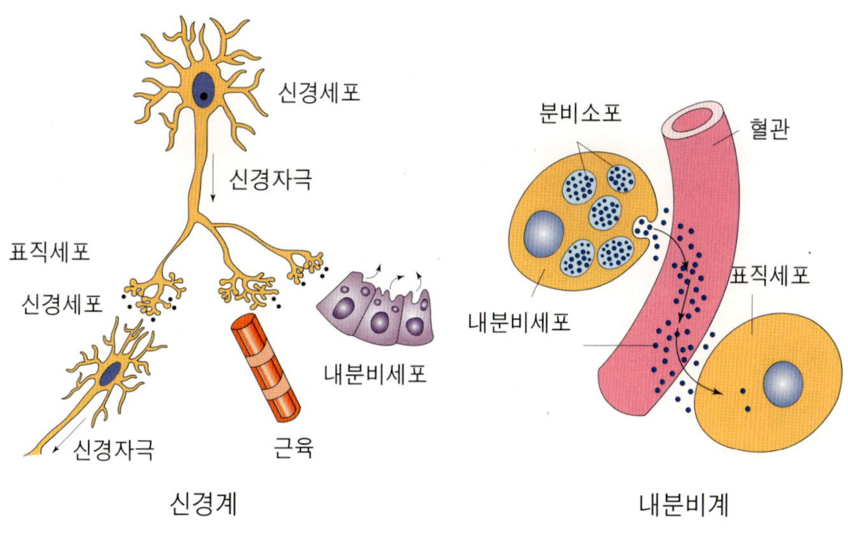

1. 두피와 모발의 일반적인 특성

모발이 발생되는 두피는 피부의 구조와 마찬가지로 표피와 진피 그리고 피하지방으로 구성되어 있으며, 피하조직 아래에 근육 혹은 모상건막으로 구성되어 있다. 모상건막은 두개골을 보호하는 근육층이다. 전두근과 후두근 사이에 모상건막이 있으며, 전두근과 후두근을 연결하고 있는 근육층이다.

모낭은 주로 표피를 지나 진피의 망상층과 피하조직에 펼쳐진 피부의 부속기관 중 하나이며, 모발을 발생시키는 모구부는 진피의 망상층 아랫부분과 피하조직에 위치하고 있다. 또한 모구부의 모유두에는 모세혈관과 자율신경이 연결되어 있어서 양양공급 및 모발의 발생에 필요한 세포 대사의 조절, 즉 각종 호르몬 및 자율신경과 효소, 비타민, 무기질 등의 영향을 받아 케라틴 단백질의 생합성과 세포의 증식 및 분화와 각화과정으로 인하여 모발이 자라게 된다.

사람의 털은 신체의 부위, 건강상태, 남녀, 인종 등에 따라 모주기, 성장속도가 다르지만 일반적으로 모발은 하루에 0.35~0.40mm 정도 자라고, 한 달이면 0.9~1.2cm 정도 자란다. 모발은 하루 중 낮보다는 밤에 잘 자라고, 가을이나 겨울보다는 봄이나 여름에 보다 더 빠르게 자란다. 봄철에 상대적으로 두피에서 성장기 모발의 비율이 늘어나고 가을철에 모발의 탈락과 퇴행기 모발의 비율이 증가한다.

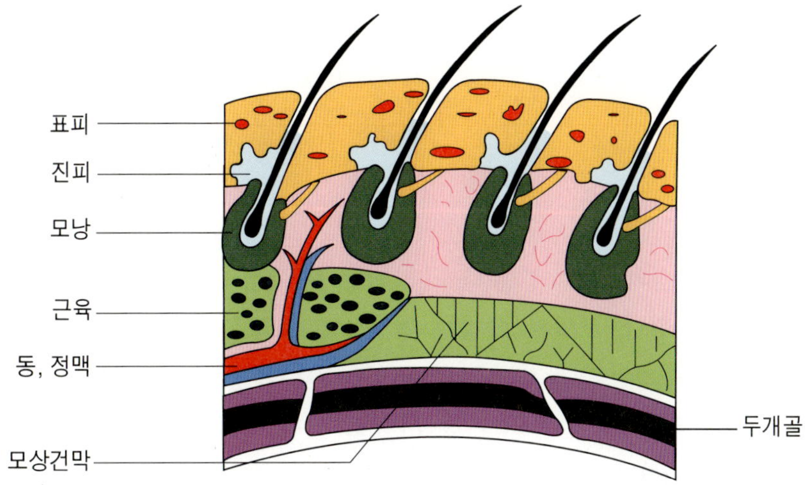

그림 4-1. 두 개의 단면

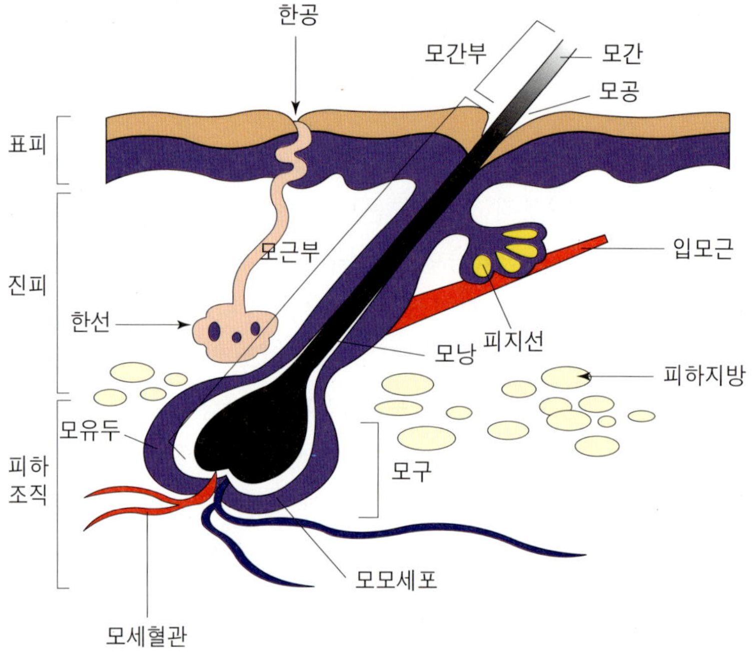

그림 4-2. 모낭의 주변 구조

표 4-1. 모발의 발생 부위와 성장 속도

구 분	모 발	수 염	액 모	눈썹, 속눈썹	음 모
1일 성장 (mm/day)	0.35~0.40	0.38	0.23	0.18	0.20
1개월 성장 (mm/month)	10.5~12.0	11.4	0.36	5.40	6.00

특히 16~24세 여성의 모발 성장 속도가 가장 빠르며, 65세 이상이 되면 아주 완만한 성장이 이루어진다. 모발의 수명은 영양상태, 호르몬, 기온, 일광의 영향을 받는다. 그러나 모발 주기의 성장기는 3~6년으로 최대의 성장 모발 가능 길이는 평균 1.5m이며, 그 이상의 모발 길이를 가진 사람도 있다. 현재까지 기네스북에 등재된 가장 긴 모발은 5.6m이다.

그림 4-3. 세 여성의 모발

1-1. 모발의 밀도

사람의 두상 면적은 약 700cm^{2}이며, 모발의 밀도는 인종, 연령, 성별, 영양상태, 기후, 환경 등의 여러 가지 요인에 의하여 다르다. 모발은 저밀도의 경우 120개/cm^2, 중밀도의 경우 140~160개/cm^2, 고밀도의 경우 200~220개/cm^2 정도이고, 탈모의 진행 정도에 따라 점차적으로 감소한다. 일반적으로 동양인의 모발 밀도는 150개/cm^{2}이고, 서양인은 200개/cm^{2}이며, 이와 같은 차이는 한 모공 당 성장하는 모발의 수에 차이가 있기 때문이다.

동양인의 모발 수는 약 8만~10만개, 서양인은 12만개 정도를 유지한다. 또한 서양인의 금발은 약 14만개, 옅은 갈색은 약 11만개, 황인종의 검은 갈색은 약 10만개, 붉은 갈색은 약 9만개 정도이고, 일반적으로 여성이 남성보다 많다. 보통 사람의 몸에는 약 500만개의 체모와 약 10만개의 모발이 분포되어 있다. 모주기가 5년인 경우

표 4-2. 동양인과 서양인의 모발 밀도

구 분	1개/모공	2~3개/모공
동양인	약 46%	약 54%
서양인	약 2%	약 98%

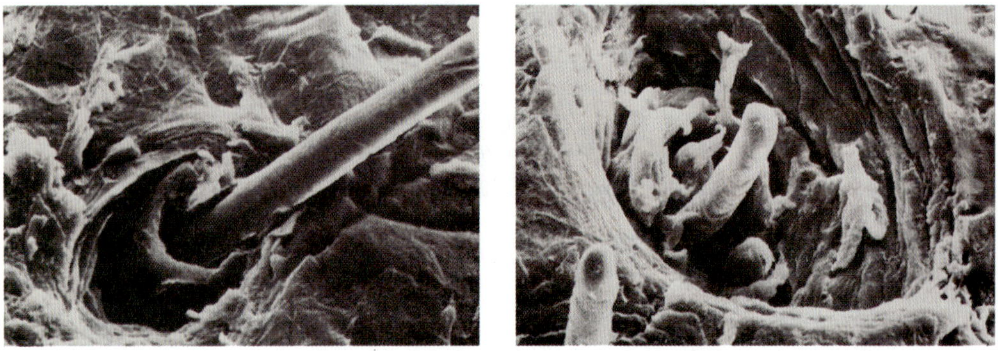

그림 4-4. 한 모공에서 발생하는 모발

하루에 모발은 55개[10만÷(5년×365)] 전후의 자연탈모가 발생하고, 같은 수의 모발이 새로이 자란다. 이와 같은 계산에 의하여 일반적으로 사람의 모발은 하루에 55~100개 정도가 빠지는 것은 정상적인 탈모이다. 그러나 하루에 100개 이상의 모발이 빠지면 탈모를 의심해 볼 필요가 있다.

한국인의 모발의 밀도는 두정부와 후두부에서 비슷하며 측두부에서는 낮다. 45세 이상 남성의 경우 두정부 모발의 성장 속도가 상대적으로 감소되며, 여성의 경우 측두부에서 가장 낮다. 또한 군집된 모발의 형태로 자라는 비율이 높아 2~3개의 모발이 인접하여 나오는 경우가 단일모 보다 높다. 나이가 들수록 모간은 점점 가늘어지고 모발의 길이 성장 속도도 저하된다. 65세 이상 노인에게서 미만성 탈모는 흔하며, 노화에 의하여 점차적으로 모낭의 크기가 작아진다. 이러한 현상으로 다소 개인

차이는 있으나 보통 20대 중반 이후 나이가 들어감에 따라 모발의 수는 점차적으로 감소한다. 자외선 조사에 의하여 퇴행기 탈모증이 발생할 수 있고, 만성적인 일광노출에 의하여 광노화 과정에 의하여 모낭도 영향을 받으며 남성형 탈모증이 악화될 수 있다.

1-2. 굵기에 따른 모발의 분류

모발의 굵기는 인종, 연령, 성별, 개인에 따라 다르다. 일반적으로 가는 모발은 모발의 직경이 0.05~0.10mm이고 부드러우며, 굵은 모발은 모발의 직경이 0.10~0.15mm이고 다소 뻣뻣하고 질기며 단단하다. 보통의 모발의 직경은 0.08~0.09mm이다.

동양인의 경우 모피질(*cortex*) 층이 상대적으로 가는 반면에 모표피(*cuticle*) 층이 상대적으로 두껍고, 서양인의 경우 모피질 층이 상대적으로 두꺼운 반면에 모표피 층이 상대적으로 가늘다. 일반적으로 서양인의 모발이 동양인에 비하여 부드럽고 감촉이 좋으며 모발의 굵기가 가늘다. 모발의 두께는 출생 후 점차적으로 굵어져서 약 24세 이후에는 가늘어지는 특징이 있다. 한국인의 모발직경은 측두부, 후두부, 두정부의 순으로 모발 굵기의 차이가 있다.

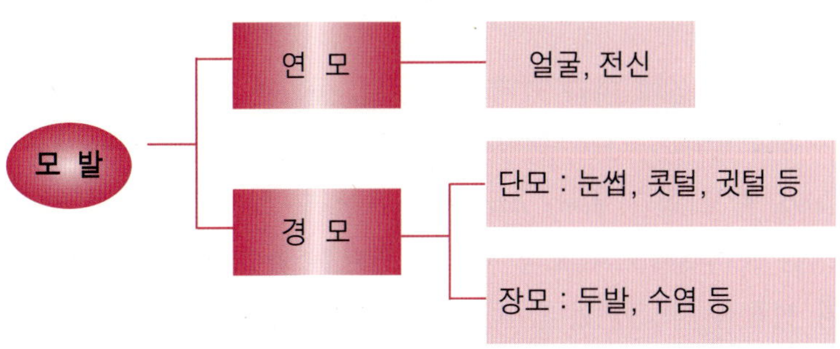

그림 4-5. 모발의 굵기에 따른 분류

모발의 굵기에 따라 취모(배냇머리, *lanugo*), 연모(솜털, *vellus hair*), 경모(성모, *terminal hair*)로 구분할 수 있는데, 취모는 태아기 8개월째에 모두 빠지기 때문에 일반적으로 연모와 경모로 구분한다.

태아의 취모(배냇머리, *lanugo*)는 태아기에 발생한 모발로써 태아기 8개월째에 모두 빠지고, 2cm 정도 자란 다소 굵은 연모(솜털, *vellus hair*)인 상태에서 사람은 태어난다. 취모는 가늘고 색깔이 연한 것이 특징이다. 소아기의 털은 대부분 직경이 0.05mm 이하인 연모에 속하며, 사춘기가 지나면서 호르몬의 영향으로 인하여 직경이 평균 0.15mm 이상의 경모(성모, *terminal hair*)로 바뀐다.

연모는 경모에 비하여 가늘고 멜라닌색소의 부족으로 갈색을 띠며, 모수질은 존재하지 않는다. 연모는 생후 5~6개월 지나면 서서히 경모로 변화되기 시작하지만 모발의 수적 변화는 없다. 이는 모낭의 수가 출생 전에 모두 결정되기 때문에 출생 후에 더 이상의 모발 수는 증가하지 않는다. 성인의 경우 모발의 수가 많게 보이는 이유는 연모에서 경모로 변환되고, 모발의 색이 짙어지기 때문이다. 그러나 성인이 되어서도 평생 동안 모발이 경모인 것은 아니고 24~30세 전후 모발의 굵기가 점차적으로 다시 가늘어져 연모로 변환된다. 이러한 현상은 남성이 여성에 비하여 비교적 빠르다.

경모는 모수질이 없는 연모와는 달리 모수질이 있고, 모발의 색깔도 연모에 비하여 짙은 색깔을 띤다. 경모는 성장 시기, 부위 그리고 성별에 따라 다르며, 경모는 모발이 길어날 수 있는 길이에 따라 1cm 미만의 단모와 1cm 이상의 장모로 구별된다. 장모는 모발과 수염 등이 속하고, 단모는 코털, 귀털, 눈썹 등이 해당된다.

1-3. 형태에 따른 모발의 분류

모발은 인종이나 개인에 따라 형태가 다르며, 동일한 사람이라 하더라도 발생부위에 따라서 모발의 형태가 다를 수 있다. 모발의 형태는 직모(*straight hair*), 파상모(반곱슬, *curly hair*), 축모(곱슬, *kinky hair*)로 분류할 수 있지만 명확한 기준은 없다. 이와 같은 현상은 모기질세포와 모낭 세포의 단백질 합성 속도 차이에 의하여 나타나며, 유전성과 민족적 특성이 있다. 즉 하나의 모낭 안에 존재하는 모기질세포 및 모낭 세포의 분열 속도 차이에 의해 모발 및 모낭의 웨이브 상태가 결정된다.

표 4-3. 인종별 모경지수

인 종	모경지수
동양인(한국, 일본)	서양인
흑인종	0.75~0.85
0.62~0.72	0.50~0.60

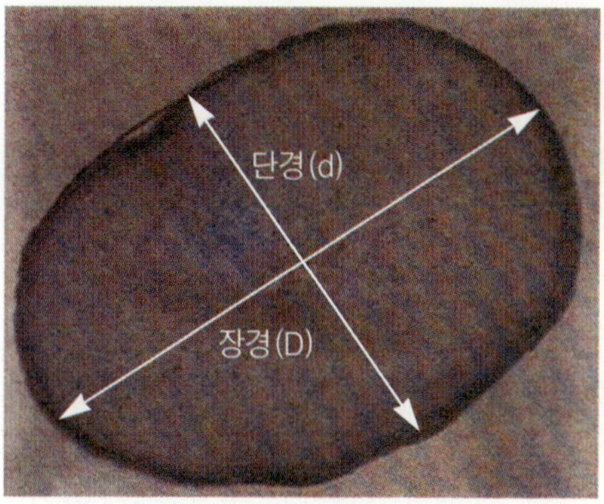

그림 4-6. 모발의 단면

$$모경지수 = \frac{모발의\ 최소\ 직경(d)}{모발의\ 최대\ 직경(D)}$$

모발의 단면은 원형에 가까운 것과 타원형 그리고 편평형이 있으며, 직모의 경우는 대개 둥근 원형에 가깝고 파상모나 축모의 경우는 타원형과 편평형에 가깝다. 직모는 모기질세포 및 모낭 세포가 케라틴 단백질 생성과정에서 세포 분열이 동일한 속도로 진행되고, 파상모나 축모의 경우는 세포 분열 속도가 다르기 때문에 나타나는 현상이다. 직모는 황인종, 즉 아시아의 황인종, 인디언 등이 주로 포함된다. 파상모는 웨이브가 있는 모발로서 곡모라고도 하며, 모발에 행하는 어떠한 시술로도 영

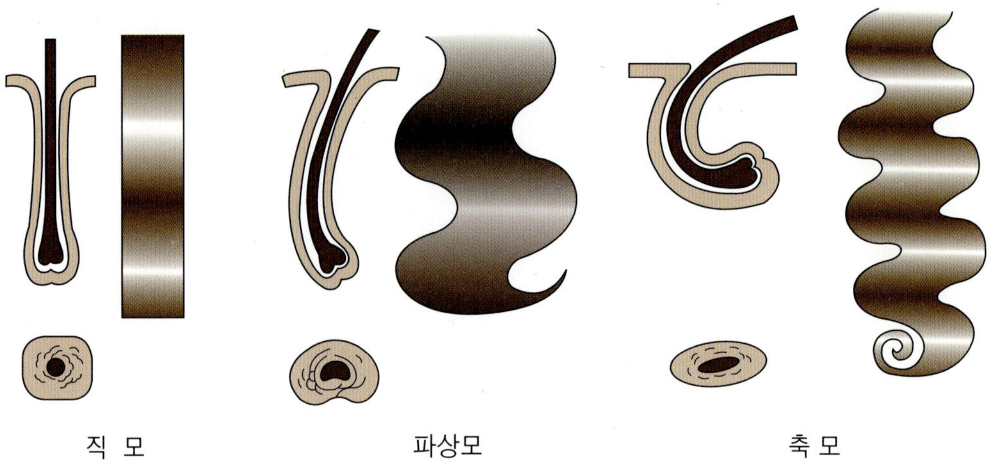

그림 4-7. **모발 형태에 따른 분류**

구적인 변형은 힘들다. 또한 굵기가 가늘고 약간 곱슬머리이며 백인종의 모발이 이에 속한다. 흔히 곱슬머리라고 부르는 축모는 파상모에 비하여 웨이브가 심하고, 파상모와 마찬가지로 영구적인 변형이 힘들다. 축모는 소아기 모발이 가늘고 약하며, 직모에 비하여 털의 성질이 단단하고 퍼머나 염색 등 미용 상의 처리도 힘들다. 축모는 선천적으로 유전성이며, 특히 곱슬 정도가 심한 모발을 와상모, 구상모라고 하며 주로 흑인종의 모발이 이에 속한다.

직모는 황인종, 파상모는 백인종, 축모는 흑인종에 많지만 실제로 직모를 가진 사람은 전체의 5% 정도이다. 또한 모발이 직모일지라도 음모나 액와모는 파상모 또는 축모로 나타나며, 이는 털의 발생부위에 따라 형태가 다름을 보여준 한 예이다.

모발 단면의 최소 직경에 대한 최대 직경의 비율을 모경지수라 하며, 모경지수가 1에 가까우면 원형에 가깝고, 0에 가까우면 타원형에서 편평형에 가깝다. 동양인의 경우 모경지수는 0.75~0.85로서 직모인 원형에 가깝고, 흑인의 경우 모경지수가 0.50~0.60으로서 곱슬모인 편평형에 가깝다. 그리고 서양인은 모경지수가 0.62~0.72이다.

1-4. 모발의 고착력

모발 1가닥을 모낭으로부터 뽑아내는데 필요한 힘을 모발의 고착력이라 한다. 이는 모발과 모낭 사이의 결속을 의미하기도 한다. 또한 모발이 모낭에서 탈락되는 강도는 모발의 성장주기, 두피의 상태, 건강상태 등에 따라 차이가 있다. 성장기의 건강한 모발을 1가닥 뽑는데 필요한 힘은 약 50~80gmf 정도이고, 휴지기 모발의 경우에는 약 20gmf 정도이다. 따라서 일반적으로 샴푸 시 모발이 빠지는 경우는 대부분 휴지기 모발임을 알 수 있다. 그러나 동일한 성장기 모발이라 하더라도 두피의 상태와 모발의 상태에 따라 고착력은 차이가 있다. 즉 지루성탈모증의 경우에는 성장기 모발이라 하더라도 모발과 모낭의 결속력이 약하여 휴지기 모발의 고착력과 비슷하여 모발이 쉽게 탈락됨으로서 탈모가 유발된다.

그러나 평균 10만개의 모발을 일시에 뽑는 데에는 엄청난 힘이 소요된다. 즉 모발 1가닥의 고착력은 약 50~80gmf 정도이기 때문에 10만개의 머리카락을 단번에 뽑기 위한 힘은 5~8톤(10만×50~80gmf) 정도이다. 따라서 한 움큼의 모발이라 하더라도 쉽게 뽑히지 않는다.

1-5. 모발의 강도와 탄성도

모발의 강도(*strength*)는 모발에 힘을 주어 당겼을 때 모발이 끊어질 때의 힘을 말한다. 이는 모발의 굵기, 손상정도, 수분 함량 등에 따라 차이가 있다. 일반적으로 모발 1가닥의 평균 강도는 약 150gmf 정도이다. 따라서 모발 강도는 간접적으로 모발의 손상 정도를 예측할 수 있는 좋은 자료가 된다.

모발의 1가닥에 힘을 주어 끊어지지 않을 정도로 잡아당겼다가 놓았을 때 원래대로 되돌아가려는 정도를 모발의 탄성(*elasticity*)이라 한다. 모발의 탄성은 모발의 내·외적인 물리적, 화학적 변화에 대하여 크게 반응한 것으로 모발의 수분 함량 및 손상 정도 등에 따라 다르다. 특히 모발의 수분 함량에 따라 크게 영향을 미친다. 즉 모발에 수분 함량이 많은 경우 모발 길이의 1.5~2배 정도까지 길이가 늘어난다. 일반적으로 탄성도가 높으면 모발의 강도는 낮아지는 특징이 있다.

1-6. 모발의 질감과 다공성

모발의 질감은 모발 표면의 감촉을 의미하며, 모발 표피층의 손상정도 및 모발의 굵기에 따라 질감이 다르다. 즉 모발의 손상도가 높고 모발이 경모에 가까울 수록 질감이 강하게 나타나는 반면에 건강한 모발이나 가는 모발일수록 질감이 부드러운 특징이 있다. 이는 모발의 손상 정도를 예측하는 간접적인 방법 중의 하나이다.

모발의 내부에 공간이 형성되어 수분을 흡수하는 성질이 커지게 되는 데 이러한 모발을 다공성 모발이라 한다. 이는 모발의 화학적 시술로 인하여 모발이 손상됨으로써 다공성이 증가된다. 반면에 모표피가 촘촘히 닫혀있는 건강 모발이나 수분에 대하여 강한 반발력이 있는 발수성 모발의 경우에는 그 성질이 낮다. 이러한 특성을 모발의 질감에 영향을 미친다.

2. 모발 성장에 영향을 미치는 요인

모발이 정상적으로 성장하기 위해서는 먼저 모낭이 형성되어야 한다. 또한 모낭의 구성 성분과 모유두가 정상적인 기능이 이루어져야 모발은 건강하게 자란다. 그 이외에도 호르몬, 자율신경, 면역학적 요인 그리고 영양학 등 모발의 성장에 영향을 미치는 요인과 탈모는 밀접한 관련이 있다. 이는 호르몬, 유전, 건강상태, 스트레스 등의 내적요인과 물리·화학적 요인, 환경적인 요인 등의 외적 요인으로 크게 두 가지로 구분할 수 있다.

2-1. 호르몬에 의한 요인

2-1-1. 호르몬의 작용

사람의 정상적인 기능과 발육을 위해서는 각종 장기 및 조직 상호 간에 일정한 협조체제가 이루어져야 한다. 이러한 상관관계가 신경성 또는 내분비선에 의하여 조절된다. 즉 동물 유기체에서 정보를 전달하는 전문적인 계통은 신경계통과 호르

표 4-4. 모발 성장에 영향을 미치는 성분

모발 성장 저해	모발 성장 촉진
테스토스테론(testosterone) DHT(dihydeotestosterone) 레티노이드(retinoid) • 레티노인산(retinoic acid) • 레티놀(retinol) 에플로니틴(eflornithine)	스트렙토마이신(streptomycin) 시클로스포린(cyclosporin) 디아조옥사이드(diazoxide) 에스트로겐(estrogen) 에스트리디올(estradiol) 황체호르몬(progesterone) 스피로노락톤(spironolactone) 미녹시딜(minoxidil) 피나스테라이드(finasteride)

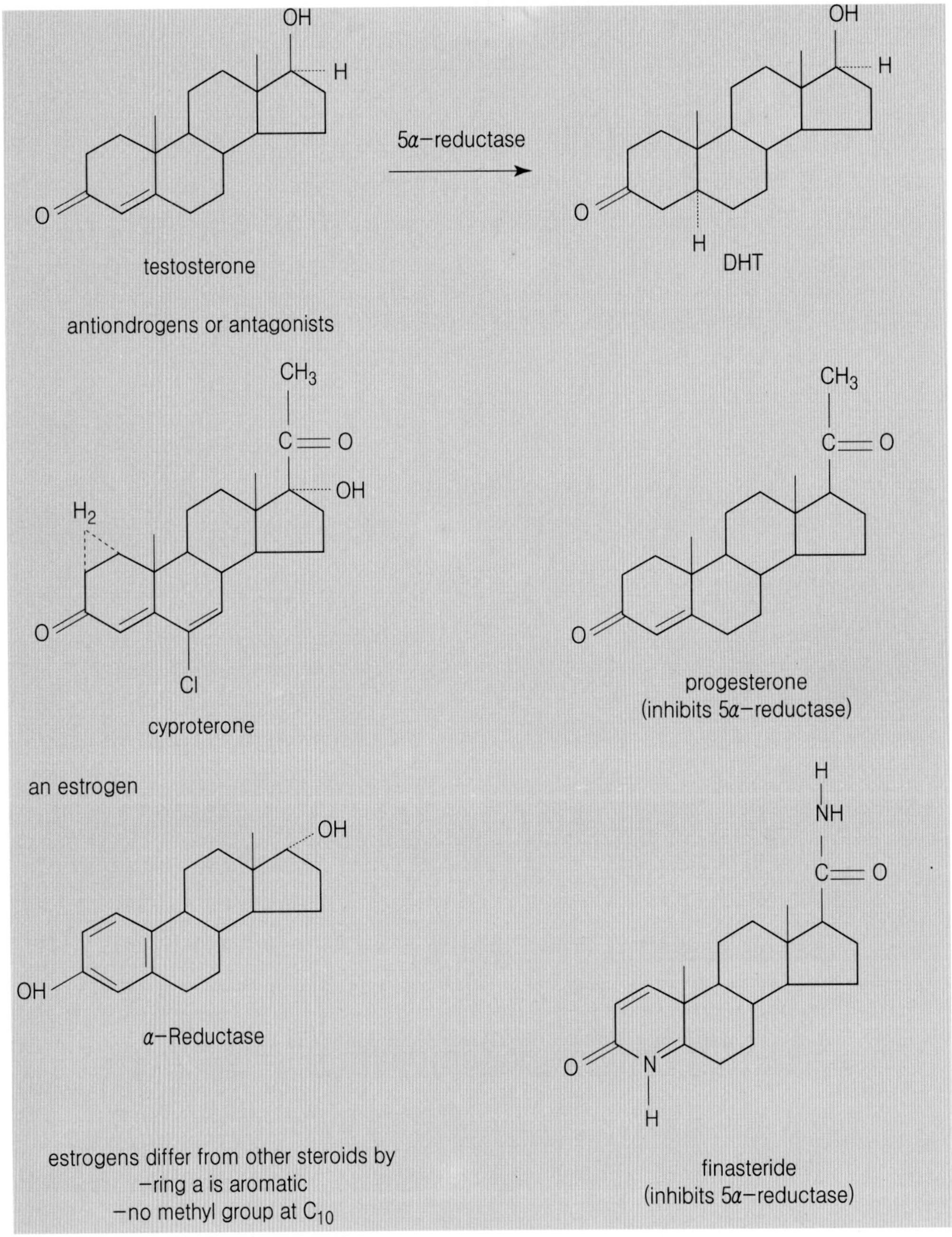

그림 4−8. 안드로겐, 테스토스테론, DHT의 화학구조

몬계통이다. 신경계는 외부의 자극에 반응하여 신체의 항상성(*homeostasis*)을 유지하고, 내분비계는 신체의 성장(*growth*), 분화(*differentiation*) 그리고 대사(*metabolism*)에 작용한다.

내분비선(*endocrine gland*)에서 미량으로 생산되는 물질로 혈류에 의해 특정 장기나 조직의 표적세포(*target cell*)에 운반되어 많은 대사과정에 영향을 미치는 생리적 유기화합물을 호르몬이라 한다.

호르몬은 장기 사이나 세포 사이에서 신호정보전달물질의 하나이다. 작용면에서 호르몬, 신경전달물질, 국소호르몬 등은 세포기능 조절분자로서 효소의 활성화, 불활성화나 효소 유도 및 억제 등을 매개하여 세포의 물질변환, 에너지변환의 속도변화 또는 유전정보의 발현에 관여한다. 그 결과 세포의 기능, 성장, 분화 등에 영향을 미친다.

호르몬 작용의 발현은 우선 호르몬이 표적세포의 내측 또는 표면에 있는 특이적인 호르몬 수용체와 결합하는 것에 의해 시작된다. 일반적으로 호르몬 수용체는 고분자 단백질로 호르몬에 대해 높은 친화성과 특이적인 결합을 한다.

호르몬 수용체(*hormone receptor*)는 호르몬 등의 생리활성물질을 분자적 결합의 형태로 인식하고, 그 결과 세포에 어떠한 변화를 일으키는 세포 쪽의 물질이다. 호르

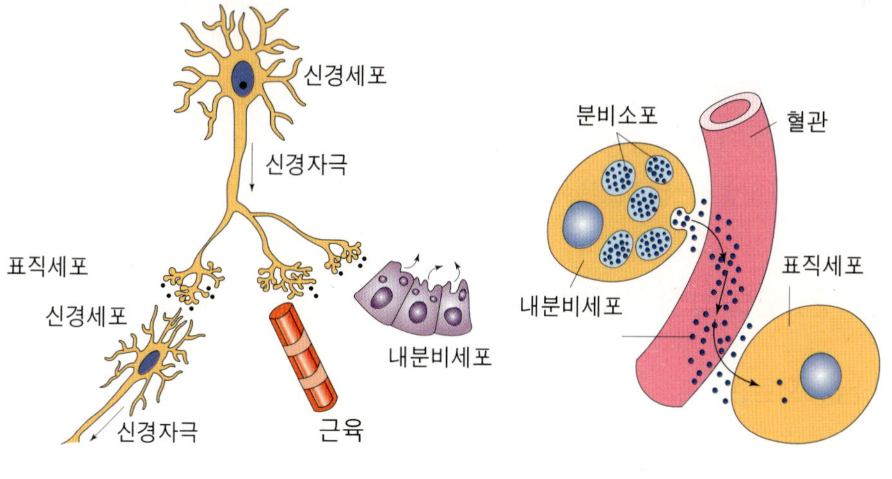

그림 4-9. 신경계와 내분비계의 신호전달

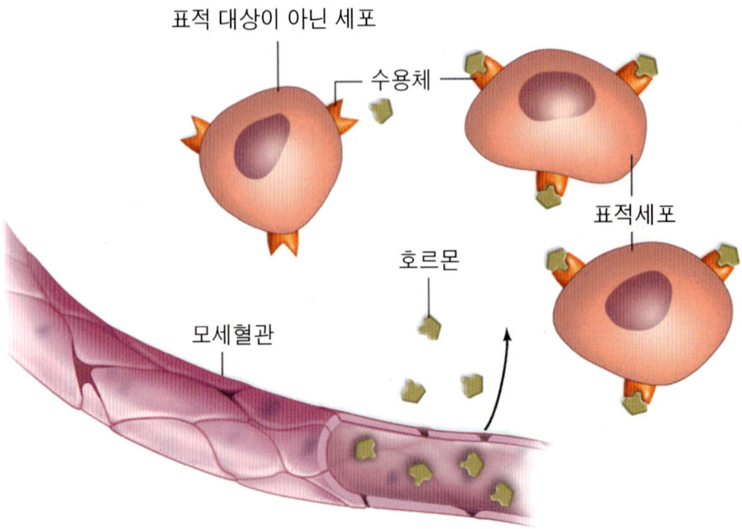

그림 4-10. 호르몬 수용체(hormone receptor)

몬이나 신경전달물질의 수용체는 단백질이며, 각각의 호르몬과 특이적으로 강한 친화력을 가지고 가역적으로 결합한다. 따라서 이러한 호르몬 수용체가 있기 때문에 호르몬은 극히 미량으로도 특정의 표적세포에만 특이적으로 작용하는 것이다.

모발의 성장과 탈락에 관여하는 호르몬은 에스트로겐, 갑상선호르몬, 부신피질호르몬, 성장호르몬, 남성호르몬 등이 알려져 있다. 특히 모발의 성장에 가장 큰 영향을 미치는 호르몬은 남성호르몬이다.

2-1-2. 모발성장과 관련된 호르몬의 종류

1) 남성호르몬

일반적으로 안드로겐(*androgen*)은 남성호르몬의 총칭이며, 남녀 성별의 특징과 관련된 호르몬으로 부신피질과 고환에서 분비된다. 부신피질에서 분비되는 부신성 안드로겐은 남녀 모두에게서 분비되고, 고환에서 분비되는 테스토스테론

표 4-5. 모발의 성장과 관련된 호르몬

호르몬	내 용
안드로겐	유전적 배경이 있는 사람의 경우 특정부위 모발 성장기 단축 턱 수염 등의 모발 성장 촉진
에스트로겐	모발 성장기 지연
프로락틴	다모증 유발
티록신	항진 혹은 감소 시 탈모증 유발

(*testosterone*)은 남성호르몬 중 가장 강력하다. 따라서 여성의 경우에도 남성과 동일하게 남성호르몬에 의한 남성적 성향 등의 신체 변화, 즉 남성형탈모가 나타날 수 있다.

남성호르몬은 사춘기가 되면 턱수염을 솜털에서 성모로 변화시키는 모발의 성장을 자극하는 작용을 한다. 그러나 유전적 배경이 있는 사람의 전두부 혹은 두정부 모발은 성모에서 솜털로 변화시키는 모발의 성장을 억제하는 상반된 작용을 한다.

남성호르몬은 피지분비, 탈모, 스트레스 등과 관련된 호르몬으로 5**α**-reductase라는 효소와 피지선의 활성에 영향을 미치기 때문에 여드름과 모발성장과 관련된다. 특히 남성호르몬 중 안드로겐은 모발성장에 영향을 미친다. 동물의 경우 안드로겐은 계절 변화에 따라 털갈이를 조절하지만 사람과 일부 포유동물의 경우 특정 부위의 모발 혹은 털의 성장을 자극한다. 또한 사람과 일부 동물에서 특정 부위의 모발 성장을 억제하기도 한다. 모발의 경우 안드로겐은 모구 내에서 단백질 합성을 억제하고, 체모의 모구 내에서는 단백질 합성을 촉진한다. 따라서 안드로겐에 의한 모발 성장은 시각적으로 남성다움과 남성의 냄새를 분산시키는 효과가 있다.

안드로겐에 의한 모발의 성장은 사춘기 이후에 나타난다. 사춘기가 되면 성기 주위의 솜털이 성모로 변화되며 서서히 성장하게 된다. 유전적으로 안드로겐 수용체가 결핍된 사람의 경우 혈중 안드로겐 농도는 정상 혹은 증가될 지라도 수용체가 없으면 안드로겐이 전혀 작용을 할 수 없다. 모발 성장에서 안드로겐의 영향은 이와 관련된 유전 질환의 증상을 관찰하면 알 수 있다. 이러한 경우 음부, 겨드랑이, 몸통, 턱수염 등이 자라지 않는다. type 2 5α-reductase가 결핍된 사람의 경우 테스토스테론(*testosterone*) 양은 정상이나 디히드로테스토스테론(*dihydrotestosterone*, DHT)이 감소되어 있으며, 음모가 남자의 다이아몬드 형태로 보이지 않고 여자에게서 보이는 형태의 모발 성장을 보인다. 이 두 경우에서 알 수 있는 바와 같이 겨드랑이의 털, 여성의 음모는 남성보다 적은 여성의 안드로겐 양에 의해서 성장되나 남성의 음모, 수염, 귓털, 가슴털 등은 남성의 안드로겐 양이 필요하다.

특히 5α-reductase는 테스토스테론(*testosterone*)을 더욱 강력한 형태인 디히드로테스토스테론(*dihydrotestosterone*, DHT)으로 변화시킨다. 5α-reductase는 type 1과 type 2의 두 가지 형태가 있는데 생화학적 약물학적 특성, 장기에 따른 분포 등이 다르다. 피부에서는 type 1 5α-reductase가 type 2 5α-reductase보다 많이 분포하고 있다. type 1 5α-reductase는 모유두를 포함한 모낭에 전반적으로 분포하지만 피지선에 주로 분포한다. type 2 5α-reductase는 외모근초, 내모근초, 모유두 등에서 발견된다. 모유두의 경우 탈모가 일어나지 않는 후두부에 비하여 탈모가 일어나는 전두부에서 5α-reductase 활성이 높게 나타난다. 두피 조직, 모발에서 비탈모 부위보다 탈모 부위에서 DHT 생성이 많은 것으로 보아 5α-reductase 활성이 높은 것을 알 수 있다. 여성에게서 발생한 유전성 안드로겐 탈모증에서도 탈모 부위에서 남자와 비교하여 낮지만 5α-reductase 활성이 비탈모 부위와 비교하여 높게 나타난다. 즉 DHT는 모발의 성장주기 중 성장기를 짧게 하고 휴지기를 길게 하여 결국 성장주기를 거듭할수록 모발의 길이와 두께 점점 작아진다. 또한 DHT는 피지선을 자극하여 과잉의 피지가 분비됨으로써 지루성 두피를 형성하고 탈모가 유발된다. 이를 지루성 탈모라 한다.

DHT(*dihydrotestosterone*)의 양은 주로 5α-reductase의 활성에 의하여 영향을 받지만 전구물질의 양에 의해서도 영향을 받는다. DHT의 주된 전구물질은 남자의 경우 테스토스테론이고, 여자의 경우는 주로 디히드로에피안드로스테론(*dehydroepiandrosterone*, DHEA)으로부터 만들어진다.

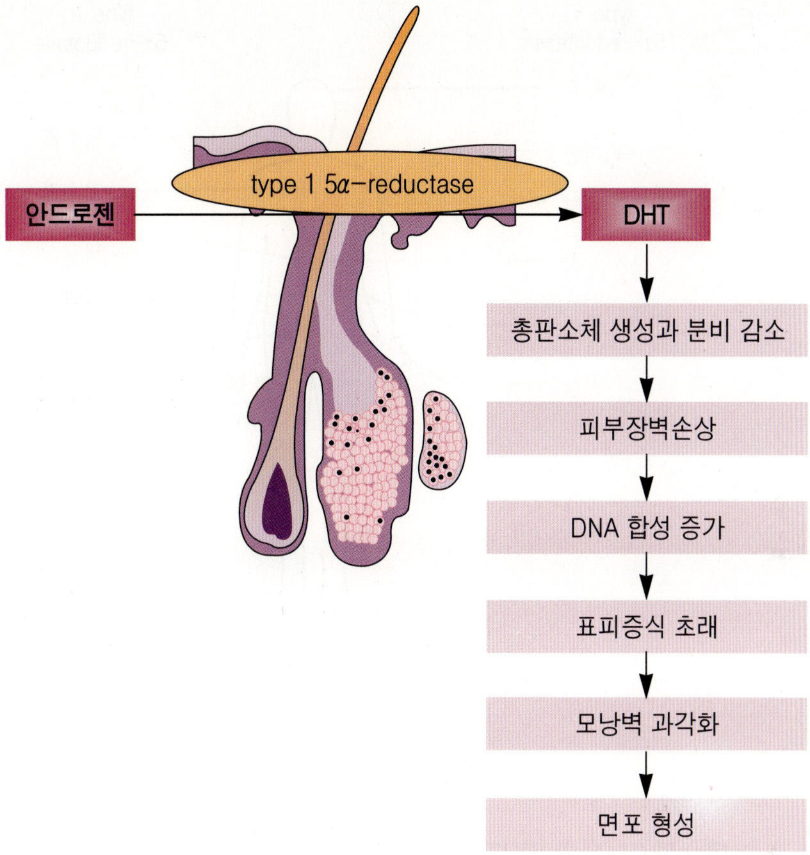

그림 4-11. 5α-reductase에 의한 DHT 생성

이와 같이 안드로겐은 모발의 성장에 매우 큰 영향을 미치는데, 안드로겐은 다음과 같은 5가지 과정에 의하여 조절한다.

① 부신과 난소 또는 고환에서 안드로겐이 합성되고 생산된다.

② 생성된 안드로겐은 혈액을 통하여 피지선단위에 운반된다.

③ 안드로겐 중 테스토스테론은 5α-reductase에 의하여 보다 더 활성화 된 호르몬인 DHT로 전환된다.

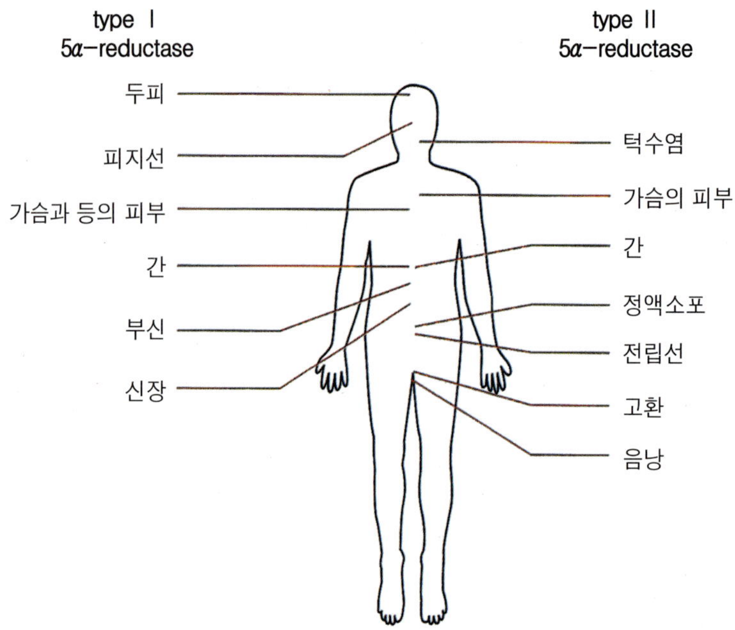

그림 4-12. 5α-reductase에 분포

④ 테스토스테론과 DHT는 모기질세포의 세포막을 통과하고, 모기질세포 내의 호르몬 수용체(*receptor*)와 결합하여 활성종(*active species*)이 된다.

⑤ 이러한 활성종은 세포핵에서 단백질 합성을 억제하거나 촉진함으로써 모주기(*hair cycle*)를 조절하게 된다.

이와 같은 과정이 촉진되거나 억제함으로써 모발이 잘 자랄 수 있고, 자라지 않을 수도 있다. 예를 들면 생성된 안드로겐 혈액을 통하여 피지선단위에 운반되지 못하면 연모(*vellus hair*)가 생성되는 곳에 경모(*terminal hair*)가 자라게 되는데, 이는 대부분의 털 많은 여성들에게서 볼 수 있다. 결국 혈액순환에 의하여 이러한 메커니즘이 방해를 받게 되면 원래 경모가 나지 않아야 할 곳에 나게 된다. 이러한 과정에서 테스토스테론뿐만 아니라 다른 안드로겐도 3*β*-HSB(3*β*-*hydroxysteroid dehydrogenase*)에 의하여 상호 전환된다. 정상 모발의 두피에 비하여 탈모된 두피의 경우에 3*β*-HSB는 보다 더 활성화되고, 탈모된 경우 모피지선단위에 부위와 이마 부위의 두피에서 5**α**-reductase의 활동이 활발하다. 반면에 이러한 효수가 없는 남성의 경우는 탈모가 일어나지 않는다.

안드로겐은 다른 스테로이드와 같이 세포막을 통과한 후 세포질 혹은 핵 내의 수용체와 결합한다. 안드로겐과 안드로겐 수용체의 결합체는 DNA에 결합하여 DNA 전사 및 단백질 형성에 변화를 초래한다. 남자 포피(*foreskin*)에서 안드로겐 수용체는 나이에 따라 변화하지 않고, 그 수는 일정하지만 나이에 따라 세포질과 핵의 분포가 변화된다.

안드로겐 수용체의 스테로이드 호르몬과의 결합능은 DHT(*dihydrotestosterone*)와 가장 강하고, 다음으로 테스토스테론, 에스트로겐(*estrogen*), 프로게스테론(*progesterone*) 순으로 결합한다. DHT와 안드로겐 수용체의 결합체는 테스토스테론과 안드로겐 수용체의 결합체보다 염색체와 친화력이 높으며 보다 안정되어 있고, 세포 내에서 오래 유지된다. DHT는 테스토스테론보다 안드로겐 수용체를 더욱 증가시킨다.

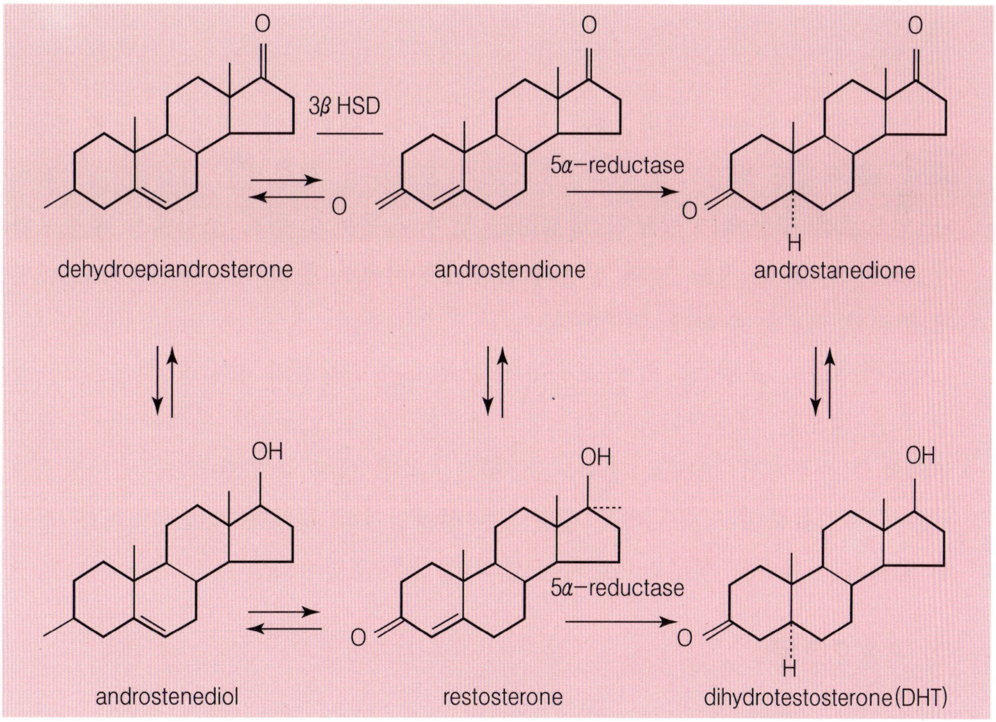

그림 4-13. 안드로겐의 테스토스테론과 DHT로의 전환

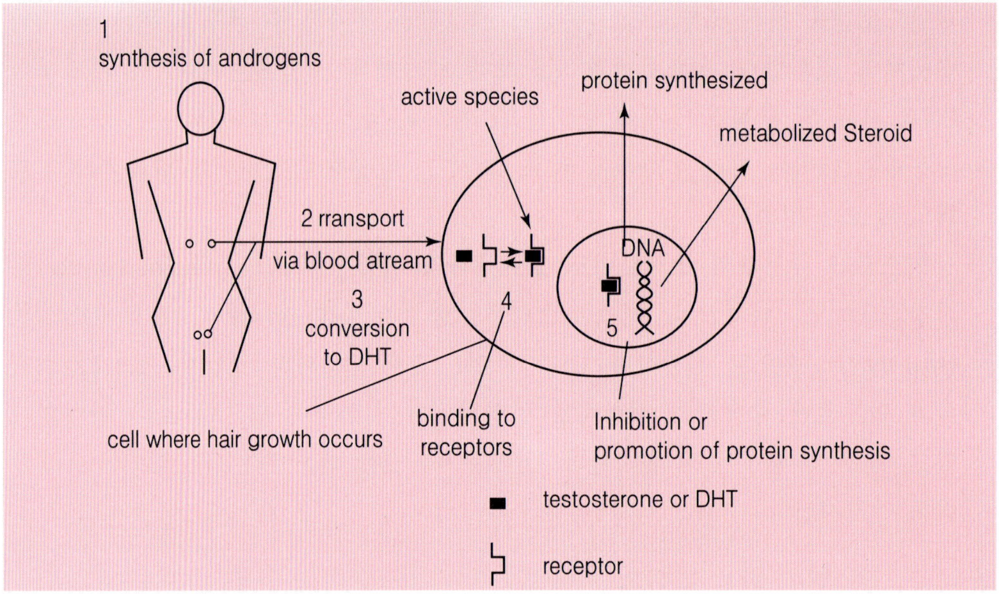

그림 4-14. **남성호르몬에 의한 모발의 성장과 탈모 과정**

안드로겐 수용체는 모발 내에 주로 모유두에 분포한다. 진피근초세포(*dermal sheeth cell*)에서도 발견되어 진피근초세포가 모유두를 형성하는 사실을 뒷받침한다. 안드로겐 수용체는 탈모가 발생하는 남자 전두부의 두피 조직에서 후두부와 비교하여 약 30% 정도 높게 발현되며, 탈모부위에서 분리한 모유두에서도 비탈모 부위와 비교하여 높게 분포한다.

남성호르몬이 모발 중 주로 모유두에 분포하는 수용체와 결합한 후 모발의 성장 혹은 탈모를 조절한다. 즉 테스토스테론이 5α-reductase의 활성이 높은 탈모부위의 모유두에서 DHT로 전환되고, 탈모부위에 많이 분포되어 있는 안드로겐 수용체와 결합하여 모유두에서 생산되는 성장인자의 생성을 감소시키거나 성장을 억제하는 인자를 생성함으로써 모발의 성장을 조절한다.

2) 여성호르몬

난소(*ovary*)는 난자를 생산, 분비하는 성선인 동시에 여성호르몬인 난포호르몬(*estrogen*)과 황체호르몬(*progesterone*)을 분비하는 내분비선이다. 이러한 호르몬을

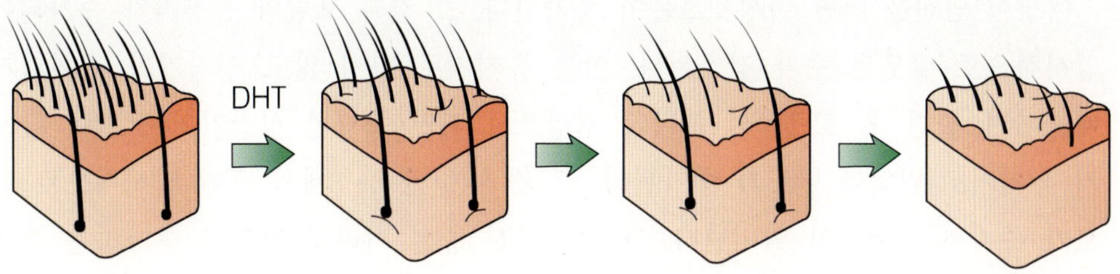

그림 4-15. DHT에 의한 모발 성장 억제

여성호르몬 또는 난소 호르몬이라고도 하며, 자궁점막과 유선의 발육, 여성의 2차 성징 발현, 성주기의 조절 및 임신유지 등에 관여한다.

황체호르몬은 수정란의 착상을 돕거나 임신을 유지시키며 체온을 상승시키는 작용을 한다. 또한 모발 성장, 피지분비, 여성 복부 비만 등에 영향을 미친다. 폐경기 이후의 여성은 피지분비 이상, 정신적 불안정, 남성호르몬의 변화 등이 동시에 나타남으로써 탈모가 유발된다. 특히 폐경기 이후의 여성탈모는 여성호르몬의 급속한 감소에 의해 상대적으로 남성호르몬의 작용이 커지기 때문에 나타난 결과이다. 여성호르몬은 남성호르몬과 반대로 두정부의 모발은 성장을 촉진하는 반면에 체모의 성장은 억제하는 특징이 있다. 여성은 남성에 비하여 비교적 늦게 또는 남성과 비교하여 심하지 않은 유전성 안드로겐 탈모증이 발생한다. 폐경 이후 혈중 에스트로겐이 감소하며 남성형 탈모가 촉진되는 경향을 보이고, 임신 시 에스트로겐 탈모를 억제하는 역할을 한다.

여성의 경우 크게 3곳에서 남성호르몬을 생산한다. 난소와 부신은 콜레스테롤로부터 남성호르몬을 생산하는 효소에 의하여 남성호르몬을 생산한다. 그 이외에 중요한 것은 피부를 포함하는 말초기관들이다. 피부를 포함하는 말초기관에서 콜레스테롤로부터 남성호르몬을 생산하지는 못하지만 강도가 약한 남성호르몬을 강한 호르몬으로 변화시켜 말초에서 필요한 부분을 사용하고 혈청 내 남성호르몬의 농도에도 영향을 미친다. 남성호르몬의 강도는 안드로겐 수용체와 결합능에 따라 결정되는데 약한 남성호르몬으로는 17α-hydroxy group으로 androstenedione, androstenediol이 있고, 강한 것으로는 17α-keto group으로 테스토스테론, DHT가 있다.

여성이 임신을 하면 여성호르몬이 증가한다. 그 결과 모발의 성장기가 증가되어 일시적으로 탈모의 수가 감소된다. 이는 휴지기로 가지 않고 성장기가 길어지기 때문이며, 출산 후 호르몬의 분비가 정상으로 되면 증가한 성장기의 모발이 갑자기 휴지기로 변하여 탈모가 증가된다. 그 결과 출산 2~3개월 후에 일시적으로 탈모가 증가하는 현상이 일어난다. 그러나 임신 중일 지라도 탈모가 증가하는 경우는 영양부족이나 위장병에 의한 것이다.

프로락틴(*prolactin*)은 198개의 아미노산으로 구성된 단백질로써 임신 5주부터 분비되기 시작하여 분만 직후에 가장 많이 분비되고, 유선을 자극하여 젖 분비를 촉진시키는 호르몬이다. 분만 후 몇 주일 이내에 임신 전과 같은 수준으로 되돌아가지만 아이가 젖을 빨면 프로락틴 분비가 증대되어 유즙 분비가 촉진된다. 수유 중에는 프로락틴 분비가 증가되어 난소 주기가 억제된다. 이러한 프로락틴은 다모증을 유발하는 호르몬으로 알려져 있다.

3) 성장인자(growth factor)

다세포생물은 그 생존을 위해 세포 생장과 분열이 엄격한 통제 아래 정확하게 이루어져야 한다. 이러한 과정을 총체적으로 관장하는 조절 기능은 아직 정확히 밝혀지지 않고 있다. 그러나 호르몬과 같은 폴리펩티드와 단백질, 즉 성장인자(*growth factor*) 또는 사이토카인(*cytokine*)이 세포의 생장, 분화, 증식을 조절하는 것으로 알려지고 있다.

성장인자는 특정 선세포에 의하여 만들어지기 보다는 다양한 종류의 세포들에 의해서 만들어진다. 포유동물의 다양한 성장인자는 표피 성장인자(*epidermal growth factor*, EGF), 혈소판 유래 성장인자(*platelet derived growth factor*, PDGF), 소마토메딘(*somatomedin*) 등이 있다. 그리고 유사한 사이토카인(*cytokine*)으로 면역반응계에서 세포의 증식과 분화를 촉진하는 인터루킨(*interleukin*)이 있다.

테스토스테론이 5α-reductase의 활성이 높은 탈모 부위의 모유두에서 DHT(*dehydrotestosterone*)로 변화되며 탈모 부위에 많이 분포하는 안드로겐 수용체와 결합한다. 이는 모유두에서 생산되는 성장인자의 생성을 감소시키거나 성장을 억제하는 인자를 생성하므로 모발의 성장을 조절한다.

정상 모발 성장주기 중 TGF-β가 성장기에서 퇴행기로 이행을 촉진시킴으로써 탈모를 유발시킨다. TGF-β(*transforming growth factor-β*)는 표피의 상부 각질형성세포에서 소량 존재하지만 TGF-β 그 자체와 칼슘, 포르볼 에스테르(*phorbol ester*)와 같은 분화 촉진인자에 의하여 많아질 수 있다. 소마토메딘은 성장호르몬의 생장 촉진작용을 중재하는 폴리펩티드이다. 성장호르몬이 세포 표면 수용체에 결합할 때 간, 근육, 섬유아세포, 뼈와 신장에서 만들어지는 소마토메딘은 동물에서 매우 중요한 생장촉진제이다. 다른 조직과 달리 소마토메딘은 간에 의하여 혈액으로 분비된다. 세포분열의 촉진뿐만 아니라 인슐린과 유사한 작용, 즉 글루코오스 운반과 지질합성 등을 촉진시키기 때문에 소마토메딘을 인슐린 모양 성장인자(*insulin-like growth factor*, IGF)라고도 한다. 다른 폴리펩티드 성장인자처럼 소마토메딘은 세포 표면 수용체에 결합함으로써 세포 반응을 유발한다. 소마토메딘 수용체 또한 티로신 키나아제이다. IGF-1은 DHT에 의한 5α-reductase의 활성 증가를 유발시키기 때문에 IGF의 양이 증가되면 남성형 탈모를 유발시킨다.

4) 부신피질호르몬

부신피질 호르몬은 당질코르티코이드(*glucocorticoid*), 미네랄코르티코이드(*mineralcorticoid*), 남성호르몬인 안드로겐(*androgen*)으로 구분된다. 이와 같은 부신피질호르몬의 생리작용은 여러 가지가 있지만 수분과 염류의 대사, 당질 및 단백질 대사, 성호르몬의 작용 등 크게 3가지로 요약된다. 이와 더불어 남성호르몬도 분비되고 있기 때문에 이 기능이 항진된 경우 여성은 다모증이 되는 경우도 있다. 특히 자궁, 난소 등의 이상에서 여성호르몬의 분비가 쇠약해질 경우에 강모가 발생하는 경우도 있다. 또한 역으로 부신 기능이 쇠약함에 따라 염분대사가 정상적이지 않고, 부종이 생기거나 탈모를 유발 할 수 있다.

부신피질호르몬이 남성형 탈모에 직접적으로 영향을 미치지 않지만 간접적으로 영향을 미친다. 부신에서 약 90%의 DHEA(*dehydroepiandrosterone*)와 DHEA-S(*dehydroepiandrosterone sulfate*)를 생산한다. 나머지를 난소에서 생산하는데, 이는 난소에 있는 아로마타아제(*aromatase*)가 대사과정을 주로 에스트로겐(*estrogen*)으로 유도하기 때문이다. 부신에서 남성호르몬의 생산은 부신피질자극호르몬(*adrenocorticotropic hormone*, ACTH)에 의해 조절된다. 난소에서 생산되는 남성호르몬의 조절도 부신에서와 비슷하다. 여성의 경우 혈중 테스토스테론의 반은 간, 피부, 지방을 포함하는 말초기관에서 안드로스텐디온(*androstenedione*)으로부터 생산되는 것이다. 안드로스텐디온의 반은 부신, 나머지 반은 난소로부터 생산된 것이다. 테스토스테론의 나머지 반은 각각 부신 및 난소에서 생산된 것이다.

5) 갑상선호르몬

갑상선은 2개의 호르몬, 즉 티록신(*thyroxin*, T_4)과 트리요오드티로닌(*triiodothyronine*, T_3)의 혼합물을 분비한다. 이러한 호르몬은 갑상선에서 합성된 단백질인 티로글로불린(*throglobulin*)의 티로신(*tyrosine*) 잔기가 요소화 된 후 가수분해로 유리되어 분비된다. 갑상선 호르몬은 요오드를 함유하며, 생체 중 총 요오드의 반 이상이 이곳에 존재한다. 갑상선 호르몬의 생리작용은 다음과 같다.

① 에너지 대사와 산소 소비를 촉진하여 기초대사를 증진한다.

② 소장에서 단당류 흡수, 간에서는 글리코겐의 분해를 증가시키고 혈당을 높이는 등 당대사를 증가시킨다.

③ 지방산화를 촉진시키거나 혈장 콜레스테롤과 인지질은 저하시켜 인지질 대사를 촉진시킨다.

④ 단백질 합성 촉진과 핵산 대사의 촉진 및 RNA 양의 증가 등 유전정보 발현을 조절한다.

⑤ 발육, 성장, 특히 뼈, 치아, 골격근의 발육을 촉진시킨다. 즉 어린이의 갑상선 기능이 저하되면 성장이 정지되고 생식 기관도 발달하지 못하며 탈모 및 피부 건조증이 나타나기도 한다.

⑥ 자율신경 중에서 교감신경계의 활동을 항진한다. 그 결과 심박수의 증가와 땀의 분비를 촉진시킨다.

갑상선호르몬은 모발의 발생과 성장에 필요한 호르몬이다. 따라서 갑상선 기능 저하는 성장기의 개시를 늦추기 때문에 모발의 탈모와 연결된다. 갑상선호르몬의 이상 분비는 비정상적인 모발 성장이 이루어지며, 주로 두상의 측두부 탈모를 유발하고 모발을 건조하게 한다. 갑상선 호르몬은 요오드를 포함한 티록신(*thyroxine*)이라는 물질로 그 성분이 쇠약해지면 모발은 부드럽고 가늘어지며 퇴화한다.

6) 뇌하수체호르몬

내분비계의 지휘부라고 할 수 있는 뇌하수체는 전신의 발육, 갑상선과 부신피질의 기능 촉진, 난포의 성숙, 유즙분비작용 등 수많은 신체기능을 조절하는 9개의 주요한 호르몬을 생산한다. 또한 다른 내분비선의 분비활동을 조절한다. 특히 뇌의 시상하부(*hypothalamus*)는 뇌하수체의 분비활동을 조절한다. 또한 시상하부의 활동은 호르몬에 의해서 영향을 받는다.

뇌하수체는 발생학적으로 전엽 및 중엽의 선하수체와 후엽의 신경하수체로 이루어져 있다. 이를 세분화한 뇌하수체는 선세포로 된 전엽, 갑상선의 구조에 가까운 중엽(간엽), 신경조직을 함유한 후엽의 3가지로 구분되며, 각 단백질과 폴리펩티드로 된 여러 호르몬을 생산한다.

뇌하수체 전엽 호르몬은 크게 2가지, 즉 내분비선을 통하지 않고 직접대사에 영향을 미치는 호르몬과 내분비선 활동의 기능을 증진시키는 자극호르몬(*tropic hormone*)이 있다. 전자에 속하는 대표적인 호르몬은 성장 호르몬(*growth hormone*, GH)이고, 후자에 속하는 호르몬은 갑상선자극호르몬(TSH), 부신피질자극호르몬(ACTH), 난포자극호르몬(FSH), 황체형성자극호르몬(LH), 유즙분비자극호르몬(PRL) 등이 있다.

뇌하수체 후엽 호르몬은 자궁 근육 수축을 촉진하는 옥시토신(*oxytocin*)과 항이뇨 작용 및 말초혈관 수축으로 혈압을 상승시키는 항이뇨호르몬(*antidiuretic hormone*, ADH) 등 2 종류의 호르몬이 있다. 시상하부가 신경성 자극을 받게 되면 혈액으로 유리되어 표적기관에 기능을 발휘하게 된다. 따라서 뇌하수체 후엽을 신경하수체라고 한다. 이러한 호르몬은 단백질 분해 효소로 분해되어 불활성화된다. 또한 환원제에 의하여 불활성화되나 메틸렌블루우(*methylene blue*)로 회복된다.

모발 성장은 뇌하수체 전엽 호르몬, 즉 갑상선자극호르몬(*thyroid stimulating hormone*, TSH)과 부신피질자극호르몬(*adrenocorticotropic hormone*, ACTH) 등의 2차적인 호르몬의 분비량을 억제 혹은 촉진시킴으로써 간접적으로 작용한다. 모발의 발육 상태, 저하 및 탈모는 뇌하수체 전엽에서 분비되는 여러 가지 호르몬, 즉 성장호르몬, 갑상선자극호르몬, 부신피질자극호르몬, 난포자극호르몬(*follicle stimulating hormone*, FSH), 황체형성호르몬(*luteinizing hormone*, LH)에 의하여 영향을 받는다.

7) 아로마타아제(aromatase)

아로마타아제는 주로 앞머리의 모발선(*hair line*) 근처에 분포되어 있는 효소이다. 이는 DHT 생성을 억제하기 때문에 여성의 탈모 유형이 남성과 다르게 나타난다. 여성은 남성에 비하여 비교적 늦거나 심하지 않는 유전성 안드로겐 탈모가 발생한다. 폐경 이후 혈중 에스트로겐(*estrogen*)이 감소하며, 남성형 탈모가 촉진되는 경향을 보인다. 임신의 경우 에스트로겐의 농도가 증가되어 있을 때 성장기가 연장되고 탈모가 감소된다. 그러나 출산 후 탈모가 일어나는 현상은 에스트로겐이 유전성 안드로겐 탈모를 억제하는 역할을 하고 있음을 시사한다. 여성탈모의 경우 남성탈모와 달리 전두부 모발선 퇴축이 일어나지 않는 것은 여성의 전두부에서 아로마타아제(*aromatase*)의 활성이 높기 때문이다. 또한 아로마타아제 억제제를 사용한 여성의 경우 탈모가 더욱 빨리 진행되는 현상은 이를 반증한다. 이는 모낭 내에서 DHT로 변환될 테스토스테론을 에스트로겐으로 대사시킴으로써 테스토스테론의 양이 감소되기 때문이다.

2-2. 모낭의 신경 및 스트레스에 의한 요인

신경섬유가 모낭의 성장과 발달 그리고 모낭주기의 변화에 중요한 역할을 한다. 정상 모낭에서 감각 및 자율신경 분포에서 substance P(SP)와 "비만세포-신경" 상호작용이 모낭의 주기에 따라 변화를 보이며, 모낭은 다양한 neurotrophin(NT)의 생성 원천이자 표적으로서 작용한다.

Substance P(SP)는 중추신경계와 말초신경계에 주로 분포된 신경펩티드이며, 11개의 아미노산으로 구성된 펩티드(*peptide*)이다. SP는 주로 신경절에서 생합성된 후 주로 척수로 이동하지만 역방향의 신경말단으로 이동하여 분비되기도 한다. SP 수용체는 신경세포, 평활근세포, 내피세포, 섬유아세포, 면역세포, 각질형성세포 등 매우 광범위하게 분포되어 있고, 이들의 결합은 복잡한 신호전달체계에 의하여 신경전달 기능을 한다. 특히 SP는 모발의 성장을 촉진시키는데 관여하며 성장기의 기간을 지연시키는 역할을 한다.

Neurotrophin(NT)는 신경영양물질을 생산하며, 상피세포의 증식, 분화 및 고사 과정 등의 전반적인 역할을 한다. 말초신경에 외상성, 염증성, 퇴행성 등으로 손상되면 표피의 위축 및 궤양, 여러 피부부속기관의 기능부전과 소실을 가져온다. 즉 말초신경 섬유가 상피조직의 성장에 영양적 기능을 수행한다.

모발의 성장에 있어서 신경 및 스트레스가 관여하는데, 그 한 예가 원형탈모증이다. 그 외에도 신경의 퇴행성 변화, 신경절단수술 후 모발의 비정상적인 성장과 모낭 위축이 일어나는 현상, 흉부 수술 후 몸의 좌우 중 한쪽 면에서만 모발성장이 일어난 현상 등이다. 스트레스를 받게 되면 모낭 주위의 염증 반응과 미성숙된 퇴행기의 모낭 발달을 유도하여 모발의 성장을 억제한다. 또한 스트레스에 의하여 휴지기 모발에서 각질형성세포의 증식을 억제하고 세포 고사를 촉진시킨다. 이와 같은 결과는 신경 및 스트레스가 탈모와 관련됨을 알 수 있다.

모발 성장에 대한 신경섬유의 직접적인 영향 중 가장 대표적인 것은 모낭에 대한 산소 및 영양소의 공급 조절을 통한 것이고, 간접적인 영향 중 중요하게 고려되어야 할 것은 모낭 각질형성세포의 증식, 분화, 고사과정에 대한 신경의 신호전달과정이다. 구심성 신경으로부터 유리된 신경펩티드는 모낭세포를 직접 자극하고 혈관확장 효과가 있으며, 혈장의 혈관 외 유출 및 백혈구의 이동을 유도한다. 반면에 교감신경으로부터 유리된 노르아드레날린과 아드레날린성 신경 전달 물질은 강력한 혈관 수축작용과 소화기관 운동억제 및 입모근의 수축작용을 한다. 그 결과 모발의 영양 공급 장애로 영양소가 결핍되어 모발의 연모화를 촉진시키거나 두피상태를 변화시키고, 심한 경우 모기질세포의 분열과 모주기를 조절하는 자율신경 실조로 인하여 모발 성장의 장애를 초래한다. 따라서 자율신경 실조에 의하여 모주기의 조절에 영향을 미침으로서 탈모가 유발된다. 스트레스는 호르몬에도 영향을 미치는 데 호르몬의 대사에 이상이 생겼을 때 모발의 발생과 성장 및 탈모에 영향을 미친다.

2-3. 모발의 면역계에 의한 요인

모발은 체온조절, 피부의 보호, 감각기관으로서 역할을 하는 반면에 모간(*hair shaft*)이 피부를 뚫고 나옴으로써 형성되는 작은 모공은 많은 세균 침입의 통로가 될 수 있다. 건강한 성인의 머리카락이 약 10만 개임을 감안한다면 수많은 세균 침입의 통로가 있음에도 불구하고 정상인의 경우 모낭염이 발생하는 경우가 거의 없다. 따라서 감염의 통로가 될 수 있는 부위가 모낭 면역계(*hair follicle immunity system*, HIS)를 통하여 면역학적으로 잘 조절되고 있기 때문이다.

모낭의 입구에는 여러 종류의 정상 균총, 즉 비듬균(*Pityrosporum ovale*), 모낭충(*Demodex folliculorum*), 포도상구균(*Staphylococcus aureus*), 여드름균(*Propionibacterium acnes*) 등이 서식하고 있다. 이들은 표피 장벽 기능을 유지하거나 피부 표면의 pH를 약산성으로 유지하는 생리적인 기능을 수행함으로써 정상적인 경우에는 피부나 모발에 병변을 유발하지 않는다.

정상 균총 중 비듬균(*Pityrosporum ovale*)은 사춘기 이후부터 두피에 상존하며 환경적, 생리적 요인에 의하여 과대 증식할 경우 비듬, 지루성피부염, 어루러기 등의 피부질환을 유발한다. 지루성피부염은 만성습진으로써 피지분비가 왕성한 두피, 얼굴, 몸통 상부의 피부에서 발생한다. 특히 두피에는 피지선이 다른 부위에 비하여 많기 때문에 피지가 과잉 분비된다. 비듬이나 지루성피부염은 두피 등의 피부에 상존하는 비듬균이 스트레스 등의 유발 요인에 의하여 과대 증식하여 10~20배로 증가할 때 발생한다. 비듬은 피지의 과다 분비로 인하여 비듬균이 과다하게 증식하고, 비듬균에 의하여 피지의 지방산이 과산화지질로 된다. 이는 두피를 자극하고 두피세포가 증가되어 두피세포와 피지가 합쳐져서 비듬이 생성된다. 이때 나타나는 증상은 건선, 지루성습진, 홍반성 인설이 있는 발진이나 건선과 유사한 염증성 반점 등이 나타나며 가려움이나 염증을 동반하기도 한다.

또한 정상 균총 중 모낭충(*Demodex*)은 두 종류가 있다. 모낭에서 기생하는 데모덱스 폴리큘럼(*Demodex folliculorum*)과 피지에 기생하는 데모덱스 브레비스(*Demodex brevis*)로 암수가 따로 있으며 숙주의 피부 내에서 알을 낳고 성장하면서 살아간다. 지금까지 모낭충은 인체 내 기생하는 당연한 벌레로 피부병과 상관이 없고, 미용에 영향을 미치지 않는 무해한 피부 속 벌레로 알고 있었다. 그러나 육안으로는 보이지 않는 0.1~0.3mm 정도의 모낭충은 장기간 모낭과 피지선에 기생하기 때문에 모낭과 모공을 확대시키며 피지선의 증식으로 거친 피부나 발열 등 보편적으로 미용에 큰 영향을 미친다. 일단 모낭충의 침투력이 증가되고 인체의 저항력이 약해져서 균형을 잃게 되면 질병이 발생하게 된다. 모낭충으로 인한 피부병을 데모덱스 피부염이라 하며, 속눈썹염, 여드름, 만성 딸기코 등이 있다. 모낭충은 병을 유발하는 인체기생충으로써 감염도가 높은 경우에는 병을 유발하나 감염도가 낮은 때에는 병을 유발하지는 않지만 피부미용에 영향을 미친다.

모낭충의 지나친 번식으로 수가 많아지면 충분한 영양분을 섭취하기 위해 8개의 발과 예리한 입을 사용하여 모낭과 피지선을 파괴하고, 국부염증 및 병변을 일으키게 된다. 즉 모공이 막히거나 각질층 증식, 모낭 확장, 모구 확대, 모근의 영양부족, 탈모 등의 병변현상이 나타난다. 또한 피지분비 장애로 피부표면이 건조해지고 거칠어진다.

모발 성장은 사이토카인, 신경펩티드, 면역 억제제 등의 여러 가지 면역조절물질을 사용하면 어느 정도 조절이 가능하다. 어떤 사이토카인을 과발현(*overexpression*)시키거나 특정 수용체를 결손(*deletion*)시키면 모낭의 주기를 변화시킬 수 있다. 또한 대식세포와 비만세포가 생리적인 현상 혹은 병적인 경우 모발 성장에 중요한 역할을 한다. 모낭 면역계는 일반적인 피부의 면역세포와 비슷하게 항원 제시 세포인 랑게르한스 세포(*Langerhans cell*, LC), T 림프구, 비만세포(*mast cell*), 대식세포(*macrophage*) 등으로

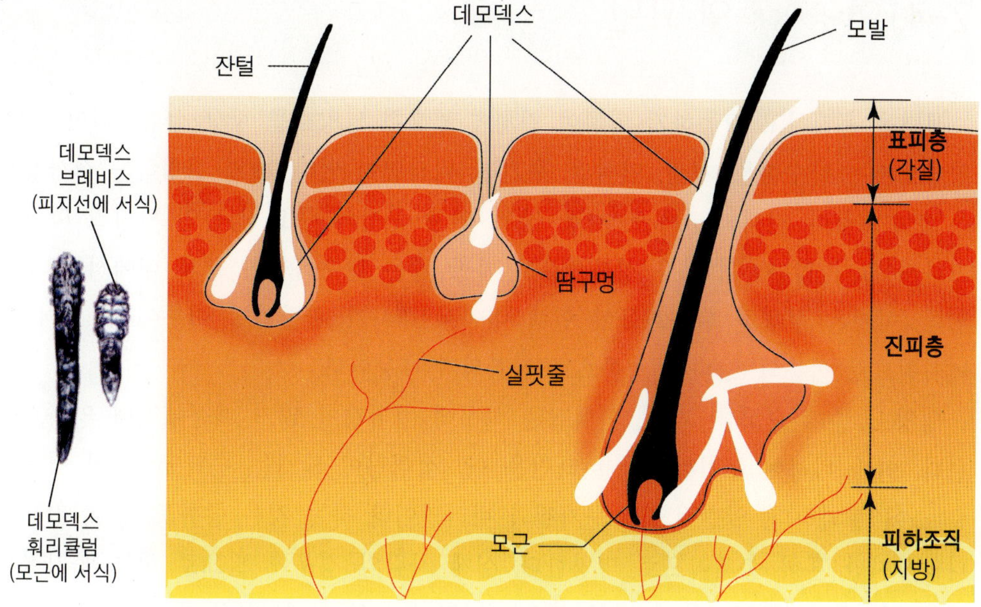

그림 4-16. 모낭충과 모낭충의 거동

구성되어 있다. 비만세포는 피부에서 혈관, 신경, 모낭 주위에 주로 위치하기 때문에 모낭의 성장 조절에 관여한다. 랑게르한스세포와 T 림프구는 원위부 모낭 상피에 주로 위치하고, 대식세포와 비만세포는 주로 모낭 주위 결체조직에 주로 위치하고 있다. 따라서 이러한 현상은 근위부 성장기 모구에는 항원제시세포가 거의 없다. 모낭에서 성장기에 ACTH같은 면역 억제물질이 발현된다.

성장기 모낭이 면역특권을 누림으로써 자가 항원이 면역계에 인지되지 않도록하여 모구가 쉽게 면역반응에 노출되는 것으로부터 보호를 받는다. 원형탈모의 경우 모낭의 면역특권이 붕괴되면 노출된 모낭의 자가항원을 T 림프구가 공격하여 탈모가 유발된다.

질병과 약물에 의한 탈모는 두상의 국소적인 부위에서만 나타나지 않고 전반적으로 나타나는 특징이 있다. 이는 약물에 의하여 혈관이 수축되거나 여성의 남성호르몬 변화와 모기질세포의 분열 억제 등으로 나타난다. 질병에 의한 경우에는 고열에 의한 모낭의 손상과 영양공급 장애 등으로 나타난다. 이러한 경우 질병의 치료와 약물의 중단 등으로 빠르게 회복될 수 있다.

2-4. 영양학적인 요인

생명을 유지하고 활동하기 위하여 인체에 필요한 영양소를 항상 섭취하여야 한다. 영양소에는 탄수화물, 지질, 단백질, 무기질, 비타민이 있다. 매일 섭취하는 식사성분은 탄수화물이 전체의 70%로 가장 많고, 인체 구성의 주요 성분인 단백질 함량은 그다지 많지 않다. 즉 식사 성분으로서 가장 많은 탄수화물이 생체 내에서는 가장 적다. 이것은 섭취한 탄수화물이 인체 내에서 대사가 활발하게 이루어짐으로서 에너지원으로 이용되고, 다른 성분으로 전환되기 때문이다.

영양소 중 탄수화물, 지질, 단백질은 하루에 섭취량이 많기 때문에 3대 영양소라 한다. 이에 비하여 무기질이나 비타민은 1일 섭취량이 많게는 수백 mg부터 적게는 수 ㎍에 불과하다. 일반적으로 무기질과 비타민이라 하는 것은 종류도 많고, 기능도 다양하지만 흔히 총체적으로 명명한다. 실제 사람의 경우에 필요로 하는 무기질과 비타민은 십여 종에 이른다. 각 영양소는 각각 특유의 생리작용을 가지기 때문에 특정 영양소의 경우 과부족을 일으키면 실조증이 생긴다. 각 영양소의 생리 기능에 따라 분류하면 3가지로 구분 할 수 있다.

첫째는 주로 인체의 에너지원(*energy source*)으로 사용되는 열량소이다. 사람이 육체적, 정신적 활동에 필요로 하는 에너지가 소비되는 것은 물론이고, 수면 시에도 심장이나 폐, 기타의 제 장기는 항상 에너지를 소비한다. 인체에서는 열량소의 소비량이 많으므로 섭취량이 많다. 하루에 섭취한 열량 중 1/4은 뇌에서 이용된다. 일반적으로 이러한 에너지를 공급하는 영양소는 탄수화물, 지질, 단백질이며, 탄수화물만을 에너지원으로 사용하는 조직도 있다. 둘째는 근육이나 내장의 제 기관, 골격 등 주로 생체의 구성에 사용되는 구성소이다. 이러한 구성소는 주로 단백질과 무기질이다. 근육, 내장의 제 기관, 골조직 등을 구성하는 단백질이나 무기질을 다른 영양소로 대용할 수는 없다. 셋째는 생체 내에서 행해지는 여러 가지의 화학반응을 조절하는 것으로 조절소이다. 이러한 조절소는 주로 비타민, 단백질, 무기질이다. 자동차에 비교하면 윤활유에 해당하는 것으로 소량으로도 충분하다. 어떤 종류의 비타민이나 무기질은 조효소나 보조인자로서 효소 반응에 관여하고 있다. 또한 단백질은 효소, 호르몬, 기타의 생리활성물질의 합성에 사용된다. 이와 같은 조절소에 해당하는 영양소는 특유의 생리기능을 가진 것이어서 다른 영양소로 대용하는 것은 가능하지 않다.

인체의 신진대사가 원활하게 이루어지기 위해서는 균형 있는 식생활을 통하여 영양분의 섭취가 필수적으로 이루어져야 한다. 이는 모발과 두피의 신진대사가 원활하게 이루어지기 위해서도 마찬가지다. 즉 심한 다이어트를 함으로 인해 모발의 윤기를 잃는 경우, 비정상적인 식사습관, 심한 편식, 매우 중한 질병에 걸려 독한 약을 복용함으로 인한 소화흡수장애등으로 영양부족을 일으켜 모발의 생장과 건강에 영향을 주어 탈모가 촉진되는 요인이 된다. 따라서 소화기 계통의 질병 및 기능저하는 영양분의 불균형과 흡수장애 등을 가져와 인체의 주요기관 기능저하 뿐만 아니라 모발이 손상되거나 탈모, 백모, 두피 이상, 모발의 건조, 모발의 연모화 등을 유발할 수 있다. 영양분의 섭취와 식생활은 모발의 생성에 있어서 매우 중요하다.

2-4-1. 단백질(protein)과 모발

생물체 내의 모든 생체물질 중 단백질은 가장 다양한 기능을 한다. 즉 체중의 14~17%를 차지하는 체단백질은 골격근과 간장 등 세포와 기관의 기본 구조를 만든다. 또한 피부, 모발, 손(발)톱, 근육, 내장 제기관 등 신체의 구성 성분을 이루고 있다. 생명활동은 효소 단백질이 촉매하는 화학반응에 의하여 유지된다. 세포간의 정보를 전달하는 호르몬과 사이토카인(*cytokine*)의 대부분도 단백질이고, 생체 이물질로부터 몸을 보호하는 항체도 단백질이다. 더구나 유전자의 발현을 조절하는 전사 제어인자도 단백질이다. 즉 단백질은 세포질의 주요한 성분이고 신체의 유지와 발육에 중요하다. 또한 단백질은 효소의 본체를 이루며 호르몬의 대부분도 단백질 또는 단백질의 유도체로 되어 있다. 그리고 면역반응과 항원-항체 반응에도 단백질이 관여한다. 또한 곡물이나 대두의 단백질, 박테리아의 단백질로부터 코끼리나 조류의 단백질에 이르기까지 많은 종류의 단백질이 생물에 존재한다.

이러한 단백질은 원료가 되는 아미노산의 수와 종류의 조합에 의하여 많은 수의 단백질이 존재한다. 단백질 각각의 성질이나 기능은 단백질의 아미노산 배열 순서에 의하여 구조와 기능이 결정된다.

모발의 주성분은 케라틴 단백질이 90%를 차지하고, 18종의 아미노산으로 구성되어 있으며 그 중 황이 함유된 시스틴(*cystine*)의 함량이 가장 높다. 시스틴은 모발 내에서 섬유간의 가교(*cross-linking*)를 형성하며, 모발의 강도와 탄성을 유지하고 모발의 퍼머넌트 웨이브 형성에 영향을 미친다. 단백질 섭취가 부족하면 모발의 성장에 장애를 유발시키거나 모발의 노화현상이 촉진되므로 모발에 영양 공급을 하여야 한다. 모발성장에 도움을 주는 단백질 공급원은 검은콩, 우유, 두부, 간 등이다.

2-4-2. 비타민(vitamin)과 모발

비타민은 미량으로 사람의 영양을 조절하고, 정상적인 대사와 생리기능을 조절하는 유기화합물이다. 생체조직의 구성성분과 에너지원이 아닌 필수적인 물질로서 사람의 몸에서는 전혀 합성되지 않거나 미량 합성되기 때문에 대부분 영양소로 섭취하여야 한다. 그러나 니아신과 비타민 D는 특정 조건에서 체내 합성이 가능하며, 비타민 K와 비오틴은 소장에서 박테리아에 의해 상당량 합성된다.

비타민은 주로 조효소로서 중요한 역할을 하므로 비타민은 효소와 밀접한 관계가 있다. 즉 생체조직에는 다량의 효소가 존재하고 있기 때문에 대사반응을 촉매하고 있다. 대사는 호르몬과 신경의 작용으로 조절된다. 그러므로 비타민의 작용은 효소나 호르몬과 직접 관련성이 있다. 그러나 효소나 호르몬은 미량으로 생리작용을 조절하는 유기화합물이지만 체내에서 단백질, 지질 그리고 그 밖의 화합물로부터 합성되기 때문에 음식물로부터 섭취할 필요가 없는 점이 비타민과 다르다. 즉 비타민은 외부로부터 섭취되어야 하지만 효소와 호르몬은 동물 체내에서 합성되는 것이 다르다.

비타민은 생명 유지에 필수불가결한 영양소이고, 생화학적 작용이나 생리적인 작용 등 그 기능도 다양하다. 현재 약 20여 종의 비타민이 알려져 있다. 비타민은 효소의 구성 또는 활성 상 필수적인 요소이다. 따라서 비타민이 부족하면 효소작용이 원활하지 못하여 생체내의 여러 가지 대사가 순조롭게 진행될 수 없다. 이것이 생체에서 비타민 결핍증을 일으키는 화학적 원인이며, 비타민이 결핍되면 특징적인 장애가 발생하게 된다. 그러나 특별한 경우를 제외한 대부분의 비타민 결핍증은 비타민을 재공급함으로써 회복된다.

비타민은 크게 2가지, 즉 지용성 비타민과 수용성 비타민으로 분류된다. 비타민 A, D, E, K는 에테르와 같은 유기용매에 용해되기 때문에 지용성 비타민으로 분류되고, 물에 용해되는 비타민 B군(B_1, B_2, B_6, B_{12}, 니아신, 판토텐산, 엽산, 비오틴)과 C는 수용성 비타민으로 분류된다. 비타민 B군은 생체 내에서 활성형으로 변환되며, 효소반응의 조효소나 보결분자족으로 작용한다.

수용성 비타민은 물에 녹는 성질 때문에 과잉으로 섭취되면 소변으로 배설되어 생체 내에는 축적되지 않는다. 그러나 예외로 비타민 B_{12}와 B_6는 다른 수용성 비타민에 비해 훨씬 쉽게 축적된다. 체내에 축적되지 않는 대부분의 비타민은 매일 식사를 통하여 섭취할 필요가 있다. 지용성 비타민은 비극성이고 소수성 분자이며, 이소

표 4-6. 아미노산의 모발 구성 성분

아미노산	인모 A	인모 B
알라닌	3.8	4.0
아스파라긴산	3.8	8.0
아르기닌	8.9	9.6
시스틴	14.7	16.0
글루타민산	13.6	14.8
글리신	4.1	6.5
히스티딘	1.2	6.9
이소루이신	4.8	–
루이신	6.4	11.3
리신	1.9	2.6
메티오닌	0.7	1.0
페닐알라닌	2.4	2.7
프롤린	4.3	3.7
세린	10.6	7.6
트레오닌	8.5	7.2
트립토판	1.0	0.7
티로신	2.2	3.1
발린	5.5	4.7

프렌 유도체(*isoprene derivatives*)이다. 지용성이기 때문에 지방과 같은 경로로 미셀(*micelle*)에 받아들여져 흡수된다. 장관에 일단 흡수되면 다른 비극성지질과 같이 리포단백질이나 특정 결합단백질에 의해 혈액으로 운반된다. 소장의 흡수 능력뿐만 아니라 지방의 소화도 지용성 비타민의 흡수에 영향을 미친다. 보통 섭취된 지용성 비타민의 흡수율은 40~90%이며, 필요량 이상으로 섭취되면 흡수율은 저하된다. 비타민 K를 제외한 지용성 비타민은 많이 섭취하면 체내에 축적되기 때문에 과잉증이 일어날 수 있다.

어떠한 비타민이든 과잉으로 섭취하면 독성을 나타낼 수 있다. 특히 지용성 비타민 A와 수용성 비타민 B_6는 독성을 일으키기 쉽다. 즉 비타민 A의 과잉증은 피부 습진, 탈모, 간 비대, 골막 비후증이 나타나고, 부족하면 피지 분비의 감소와 땀샘의 기능이 저하됨으로서 각질층이 두꺼워지고 건성두피를 유발한다. 심한 경우 모공각화증이 유발되고, 모발이 건조하여 부서지거나 빠지기 쉽게 된다. 일상식품 중 비타민 A는 A_1과 *β*-카로틴이 가장 많다. A_1은 해산물의 간유, A_2는 담수어의 간유 중에 특히 많이 함유되어 있고, *β*-카로틴은 당근, 호박, 야채 등의 식물성 식품에 많다. 또한 간, 생선, 생선기름, 강화우유, 달걀은 레티노이드의 함량이 높은 식품이다. 비타민 A 전구체인 카로티노이드는 주로 짙은 녹색 그리고 등황색 채소와 과일에 다량 함유되어 있다. 당근, 시금치, 기타 녹색 채소, 겨울호박, 고구마, 브로콜리, 망고, 복숭아, 살구 등이 그 예이다.

비타민 D의 과잉증은 혈청 Ca의 증가, Ca 침착, 신장장애, 혈관 경화 등을 들 수 있고, 결핍 시 에는 골연화증과 두피의 건선, 피부염을 유발하며 모발 재생에도 영향을 미친다. 충분한 일광에 노출되지 않으면 식품을 통하여 비타민 D를 섭취하여야 한다. 프로비타민 D(*provitamin* D)인 에르고스테롤(*ergosterol*)은 버섯, 효모 등의 식물계에 많고, 7-디히드로콜레스테롤(7-*dehydrocholesterol*)은 동물체의 장기나 피하지방, 버터 등에 많이 존재한다.

일반적으로 우유는 모유보다 비타민 D의 함량이 적으므로 수유 중인 어린이는 적당한 방법으로 비타민 D를 보충하여야 한다. 비타민 D가 결핍되면 혈액중의 칼슘과 인의 농도가 저하되어 뼈의 형성이 지연되고, 뼈의 석회화가 억제되므로 구루병 및 골연화증의 원인이 된다. 성장하는 어린이의 경우 비타민 D_3가 결핍되면 구루병에 걸린다. 구루병은 머리, 관절, 흉곽의 비대, 기형적 골반, 휘어진 다리 등을 볼 수 있다. 성인에서 나타나는 구루병을 골연화증(*osteomalacia*)이라 한다. 정상적인 표피의 각질세포는 각화과정에 소요되는 기간이 28~44일 정도 걸린다. 그러나 건선 피부의 경우는 4일 밖에 걸리지 않으므로 피부염으로 발전한다. 비타민 D 유사물질을 피부에 적용함으로써 건선을 효과적으로 개선할 수 있다.

비타민 E는 산화되기 쉬운 화합물로써 그 자체가 항산화력을 가지고 있다. 즉 비타민 E는 항산화제로써 자유라디칼(*free radical*)에 의하여 시작된 일련의 산화반응 과정을 중단시킬 수 있다. 산화적 스트레스로 인하여 피부노화, 관절염, 심장순화기계 질환 등이 유발되고 면역 기능의 손상과 그 밖에 많은 영향을 미친다. 비타민 E는 일반적으로 사람들이 먹는 식품에 최소한의 비타민이 있기 때문에 정상적인 상태에서 비타민 E의 결핍은 거의 발생되지 않는다. 그러나 흡연으로 비타민 E 결핍과 산화적 손상이 초래될 수 있다. 옥수수, 해바라기, 대두, 면실 등의 식물성 유지와 배아, 아스파라거스, 땅콩 등은 비타민 E의 중요한 공급원이다. 지느러미가 있는 생선과 패류, 오트밀과 같은 곡류 아몬드와 같은 견과류, 해바라기씨 등도 좋은 공

표 4-7. 비타민 A 공급원(μg RAE)

쇠간 30g	3.042
고구마 1/2컵	958
시금치 2/3컵	494
망고 1개	402
당근조작 5개	375
늙은호박 2/3컵	244
케일 1/2컵	206
탈지우유 1컵	150
브로콜리 1컵	138
살구 3개	137
체다치즈 30g	78
상추 1컵	72
마가린 1컵	50
부추 1컵	32
복숭아 1개	26

표 4-8. 비타민 D 공급원

	μg	IU
구운 청어 90g	44.4	1.775
훈제한 뱀장어 30g	25.5	1.020
간유 1큰술	11.3	453
구운 연어 90g	6.0	238
정어리 30g	3.4	136
통조림 참치 90g	3.4	136
1% 저지방 우유 1컵	2.5	99
무지방 탈지우유 1컵	2.5	98
소프트 마가린 1작은술	1.5	60
이탈리안 돼지고기 소시지 90g	1.1	44
두유 1컵	1.0	40
구운 청어90g	0.9	34
시리얼 3/4컵	0.8	30
달걀 노른자 1	0.6	25

표 4-9. 비타민 E 공급원

	mg	IU
건포도 밀겨 시리얼 3/4컵	22.5	33.5
해바라기유 2큰술	16.3	24.3
볶은 해바라기씨 30g	14.3	21.2
볶은 아몬드 30g	7.5	11.1
잇꽃유 1큰술	5.9	8.7
유채유 2큰술	5.7	8.5
밀베아 1/4컵	5.2	7.7
아몬드 30g	4.5	6.8
기름에 볶은 해바라기씨 1큰술	3.4	5.0
이탈리안 드레싱 2큰술	3.1	4.5
마요네즈 1큰술	3.0	4.5
아보카도 1	2.7	4.0
땅콩버터 2큰술	2.4	3.6
망고 1개	2.3	3.5
땅콩 30g	2.1	3.0

급원이다. 비타민 E는 산소, 금속, 빛, 기름에 의하여 쉽게 파괴되기 때문에 가공이나 저장 그리고 조리 과정에 따라 함량이 달라진다.

비타민 E(**α**-토코페롤)의 1일 섭취량은 20세 이상 남녀 성인의 경우 10mg이다. 이러한 섭취 기준은 적혈구 막의 파괴를 예방하는 데 필요한 비타민 E의 양이다. 비타민 E는 일반적으로 사람들이 먹는 식품에 최소한의 비타민이 있기 때문에 정상적인 상태에서 비타민 E의 결핍은 거의 발생되지 않는다. 그러나 흡연으로 비타민 E 결핍과 산화적 손상이 초래될 수 있다.

티아민(*thiamine*)은 이전에 비타민 B_1으로 불리었고, 니아신(*niacin*)은 비타민 B_3로 불리었다. 티아민은 열량대사에 중요하며, 모든 세포는 열량을 필요로 하기 때문에 티아민 결핍은 모든 기관과 기관계에 영향을 미칠 수 있다. 신경세포도 다른 세포에 비하여 화학적 열량의 필요량이 많기 때문에 티아민 결핍의 경우 신경계에도 민감하다. 또한 피부와 소화기계 세포는 자주 교체되므로 많은 열량이 필요하기 때문에 피부와 소화기관도 티아민 및 기타 열량대사에 관여하는 다른 비타민 B군의 결핍에 매우 민감하다. 따라서 비타민 B군의 결핍증은 대부분 피부, 신경계, 소화기계와 관련된다. 즉 비듬을 방지하며 부족하면 두피건조로 인하여 비듬이 발생한다. 비타민 B군은 피지분비 및 피부염 등 피부와 매우 관련이 깊다. 정상의 경우 소변과 대변으로 배설되는 비타민 B_6의 유도체 총량은 섭취량보다 많은데 장내 미생물에 의하여 비타민 B_6가 합성되기 때문이다. 특히 비타민 B_6의 결핍증은 동물에서 펠라그라와 같은 피부병, 지루성 피부염, 사지의 각질증식, 충혈, 탈모를 유발한다. 그러나 사람의 경우 결핍증이 잘 나타나지 않는다. 이는 장내 세균에 의하여 합성된 비타민 B_6가 이용되기 때문으로 추측된다. 임상적으로 비타민 B_6는 습진, 동상, 피부염, 구각염, 신경통, 불면증 및 빈혈증에 효과가 있는 것으로 알려져 있다. 따라서 육모제 및 지성 두피용 제품에는 대부분 비타민 B_6를 토닉에 함유하여 관리제품에 활용되어 사용된다.

비타민 B_6는 동물의 근육 조직에 저장되므로 육류와 생선, 가금류에 함유되어 있다. 동물성 식품의 비타민 B_6는 식물성에 비하여 쉽게 흡수된다. 전곡류도 좋은 급원이지만 곡류를 도정할 때 비타민 B_6가 손실된다. 대부분의 과일과 채소는 좋은 급원은 아니지만 당근, 감자, 시금치, 바나나 등은 예외이다. 성인의 비타민 B_6의 권장량은 대사 연구와 비타민 B_6의 섭취량 및 단백질 섭취량을 토대로 설정한다.

표 4-10. 비타민 B_6 공급원과 함량

구운 연어 30g	0.8
구운 감자 1개	0.7
바나나 개	0.7
아보카도 1개	0.6
효모 2큰술	0.5
닭가슴살 구이 30g	0.5
호박 1컵	0.5
시리얼3/4컵	0.5
통밀빵 1조각	0.5
쇠간 튀김 30g	0.4
등심 스테이크 30g	0.4
저지방 햄 30g	0.4
수박 1조각	0.3
해바라기씨 1/4컵	0.3
익힌 시금치 1/2컵	0.2

한국인 권장섭취량(제7차, 2000) 성인 1.4mg

바나나는 비타민 B_6의 좋은 급원 식품

표 4-11. 비타민 C의 공급원과 함량

비타민 C의 공급원	함량(mg)
오렌지 1개	98
딸기 1컵	94
자몽쥬스 1컵	80
빨간고추 1/4컵	71
키위 1개	57
피망 5개	45
토마토 쥬스 1컵	45
데친 브로콜리 1/2컵	33
케일 1/2컵	27
고구마 1개	17
구운 감자 1개	16
파인애플 1/2개	12
데친 시금치 1/2컵	9

세포 내에서 비타민 C는 비특이적인 환원제(*reducing agent*)로서 다양한 생리기능을 발휘한다. 비타민 C는 리신과 프롤린이 수산 화되는 과정에서 필수적이다. 즉 아미노산 중 프롤린에 수산기(-OH)를 제공하여 콜라겐(*collagen*)을 합성할 때 필요하다. 또한 비타민 C는 비타민 E의 재생 작용에 기여하며, 비타민 E의 효율적인 항산화 작용을 돕는 기능과 피부의 미백작용, 노화현상과 관련이 깊은 비타민이다. 결핍 시에는 괴혈병과 모발의 성장에도 영향을 미치며 염증억제 등의 면역력 강화 작용을 하는 것도 비타민 C의 특징 중 하나이다.

과일과 채소를 거의 먹지 못하는 사람들은 누구나 비타민 C 결핍을 우려해야 한다. 괴혈병은 빈곤과 관련되며, 특히 우유를 끓여 먹이면서 다른 방법으로 비타민 C를 공급받지 못하는 영아에게 괴혈병이 발생한다. 일반적으로 여자에 비하여 남자의 경우에 비타민 C 결핍의 위험도가 더 높다. 흡연자는 비흡연자에 비하여 비타민 C의 수준이 낮아질 수 있다. 또한 비타민 C 결핍은 알코올 중독자와 기타 약물 중독자에게서도 발견된다.

표 4-12. 모발 성장에 좋은 음식

	**호두** 머리 카락에 탄력이 생기고 검어진다.		**석류** 열매에 포함돼 있는 천연 에스트로겐이 여성호르몬(에스트로겐)과 아주 똑같다.
	**계란** v-H인 비오틴은 건선, 탈모증, 비듬, 지루성 피부염 등의 치료를 도와주며 단단한 손톱, 건강한 모발의 유지를 도와준다.		**솔잎** 옥실팔티민산은 젊음을 유지시켜 주며, 피부 미용 및 심장을 튼튼하게 해준다.
	**검은깨** 함유된 지질은 혈관을 튼튼히 하고 두피에 영양을 준다.		**천연소금** 두피를 자극하면 모공이 느슨해져서 일어나는 탈모를 막을 수 있다.
	**다시마** 다량의 미네랄 성분이 들어있어 신진대사를 촉직시키는역할을 한다.		**흑미** 머리가 하얘지는 것을 방지할 수 있다.
	**건포도** 철분이 많아 빈혈에 좋으나 당이 많아 많이 먹으면 안된다.		**목이버섯** 혈액의 정화작용에 좋고 동맥경화, 고혈압, 협심증, 심근경색 등을 예방하는 데도 효과가 있다.
	**연근** 실처럼 늘어나는 무틴은 자양강장에, 자른 후 검게 변한 부위는 타닌 성분으로 소염에 효과가 있다.		**검은 식초** 양조식초를 발효시켜 만든 검은 식초는 대사 기능을 촉진하는 등의 작용도 있어 피로회복이나 부기에도 좋다.
	**메밀** 비타민 P의 일종인 루틴에는 혈관을 튼튼하게 하는 작용이 있고 동맥경화나 고혈압, 뇌졸증 등의 예방에도 도움이 된다.		

표 4-13. 모발 성장에 나쁜 음식

	**국수** 밀가루는 쉽게 당분화되어 인슐린 분비를 촉진시킨다.		**튀김** 혈중 과산화 지질을 증가시켜 인체를 산화시킨다.
	**커피** 카페인은 혈압을 올리고 스트레스를 촉진하는 요인으로 작용하며 혈액부족을 유발시키기 쉽다.		**담배** 비타민의 부족 현상을 일으키며 탈모를 가속시킬 수 있다,
	**흰설탕** 피부조직을 느슨하게 하여 모근의 지지력이 약해진다.		**콜라** 콜라에 많은 인 성분이 인체의 칼슘 흡수능력을 저하시키는 것으로 보인다.
	**땅콩** 남성호르몬과 유사한 작용을 하는 성분을 함유하고 있다.		**야식** 다음날 아침의 유뷴기는 피지조정이상으로 나타난 현상으로 비듬의 원인이 된다.,

2-4-3. 무기질과 모발

무기질은 보통 무기염류(*inorganic salt*) 또는 회분(*ash*)이라고도 한다. 여기서 무기질은 인체를 구성하는 성분 중 산소(O), 탄소(C), 수소(H), 질소(N) 이외에 비교적 적은 량으로 존재하면서 생리학적으로 매우 중요한 기능을 하기 때문에 반드시 식품으로 섭취하여야 한다. 즉 무기질은 신체조직, 체액, 효소, 호르몬, 수송 분자 등의 인체 구성성분이고, 신경자극 전달, 산-염기 평형 등에 관여하는 물질이다.

대부분의 무기질은 음식물 중에서 충분히 섭취할 수 있으나 칼슘(Ca)과 철(Fe)은 공급량이 신체의 요구량을 충족시키지 못하는 경우가 흔하기 때문에 영양상 중요한 무기물이다. 그리고 특별한 경우에는 나트륨(Na)과 요오드(I)도 결핍 될 수 있다.

인체 내에서 무기질의 양은 적으나 세포와 조직, 기관과 체내의 무기질은 신체 기능을 유지하는데 중요한 역할을 한다. 특히 모발에 대하여 신진대사 기능 및 성장에 관련이 있는 갑상선호르몬의 생성을 도와주는 요오드(I) 성분으로 인하여 모발의 건조현상을 막고 윤기를 부여한다. 미네랄, 요오드, 비타민 등의 영양소가 함유된 미역, 다시마, 김 등의 해조류는 모발의 성장뿐만 아니라 동맥경화, 고혈압 등의 혈관질환 예방에도 효과적이고, 혈액순환에도 도움을 준다.

2-5. 유전적인 요인

탈모의 원인 중 유전적인 요인은 탈모유전자를 가지고 있어야 발생하며, 선천적인 요인과 후천적인 요인으로 구분된다. 선천적인 요인은 대머리 유전인자에 의한 것이지만 아직까지 직접적인 요인이 정확히 밝혀지지 않았으며 여러 가지 유전자가 간접적으로 영향을 미치는 것으로 알려지고 있다. 남성형 탈모는 부모 중 한쪽이라도 대머리인 경우 탈모 혹은 대머리의 위험성이 높은 상염색체 우성 유전으로 나타나고, 여성의 경우 상염색체 열성으로 나타난다. 후천적인 요인은 단순히 탈모에 국한된 것이 아니고 건강상태와도 밀접한 관련이 있다.

그러나 유전적인 소인을 가진 사람이라 하더라도 단지 유전적인 소인에 의하여 모두가 대머리되는 것은 아니고, 남성호르몬에 의하여 크게 좌우되며 나이와 스트레스 등의 요인과 관련이 깊다. 즉 단순히 유전자에 의하여 탈모를 유발하지 않는다. 대머리 유전자를 가진 남성이 남성호르몬의 분비가 적은 사춘기 이전에 대머리가 되는 것은 흔하지 않지만 40대 이후에 대머리 현상이 나타나는 것은 좋은 예이다. 또한 여성의 경우 남성호르몬의 분비량과 5α-reductase가 남성에 비하여 절반정도로 적으며, 전두부 모발선(*hair line*)을 중심으로 아로마테아제가 존재하기 때문에 여성은 완전한 대머리가 없다. 그리고 대머리의 유전적인 소인이 있다고 하더라도 식생활, 체질, 스트레스 등의 후천적인 요인이 탈모와 밀접하게 관련된다.

2-6. 혈액순환장애에 의한 요인

혈액순환은 모발과 두피의 건강에 필수적이지만 혈액순환 장애만으로 반드시 탈모가 일어난다고 볼 수 없다. 혈액순환 장애는 단지 탈모의 간접적인 원인이지 직접적인 원인은 아니다. 이는 어느 부위의 모세혈관의 혈액 순환 장애를 일으키면 인접한 다른 모세혈관에 의하여 혈액이 공급되기 때문이다.

특히 무수히 많은 모세혈관이 있는 두상에서는 혈액순환이 원활히 이루어지지 않는다고 하더라도 두상 전체에 혈액순환이 이루어지지 않는 것이 아니기 때문에 실질적으로 탈모에 큰 영향을 미치지 않는다. 따라서 혈액 순환 개선은 탈모관리에 있어서 직접적인 효과라기보다는 탈모의 예방 차원에서 필요한 보조적인 기능이다. 그러나 탈모의 예방 차원에서 혈액순환을 원활하게 하는 것은 기본적이면서 필수적인 요소이다.

2-7. 두피 상태에 의한 요인

두피의 노폐물은 모발의 수명을 단축시키기 때문에 두피의 청결과 두피상태는 모발의 성장과 탈모에 영향을 미친다. 중성의 건강한 정상두피(*plain scalp*)는 표면이 맑고 청백색이며 각질이 없어 모공이 깨끗하고 열려 있기 때문에 영양소를 흡수하기 쉬운 상태이다. 한 모공에 2~3개의 모발이 자리 잡고 있으며, 정상적으로 건강하게 모발이 성장할 수 있는 두피 상태이다.

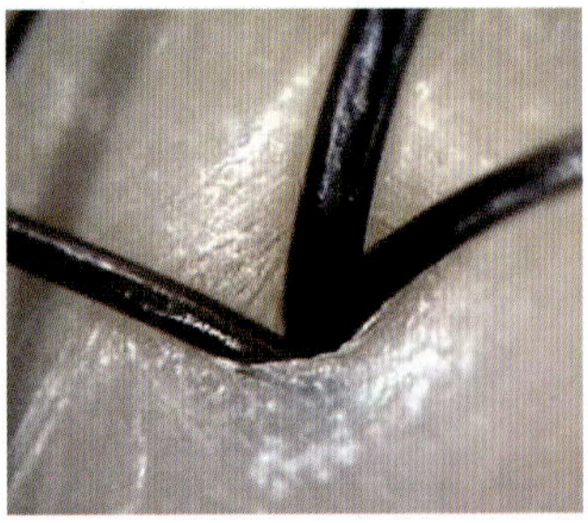

그림 4-17. 정상두피

2-7-1. 건성두피(dry scalp)

두피에 유분과 수분이 원활하지 못하여 두피가 탈수되고 매우 건조하며, 모발도 푸석푸석한 느낌이 든다. 불투명한 백색의 마른 두피로 모공이 각질로 막혀있고, 건조로 인한 가려움이 있다. 과도한 각질과 비듬이 두피에 쌓여 영양 공급이 정상적으로 이루어지지 않아서 각질이 심해진다. 건성두피가 지속되면 모발은 점차 가늘어지고 탄력이 저하되며 탈모로 이어진다. 건성두피의 원인은 강한 알칼리성 샴푸를 사용하거나 지나친 염색과 퍼머 그리고 빈혈 등으로 인한 혈액순환 장애로부터 발생한다. 이러한 건성두피는 노화각질을 제거하고, 두피 마사지를 통하여 혈액순환과 피지 분비를 활성화시키며 두피에 유분과 수분의 발란스를 부여함으로서 개선될 수 있다.

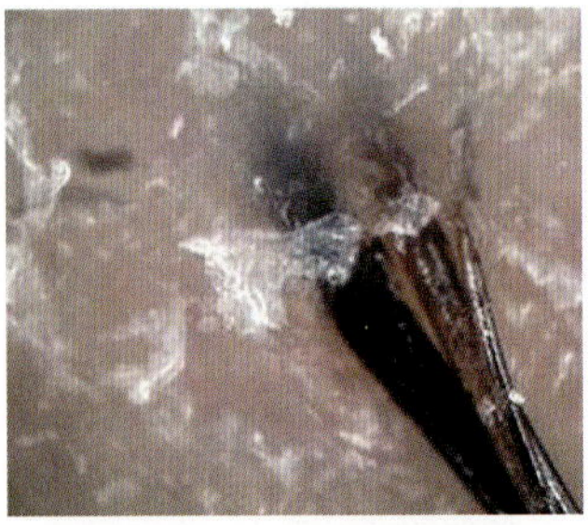

그림 4-18. 건성두피

2-7-2. 지성두피(oily scalp)

모공 주위의 피지 분비가 원활하지 못하거나 피지선에서 피지분비가 과도하여 생기는 두피상태이다. 두피가 지저분하고 누르스름한 두피로 떡비듬이 보이고 모공이 피지로 막혀 있다. 두피에 피지가 과도한 경우에는 세균 번식이 용이하여 가려움 및 염증을 유발하거나 피지가 각질이나 비듬 등과 엉키어 모공을 막고 피지가 역류하여 탈모를 일으킨다. 탈모의 약 70~80% 정도가 지성두피이다. 이러한 지성두피는 두피를 세정하고 피지분비를 조절하여야 한다.

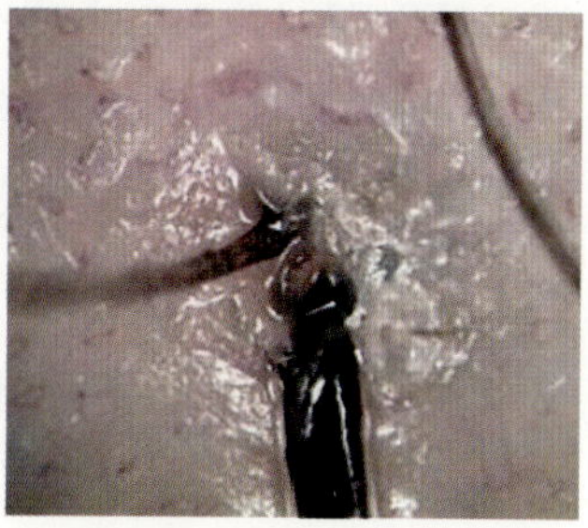

그림 4-19. 지성두피

2-7-3. 민감성두피(sensitive scalp)

두피상태가 청결하지 못하여 곰팡이, 박테리아, 바이러스 등의 각종 세균감염으로 인하여 염증이 발생하거나 과도한 피지분비로 여러 가지 문제성을 유발하는 두피상태이다. 즉 가려움, 홍반, 염증 등을 동반할 수 있으며, 모발의 굵기가 가늘고 탄력이 없는 것이 특징이다. 또한 두피는 붉은색을 띠고 심각한 경우 탈모로 진행될 수 있다. 두피상태를 진정시키는 것이 급선무이다.

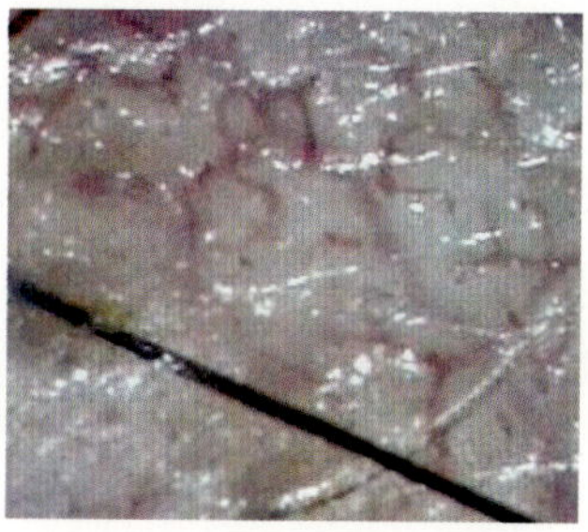

그림 4-20. 민감성두피

2-7-4. 비듬성두피(dandruff scalp)

비듬균의 이상증식으로 인하여 가려움을 동반하는 두피로 비듬이 비정상적으로 증가하는 두피이다. 백색 또는 황색의 두피로 각질이 두텁게 쌓임으로서 모공이 막혀 있으며, 가려움, 염증, 홍반, 악취 등을 동반한다. 비듬은 크게 건성비듬과 지성비듬으로 구분하며 탈모로 이어질 수 있다. 건성비듬은 두피의 각화현상이나 각질층의 건조에 의해 발생하며, 입자가 작고 가벼운 것이 특징이다. 각질층의 수분부족이나 피지 산화물의 건조에 의해 일어나며 부적절한 드라이나 알칼리성이 높은 퍼머넌트웨이브 용제,

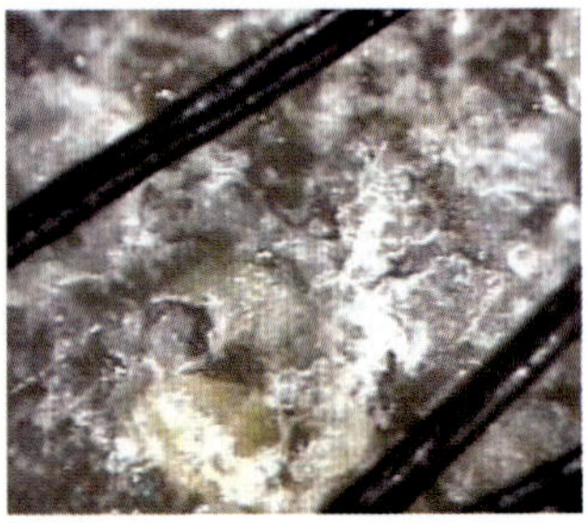

그림 4-21. 비듬성두피

염모제에 의해서도 일어난다. 이러한 경우에는 유분과 수분의 공급, 비듬균의 활동저하와 멸균, 각질제거와 면역력을 부여함으로써 개선시킬 수 있다. 지성비듬은 두피 표면에 필요이상의 피지가 분비되어 각질 및 비듬과 결합하여 생긴다. 생성원인으로는 과도한 스트레스 및 피로의 누적 등이며, 분비된 피지는 두피의 이물질과 결합하여 쉽게 떨어지지 않고, 또한 입자가 큰 것이 특징이다. 두피의 피지는 산화 과정에서 심한 악취와 가려움증 및 염증을 나타내며 심각한 경우 탈모로 이어질 수 있다. 이는 피지분비의 조절과 비듬균의 활동저하와 멸균 및 각질제거, 면역력 강화로 개선시킬 수 있다. 이와 같이 비듬이 두피에 생길 경우 피지분비를 저해하고 피지의 역류를 일으키며, 모발의 생성을 방해하고 모발 성장 속도도 저해하는 요인으로 작용한다.

2-7-5. 지루성두피(seborrheic scalp)

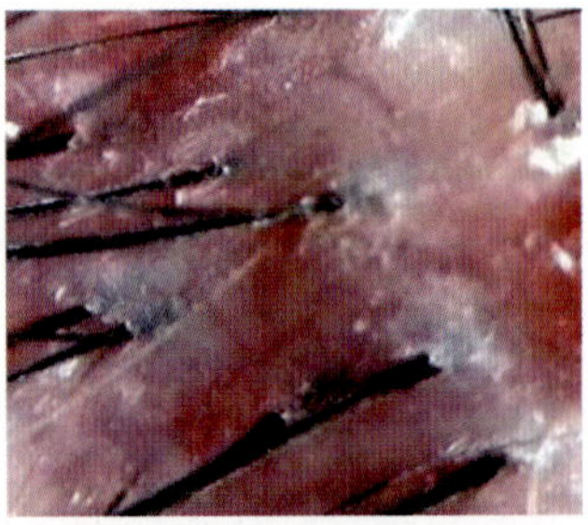

그림 4-22. 지루성두피

면역력 약화와 두피 불청결로 활발한 균의 작용에 의하여 염증이 일어난 두피상태이다. 전체적으로 두피의 색깔이 붉고 축축하며, 과도한 피지, 홍반, 염증과 함께 가려움이 특징이다. 이러한 지루성 두피 관리는 균의 활동 저하 및 멸균, 두피의 염증 완화와 진정 그리고 면역력을 강화시킴으로써 개선시킬 수 있다.

2-7-6. 염증성두피(inflammation scalp)

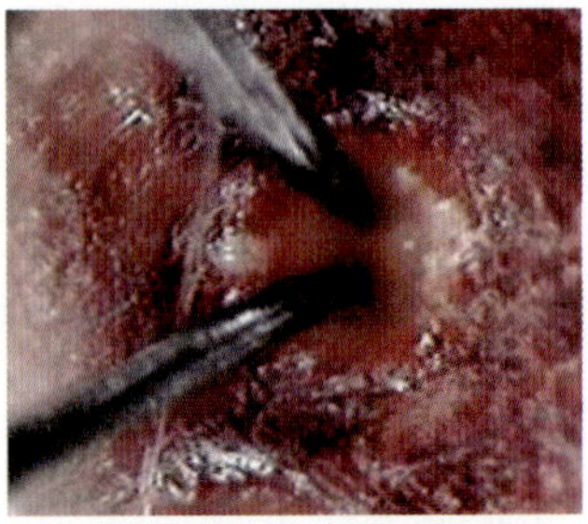

그림 4-23. 염증성두피

두피가 불결하여 곰팡이, 박테리아, 바이러스 등 세균의 감염으로 인하여 염증이 생기거나 과도한 피지로 인하여 두피의 여러 가지 문제가 발생한 두피이다. 그 결과 두피와 모공주변에 홍반과 염증으로 매우 예민한 두피상태이다. 염증성 두피는 두피 청결 및 진정, 피지분비의 조절과 염증 완화로 두피의 상태를 개선시킬 수 있다.

2-8. 기타 요인

2-8-1. 수면

수면 부족은 여성들의 빈모, 탈모의 대표적인 요인 중 하나이다. 사람은 자정부터 새벽 4시까지 혈압이 내려가 낮 동안 일에 시달린 교감신경 대신에 자율신경계의 부교감신경이 활동하여 하루 중 가장 편히 쉴 수 있는 상태가 된다. 그리고 가장 숙면을 취할 수 있는 시간이 자정부터 오전 2시 사이로서 부교감신경이 활동하여 성장호르몬의 분비가 촉진된다.

그러나 체내 리듬을 무시한 생활습관을 계속할 경우 인체는 긴장상태가 이어져 아드레날린의 과잉분비로 인하여 혈관 내의 중성지질이 증가하고 혈액의 흐름이 원활하지 못하여 산소와 영양공급이 충분하지 못하게 된다. 그 결과 체온저하가 일어나는데, 체온이 0.5℃ 저하되면 면역력은 65% 감소되고, 체온이 1℃ 떨어지면 대사능력이 75% 감소된다. 그로 인하여 혈색이 나빠지거나 어깨 결림, 만성피로 등의 증상이 나타난다. 평상시 두피의 온도는 31~32℃로 체온보다 약간 낮다. 체온의 저하와 함께 두피의 온도도 저하되는데 빈모, 탈모가 진행 중인 두피의 온도는 평균온도 보다 낮은 27~28℃이다. 이러한 결과로 보아 수면 부족 시 탈모의 환경에 노출된다는 것을 알 수 있다.

2-8-2. 잘못된 시술

외모를 만족시키기 위하여 다양한 헤어스타일을 연출하는데 잘못된 시술방법과 잦은 시술로 인하여 모발의 손상과 탈모가 유발될 수 있다. 이는 대부분 시술상의 부주의와 홈 케어의 소홀로 인하여 발생된다. 화학약품에 자주 노출되거나 잘못된 시술을 할 경우 모발 및 두피의 손상으로 이어진다. 즉 브러싱을 이용한 과다한 두피자극이나 샴푸제, 퍼머제, 염모제를 이용한 잦은 시술과 이러한 약품의 두피잔류, 잦은 드라이에 의한 모발의 건성화 등은 두피의 대사 기능을 저하시키거나 각종 두피 문제 및 탈모의 위험성을 높일 수 있다.

2-8-3. 운동부족

적당한 운동은 혈액순환을 원활하게 해주고 인체 신진대사 기능을 도와주는 역할을 하여 탈모 예방과 신체 면역력을 증가시키는 데 도움을 준다. 또한 스트레스를 해소시켜 정신적인 안정감을 주는 효과도 있지만 본인의 체질을 생각한 운동의 선택과 운동량이 중요하다.

2-8-4. 환경적인 요인

현대사회는 산업발달로 인한 각종 오염으로 인하여 다양한 종류의 질병과 매일 머리를 감지 않으면 안 될 정도로 심각한 환경에 노출되고 있다. 모발은 체내에 쌓인 노폐물과 중금속 등을 밖으로 배출하는 기능을 지니고 있으나 환경 파괴의 정도가 심각하여 모발에 축적되는 중금속 및 노폐물의 양이 많아지고, 오존층의 파괴로 인한 두피 및 모발의 손상이 가중되어 모발의 생성과 탈모에 영향을 미친다.

3. 두피와 모발의 기능

두피는 피부의 구조와 기능이 유사하기 때문에 제1장에서 설명하였고, 본장에서는 모발의 기능에 대하여 설명하고자 한다. 두피와 피부의 구조적 차이점, 즉 피부는 피하조직 아래에 근막과 근육으로 연결되는 반면 두피는 피하조직 아래에 모상건막과 두개골로 연결되어 있는 점이 다르다. 또한 일반적으로 수염을 포함하는 체모는 피부에서 자라고, 모발은 두피에서 자라기 때문에 피지 분비나 피부상태 그리고 여러 가지 환경적인 여건, 각질화 정도 등 피부 생리의 차이점이 있다. 동물의 경우 털은 체온을 유지시켜 생명에 필요한 역할을 한다. 그러나 사람의 경우 모발은 생명과 관련 있는 생리적인 기능과는 관련이 없지만 태양광선으로부터 두피를 보호하고, 두피의 생리 기능을 돕는 등 피부부속기관으로서의 역할 이외에도 사람의 외모를 표현하는 수단으로 이용된다. 모발은 기능학적인 면의 보호기능, 배출기능, 감각기능, 장식기능 등의 역할을 한다.

3-1. 보호 기능

전신에 존재하는 털은 외부의 충격이나 마찰, 직사광선, 더위, 추위 등으로부터 인체를 보호하며, 미용기능을 한다. 체모는 생성 부위에 따라 기능이 다르다. 즉 눈썹과 속눈썹은 햇빛이나 땀으로부터 눈을 보호한다. 특히 눈썹은 눈 위의 뼈를 보호하고 의사소통을 할 때나 감정을 표현하는데 도우며, 속눈썹은 미용에 중요할 뿐만 아니라 다양한 외부 물질로부터 눈을 보호한다. 코털과 귀털은 코나 귀 속으로 흡입된 벌레나 먼지 등 공기 중의 이물질을 걸러내는 역할을 한다. 특히 코털은 들이마신 공기를 걸러서 공기가 호흡기로 흐르는 것을 막고, 공기가 몸으로 들어갈 때 공기를 따뜻하게 하거나 혹은 차갑게 한다. 그리고 겨드랑이나 사타구니 등의 체모는 피부가 접히는 부위의 피부 사이를 마찰로부터 피부 손상을 막아주는 기능을 한다. 또한 두부의 모발은 단열제로서 열로부터 두피를 보호하고, 두피를 햇볕에 그을리게 하거나 빛의 복사와 충격 등 여러 가지 물리적인 자극으로부터 두피와 뇌를 보호하는 중요한 기능을 한다.

3-2. 분비 및 배설 기능

인체 유해한 수은, 납, 비소 등의 중금속을 체외로 배출시켜 주는 역할을 하며, 땀과 피지를 적절하게 분비하여 윤기 있고 탄력 있는 피부를 만드는데 영향을 미친다. 또한 모발에 존재하는 무기질과 중금속의 함량은 인체의 건강 상태와 밀접한 관계가 있다.

3-3. 감각기능

모발 자체에는 신경이 분포되어 있지 않지만 모유두 속에는 신경이 분포되어 있어 미세한 자극에도 감지하여 감각을 전달하며, 모낭 주위에 분포되어 있는 감각신경에 의하여 외부 자극에 대하여 인체는 반응을 한다. 즉 무서움증이나 놀랐을 때 머리카락이 서는 경우 등이 그 한 예이다.

3-4. 장식기능

사람의 얼굴, 화장, 의상, 키 등이 복합적으로 사람의 이미지에 영향을 미치지만 외모의 표현에 가장 많은 비중을 차지하는 부분 중의 하나이다. 또한 남녀의 특징을 잘 나타내는 기능도 있지만 헤어스타일로 인한 개성, 정신적인 안정감이나 자신감에도 영향을 미친다.

모발 구조의 이상과 탈모(Alopecia)

5

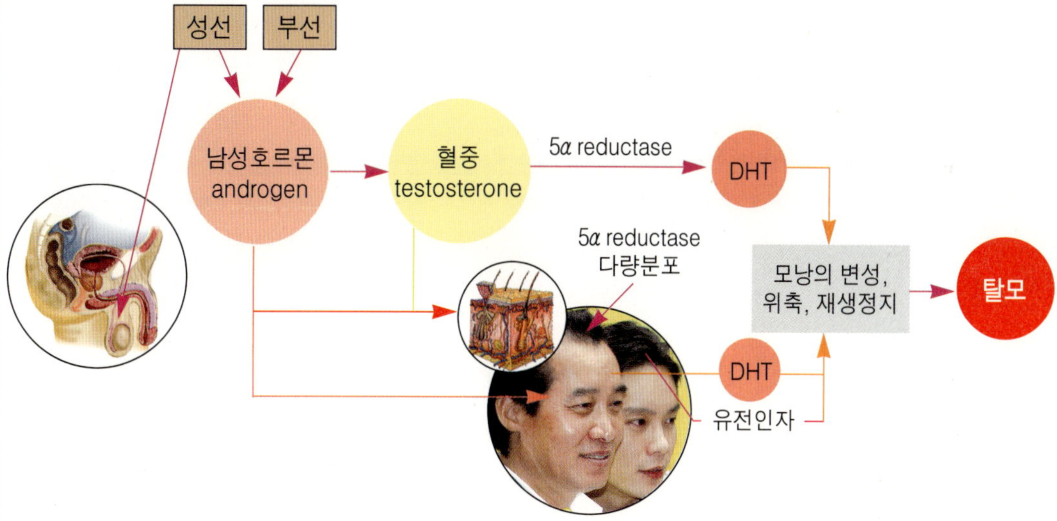

1. 모발구조의 이상

모발 구조는 크게 형태적 이상과 양적 이상이 발생한다. 모발의 형태적 이상은 결절성 열모, 연주모, 염전모, 합입성 열모, 백륜모, 양털모양 백모(*poliosis*), 백색증(*albinism*) 등이 있다. 모발의 양적 이상은 다모증, 조모증, 무모증, 탈모증 등이 있다.

1-1. 모발의 형태적 이상

사람의 모발은 유전적인 요인, 후천적인 요인, 질병에 의하여 비정상적인 모간의 구조로 나타나는 경우가 있다. 이와 같은 경우의 여러 가지 현상은 다음과 같다.

1-1-1. 결절성 열모증(trichorrhexis nodosa)

모간(*hair shaft*)에 불규칙한 간격으로 배열된 회백색의 작은 결절이 생겨 쉽게 꺾어지는 질환이다. 이 결절들은 모발이 부러져서 많은 가닥으로 갈라진 모양이 두 개의 빗자루를 붙여 놓은 것 같은 형태이다. 이러한 현상은 주로 모발에서 나타나지만 수염, 음모, 가슴 털 등에서도 나타나는 경우가 있다. 주로 흑인 또는 흑인 모발과 유사한 성질을 가진 건조하고 웨이브형 모발에 나타나는 이상 현상이다.

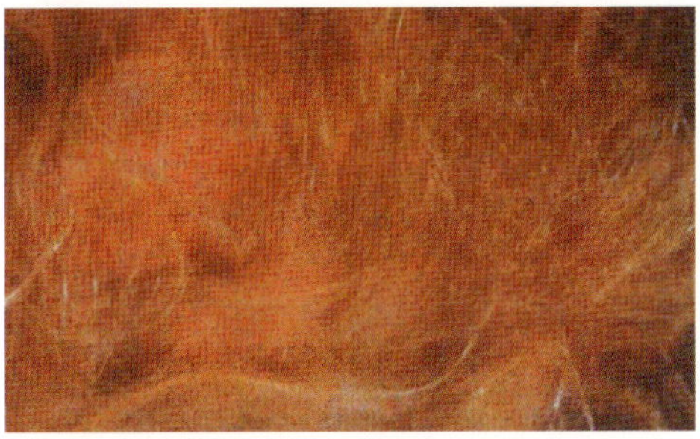

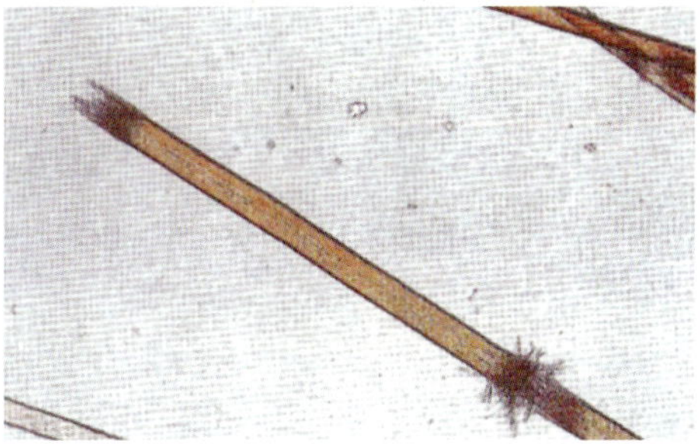

그림 5-1. 결절성 열모

이러한 모발은 엉키고 매듭져 있기 때문에 드라이하거나 빗질을 할 때 강하게 당기면 끊어지기 때문에 부드러운 샴푸와 트리트먼트 크림을 사용하고 강하게 빗질하지 않도록 주의하여야 한다.

자학증세가 있는 정신질환 또는 소양감이 심한 피부질환이 있어서 긁거나 문질러서 생기는 모발의 물리적 손상으로 발생하는 경우와 유전적 결함으로 모발이 약해서 생기는 경우도 있다. 그 밖의 원인이 있다. 첫째, 화학적 원인으로 세척력이 강한 샴푸 및 강한 퍼머넌트, 염색 탈색 등과 같은 모든 화학적 시술을 적절하게 못했을 때 나타난다. 둘째, 물리적 원인으로는 미용기구 및 재료를 부적절하게 사용했을 때 나타난다. 셋째, 열에 의한 원인은 지나치게 뜨거운 드라이어 또는 아이론 온도에 의해서도 나타날 수 있다. 그리고 마지막으로 환경적인 원인은 기후 · 자외선 · 바닷물 · 바람 · 마찰 등에 의해서 나타난다.

치료방법으로는 식이요법으로 지방식을 하고 모근부의 혈류를 촉진시키면 치유되기도 한다. 관리방법으로는 라놀린 · 프로테인 · 아미노산 · 아몬드유가 함유된 재활성 트리트먼트 크림을 사용하는데 모발의 혹은 제거할 수 없고 모발이 부스러지는 것은 방지할 수 있다. 예방법으로는 모발에 대한 외상을 피해야 한다.

1-1-2. 연주모(monilethrix, beaded hair)

두발 형성의 이상으로 모간의 두께가 고르지 않고 다발성 결절이 형성되고, 결절 사이는 위축되어 마치 진주목걸이 또는 염주 모양의 모발이 형성된다. 모낭의 각화

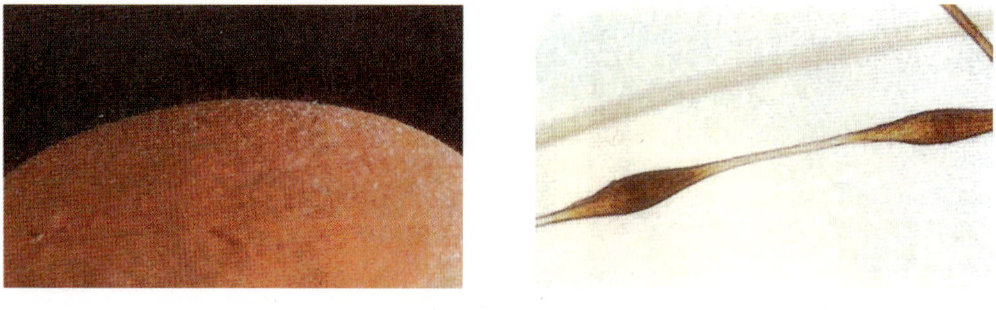

그림 5-2. 연주모

가 현저하여 두피는 꺼칠꺼칠하고 건조하며, 결절 부위에서 모발이 쉽게 부러진다. 상염색체 우성으로 유전되며 선천성 질환으로 생후 3개월에서 발생하여 유아 및 소아기에 현저하다. 여름철이나 임신 중에 증세가 호전되나 출산 후에 다시 나빠진다. 간혹 사춘기에 자연적으로 호전되는 경향이 있으나 평생 동안 좋아지지 않을 수 도 있다. 부신피질 스테로이드, 에스트로젠, 프로게스테론 전신투여로 효과는 있으나 사용 시 부작용이 따른다.

1-1-3. 염전모(pili torti)

두발의 장축에 따라 나사 모양으로 꼬인 상태로서 모간은 가는 부분과 굵은 부분, 색이 엷은 부분과 진한 부분으로 나타난다. 주로 유아기나 소아기에서 볼 수 있으며 두발에 가장 잘 나타날 수 있으나 때로는 속눈썹에도 나타날 수 있다. 부분적으로 탈모현상이 나타나고, 모발은 짧고 부서지기 쉽다. 상염색체 우성으로 유전되며, 정신지체나 각막 혼탁, 손톱 기형 등과 동반될 수 있다.

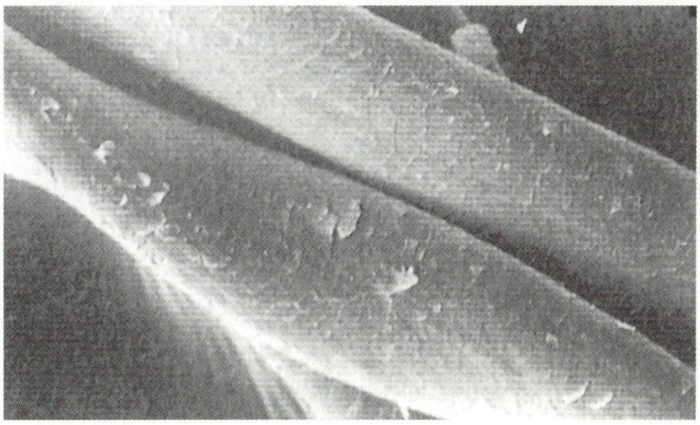

그림 5-3. 염전모

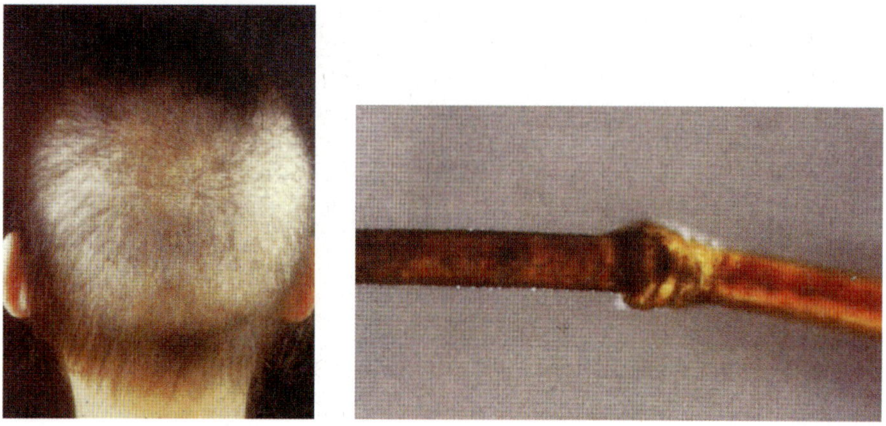

그림 5-4. 함입성 열모증

1-1-4. 함입성 열모증(trichorrhexis invaginata)

각화를 시작하는 모낭의 부위에서 원위부의 털이 근위부의 털로 함입되어 소켓같은 모양으로 중첩되어 결절이 생기며 대나무처럼 보인다. 상염색체성 열성으로 유전되며, 모피질 내에서의 메크캅탄기(-SH)가 이황화결합(-S-S-)으로 치환되는 것이 결핍되어 모피질이 부드러워지고 약해지며, 부드러워진 모피질이 손상되어 함입된다. 소아기의 여자에게 잘 발생하며, 모발이 잘 부러지고 수가 적어진다. 사춘기나 성인기 초기에 자연 치유된다.

1-1-5. 백륜모(pili annulati, ringed hair)

모피질의 각질 형성 이상으로 모간의 직경은 일정하지만 장축에 따라 불규칙하게 기포가 형성된다. 모피질 내에 비정상적으로 공기가 함유되어 빛의 반사 차이에 의하여 흑색과 백색의 띠가 교대로 나타나기 때문이다. 이는 드믄 선천성 질환으로 원인은 불확실하지만 가족력으로 발생되고, 상염색체성 우성으로 유전되기도 하며 열은 색깔의 모발을 지닌 사람에게 호발 한다. 피부나 다른 기관의 질환과는 무관하다.

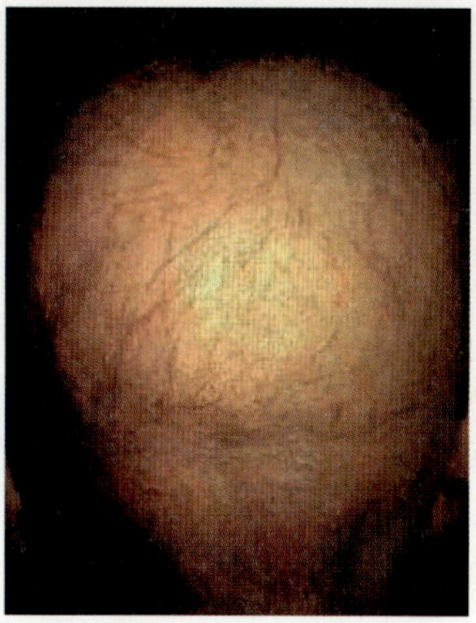

그림 5-5. 백륜모

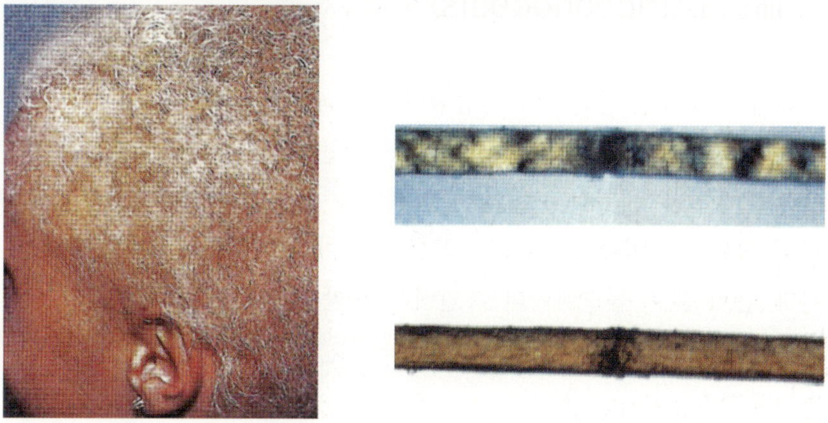

그림 5-6. 양털모양 모발

1-1-6. 양털모양 모발(wooly hair)

두피에 국소적 혹은 전체적으로 가늘고 꼬불꼬불한 모발이 나타나는 현상이다. 가늘고 밀집된 곱슬머리가 출생 시부터 나타나고 아동기에 가장 심하다. 모발이 12cm 이상 자라지 않지만 어른이 되면 어느 정도 호전된다. 이러한 모발은 잘 뭉쳐지게 되며 빗질이 힘들 경우가 종종 있다. 염전모나 결절성 열모증이 동반되기도 한다. 그러나 다른 피부 질환이나 전신 질환이 동반되지는 않는다.

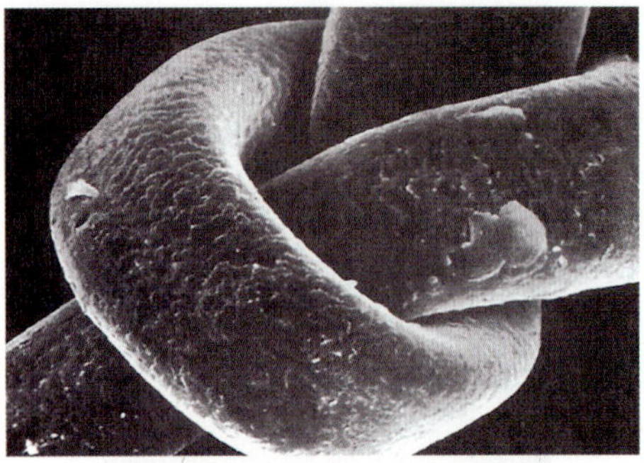

그림 5-7. 매듭모

1-1-7. 매듭모(trichonodosis)

모간에 매듭이 형성되는 질환으로 정상적인 두발과 체모에서 빗질이나 마찰에 의하여 매듭모가 형성된다. 또한 모발이 쉽게 부러지는 비정상적인 성장을 보이는 모발과 체모에서 발생된다. 빗질이나 모발이 비벼지는 등 기계적 혹은 물리적 힘에 의하여 매듭이 형성되고, 계속된 자극에 의하여 매듭이 더욱 더 당겨짐으로써 모발이 부서지게 된다. 흔히 짧은 곱슬머리의 흑인에게서 발생한다.

1-1-8. 백모(poliosis)

백발의 발생원인은 멜라닌 과립이 각화세포로 전달되지 못한데서 비롯된다. 이러한 원인은 확실하지 않지만 멜라닌생성세포의 감소나 소실, 티로시나아제의 기능 저하, 멜라닌과립의 이동 저하 등을 들 수 있으며 백발은 노화현상의 하나임이 확실하다.

모발의 백발화는 일반적으로 측두부에서 시작하여 두정부로 진행되고, 후두부는 마지막으로 백발화된다. 속눈썹, 눈썹, 음모 등은 두발보다 늦게 백발화가 되지만 사람에 따라서 백발이 되지 않을 수 있다. 공포와 쇼크에 의하여 백발화가 일어날 수 있다. 보통 백발의 발생 연령은 동양인의 경우 남성은 34세, 여성은 40세 정도이다. 두발의 절반이 백발로 되는 것은 평균적으로 남성이 55세, 여성이 54세 정도로 남녀

그림 5-8. **백발**

모두 거의 비슷한 연령이다. 청년기부터 나타나는 조기백발은 남성에게서 두드러지지만 실제로 나이가 들면서 새치가 나기 시작하는 것은 여성 쪽이 많다.

유전적인 영향에 의하여 부모의 백발이 빨리 진행되었다면 자식에게도 영향을미쳐서 부모와 유사한 경향을 보인다. 또한 스트레스를 비롯한 여러 가지 원인으로 멜라닌 색소가 일시적으로 감소하여 백발이 생길 수 있다. 이러한 경우 시간은 오래 걸리지만 내복약이나 장파장의 자외선을 조사함으로서 나을 수 있다.

일반적으로 갑상선 질환은 멜라닌을 생성하는 세포의 기능을 떨어뜨려 백발이 나게 한다. 또한 호르몬을 분비하는 뇌하수체에 이상이 있어서 호르몬 생성에 불균형이 생겨 흰머리가 생길 수 있다. 이 밖에도 당뇨병이나 영양실조, 비타민 결핍 등도 멜라닌생성세포의 기능을 저하시킬 수 있다.

1-1-9. 백색증(albinism)

백색증(*albinism*)은 멜라닌생성세포의 수는 정상이지만 선천적으로 티로시나아제(*tytosinase*)의 활성이 결여 때는 저하되어 멜라닌소페를 합성하지 못함으로써 나타나는 피부 질환이다. 그 결과 피부나 모발에 멜라닌이 결여되거나 감소하여 백색을 띠거나 금발 혹은 백방이 생성된다. 또한 홍채의 경우에도 이와 유사한 경향이 있는데 홍채의 경우는 청색을 띠게 된다. 이와 같은 백색증은 일광에 민감하고 쉽게 발적을 하며 눈부심이나 시력장애를 유발한다.

눈과 피부의 백색증은 선천적으로 피부, 털, 눈의 색소 감소 혹은 소실로 나타내며, 색소 소실의 정도는 환자가 체질적으로 가진 피부 색깔과 피부 백색증의 유형에 따라 달라진다. 모발은 전혀 색소 없이 흰색 머리로 남아있는 경우부터 성장하면서 약간의 색소가 나타나는 경우, 정상과 거의 비슷해 보이는 진갈색 털이 보이는 경우까지 다양하다. 피부색도 분홍색, 연한 백색, 적갈색 등으로 다양하게 나타난다.

눈에서는 망막의 색소 소실로 인해 동공이 붉게 보이는 적색 동공을 나타내며, 홍채는 청회색, 갈색, 적갈색 등으로 나타난다. 많은 경우 눈부심을 호소하며, 그 외 안구진탕(무의식적으로 일어나는 율동적인 안구운동), 유루증(눈물 흘림증), 심한 시력 감퇴 등을 보인다. 눈 백색증에서는 피부나 털의 증상 없이 눈의 증상만 나타난다.

피부를 보호하는 멜라닌이 결핍되어 있으므로 자외선에 대한 방어기능이 떨어지게 된다. 따라서 일광 화상을 입기 쉽고, 장기간의 햇볕 노출로 인해 피부가 거칠어지며 각질이 생기는 광선 각화증, 광선 입술 염, 편평 세포암, 기저 세포암 등이 발생하기 쉽다.

그림 5-9. 백색증

1-2. 모발의 양적 이상

1-2-1. 조모증(hirsutism)

조모증은 남성형털과다증이라고도 불리우는데 사춘기 이후에 안드로겐 의존부위인 콧수염, 턱수염부위와 가슴, 등, 팔, 다리, 하복부에 성모가 자라는 현상이 여성에게 나타나는 경우를 말한다. 이러한 조모증은 남성호르몬인 안드로겐과 밀접하게 연관되어 있는데, 이는 난소 또는 부신 등에서 안드로겐 분비가 증가하거나 안드로겐에 대한 감수성이 증가해서 나타나게 된다.

1-2-2. 다모증(hypertrichosis)

그림 5-10. 다모증

다모증은 털과다증으로 신체의 전반적인 부위에 모발이 증가하는 경우를 말한다. 특히 여자에 대해서 다모증이라 하며, 선천적인 경우가 많다. 각종 내분비선 질환 또는 남성호르몬이나 부신피질호르몬제 사용으로 발생되는 후천적인 경우도 있다. 그러한 경우 털의 양이 연령이나 성에 비하여 이상하게 많고, 눈에 잘 띄지 않는 부위, 즉 체표 상 은밀한 부위에서 많이 보이게 된다. 내분비선 질환이 그 원인일 때에는 치료를 하여야 하지만 호르몬제 사용에 의한 경우는 그것을 중지하면 된다. 이러한 털과다증은 안드로겐에 의한 현상으로 대부분 그 자체로는 건강에 큰 영향을 주지는 않지만 미용적인 면을 중요시 하는 여성에게는 스트레스를 주고 생활에 영향을 미칠 수 있다. 또한 질환과 연관이 있을 수 있기 때문에 원인에 대한 정확한 평가가 이루어지고, 그에 따른 처치가 이루어져야 털에 대한 고민에서 벗어날 수 있게 된다.

2. 탈모(Alopecia)

모발은 성장기, 퇴행기, 휴지기의 과정을 거치며 성장과 탈락을 반복하는 피부 부속기 중의 하나이다. 사람의 모발은 동물의 털과 달리 독립적으로 각 모발마다의 성장 주기가 다르기 때문에 전체적인 모발의 수와 밀도는 항상 일정하다. 이를 모자이크타입 모주기(*mosaic type cycle*)라 한다.

일반적으로 두피에는 약 175~300개/cm^{2}의 경모(*terminal hair*)가 있고, 하루에 약 50~100개 정도의 모발이 빠진다. 이러한 현상은 개인차가 있으며, 그 밖의 컨디션이나 생활환경의 변화, 계절에 따라 다르다. 이러한 탈모를 자연탈모라 하고, 탈락된 모발만큼 다시 생성되는 특징이 있다. 모발의 성장기(*anagen*)는 약 3~6년이며, 이 기간 동안에는 총 100,000~110,000개의 모발이 빠진다. 활발하게 성장하고 있는 모발을 무리하게 힘을 주어 뽑으면 통증을 느끼고, 탈락된 모근의 끝부분은 부드러우며 주위에는 한얀 것이 부착되어 있다. 모근에 부착된 하얀 물질은 모근 주위의 모근초세포이다.

이는 성장기의 모근이 모유두와 밀착되어 있기 때문에 고착력이 평균 50g 정도이며, 무리하게 뽑으면 모유두 주변의 세포까지 탈락되기 때문이다. 그러나 모유두는 모낭 내 모근의 일부분이 아니고 진피에 속하는 조직이다. 따라서 모발을 강제적으로 뽑는다 하더라도 모낭의 아랫부분이 남게 됨으로서 새로운 세포가 증식되고 각화과정에 의하여 새로운 모발이 성장하게 된다. 이러한 새로운 모발이 나오기까

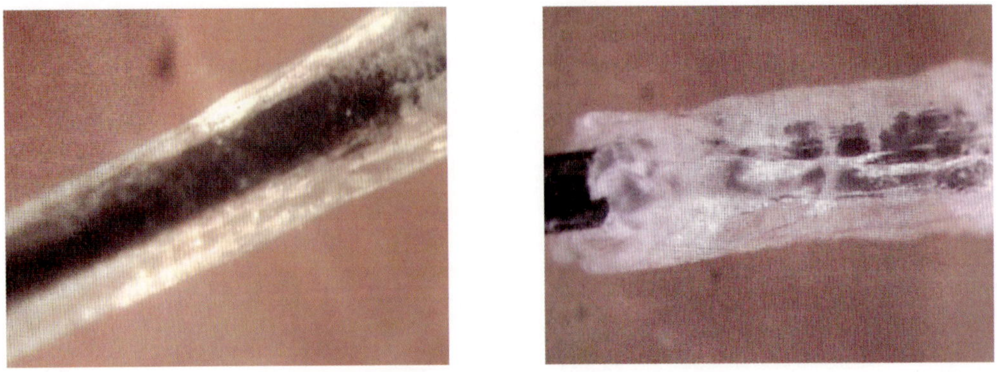

그림 5-11. 성장기 모근에 부착된 모근초세포

지 두정부에서는 129일, 측두부에서는 117일 정도 걸린다. 성장기의 모근을 무리하게 뽑을 경우 모유두에 접착되어 있는 부분을 떼어내기 때문에 일시적으로 모낭이 손상되고, 가벼운 염증이 일어날 수 있기 때문에 회복하는데 시간이 걸린다.

보통 겨울에는 탈모의 수가 적고, 6~7월에 걸쳐서 탈모의 수가 증가하다가 9~10월에 탈모의 수가 최고조에 이른다. 그리고 겨울이 되면 탈모의 수가 다시 적어진다. 이는 여름에 영양소가 충분하게 공급되지 않고, 두피에는 땀과 피지의 분비물이 심하여 불결해지기 쉽기 때문이다. 이러한 악조건이 성장기의 모근에 영향을 미치고 휴지기가 빨라짐으로서 2~3개월 후인 초가을에 탈모가 많아진다.

그러나 자연탈모에 의한 생리적 탈모의 허용범위를 초월하여 일시적으로 탈모가 많아지는 것을 이상탈모라 한다. 물론 단기간에 모발의 일부분 또는 전부가 탈락하는 병적인 탈모, 유전적인 요소로 젊은 사람에게 나타나는 대머리, 여러 가지 요인에 의한 모유두의 기능 정지와 쇠약에 의한 탈모 등이 있다. 이러한 경우의 탈모는 인체의 내・외적 요인에 의하여 탈모의 수가 하루에 200개 이상로 증가되는 경우도 있고, 모발의 성장기(*anagen*)가 짧아질 뿐만 아니라 모발이 가늘어짐으로써 연모(*vellus hair*)화 되는 현상을 볼 수 있다. 원인에 따라 모근도 다양한 형태로 나타나며, 모발의 색상이 점차적으로 연한 갈색으로 변화되는 현상을 보인다.

또한 모발의 탈락강도가 정상적인 자연탈모에 비하여 현저히 떨어지고, 성장기의 모발이라 하더라도 휴지기 모발의 탈락강도로 쉽게 탈락되는 특징이 있다. 보통 탈모 혹은 두피관리는 이상탈모에 의한 관리를 의미한다.

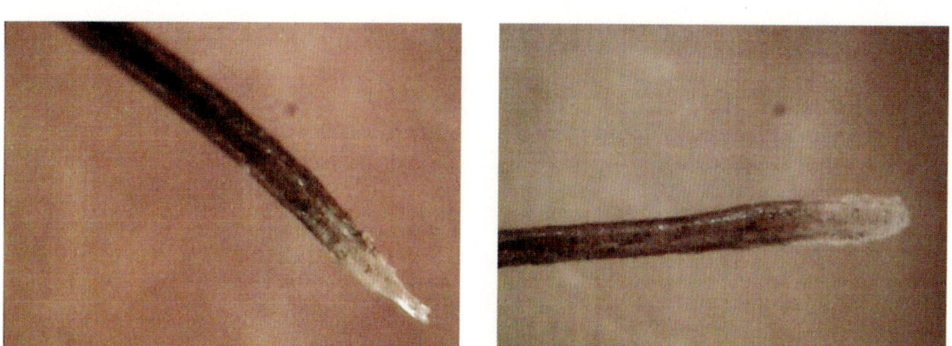

그림 5-12. 이상탈모의 모근

3. 이상탈모의 원인

이상탈모의 원인은 크게 내적요인과 외적요인으로 구분할 수 있다. 내적요인은 유전적인 요인, 호르몬의 이상, 스트레스, 질병, 나이, 인종, 생리, 임신 등이 내분비적인 요인과 건강상태 등의 요인을 들 수 있다. 외적요인은 계절, 과로, 식습관, 환경오염, 모낭충, 약물 등 다양한 물리적, 화학적 요인들을 들 수 있다. 이상탈모는 한 가지 이상의 복합적인 요인에 의하여 발생한다. 이러한 탈모는 1차적인 원인, 2차적인 원인, 3차적인 원인으로 나누어 볼 수 있다.

3-1. 탈모의 1차적인 원인

1) 유전적인 요인

부모 중 한명이 탈모인 경우 50%, 모두 탈모인 경우 80% 정도 탈모가 나타난다. 탈모가 될 수 있는 체질, 골격 등이 부모로부터 유전되어 나타난다.

2) 스트레스

인체는 즐거울 때 엔돌핀(*endorphin*)이 만들어져 면역력을 높이고, 힘들거나 괴로울 때 코티솔이나 아드레날리이 분비되어 면역력을 저해시킨다. 정신적, 육체적 스트레스와 과로는 신경계와 내분비계에 영향을 미치며, 면역력과 신진대사를 저해함

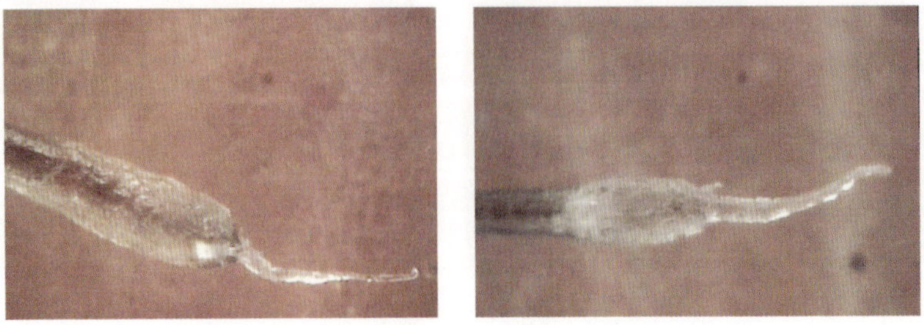

그림 5-13. 스트레스에 의한 탈모 모근

으로써 인체에 여러 가지 문제를 유발시킨다. 스트레스는 혈액순환 장애와 호르몬 장애, 면역력 저하 등으로 이어지고, 결국 모낭에 영향을 미침으로서 탈모를 유발시킨다. 즉 스트레스 누적으로 인하여 혈액순환 장애와 신경계통 이상으로 두피와 모발을 손상시켜 탈모를 발생시킨다.

3) 질병, 약물

탈모를 유발하는 두피의 감염성 질환으로 지루성피부염, 백선, 건선 등이 있으며, 매독, 장티푸스, 급성 열병 등은 장기에 감염되어 탈모를 유발시킨다. 간염, 당뇨병, 갑상선 질환 등도 탈모가 유발될 수 있다. 그 외에 피부염증, 기혈순환 장애, 신진대사 장애, 호르몬 장애, 발열을 일으키는 질병이 탈모를 유발할 수 있다. 질병의 치료를 위한 항암제, 여드름 치료제, 혈전용해제, 호르몬제, 피임약 등과 같은 약물은 부작용으로 탈모를 유발하기도 한다. 대부분 전두부와 두정부에 탈모현상이 나타나지만 약물중독이나 질병, 고열로 인한 탈모는 머리 전체가 빠진다.

4) 영양불량

과도한 업무로 불규칙한 식사나 과도한 다이어트에 따른 영양 결핍과 불균형도 탈모를 유발하는 원인이다. 두피 건강에 필수적인 요소 부족으로 인하여 탈모를 촉진시킨다. 여성들의 다이어트 증가로 두피에 영양을 충분히 공급하지 못해 여성탈모 증가의 원인이 되고 있다.

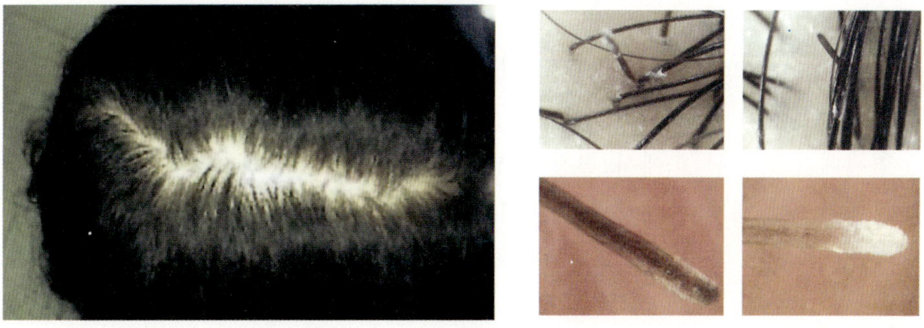

그림 5-14. 다이어트에 의한 탈모

5) 남성호르몬 영향

남성호르몬 중 테스토스테론은 환원효소인 5α-reductase에 의하여 디히드로테스토스테론(*dihydrotesosterone*, DHT)으로 전환되는데, DHT는 모근의 단백질 합성을 저해하며 탈모를 유발시킨다. 따라서 남성호르몬의 과다 분비는 탈모로 이어지며, 주로 20, 30대에 가장 활발하다. 모발은 여성호르몬의 영향을 받는 것으로서 이와 같은 남성호르몬은 탈모의 주된 원인으로 작용한다.

6) 환경적인 요인

대기 중에 있는 각종 먼지와 유해 중금속 등 생활환경의 오염과 염색약, 퍼머넌트 웨이브 용제, 드라이기 등의 사용으로 모발과 두피의 건강을 해쳐 탈모와 비듬, 두피 염증 등이 유발되는 경우도 있다.

7) 모낭충

모낭충이 모낭에 침투해 모근에 있는 영양분을 제거하고, 모낭을 확대, 감염시켜 모발의 성장기를 휴지기로 변화시켜 탈모를 유발한다.

3-2. 탈모의 2차적인 원인

1) 혈액순환 장애

① 근육긴장 : 혈관을 압박하여 혈액의 흐름을 방해하며, 국소적으로 나타나는 경우가 많다.
② 혈관폐색 : 혈관 속에서 혈전이 생겨 혈액 흐름을 방해한다.
③ 동맥경화 : 혈관 속에서 콜레스테롤이 발생하여 혈액 흐름을 방해한다.

2) 발열

신체에 있어서의 균형 파괴가 열로서 표출되는 것이다. 신체 구조에 있어서 취약한 쪽으로 열을 발생시키는 이동 열이 모근을 약화시켜 탈모의 주된 원인이 된다.

3) 내분비장애

① 호르몬 과다 : 20대에서 30대 중반 사이에 가장 많이 나타난다.

② 호르몬 과소 : 갱년기 장애가 한 예이다.

③ 수용체 거부 : 호르몬은 존재하나 수용체 거부로 인하여 호르몬이 작용하지 않는 경우로서 전두성, 전신성 탈모가 발생한다. 이러한 경우 병원에서는 보통 면역억제제인 스테로이드(부신피질호르몬)를 주입시킨다. 그 결과 백혈구가 증가하여 호르몬 활동이 왕성해짐으로써 발모현상이 나타난다. 그러나 사용을 중지할 경우 다시 탈모가 시작된다.

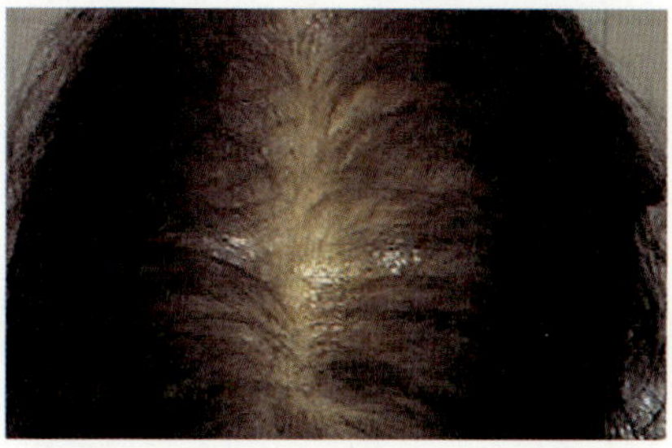

그림 5-15. 내분비장애에 의한 탈모

3-3. 탈모의 3차적인 원인

① 발육부전 : 모발의 수가 감소하고 가늘어진다.

② 모근의 손상 : 모근의 깊이가 줄어든다.

③ 두피의 손상 : 두피의 여드름, 홍반 등이 생기거나 지루성, 알레르기성 두피로 변한다.

④ 구조결함 : 모발의 주기가 짧아진다.

4. 이상탈모의 종류와 특성

탈모는 선천성 탈모증과 후천성 탈모증으로 구분된다. 선천성 탈모는 태어날 때부터 머리카락이 없는 경우이고, 후천성 탈모는 나이가 점차 들면서 머리카락이 빠지는 경우이다.

선천성 탈모증은 남성보다는 여성에게서 보다 더 많이 나타나고, 가족 내 발생과 근친간의 결혼을 한 예에서 나타나는 비율이 높은 것으로 보아 유전적인 요인에 의한 것으로 알려져 있다. 선천적인 탈모증은 탈모와 더불어서 몸의 다른 부위에도 이상 증세를 수반하는 경우와 몸의 다른 부위에는 그 어떤 증세도 나타나지 않으면서 어느 한 특정 부위에서만 탈모가 나타나는 경우가 있다. 그리고 출생 시부터 털이 없었는데 성장하면서도 계속해서 털이 나지 않는 경우와 출생 시에는 털이 정상적으로 있었으나 털이 빠지고 난 후부터 털이 제대로 자라지 못하고 비정상적으로 되는 경우가 있다. 이와 같은 선천성 탈모증은 태어난 지 수개월~수년 후에 시작된다. 특히 다른 체모보다 모발이 약할뿐더러 3cm 이상의 길이는 자라지 않는다. 선천성 탈모증에 대한 치료법은 아직 없는 상태이지만 사춘기가 되면 정상적으로 돌아오는 경우가 있다.

후천성 탈모증은 피부병이나 반흔을 동반하지 않는 탈모증, 즉 비반흔성 탈모(*alopecia noncicatrisata*)와 반흔성 탈모증(*alopecia cicatrisata*) 그리고 피부 병변을 발견할 수 없으나 병적인 피부에서 볼 수 있는 탈모증, 즉 질병형 탈모로 다시 분류할 수 있다.

반흔성 탈모는 흉터로 인하여 모낭이 파괴되고 섬유 조직화되어 모발이 영구적으로 재생되지 않는 탈모이다. 이는 화상, 외상, 종양, 감염 등으로 인하여 발생하며, 모낭의 원상회복이 불가능하다. 반면에 비반흔성 탈모는 흉터와는 무관하며 모낭이 그대로 보존되어 있는 상태이기 때문에 탈모 원인이 제거된 후에는 모발이 다시 자라게 되는 탈모이다. 남성형 탈모, 여성형 탈모, 원형 탈모, 휴지기성 탈모 등 대부분의 탈모 유형이 비반흔성 탈모에 해당되며, 흔히 탈모라고 하는 것은 비반흔성 탈모를 말한다. 비반흔성 탈모는 다시 탈모 양상에 따라 국한성 탈모와 미만성 탈모로 나눈다. 국한성 탈모는 부분적으로 탈모가 일어나는 것을 말하고, 미만성 탈모는 두피 전체 또는 전신에 골고루 탈모가 일어나는 경우이다.

표 5-1. 탈모의 분류

분 류		종 류
선천성		
후천성	비반흔성 탈모	- 남성형 탈모증 - 여성형 탈모증 - 원형탈모증 - 산후 탈모증 - 외상성 탈모증 - 내분비 이상에 의한 탈모증 - 영양장애, 대사 장애에 의한 탈모증 - 약물에 의한 탈모증 - 휴지기 탈모증 - 성장기 탈모증
	반흔성 탈모	- 감염 - 특수질환 - 화학적 외인 - 물리적 외인
	질병형 탈모	- 염증에 의한 탈모증 - 감염에 의한 탈모증 - 종양에 의한 탈모증

4-1. 비반흔성 탈모

4-1-1. 국한성 탈모(focal hair loss)

대부분의 탈모가 국한성 탈모에 속하며, 그 중 흔히 볼 수 있는 것이 원형탈모와 대머리, 발모벽, 압박성 탈모와 당김 탈모 등이 있다. 원형 탈모증은 모발이 빠져 생긴 동그란 탈모반이 특징이다. 전체 인구의 약 1.7%가 경험할 정도로 흔하다.

대머리는 남성호르몬인 안드로겐에 의한 탈모로 과거에는 남성에게만 발생한다고 알려졌으나 여성에게도 발생할 수 있다. 남성의 경우에는 앞머리나 정수리 부위, 여성의 경우에는 정수리와 옆머리가 가늘어지고 빠지는 것이 특징이다. 발모벽은 스스로 자신의 모발을 뽑는데서 발생하는 탈모의 형태로 성인보다는 어린이에게서 흔히 볼 수 있다. 그러나 스스로 인식하지 못하는 경우가 있지만 자신이 모발을 습관적으로 자주 만지거나 당기는 버릇이 있다. 발모벽의 임상적 특징은 손이 잘 닿는 부위의 모발이 부러져 있거나 빠져 있다는 점이다.

압박성 탈모와 당김 탈모는 오랜 시간 두피의 특정 부위가 눌려 모발이 빠지는 경우이다. 예를 들면 수술대에 오래 누워 수술을 받거나 수술 후 오랫동안 머리를 움직이지 않고 누워 있는 경우 뒷머리에 잘 발생한다. 때로는 지나치게 모발을 꽉 묶거나 당겨서 모발이 빠지는 경우도 있는데, 이를 당김 탈모라 한다.

1) 남성형 탈모(male pattern alopecia)

① 남성형 탈모의 특징

남성형 탈모는 일반적으로 대머리라고 하는 것으로 가장 흔히 볼 수 있는 남성 탈모이며, 탈모의 95% 이상을 차지한다. 이와 같은 탈모를 흔히 안드로겐성 탈모, 장년성 탈모, 약년성 탈모 등으로 말한다.

주로 유전적 요인에 의해 발생하며, 20대 후반에서 30대 남자의 양측 전두부 및 두정부에서 탈모가 시작되어 점차적으로 확대된다. 빠른 경우에는 20

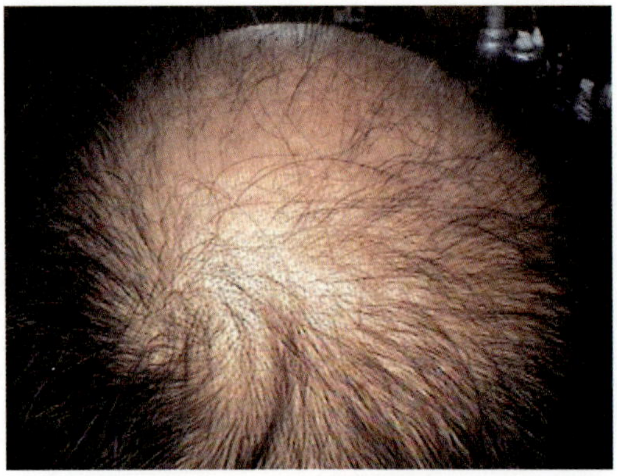

그림 5-16. 장년성 탈모

세가 되기 전인 사춘기 이후부터 시작하는 경우도 있다. 30대 후반이 되면 급격하게 진행되는데 초기에는 두꺼운 모발이 빠지고 진행됨에 따라 두껍고 긴 모발은 적어지며 점차 가늘고 부드러운 연모만 남게 되어 두피가 노출된다.

즉 남성호르몬의 분비가 적은 사춘기 이전에는 탈모되는 경우가 매우 적으며, 일반적으로 20대 중반부터 시작된다. 남성형 탈모의 탈모반 부위에는 솜털이 자라고 있거나 빈 모낭 상태이며, 정상두피에 비하여 지성두피 상태인 경우가 많다. 이는 남성호르몬의 자극에 의하여 피지선이 활성화되기 때문이다.

개인에 따라 어느 정도의 차이는 있으나 초기에는 이마와 두피, 모발사이의 경계선이 뒤로 후퇴하며 이마가 넓어진다. 즉 전두부(*front part*)나 두정부(*crown part*)의 모발이 소실되지만 측두부(*side part*)나 후두부(*back part*)의 모발은 빠지지 않고 남아 있는 것이 보통이다. 탈모 부위에서 처음에는 가늘고 약한 모발이 나오다가 결국에는 소실되며, 솜털은 계속 자란다.

② 남성형 탈모의 원인

부모로부터 탈모 유전자를 물려받은 경우에는 거의 100% 나타나지만 유전인자가 있더라도 남성호르몬이 없는 경우에는 탈모가 발생하지 않는다. 남성형 탈모의 직접적인 원인은 유전적인 요인과 더불어 남성호르몬이다. 즉 남성호르몬 중의 하나인 테스토스테론(*testosterone*)은 환원효소인 5**α**-reductase의 작용으로 DHT(*dihydrotestosterone*)로 전환되어 모모세포에 영향을 미침으로써 탈모가 유발된다. 즉 DHT(*dihydrotestosterone*)가 모모세포의 분열과 증식을 억제시키고 성장을 저해함으로써 나타나는 현상이다.

이는 남성 호르몬인 안드로겐과 테스토스테론의 과잉 분비에 의하여 모낭이 변성되고 위축되어 모발의 재생이 정지되기 때문이다. 그 결과 모낭세포의 단백질 합성을 지연시켜서 성장기 모발이 단축되고 휴지기 모발의 비율이 증가하게 된다. 그리고 다음 주기에서도 성장기 모발은 이전보다 더 빨리 휴지기로 들어가고, 이때마다 성장기 모발은 점점 더 가늘고 더 짧게 되어 마침내 연모와 같이 되어서 육안으로 대머리가 된다.

남성형 탈모의 진행 형태에 있어서 탈모부위가 점차적으로 넓어지지만 후두부나 측두부 부위가 벗겨지는 것은 드물다. 이는 테스토스테론(*testosterone*)

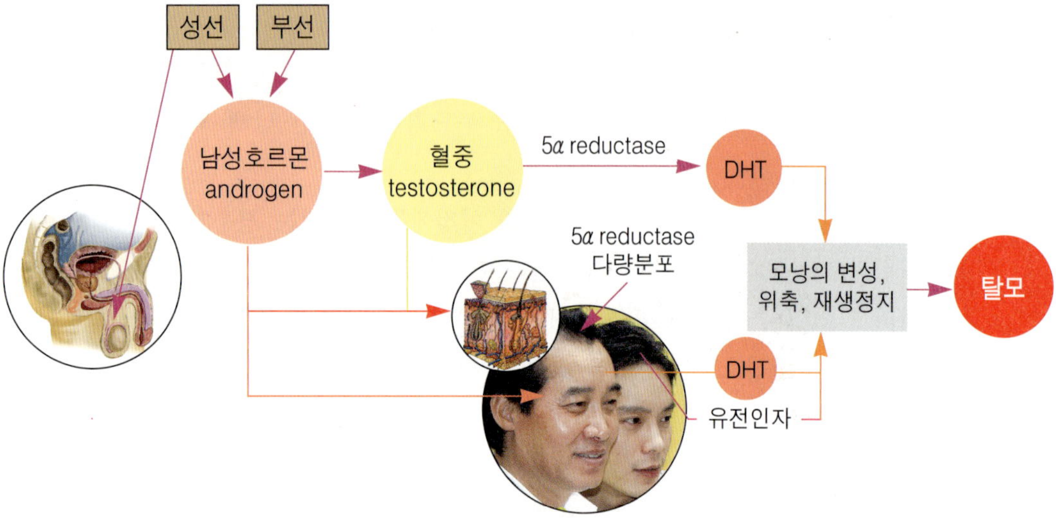

그림 5-17. **남성형 탈모 메커니즘**

의 환원효소인 5α-reductase가 많이 분포하고 있는 정수리 부위의 두피 및 피지선은 DHT의 영향으로 모모세포의 세포분열이 둔화되고, 모발의 모주기가 짧아져 모발에 연모화와 탈모현상이 나타난다. 그러나 측두부나 후두부의 경우에는 환원효소의 활성도가 약하고 여성호르몬의 영향을 받아 탈모가 일어나지 않는다. 여성의 경우 헤어라인 부위에 탈모현상이 나타나지 않는 이유도 이와 같은 현상이고, 여성호르몬과 아로마타아제가 DHT의 작용을 억제시키기 때문에 남성과 같은 양상의 탈모가 일어나지 않는다.
그러나 여성에게도 소량의 남성호르몬이 생성되기 때문에 탈모가 유발된다. 또한 스트레스나 혈중 콜레스테롤이 증가하면 남성호르몬의 생성을 촉진하여 탈모를 악화시키는 경우가 있고, 식습관에 의한 영양의 불균형으로 모근이 약해지게 되는 등 탈모의 원인이 된다.

③ 남성형 탈모의 유형과 종류

일반적으로 남성형 탈모의 분류 기준에 따라 크게 3가지로 분류할 수 있다. 첫째, 앞이마 헤어 라인이 점차 위로 올라가는 형태, 둘째, M자형의 모습, 셋째, 정수리 부분이 빠지는 타입으로 구분된다. 또 다른 분류 방법으로는 Norwood Hamilton scale로 분류할 수 있다.

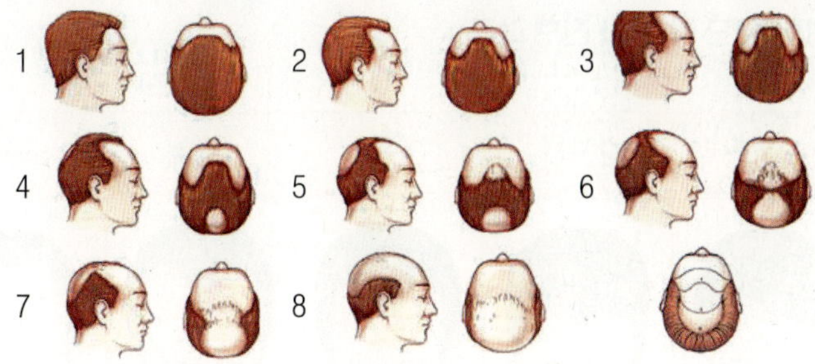

그림 5-18. Norwood Hamilton scale

그림 5-19. 남성형 탈모 전의 상태

남성형 탈모 유형을 탈모반의 형태에 따라 Hamilton의 분류에 의하면 크게 4가지, 즉 M자형, U자형, O자형, 복합형으로 구분한다. 일반적으로 이마 부위에서부터 점차적으로 모발이 가늘어져 탈모가 되는 것을 M자형으로 이마 양쪽의 머리가 띄엄띄엄 나는 경우와 탈모반의 시작이 정수리에서부터 둥글게 벗어지는 O자형, 전체적으로 벗겨지는 U자형이다. 또한 각각의 탈모반이 서로 복합적으로 나타나는 경우에는 그 형태에 따라 MO형, MU형 등으로 구분하기도 한다. 대머리의 기준도 ear to ear 라인에서 top부위로부터 이마 쪽으로 2cm 미만일 경우 혹은 후두부 쪽으로 넘어간 경우에는 대머리라고 하여 분류한다. 앞이마의 경우에는 본인의 엄지를 제외한 손가락 4개를 모아 놓은 넓이보다 넓으면 대머리로 구분한다.

표 5-2. 남성형 탈모 유형과 진행과정

유 형	1단계	2단계	3단계	4단계	5단계	6단계
M자형	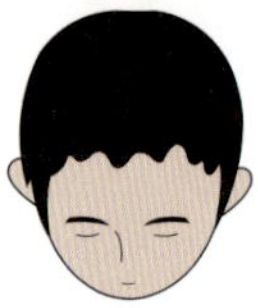		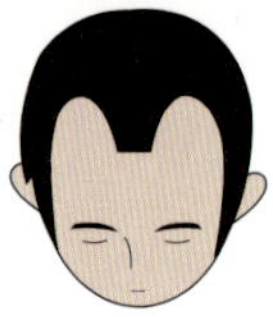	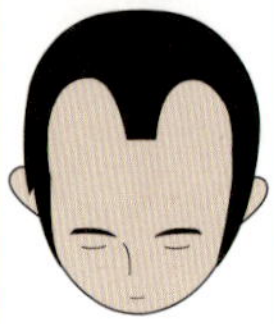	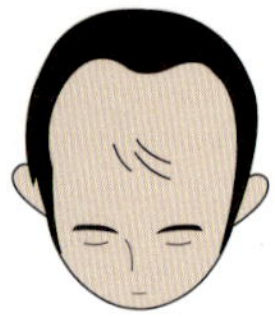	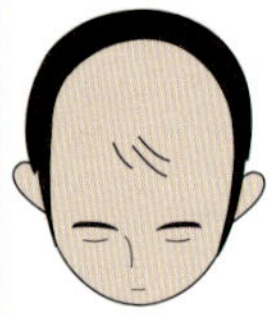
O자형			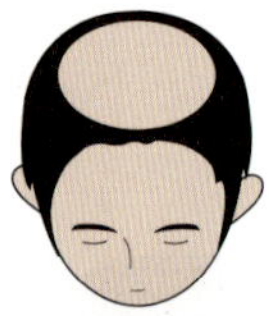	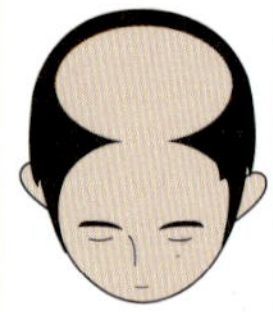	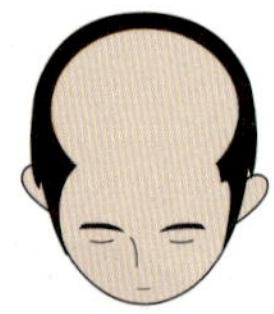	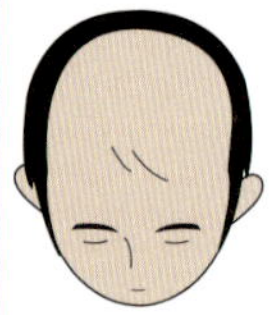
U자형	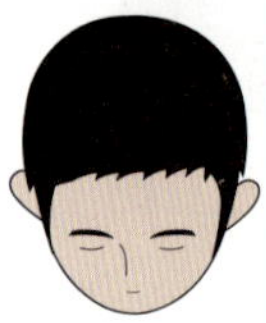	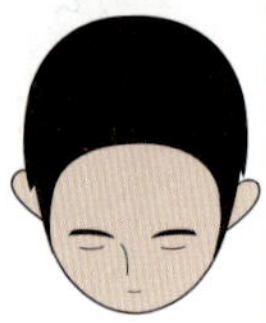		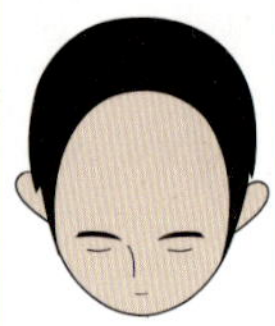	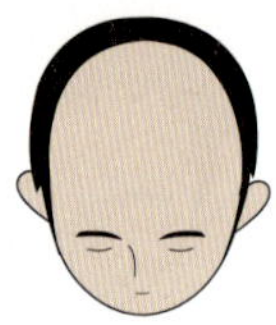	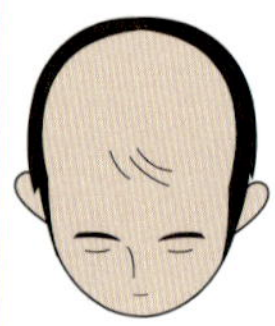

④ 남성형 탈모의 관리와 예방

남성형 탈모의 원인을 살펴보았지만 내·외적 요인, 즉 유전적인 측면, 내분비적인 측면 등을 고려해 볼 때 남성형 탈모 관리를 미용분야에서 다루는 것은 쉽지 않다. 따라서 가발의 착용, 두피 및 탈모관리에 의한 예방적인 차원에서 접근하는 것이 바람직하다. 또한 의료적인 차원에서는 모발 이식술, 약물요법 등을 이용하여 치료하고 있다. 남성호르몬 중 테스토스테론에 5α-reducktase의 작용을 억제하여 DHT 생성을 저해시키는 물질, 즉 피나스테라이드(*finasteride*)를 주요성분으로 하는 프로페시아(*propecia*)가 이용되고 있다. 이러한 탈모 치료는 외형적인 탈모문제와 함께 신체 내부의 문제를 치료하는 동시에 탈모자의 심리를 위로하는 것이 필요하다.

그러나 무엇보다도 중요한 것은 탈모의 원인을 제거하기 위한 관리를 조기에 실시함으로써 탈모를 예발할 수 있다. 즉 적절한 탈모 관리는 탈모의 진

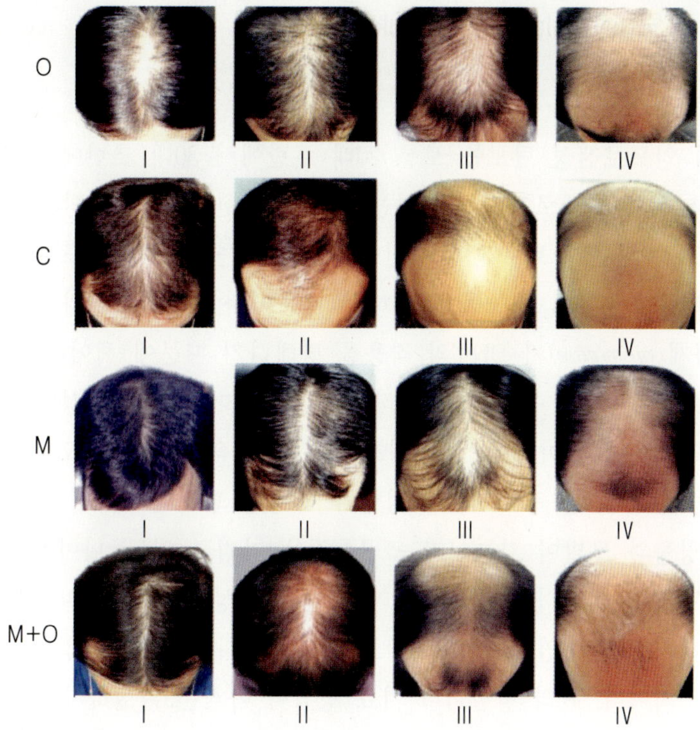

그림 5-20. 남성형 탈모의 유형별 실례

행속도를 늦추거나 오지 않게 할 수 있지만, 무관심한 경우에는 탈모의 시기가 앞당겨지는 경우가 있다. 또한 탈모는 여러 가지 요인에 의하여 발생할 수 있고, 발생 후에는 탈모관리를 하더라도 효과가 만족스럽지 못하는 경우가 많기 때문에 사전에 예방하는 것이 무엇보다도 중요하다.

◆ 남성형 탈모의 사전 예방

- 두피를 청결하게 한다.
- 두피를 지나치게 자극하지 않는다.(빗질, 잦은 염색 등)
- 두피관리를 통하여 모발과 두피에 영양공급을 한다.
- 피지선을 자극하는 음식이나 당분 섭취를 피한다.
- 적당한 운동을 통하여 육체적, 정신적 스트레스를 해소한다.

2) 여성형 탈모(female pattern alopecia)

① 여성형 탈모의 특징

여성의 안드로겐성 탈모는 보통 20대 후반에서 30대 초반에 나타나기 시작하며, 남성의 안드로겐성 탈모와는 달리 완전한 대머리가 되지 않는다. 이는 여성호르몬인 에스트로겐이 부신에서 분비되는 부신성 안드로겐 호르몬 및 체내 남성호르몬의 기능을 억제하기 때문이다. 특히 헤어라인 주변의 아로마타아제(*aromatase*)가 DHT의 작용을 방해하기 때문에 헤어라인에서는 탈모가 일어나지 않고 유지된다. 그러나 유전 인자를 가진 여성이 폐경이나 여성호르몬 분비에 이상이 생길 경우에는 두피 속이 보일 정도로 모발이 다량 빠지는 현상을 볼 수 있다. 여성형과 남성형 탈모의 경우 유전적인 요인에 의한 영향과 모발이 가늘어지는 공통점을 가지고 있고, 나이가 들수록 점진적인 탈모가 일어나지만 남성형과는 달리 여성형 탈모는 일정한 형태가 없고 머리의 전반적인 부위에서 탈모가 일어난다. 이러한 여성형 탈모의 경우는 영구적이며, 관리 방법이나 치료 방법이 아직은 확실하지 않다.

② 여성형 탈모의 원인

여성형 탈모의 경우도 유전적인 요인과 호르몬적인 요인, 나이에 의하여 영향을 받지만 최근에는 과도한 스트레스, 피임약의 남용, 과도한 다이어트, 잘못된 식습관, 부적절한 퍼머와 염색 및 드라이 등 후천적인 요인이 보다 더 많은 영향을 미친다. 또한 항암치료, 항우울제나 항생제 등의 장기 복용, 약물의 부작용 및 갑상선 질환 등을 들 수 있다. DHT는 탈모를 유발하는 호르몬인데, 이러한 호르몬의 양에 의해서도 탈모의 정도가 달라진다. DHT(*dihydrotestosterone*)의 양은 주로 5α-reductase의 활성에 의하여 영향을 받지만 전구물질의 양에 의해서도 영향을 받는다. DHT의 주된 전구물질은 남자의 경우 테스토스테론이고, 여자의 경우는 주로 디히드로에피안드로스테론(*dehydroepiandrosterone*, DHEA)으로부터 만들어진다. DHEA는 주로 부신에서 생성된다.

또한 자율신경의 실조에 의한 호르몬의 분비 이상, 분만 후의 갑상선 기능 저하, 갱년기 후의 여성호르몬 이상에 의한 모근의 기능 저하 등으로 탈모가 생긴다. 그 밖의 저혈압, 냉한 체질, 빈혈 등에 의해서도 탈모사 일어날 수 있다.

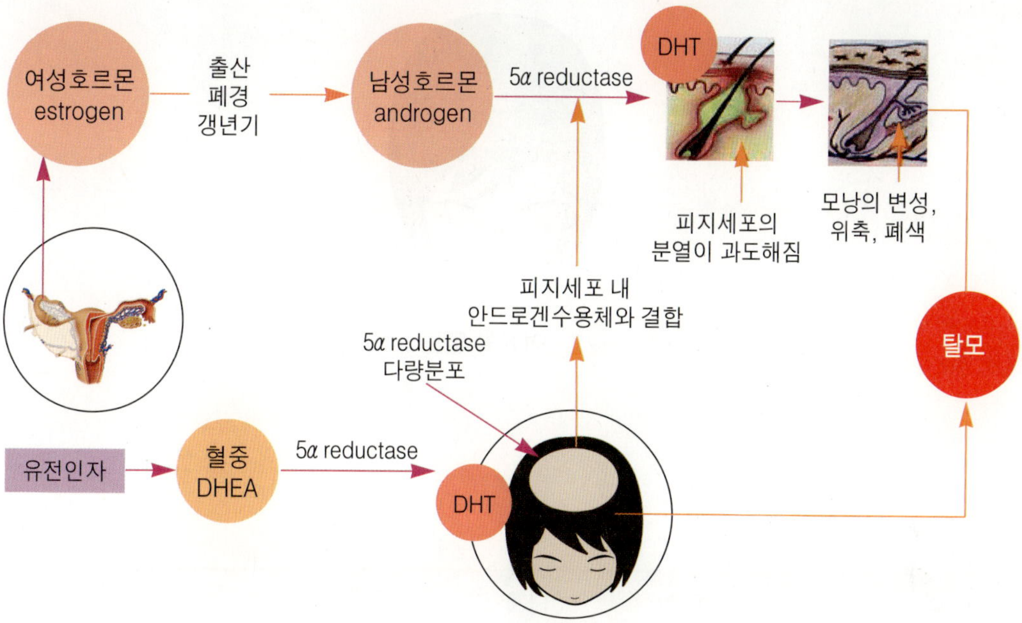

그림 5-21. 여성형 탈모 메커니즘

③ 여성형 탈모의 유형과 종류

여성형 탈모는 대부분 탈모 초기에는 정수리나 두정부의 가르마 부위에서 모발이 가늘어지기 시작하여 둥근 형으로 탈모된다.

그리고 탈모 부위의 모발이 점차적으로 연모화되고, 두피가 보일 정도로 모발의 밀도가 낮아진다. 이는 남성형 탈모의 원인과 같이 유전적인 요인과 남성호르몬의 작용, 나이 등의 영향에 의하여 발생하는 것으로 안드로겐성 탈모에 속한다.

• 과도한 다이어트에 의한 탈모

다이어트로 인하여 영양공급이 원활하지 않을 경우에는 신체의 영양상태의 불균형을 초래한다. 이러한 영양 상태의 불균형은 신체뿐만 아니라 모발에도 영향을 미친다. 즉 약한 자극에도 모발이 빠지거나 쉽게 끊어지고, 모발

그림 5-22. 여성형 탈모 전의 상태

표 5-3. 여성형 탈모 진행과정

유 형	1단계	2단계	3단계	4단계	5단계	6단계
여성 탈모						

이 가늘어지는 현상을 유발한다. 최근에 다이어트에 의한 탈모는 여성뿐만 아니라 남성에게도 자주 발생하는 탈모 유형이다. 특히 영양부족에 의한 탈모는 두상의 전체에서 고르게 나타나는 특징이 있다.

- **결발성 탈모**

모발의 길이가 긴 여성들이 장시간 모발을 꽉 묶고 지내면서, 모유두부가 자극을 받아 모발이 빠지는 탈모의 일종이다. 특히 결발성 탈모는 탈모 현상이 서서히 나타나므로 대부분은 스스로 느끼지 못하는 것이 특징이며, 관자놀이 부위에서 주로 발생한다.

• 산후 탈모(급성 휴지기성 탈모)

출산 후 나타나는 휴지기성 탈모로 여성탈모의 대표적인 탈모유형이다. 임신과 동시에 호르몬 변화에 의하여 모발의 성장기가 지연된다. 출산 후 호르몬의 정상화로 인하여 성장기 모발이 퇴화기를 거치지 않고 휴지기로 접어들면서 탈모가 유발된다. 보통 휴지기가 3~4개월 정도이므로 출산 후 100일 정도 지나면서 나타나는데 6개월 이후에는 정상적인 모주기를 되찾게 된다. 그러나 잘못된 산후 조리 및 호르몬이 이상변화 등으로 인하여 모발의 밀도가 현저하게 줄어드는 경우도 있고, 탈모된 부위에서 새로운 모발이 자라지 않는 경우도 있다.

• 약물에 의한 탈모증

탈모에 영향을 주는 약물의 종류는 다양하다. 그 중 남성호르몬이 다량 함유되어있는 피임약을 장기간 복용하거나 생리 지연제의 복용으로 인하여 임신 중인 것과 같은 상태로 된다. 이러한 경우 호르몬의 균형이 무너짐으로서 탈모 현상이 여성에게서만 나타나는 탈모이다. 이외에 항암제에 의하여 모모세포의 분열 장애현상도 탈모를 유발한다.

• 폐경에 의한 탈모증

여성의 폐경 이후에 나타나는 탈모의 일종으로 호르몬의 균형이 무너져 모발 성장에 변화가 생기는 탈모이다. 이는 폐경 이후 여성 호르몬의 급격한 감소로 인하여 상대적으로 부신에서 분비되는 부신성 안드로겐 호르몬의 영향력이 커짐으로써 나타나는 현상이다. 특히 유전적 요인을 지니고 있는 여성의 경우에는 더욱 빠른 속도로 탈모가 진행된다. 노인성 탈모와 동반하여 나타나기 쉬우며, 전체적으로 모발이 연모화되어 두피가 들여다보이는 상태를 나타낸다.

• 기타 요인에 의한 탈모

스트레스나 잦은 펌, 염색 혹은 잘못된 드라이나 샴푸 등으로 두피가 손상되거나 탈모가 발생할 수 있다. 특히 화학적인 시술을 많이 하는 여성에게서는 더욱 두드러지게 나타난다. 이러한 원인에 의하여 발생하는 탈모는 직접적인 탈모의 원인이 아니기 때문에 다른 요인과 더불어 발생하는 경우가 많다.

3) 원형탈모(alopecia areata)

① 원형 탈모의 특징

원형탈모는 원형 혹은 난원형으로 모발이 빠지는 탈모 현상이다. 탈모반 부위에 가렵거나 아프거나 염증 등의 증상이 없기 때문에 스스로는 잘 알지 못하고 타인이나 미용실에서 우연히 발견되는 경우가 많다. 원형탈모는 성별이나 나이에 상관없이 남녀노소 누구에게나 나타날 수 있으며, 최근에는 소아성 원형탈모가 증가하는 추세이다. 탈모 초기에는 특별한 자각증상이 없으나 경우에 따라서 탈모반 부위에 통증을 호소하는 경우도 있다.

다른 탈모에 비하여 원형탈모의 탈모반 부위가 전체적으로 붉은 색깔의 예민한 상태이고, 모낭의 위축 등으로 인하여 말랑말랑하다. 또한 원형탈모의 모근은 곤봉형태인 자연탈모의 모근과는 달리 불규칙적이고, 감탄부호의 형태를 띠고 있다. 이를 일명 '감탄부호 탈모(*exclamation mark hair loss*)' 라고도 한다.

원형탈모는 특별한 관리나 치료를 하지 않아도 보통 6개월에서 18개월 정도 지나면 저절로 신생모가 나와 자연치유가 가능하다. 사춘기 이후에 발생한 경우 80% 이상 회복된다. 그러나 일반적으로 성장기가 짧은 모발이기 때문에 금방 탈락하는 등 재발이 비교적 흔하다. 일부 원형탈모는 머리가 계속 빠져 급기야 머리카락이 모두 빠져버리는 경우도 간혹 있다. 따라서 탈모관리를 소홀히 할 경우 신생모가 다시 탈모되어 더 악화될 수 있으며, 5년 이상 지속될 경우 회복이 거의 불가능하기 때문에 꾸준한 관리와 관찰이 필요한 탈모이다.

② 원형 탈모의 원인

원형탈모의 원인은 아직 불분명하지만 우리 몸의 다양한 면역반응에 관여하는 염증세포의 하나인 T세포에 의해 매개되는 자가면역질환이라는 설이 가장 유력하다. 그 외에도 유전적인 요인, 정신적인 스트레스 등과도 관련된 것으로 추정하고 있다. 신체정보의 트러블로 자가면역질환을 유발하는 것으로 알려진 극심한 스트레스와 불면증 등은 자율신경계, 교감 및 부교감신경, 내분비장애, 말초신경의 이상을 야기한다. 우리 신체 중 간뇌 시상하부의 뉴런신경을 자극하여 아드레날린을 증가시키고 혈액순환과 대사를 위

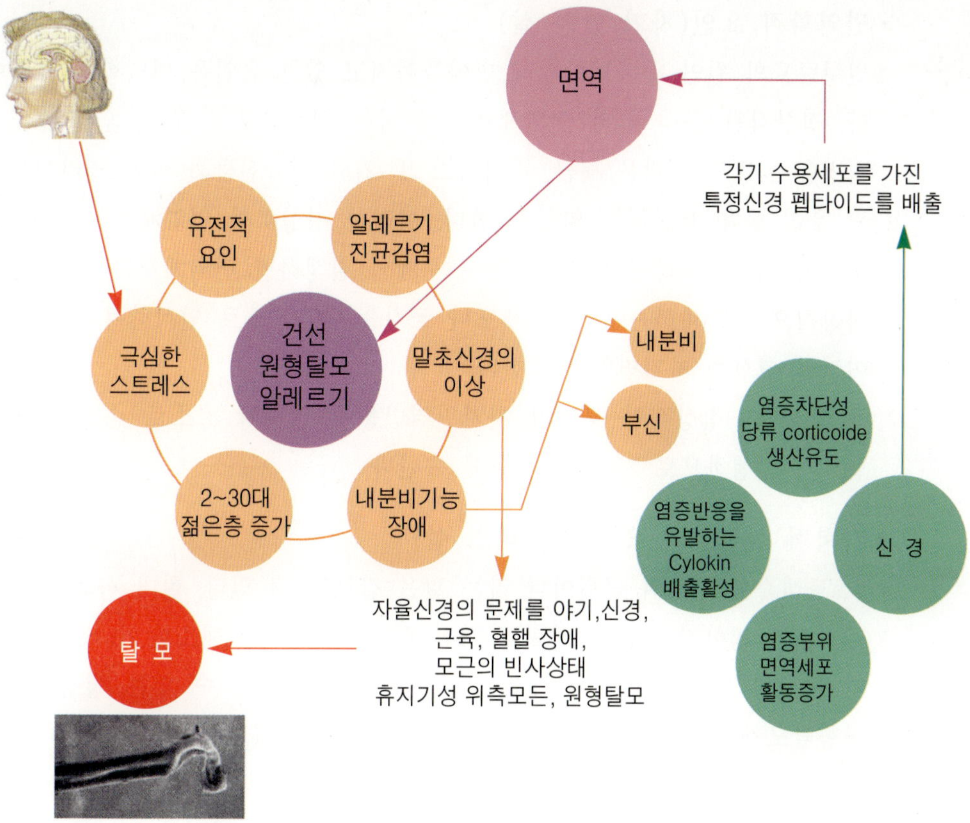

그림 5-23. **원형 탈모 메커니즘**

축시키며 혈압 저하는 물론 혈중 이산화탄소의 양 증가와 철분결핍 현상을 초래한다. 또한 기관지 모세혈관을 수축시키기도 하고 두피의 혈액순환 장애로 입모근이 느슨해지며 식은 땀을 흘리게 된다. 따라서 모모세포의 케라틴 단백질 합성이 원활하지 못하고, 모모세포를 구성하고 있는 철(Fe), 구리(Cu), Zn(아연) 등이 감소하여 탈모의 원인이 된다. 그 외에 항생물질의 장기 투여로 대사 장애, 육체피로, 갑상선 질환, 비타민 A의 과다 복용, 고혈압 약, 임신, 다이어트, 영양결핍, 피임약 등도 원형탈모의 원인으로 알려져 있다.

- **면역학적 요인(자가 면역 설)**

원형탈모의 원인 중 가장 널리 받아들여지고 있는 요인은 면역학적 요인이다. 정상적인 우리 몸의 면역체계는 눈이나 외부로부터 우리 몸에 들어와 질병을 유발하는 많은 세균, 바이러스 및 기타 이물질들과 싸워 물리침으로써 우리 몸을 보호하는 역할을 한다. 이러한 정상적인 면역체계의 작동 과정에서 여러 가지 원인으로 인하여 문제가 발생하면 면역체계는 우리 몸에 정상적으로 존재하는 다양한 세포나 조직을 '비자기'로 인식하여 공격한다. 이러한 현상을 자가면역이라 한다.

원형탈모는 정상적인 모낭이 자가면역반응에 의하여 스스로 손상을 받아 탈모가 발생하므로 자가면역질환에 속한다.

- **사회적 심리적인 요인(스트레스 설)**

'스트레스는 만병의 근원이다'라는 말은 잘 알려져 있다. 현대 사회에서 스트레스가 많아지고 바쁜 생활로 적절하게 스트레스를 해소할 수 있는 시간과 방법이 제한되면서 가장 민감한 연령층이라고 할 수 있는 청장년층의 원형탈모가 증가하고, 발생 연령이 점차 낮아지고 있다.

소아의 경우 형제 중 부모의 기대감이 높고, 동생에게 부모의 애정을 빼앗기기 쉬운 장남이나 장녀의 경우에 발병위험이 높다. 원형탈모의 아동이 신경질적이거나 우울증, 불안장애 등의 문제가 있다. 또한 부모와의 애정이 결핍되는 경우에 발병 위험이 높고, 그 외에 형제간의 심한 갈등, 공부에 대한 과도한 스트레스, 친구관계의 부조화 등도 원형탈모의 요인으로 작용한다.

그러나 모든 사람에게 스트레스가 똑같은 정도의 영향을 주는 것은 아니며 개인의 사회 심리적 특성이나 취약성에 따라 스트레스에 대한 반응과 결과가 달라질 수 있다. 스트레스 환경에서 자아의 붕괴를 막고 스트레스를 처리할 수 있는 자아능력에 따라 좌우된다. 그리고 스트레스 강도가 크다고 해서 반드시 원형탈모가 생기는 것은 아니다. 따라서 사회심리학적인 요인은 원형탈모를 유발하거나 악화시키는 여러 복잡한 요인 중의 하나일 뿐 다독적인 요인으로 보기는 어렵다. 즉 원형탈모가 잘 발생할 수 있는 여러 가지 소인을 가지고 있는 사람이 유전적, 환경적 요인의 조합으로 원형탈모가 발생하는 것이다.

• **유전적인 요인**

원형탈모인 사람 중 50% 미만이 가족 중 원형탈모를 경험한 사람이 있다. 또한 일란성 쌍둥이의 경우에도 원형탈모가 동일하게 나타나는 경우가 종종 있기 때문에 일부에서는 원형탈모에 유전적인 영향이 있는 것으로 보고 있다.

③ 원형 탈모의 유형과 종류

원형탈모는 탈모반의 모양 및 증상에 따라 단발형 원형탈모, 다발형 원형탈모, 전두 원형탈모, 악성 원형탈모, 사행성 원형탈모 등으로 나누어진다. 증세가 심한 경우에는 모발뿐만 아니라 눈썹, 속눈썹, 수염, 겨드라이털, 음모 등으로 확산된다. 그러나 타인에게 전염성은 없다.

• **단발형 원형탈모**

단발형 원형탈모는 머리에 500원 짜리 동전 크기의 둥근 형태를 띠고 있는 탈모반이 독립적으로 1개 존재하는 형태의 탈모이다. 탈모반 부위와 정상 부위와의 경계가 뚜렷하게 구분된다. 단발형의 경우 자연적인 치유효과는 뛰어나지만 재발 가능성이 높으며 다발형 원형탈모로 악화될 수 도 있다.

• **다발형 원형탈모**

다발형 원형탈모는 단발형 원형탈모가 2개 이상 서로 융합되어 둥근 형태가 아니라 불규칙한 원형의 형태이다. 단발형에 비하여 관리 효과가 좋지 않으며, 탈모반 부위가 넓을수록 관리 시간이 오래 걸린다.

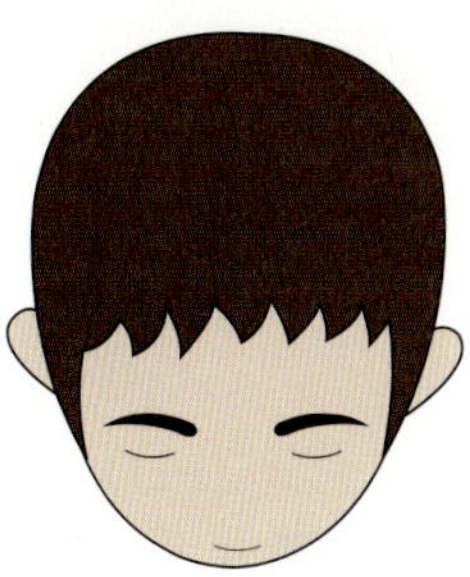

그림 5-24. 원형 탈모 전의 상태

표 5-4. 원형 탈모 진행과정

유 형	1단계	2단계	3단계	4단계	5단계	6단계
원형 탈모		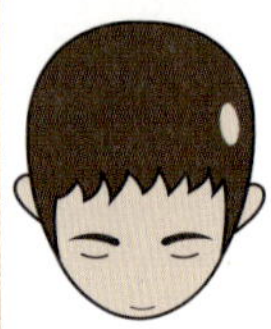				

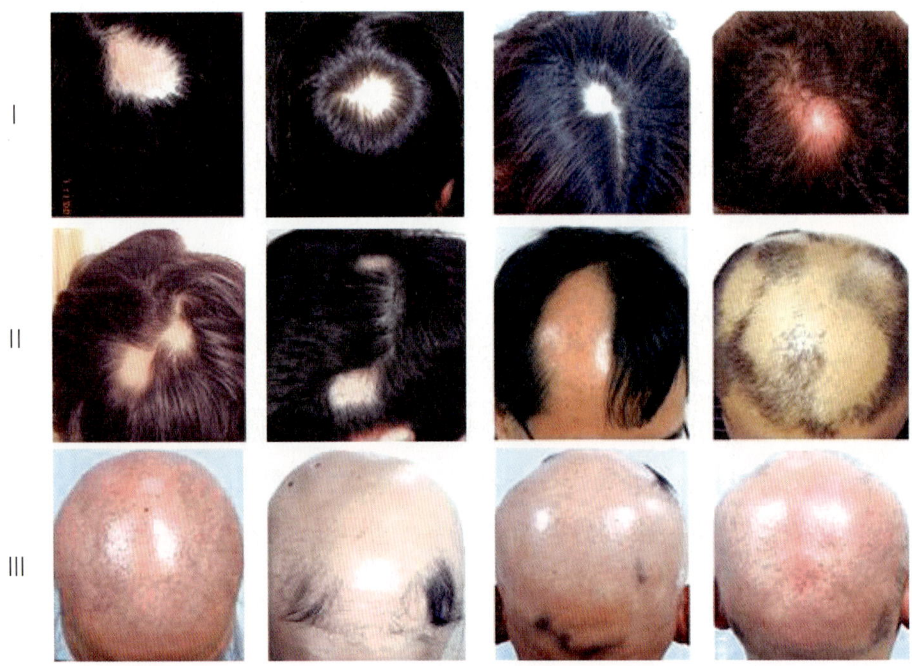

그림 5-25. 남성형 탈모의 유형별 실례

• **악성 원형탈모**

악성 원형탈모는 두상의 모발뿐만 아니라 눈썹, 속눈썹, 수염, 겨드랑이 털, 음모 등이 탈락되는 원형탈모의 유형이다.

• **사행성 원형탈모**

양쪽 귀 부위를 중심으로 후두부나 측두부에서부터 빠지기 시작하는 탈모 유형이며, 탈모되는 모양이 뱀이 기어가는 모양이라 하여 사행(蛇行)성 탈모라 한다. 전체적으로 탈모반의 폭이 좁으며, 길이는 길게 연결되어 있는 형태로 관리의 예후가 좋지 않다.

④ 원형 탈모의 관리와 예방

원형탈모증을 예방하기 위하여 평소에 조심할 것은 특별히 없다. 단지 정신적인 스트레스는 만병의 근원이므로 스트레스 해소를 위한 적당한 운동과 휴식이 필요하다. 그 외에 두피 및 탈모 관리, 자연치유 그리고 약물요법에 의하여 관리할 수 있다.

• **두피 및 탈모 관리**

탈모반 부위를 두피세정을 통하여 이물질을 제거시킨 후 영양을 두피조직에 흡수시키는 방법으로 모발의 자연치유 효과를 촉진시키는 한편, 재발의 위험성으로부터 보호해 주기 위한 예방차원의 관리 방법이다. 또한 원형탈모의 특성상 스트레스를 최소화시키고, 정신적인 안정감을 주기 위해 방향요법 등을 병행하기도 한다.

• **자연치유법**

원형탈모는 다른 탈모와는 달리 특별한 관리를 하지 않아도 일정한 기간이 지나면 자연스럽게 모발이 나온다. 그러나 신생모의 성장기간이 정상적이지 못하여 다시 재발하는 경우가 있기 때문에 특별한 관리를 하는 것이 중요하다.

원형탈모의 종류에 따라 자연치유 효과도 다르다. 단발형의 원형탈모가 다발형의 원형탈모보다 스스로의 회복력이 높지만 인종, 건강상태, 식생활 등에 따라서 다소 차이가 있다. 그 예로 아토피성피부염이 많은 서양인이 동양인에 비하여 원형탈모의 개선효과가 낮다. 자연치유 과정에서는 탈모반을 중심으로 백모의 가는 솜털이 자라나와 결국에는 경모화되는 과정을 거치는 원형탈모의 경우 회복단계에서 두피의 탄력도 변화된다. 말랑말랑하던 두피가 서서히 정상두피의 탄력으로 되돌아오지만 재발 가능성이 다른 탈모 유형에 비하여 매우 높다.

• **약물요법**

약물요법에는 크게 주사요법, 국소도포법, 자외선 치료, 드라이아이스 요법 등이 이용된다. 약물요법은 전문의와 상담을 필요로 하는 것으로 드라이아이스 요법의 경우에는 인위적으로 모근에 염증을 발생시키어 일시적인 혈액순환 효과를 유발함으로써 두피의 영양공급 개선의 효과를 보는 방법이다.

4) 노인성 탈모

나이가 들면 누구나 머리가 빠지고 머리숱이 적어진다. 이를 노인성 탈모라 한다. 노인성 탈모는 나이를 들어감에 따라서 남녀 모두에게 나타나며, 전체적으로 고루 탈모가 시작되고 머리숱이 감소한다. 이러한 노인성 탈모는 퇴행성 변화로 30대에서 80대까지 단위면적 당 약 1/3의 모낭수가 감소되는 노화현상이다. 노인성 탈모는 일정한 형태가 없고 모낭의 파괴, 소실로 인한 탈모로서 남성형 탈모와는 본질적으로 다르다. 그러나 실제로 대머리도 탈모의 진행이 나이와 함께 증가하는 등 유사한 점을 가지고 있다. 보통 노인성 탈모는 두피가 두개골에 붙기 시작하면서 두피에 혈액과 영양 공급이 부족해지고, 머리털이 가늘어지면서 대머리가 되기도 한다. 머리숱이 적어져 두피가 환히 보이며, 머리털의 윤기와 생명력이 없어져 분산 탈모의 현상이 두르러진다.

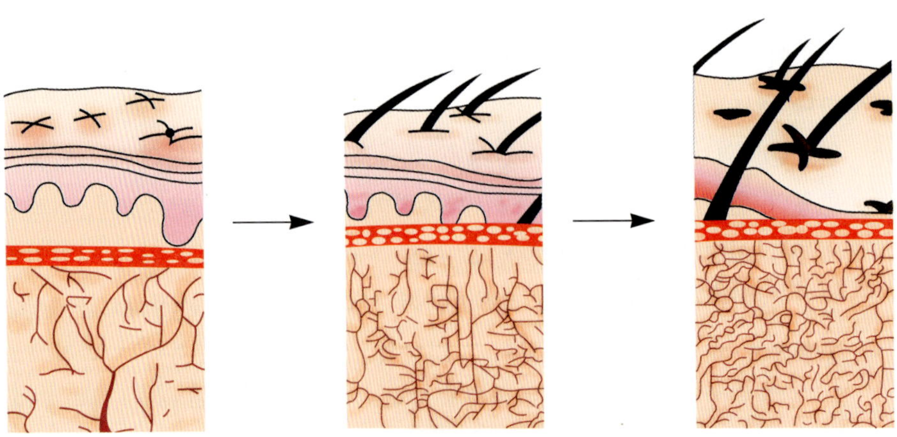

그림 5-26. 노인성 탈모 관리에 의한 모발의 재생

노인성 탈모는 체질, 건강상태 등 각 개인마다 차이가 있으나 보통 60세 전후에 모발이 가늘어지면서 탈모가 심해진다. 이는 장년성 탈모라고도 하는데, 보통 60세 이후에 모모세포와 모유두의 기능이 서서히 둔화되면서 나타나는 탈모유형으로 두상 전체에서 모발이 가늘어진다. 일반적으로 가족력의 유전적인 요인에 의하여 확연하게 구분되지만 신체의 기능 저하, 스트레스, 질병 등에 의한 심한 탈모를 보이기도 한다.

노인성 탈모는 발생 원인에 따라 크게 2가지, 즉 자연탈모와 병적이상 탈모로 분류할 수 있다. 이와 같은 기준은 모유두 및 모모세포의 기능이 저하된 경우인지 아니면 혈액순환 및 소화기 계통 등의 이상에 의한 것인지에 따라 분류된다. 인체 및 모근의 자연스러운 노화현상에 의한 경우에는 자연적인 탈모현상이기 때문에 병적인 탈모로 분류하지 않는다.

그러나 위나 장 등의 소화기관의 장애나 혈액순환 장애 등으로 인하여 2차적인 탈모현상이 나타날 경우에는 병적 탈모로 분류할 수 있다. 이러한 장년성 탈모도 조기관리를 잘하면 젊은이와 같이 건강하고 굵은 모발과 두피를 유지할 수 있으며, 이미 탈락된 모발도 나이에 관계없이 다시 재생시킬 수 있다. 이미 체질에 의한 것으로 개선 후에도 꾸준하게 점검하고 관리하여야 한다.

이는 스스로 몸에서 영양분을 흡수하거나 정상적으로 모발을 성장 유지시키지 못하는 체질적인 문제를 개선시키기 위하여 지속적인 두피조직을 활성화시키고, 정상에 가까운 기능을 할 수 있도록 돕는 것이 필요하기 때문이다. 노인성 탈모의 경우는 충분한 사전 관리를 통하여 탈모의 시기를 지연시킬 수 있는 특징을 지니고 있다.

5) 지루성 탈모

① 지루성 탈모의 특징

지루성 탈모는 남성호르몬과 동물성 지방, 자극적인 음식, 단 음식 등의 식생활의 영향을 많이 받는다. 특히 남성호르몬의 과다 분비는 피지선을 비대하게 하고, 지루성 탈모와 남성형 탈모를 유발시킨다. 따라서 지루성 탈모는 남성형 탈모와 동반하여 나타나는 경우가 많으며, 이와 같이 동반될 경우 탈모관리 및 치료에 상당한 시간과 노력이 필요하다. 또한 피지산화물 및 노화각질로 인하여 두피에 세균(*Malassezia restricta, Malassezia globosa*) 및

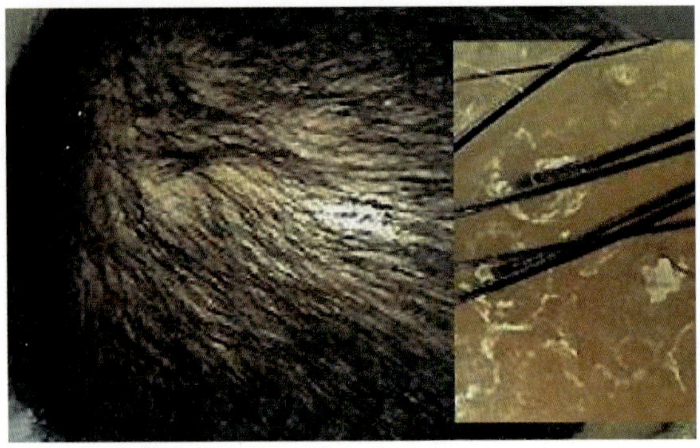

그림 5-27. 지루성 탈모

모낭충의 번식이 쉬우며, 두피에서 심한 악취 및 홍반과 염증 등이 나타난다. 심각한 경우 지루성 비듬을 동반한다.

피지선에서의 과다한 피지분지와 두피 불청결은 두피로의 피지분지를 막아 피지의 모근 내 역류를 유발한다. 그로 인하여 모낭과 모발의 결속력이 저하되어 성장기에 있는 모발이 손쉽게 탈락된다. 지루성 탈모에서 성장기 모발의 탈락강도는 정상적인 성장기 모발의 약 1/4 정도인 20mgf이며, 정상적인 휴지기 모발의 탈락강도와 비슷한 정도이다. 이는 모낭 속으로 역류한 피지가 모발과 모낭사이에서 결속력을 약하게 하고 윤활유 역할과 같은 기능을 하기 때문이다. 따라서 샴푸나 빗질 등 약한 자극에도 모발이 쉽게 탈락된다. 이때 탈모된 모근의 끝 부분에는 이물질(피지) 및 모낭(내모근초)이 길쭉한 형태로 부착되어 있다.

② 지루성 탈모의 원인

지루성 탈모는 피지선의 비대 및 과다한 피지분비로 인하여 각화과정 이상과 피지선에서의 원활하지 못한 피지분비가 원인이다. 과다한 스트레스로 인한 남성호르몬의 자극과 피지선의 비대, 식생활의 불균형 등이 지루성 탈모의 원인이다. 또한 여성의 경우 난소기능 장애 및 부신기능 항진에 의한 호르몬분비 이상으로 인하여 나타날 수 있으며, 질병에 의한 2차적인 지루성 탈모의 경우에는 질병치료와 두피관리가 동시에 이루어져야 한다. 그 외

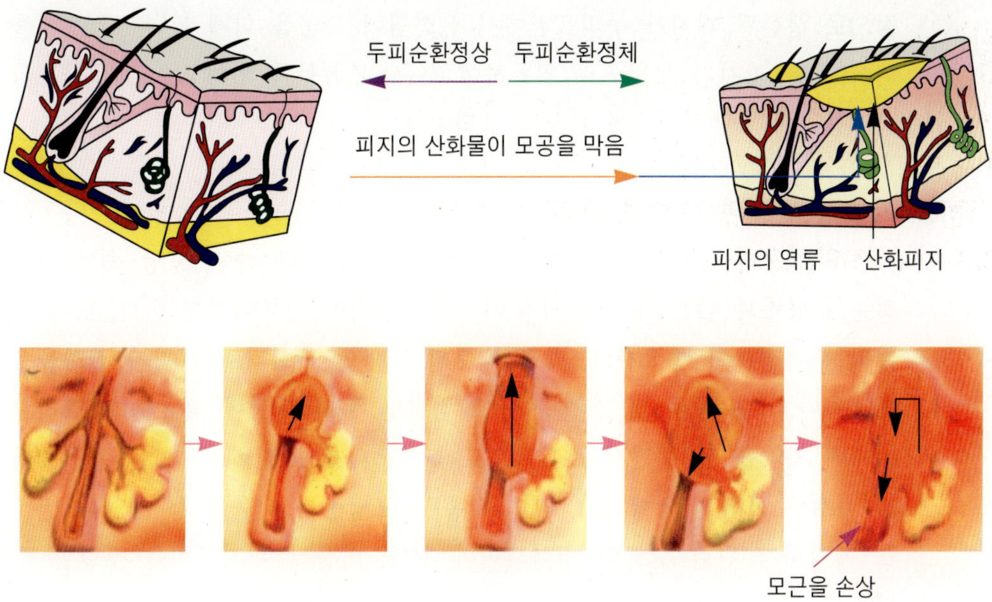

그림 5-28. **지루성 탈모 메커니즘**

에도 적절하지 못한 두피마사지와 잘못된 샴푸에 의한 두피의 불청결, 과다한 스타일제의 사용으로 모공이 막힘으로서 발생된다.

즉 체질이나 심한 스트레스에 의한 테스토스테론의 증가는 피지분비를 촉진시켜 지루성 두피로 되기 쉽다. 특히 피지선에는 5α-reductase가 많이 분포되어 있기 때문에 DHT가 생성된다. 과잉으로 분비된 피지에 의하여 모근 조직의 변형과 손상이 유발되고, 모낭이 압박 및 위축되며 모유두의 모세혈관의 혈액순환이 원활하지 못하게 된다. 그 결과 모근에 산소 및 영양 공급이 충분하지 못하게 되어 모모세포의 증식과 분화가 이루어질 수 없게 된다. 또한 피지의 과잉분비는 두피의 불청결 등 좋지 않는 두피 환경을 유발한다. 따라서 지루성 인설 및 지루성 피부염을 동반하여 홍반과 가피가 형성되고, 소양감이 심해지면서 탈모가 진행되며 비강성(건성) 두피와 같이 비듬이 생성된다. 그 결과 지성비듬으로 피지선이 과잉반응을 보이며, 지속적으로 생산된 피지가 두피표면에서 산화되어 모공을 막게 된다. 결국 배출되어야 할 피지가 모낭으로 역류하여 모근, 모유두를 압박함으로써 산소와 영양공급이 차단됨으로써 탈모를 유발하게 된다.

③ 지루성 탈모의 예방과 관리

지루성 탈모의 예방과 관리는 피지 분비를 원활하게 하고, 모낭 속에 기생하는 모낭충과 같은 세균의 억제 및 두피 청결이 이루어져야 한다. 또한 균형있는 식생활이 중요하다. 따라서 두피에 싸인 노화각질과 피지 산화물을 제거하기 위한 샴푸 및 스켈링 등의 적절한 두피 세정이 필요하다. 그리고 두피에 자극을 덜 주면서 효과적으로 피지분비를 조절할 수 있는 광선요법과 아로마 요법을 병행하고, 염증과 홍반, 모낭충과 비듬균 등 세균의 번식을 예방하기 위한 살균이 병행되어야 한다. 아울러 피지분비를 조절할 수 있는 비타민 B_2, B_6 등과 영양공급이 이루어져야 한다.

6) 비강성 탈모

비강성 탈모증은 비듬균(*Malassezia restricta, Malassezia globosa*)의 이상 증식으로 인하여 생성된 비듬(*seborrbea capitis*)이 원인이 되는 탈모이다. 그러나 비듬이 존재한다고 하여 모두 탈모로 이어지는 것은 아니지만 갑자기 비듬이 많이 생길 경우 비강성 탈모의 가능성이 높아진다. 비듬 생성은 두피 불청결과 같은 외부적 요인과 호르몬의 변화 등 내적요인에 의존되며 비듬균이 주원인이다. 건강한 사람의 두피에서 비듬균은 46% 정도를 차지하지만 두피의 환경이 좋지 않을 경우에는 약 74%로 이상 증식한다.

비강성 탈모는 비듬이 과다하게 형성되는 사춘기 이후 발생할 가능성이 높은 탈모로 소아나 노인의 경우는 거의 발생하지 않는다. 비강성 탈모의 모근은 영양공급의 부족이나 과다한 비듬으로 인하여 모낭의 위축과 이물질이 모근에 부착되어 있다.

비강성 탈모의 예방은 두피 청결과 균형 잡힌 식생활, 비듬균의 과다 증식을 억제하는 것이 중요하다.

7) 소아성 탈모

15세 이하의 청소년기나 소아기의 어린이에게서 나타나는 탈모를 소아성 탈모라 한다. 소아성 탈모는 스트레스의 영향을 받아서 발생하는 원형탈모와 유사하게 탈모반 부위가 두상의 특정부위가 아니고 두상 전체에서 나타난다. 탈모시작 초기에는 약 1달 동안 집중적으로 탈모현상이 나타나며, 경우에 따라서는 전신에 걸쳐 탈모현상이 나타나는 악성탈모 양상을 보이기도 한다. 특히 유아기 이전에는 후두부나 측두부 부위에서 탈모되는 양이 많고, 두정부나 전두부의 경우에는 드물게 나타난다.

소아성 탈모는 크게 병적인 요인과 스트레스의 영향으로 구분된다. 즉 학업에 대한 스트레스, 이성 문제, 결손 가정의 증가, 대기오염과 식생활 등의 환경적인 요인이 소아성 탈모의 원인이다. 갑상선 이상 등과 같은 내분비 계통의 이상 변화와 선천적인 대사 기능 장애가 나타날 경우 모발의 성장에도 영향을 주어 빈모나 탈모와 같은 현상을 유발한다. 면역력이 약한 소아들에게서 주로 발생하는 아토피성피부염, 모낭염, 두부백선 등과 같은 선천적 혹은 후천적 피부질환에 의해 모근부가 손상되거나 파괴되어 탈모 및 단모현상이 나타난다. 또한 부모가 임신 전에 매독 및 임질과 같은 성병에 걸린 상태에서 임신을 하였을 경우 출생한 어린이에게서 탈모현상이 타나나는 경우가 있다. 특히 매독 2기 때 발생하는 탈모반의 형태로 후두부 부위의 모발이 탈락하는 특징이 있다. 분만 과정에서 두피 및 두개골 부위에 기계적 압박을 받았을 경우, 특정부위가 탈모가 되는 경우가 발생한다. 심한 경우에는 영구탈모도 이어질 수 있다. 어린이들의 식생활 변화, 즉 서구화된 식단이나 편식으로 인한 영양공급 저해는 탈모 및 빈모를 유발한다.

유아의 경우 성인에 비하여 스스로의 자기 신체에 대한 조절 능력이 떨어지기 때문에 소아기 탈모의 관리가 쉽지 않다. 따라서 성인의 경우에 비하여 소아성 탈모는 재발 가능성이 높다.

8) 기타 탈모

① 발모벽(trichotilomania)

발모벽은 자기도 모르는 사이에 비정상적인 버릇으로 모발을 뽑는 정신과적인 특성이 있으며, 결발성 탈모의 일종이다. 일반적으로 탈모의 형태가 원형탈모와 비슷한 경향이 있기 때문에 잘못 판단하는 경우가 있다. 그러나 원형

탈모의 경우는 탈모반 부위가 말랑말랑하고 매끄러우며 경계가 명확하다. 발모벽은 탈모반이 거칠거나 그 경계가 불투명하며 탈모반 주변에서 단모의 현상을 볼 수 있다. 주로 전두부, 속눈썹, 수염 부위에 털이 없는 증세를 볼 수 있다. 성인에서도 나타날 수 있으나 주로 10살 이하의 우울증이 있는 비만성 여성에게서 흔히 볼 수 있다. 이러한 경우 본인 스스로의 조절 능력이 부족하여 관리에 많은 시간이 필요하다. 탈모의 원인이 정신과적 질환에서 발생되는 것이므로 정신과적 치료가 우선이다.

② 압박성 탈모증(pressure alopecia)

모근부가 외부 혹은 내부로부터 압박을 받아 혈액의 흐름이 둔화되고 영양 공급에 장애가 발생하여 생기는 탈모를 압박성 탈모라 한다. 압박성 탈모를 유발하는 두피는 색깔이 균일하지 못하여 얼룩이 있거나 탄력도가 떨어지는 경우가 있다. 이러한 탈모의 원인은 헬멧이나 꽉 끼는 모자를 장시간 착용하거나 두개골 발달에 비하여 두피의 성장이 따라가지 못하고, 두피와 두개골 간의 간격이 좁아질 때이다.

그러나 이러한 요인들이 반드시 압박성 탈모를 유발하는 것은 아니지만 탈모현상을 촉진시키는 요인으로 작용하는 경우가 많기 때문에 압박성 탈모의 비율은 매우 낮다. 주로 누워 있는 영아의 후두부에 잘 생기고, 성인의 경우 전신마취나 만성질환으로 오랫동안 같은 위치로 누워있을 때 일정한 부분이 계속적으로 압박되어 탈모가 일어난다.

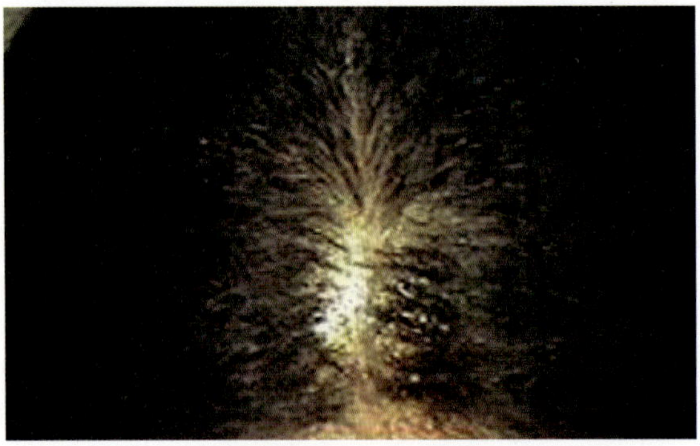

그림 5-29. 압박성 탈모

4-1-2. 미만성 탈모(diffuse hair loss)

미만성 탈모는 특정부위에 국한되지 않고 두피 전체 또는 전신에 골고루 발생하는 경우이다. 미만성 탈모에는 성장기 탈모, 휴지기 탈모가 있다. 성장기 탈모는 방사선 치료나 화학적 항암치료를 받았을 때, 수은 등의 독성 물질에 노출되었을 때 발생하며 일상에서 흔히 경험할 수 있는 현상은 아니다. 휴지기 탈모는 모발이 건강하게 자라야 할 성장기에 성장이 멈추고 갑자기 정상보다 많은 수의 모발이 빠지는 것이다. 원인은 고열, 갑상선 기능의 항진 또는 저하 같은 내분비질환, 경구 피임약이나 항응고제의 부작용, 영양결핍, 빈혈, 수술, 전신적 질환, 스트레스 등 다양하다. 만일 질환을 겪고 난 후 모발이 빠지기 시작하면, 이러한 경우를 의심해 보아야 한다.

1) 휴지기 탈모(telogen psilosis)

모발이 건강하게 자라야 할 기간에 갑자기 많은 수의 모발이 빠지는 경우이다. 휴지기 탈모의 원인은 원형탈모, 고열, 내분비 장애 등이 있고, 산후, 출생 후, 영양결핍, 약물 복용 등이 있다. 이와 같은 여러 가지 원인에 의하여 짧은 기간 내에 모발이 성장기에서 퇴행기와 휴지기로 이행되기 때문에 발생한다. 장티프스와 같은 병이나 항암제 등 약물복용으로 인하여 퇴행기를 거치지 않고 성장기에서 바로 휴지기로 넘어가는 형태로서, 특정부위가 아닌 전체적으로 머리수가 감소하는 탈모이다. 또한 출산과 출생 100일을 전후하여 산모와 신생아에게 나타나는 산후휴지기 탈모와 출생 후 휴지기 탈모는 흔히 볼 수 있다.

2) 성장기 탈모(anagen psilosis)

성장기에 들어간 모발이 인체의 변화에 의하여 퇴화기와 휴지기를 거치지 않고 탈모현상을 보이는 유형으로 휴지기 탈모와 비교 시 탈모 기간이 매우 짧은 것이 특징이다. 대표적인 원인으로 방사선 치료를 받거나 항암 화학요법 치료를 받는 경우에 나타난다. 대부분의 경우 항암 치료가 끝나면 회복되지만 드물게는 영구적인 모낭손상을 초래하여 회복되지 않는 경우도 있다. 전두 혹은 전신 원형탈모는 원형탈모와 유사하고 두피 전체의 모발이 모두 빠지거나 전신의 모발이 모두 빠진 경우이다.

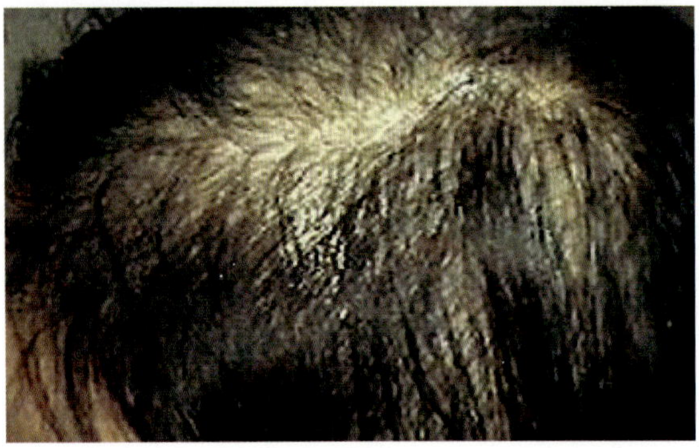

그림 5-30. 항암제에 의한 성장기성 탈모

4-2. 반흔성 탈모(alopecia cicatrisata)

외부적인 충격이나 피부 질환에 의하여 두피의 모낭이 파괴되어 영구적으로 모발이 나지 않는 경우가 반흔성 탈모이다. 즉 모낭이 있던 자리가 흉터로 되어 모발이 자라지 않는다. 반흔성 탈모의 원인은 외상, 화상 등 물리적인 요인에 의한 것과 심한 진균 감염, 세균 감염, 전신 염증 질환의 두피 침범 등에 의한 것들이 있다. 반흔성 탈모는 모낭의 파괴된 원인에 따라서 1차적인 경우와 2차적인 경우로 구분된다. 1차적인 반흔성 탈모는 모낭이 직접 공격 대상이 된 경우이다. 대표적인 예는 원판상 홍반성 루푸스라는 질환에 의한 반흔성 탈모, 독발성 모낭염과 같은 심한 모낭염이다. 2차적인 반흔성 탈모는 모낭이 주된 공격대상은 아니지만 피부가 손상되면서 모낭까지 파괴된 경우이다. 외부 및 내부의 다양한 원인에 의하여 생긴다. 두피에 염증을 유발하는 다양한 질환들이 주원인이다. 1차 반흔성 탈모는 염증세포가 모낭을 선택적으로 공격하여 모낭을 파괴하기 때문에 조기에 적절한 관리하거나 치료를 할 경우 모낭의 손상을 최소화하거나 예방할 수 있다. 그러나 모낭의 손상으로 인하여 모발이 재생되지 않을 경우 모발이식 등의 치료에 의하지 않고는 다시 모발을 재생시킬 수 없다. 1차 반흔성 탈모 중 비교적 흔히 볼 수 있는 질환은 홍반성 루푸스에 의한 반흔성 탈모와 편평 태선, 폐경 후 전두 섬유종 탈모증, 독발성 모낭염 등이다.

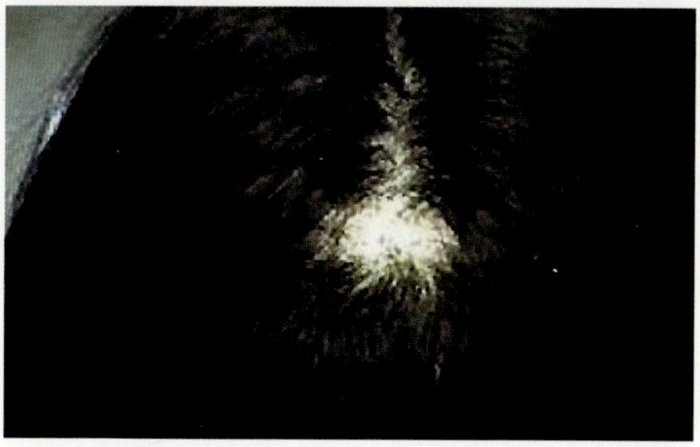

그림 5-31. 반흔성 탈모

4-3. 질병형 탈모

질병형 탈모는 피부 병변을 발견할 수 없으나 병적인 피부에서 볼 수 있는 탈모 현상이다. 이와 같은 질병형 탈모는 염증에 의한 탈모와 종양성 탈모 등이 있다.

염증에 의한 탈모증은 최근 점차 증가 추세에 있는 것이 아토피성 피부염에 의한 탈모 현상이다. 탈모된 주의의 두피가 빨갛게 거칠어져 있음을 발견할 수 있다. 염증에 의한 탈모증은 원형탈모증과도 조금은 비슷하나 탈모된 부위의 경계가 분명하지 않고 모공에는 단모가 발견된다. 이것은 진드기 등이 주요 원인 중의 하나이다. 또한 전신성 에리테마토데스, 피부근염 등 교원병에 의해서도 머리카락이 쉽게 빠진다.

종양성 탈모증은 두피에 양성이나 악성의 종양이 발생하면 바로 그 장소에 탈모되는 현상이다. 한관종, 경초점액종, 다발성 지방낭종 등이 두피에 국한하여 나타나서 탈모를 초래할 수 있는 양성종양이다. 유방암 등이 두피에 전이 하여 탈모증(신생물탈모증, *alopecia neoplastica*)을 만들기도 한다. 감염에 의한 탈모증 한센병, 매독이나 백선 등의 감염병에 의해서도 탈모증세가 나타난다. 매독일 때의 탈모는 제2기로 진입했음을 나타내는 증세이고, 백선은 모포속의 털을 균이 파괴하여, 한센병은 뇌종성침윤이 모포를 침입하여 탈모가 진행된다.

5. 탈모 관리와 예방

1) 심신이완과 긍정적인 사고

과도한 스트레스는 혈액순환을 방해하고 두피의 순환을 억제시켜 정상적인 신진대사를 방해하므로 모발의 발육을 억제한다. 따라서 자신만의 스트레스 해소법을 찾아 그때그때 쌓이지 않도록 즉시 풀어준다.

2) 규칙적인 운동의 생활화

적당한 운동은 심신을 단련하고 혈액순환을 도와 몸 안의 노폐물을 제거한다.

3) 기름지고 자극적인 음식 섭취 제한

콜레스테롤과 포화지방산이 많은 기름기 부위의 고기류 섭취를 자제한다. 이는 두피에 열을 오르게 해서 탈모를 조장하므로 되도록 제철 과일과 푸른 야채, 검은 콩 등을 많이 섭취한다. 인체 내에서 미네랄은 탈모 유발과 관련된 5α-reductase를 억제하기 때문에 탈모가 저하된다.

4) 두피청결과 냉풍건조

피지와 땀 분비가 많은 저녁시간에 샴푸 후 두피까지 완전히 건조한 후 잠자리에 드는 것이 더 이롭다.

5) 지나친 퍼머나 염색 및 탈색 삼가

지나칠 경우 모발을 손상시킬 뿐만 아니라 건강하게 성장되어야 할 모근을 손상시키고 모발이 점점 가늘어진다. 이는 두피를 손상하고 예민하게 하여 모발의 영양공급에 장애가 생기며 탈모를 조장한다.

6) 과음과 흡연 삼가

술과 담배는 탈모에도 영향을 미친다. 특히 담배는 탈모를 일으키는 남성호르몬을 증가시키고 탈모 억제에 좋은 비타민 C를 파괴한다.

7) 적당한 두피 자극

자주 두피를 두드리거나 주위 혈 자리를 짚어주며, 빗을 이용하여 마사지로 두피의 혈액순환과 영양공급을 원활히 한다.

8) 과도한 햇볕 노출 삼가

자외선에 오랫동안 노출되면 두피와 모발이 건조해지면서 자극을 받게 되므로 양산이나 모자 등으로 두피를 보호한다.

9) 충분한 수면과 수분 섭취

가장 좋은 수면시간은 밤 10시~새벽 2시이며, 성장호르몬이 왕성할 뿐만 아니라 모발의 세포분열이 활발한 시간이다. 우리 몸은 60~70%가 물로 구성되어 있고, 신진대사와 노폐물의 배성을 원활히 해주기 때문에 충분한 물을 섭취하여야 한다.

6. 탈모에 관한 잘못된 속설

탈모에 대하여 민감하고 관심이 많을수록 확인되지 않은 잘못된 관리법과 속설이 많아지게 된다. 이러한 속설은 오히려 잘못된 탈모관리로 이어지고 탈모를 촉진시킬 수 있다. 또한 효과가 불확실함으로 인하여 탈모자의 정신적인 스트레스를 가중시키고 포기하게 하는 원인이 된다.

1) 대머리는 유전된다.

이는 대머리가 유전인자에 의한 것이라는 말을 단적으로 믿는데서 나타난 것으로 어느 정도 신빙성은 있으나, 꼭 유전인자에 의한 것만은 아니며, 대머리가 되기 쉬운 체질 및 성격, 라이프 스타일등이 유전 되는 것이다. 즉 대머리 인자의 유전 외에 본인의 생활방식 변화나 혹은 탈모관리 정도에 따라 달라질 수 있다. 하지만 부모 대에서 대머리가 나타났다면 본인에게 나타날 확률이 높으므로 주의를 기울이는 것이 좋다.

2) 잦은 샴푸는 탈모를 촉진시킨다.

모발이 많이 빠진다는 이유로 샴푸하는데 두려움을 나타내고 샴푸 횟수를 줄이는 사람의 경우를 볼 수 있다. 샴푸횟수가 적을수록 모발 및 두피에 이물질이나 각종 산화물과 오염물 등이 쌓이게 되어 모발성장을 방해하고 두피의 염증이나 비듬 등의 문제점을 일으킬 수 있다. 샴푸과정에서 탈락되는 모발은 휴지기에 속한 모발로 생명을 다한 모발이기 때문에 탈모증과는 무관하다. 오히려 샴푸 과정은 탈모를 예방하고 모발과 두피의 건강을 지켜줄 수 있다. 올바른 제품의 선택과 시술이 중요하며, 헹굼 단계 후 잔여물이 없도록 해주는 것이 중요하다. 한편 샴푸 대신 비누를 사용하는 경우는 샴푸보다 더 높은 알칼리성으로 두피 및 모발의 손상을 가중시킬 수 있다. 비누 세척 후 비누 입자가 물속의 금속 성분과 결합하여 비누 때와 같은 형태로 남게 되고, 이것이 모공을 막아 두피의 신진대사를 저해할 수 있다.

3) 두피를 두드리면 모발이 난다.

간혹 가정에서 쿠션 빗(*brush*)을 이용하여 두피를 두드리는 경우가 있다. 이는 두피를 자극하여 두피의 혈액순환을 좋게 하려는 의도로 생각 된다. 물론 탈모의 원인 중 혈액순환이 중요한 작용을 하는 것은 사실이지만 혈액순환 이외에도 여러 많은 원인이 존재한다. 두피를 자극 하는 것이 혈액순환에는 도움을 줄 수 있지만 피지의 분비를 촉진하고 두피를 예민하게 하거나 두피 손상으로 인한 염증을 유발하는 등 더 큰 문제를 야기 시킬 수도 있다

4) 원형탈모는 시간이 지나면 자연적으로 난다.

원형탈모는 대부분 사람들이 자연치유가 가능 하다는 말에 무심히 방치하는 경우가 많다. 물론 원형 탈모가 탈모증의 유형에 따라 어느 정도 자연치유가 가능한 일이지만, 치유과정에서 탈모부위가 확산되는 경우가 있기 때문에 꾸준한 치유관리가 필요하다. 또한 치유가 되면서 어느 정도는 정상 두피에 가까워지겠지만 모발의 성장주기가 짧아지고, 가늘고 탄력을 잃은 연모가 자라게 되어 모발의 완전 회복이 어려워지므로 그대로 방치하기 보다는 보다 집중적인 관리를 통해 두피의 청결을 유지하고 두피조직을 강화하여 모발의 성장을 도와주는 것이 효과적이다

5) 머리카락이 길면 탈모가 쉽다.

탈모현상은 모발의 길이와는 무관하다. 하지만 긴 모발은 관리 시 손이나 빗에 의해 빠질 확률이 짧은 모발 보다 높고, 빠지고 난후 눈에 잘 보이기 때문에 많아 보이는 것뿐이다. 세정 시 긴 모발의 경우 충분한 거품이 일어나지 않은 상태에서 마찰에 의한 모발 손상과 탈모의 위험성이 높고, 세정 후 두피 및 모발건조 시 충분한 건조가 이루어지지 않을 수 있기 때문에 두피상의 문제가 발생할 가능성이 높다. 또한 긴 모발은 평상시 많은 여성들이 묶는 습관으로 결발성 탈모를 일으키는 요인으로 탈모를 유발할 확률이 높은 원인이 된다. 긴 모발도 잘 관리함으로써 이상 탈모의 현상을 없앨 수 있다.

6) 대머리는 정력이 세다.

간혹 대머리인 사람을 보고 '정력이 세다'는 표현을 하는 경우가 있다. 이는 남성 호르몬과 대머리의 관계를 잘못 이해한데서 기인하며, 남성 호르몬은 실제로 대머리와 관련이 매우 깊다. 남성 호르몬은 체모의 성장을 촉진하고, 모발의 성장을 억제하며 피지선 자극과 밀접한 연관이 있다. 여성 호르몬의 경우는 모발의 성장을 촉진하고 피부 탄력부분과 관련이 있다. 대머리가 되는 요인 중 남성 호르몬과 관련이 있는 것은 남성호르몬의 양이 아닌, 활성 효소와 결합하는 정도의 차이라고 할 수 있고, 모모세포의 세포분열을 억제하기 때문에 나타나는 현상이다. 물론 남성 호르몬 이 외에 부수적 요인도 있을 수 있으며, 모발 성장주기가 짧아진 일종의 노화현상이라 볼 수 있다.

7) 모자나 가발을 쓰면 탈모된다.

탈모인 뿐 아니라 일반인에게도 모자를 장시간 쓰면 탈모가 되는 경우가 있다. 단순히 모자나 가발이 탈모의 원인이 된다고 말하기는 힘들다. 하지만 분명한 것은 가발이나 모자를 장시간 쓸 경우 두피의 산소 공급 저하와 혈액순환 장애등에 따른 신진대사기능의 저하와 피지, 땀, 노폐물 등의 두피분비물 장애로 인하여 문제성 두피로의 전환이 올 수도 있으며, 탈모의 위험성을 높일 수 있다. 그러므로 가발이나 모자의 착용 후 두피나 모발에 대한 세밀한 관리가 필수적이다.

8) 비듬이 있는 사람은 탈모된다.

비듬이란 두피 신진대사의 산물로 노화 각질이 두피에 쌓여 있는 것이다. 즉 모근부에 존재하며 모발을 보호하는 역할을 하는 내모근초가 탈락한 것으로, 정상적인 비듬은 두피 및 모발에 있어 일반적인 세정으로 충분히 제거가 가능하다. 그러나 문제가 되는 것은 갑자기 발생한 비듬이나 비듬균의 이상증식으로 인하여 두피에 비정상적인 문제점을 나타내는 것이다. 건성두피의 경우는 수분부족, 피지분비 장애, 건강상태의 이상으로 발생하는 과각화 현상이 뚜렷한 증상을 보이며, 지성인 경우는 피지의 과잉 분비로 피지와 비듬이 모공을 막고 세균과 곰팡이의 번식을 용이하게 한다. 발생 원인에 따라 차이는 있으나 갑자기 발생한 비듬은 모발탈락을 도와주는 역할을 하므로, 정상 두피라도 발생즉시 두피의 건강 상태를 확인하여 소중한 모발을 지키는 것이 필수라고 할 수 있다.

7. 육모(hair growth)

두피의 기능을 정상화시키고, 두피의 혈액순환을 좋게 하여 모낭의 기능을 높임으로서 발모 혹은 육모 촉진과 탈모방지, 비듬, 가려움을 방지하여 모발의 성장을 돕는 것이다. 이러한 육모에는 두피관리기법과 육모제를 이용하는 방법이 있다. 본 장에서는 육모제에 관하여 설명하고자 한다.

육모제는 모발의 성장을 촉진하고 자극하는 효능이 있는 모발 제품이다. 고령화 사회에 접어들면서 수요가 증대되어 갈 것이며, 그에 호응하여 새로운 발모 혹은 탈모 방지 약제가 개발되고 있다. 그러나 실제로 획기적인 육모제의 개발에는 발모와 탈모 메커니즘의 기초적인 해명과 실질적인 약제의 효과를 연구하고 인체에 대한 과학적인 실증이 필요하다.

7-1. 육모제의 종류

약사법에 의한 화장품 육모제의 효능 효과는 일반적으로 비듬, 가려움방지, 탈모예방이며, 의약부외품의 효능 범위는 발모촉진, 모발생육촉진, 육모, 양모, 박모, 비듬, 가려움, 탈모의 예방이다. 한편 원형탈모증, 발모부전, 지루성 탈모증, 비강성 탈모 등의 병적인 탈모증에 대해서는 의약부외품 육모제의 대상이 아니고 의약품에 의한 처치가 필요하다. 그러나 남성형 탈모는 병적인 탈모가 아니기 때문에 의약부외품과 병행해서 일반 의약품이 탈모방지 용도로 사용되고 있다.

7-2. 육모제의 약효 성분

모세혈관을 확장시키는 약제 중에서 혈관신경계에 작용하는 것으로서 월년초 추출물, 비타민 E와 그 유도체, 니코틴산벤질에스테르, 세파란틴, 염화카프로늄, 미녹시딜 등이 있다. 국소자극 작용에 의한 혈액순환 촉진 약제로서 고추팅크, 칸타리추출물, 노닐산비닐아미드 등이 있다.

표 5-5. 모발의 육모제로 사용되는 성분

functions(effect)	ingredients
activation of cells	pantotenic acid and its derivatives, placental extract, ginseng extractm, mononitro guaiacal, 6-(benzylamino) purin, extract of excrementum bombycis, kankohso, biotin
acceleration of blood flow	carpronium chloride, tocopherol and its dreivatives, swertia herd extractm capsicum tincturem benzyl nicotinste, minoxidil, cepharanthine
suppression of sebim secretion	pyridoxine hydrochloride, sulfur, royal jelly extract, extract of Polygonum multiflorum, vitamin B_6
anti-androngenic effect	estradiolmm ethynyl estradiol, duku extract
germicidal effect	hinokitial, benzalkonium chloridem isopropylmethyl phenol, salicylic acid
anti-inflammatory effect	glycyrrhetinic acid and its derivatives, menthol, diphenhydramine hydrochloride
emollient effect	hyaluronic acid, sodium pyrroidone cardoxylate, ginkgo extract, vegetative wasps extract, SR-71
nutrition effect	inositol, methionine, serine, threonine

모낭기능 부활작용을 하는 약제로서 히노키티올, 판토텐산 및 그 유도체, 감광소 등이 사용된다. 히노키티올은 항균작용이 있기 때문에 비듬방지 효과가 있다. 남성 호르몬 길항작용이 있는 약제로서 에스트라디올, 에스트론 등이 있다. 항지루 약제로서는 황, 티옥소론, 비타민 B_6 및 그 유도체 등이 이용된다. 각질용해작용과 살균작용이 있는 살리실산, 레조르신, 염화벤잘코늄이 있으며, 비듬 발생을 억제한다.

온화한 소염작용이 있는 것으로는 글리칠레틴산 및 그 유도체, 멘톨 등이 두피의 염증을 방지하기 위하여 사용된다. 그 밖에 모낭에 영양공급, 효소활성을 위해 아미노산, 비타민, 생약추출물 등이 육모제로 사용된다.

7-3. 육모의 평가

사람의 육모 평가 시험은 개인적, 부위적인 변수, 피시험자 조절이 어려운 점, 일간, 계절적 변동 등의 문제점이 있다. 그러나 육모평가에 이용되는 방법은 다음과 같은 방법이 있다.

1) 사진판정, 발모 상태의 관찰

객관적이고 정량적인 데이터를 얻는 것은 어려우나 많은 피시험자에게 실시하는 하나의 방법이다.

2) 트리코그람법

두상의 각 부위로부터 100개 전후의 모발을 무작위로 뽑아 모낭의 상태를 성장기, 퇴행기, 휴지기로 분류하고, 휴지기 모발의 비율을 현미경으로 조사하여 육모효과를 판정하는 방법이다.

3) 5α-reductase 저해

육모 전 후의 모낭에서 5**α**-reductase 활성을 측정하는 방법이다.

4) 샴푸 테스트

샴푸에 의한 탈모 수를 측정하는 것으로 객관적인 데이터를 얻기 위해서는 피시험자의 샴푸 관리를 엄중히 하는 것이 중요하다.

5) 혈류량 측정 테스트

두피의 혈액순환을 좋게 하는 것이 모발성장을 촉진하기 때문에 육모효과의 평가로서 측정된다. 혈류량 측정기로는 도플러효과를 이용한 것과 열과 전기를 이용하는 것 등이 있다. 그러나 측정 환경 등에 유의하면서 측정할 필요가 있다.

6) 조직 배양을 이용하는 방법

Weterings 등이 밝힌 방법으로 소의 수정체 피막 상에서 모낭의 각질형성세포(*keratinocyte*)를 배양할 수 있다. 또 모유두는 모발 성장에 중요한 것으로 여겨지고 있는데, 이 세포의 배양은 Jahoda와 Oliver에 의하여 시험되었다. 모낭과 모낭계 세포의 배양은 육모제 평가법 뿐만 아니라 모발 성장의 메커니즘을 설명하기 위한 좋은 방법으로 알려져 있다.

모간의 미세 구조와 물리화학적 특성

The microstructure and physicochemical properties of the hair shaft

6

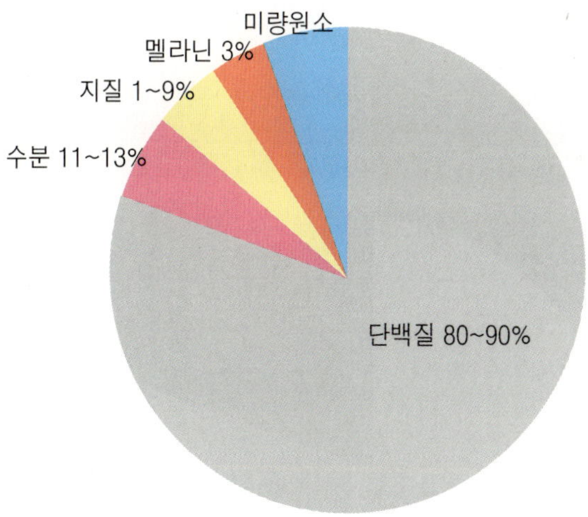

1. 모간(hair shaft)의 미세구조(microstructure)

모발은 피부 내부에 들어가 있는 모근(*hair root*)과 피부 표면의 외부로 노출된 모간(*hair shaft*)으로 나누어진다. 그러나 일반적으로 모발이라고 하는 것은 모간을 의미한다. 모발은 실질적으로 뇌와 두개골을 보호하며, 여러 가지 헤어디자인에 활용되는 부분으로 외모에 영향을 미치는 부분이다. 모발의 생성 위치에 따라 형태학적 구조가 달라진다. 즉 건강한 모발의 모근은 모발의 표면이 규칙적으로 조밀하게 각질세포가 배열되어 있으나 모발이 자라면서 내·외적 환경에 의하여 두피에서 멀어진 만큼 각질세포의 규칙성이나 조밀성 등의 손상으로 탈락되거나 박리되는 등 여러 가지 이상 현상이 나타난다. 또한 긴 모발의 끝이 갈라지는 등 다양한 형태를 보인다.

모간은 신경이 없고 세포의 분열이나 각화과정이 이미 끝난 케라틴 단백질로 구성되어 있다. 모발의 모간은 모표피(*hair cuticle*), 모피질(*hair cortex*), 모수질(*hair medulla*)의 3층으로 이루어져 있고, 가는 모발일 경우 모수질이 없는 경우도 있다.

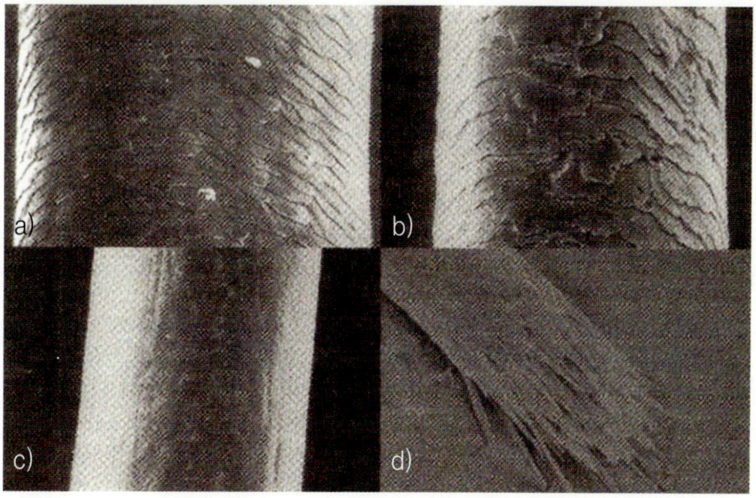

a) 모근 b) 두피로부터 10cm c) 두피로부터 40cm d) 모발 끝 부분(지모)

그림 6-1. 모간의 부위별 형태학적 구조

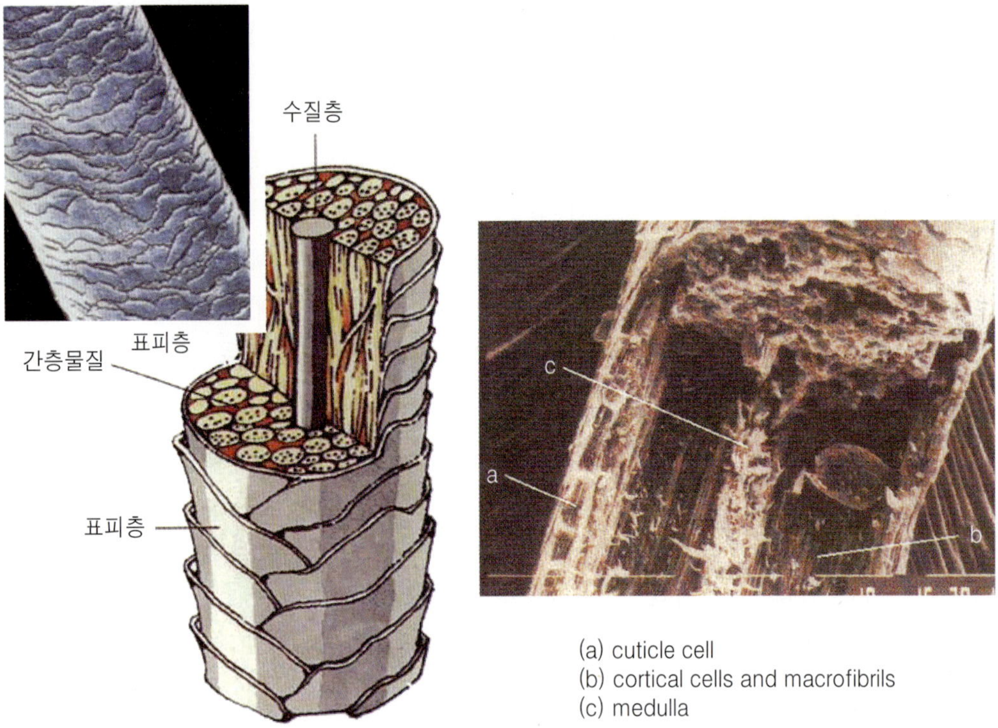

(a) cuticle cell
(b) cortical cells and macrofibrils
(c) medulla

그림 6–2. 모간(hair shaft)의 구조

모표피는 모간의 가장 바깥층으로 모피질을 감싸고 보호하는 층이며, 모수질은 모피질의 내부에 존재한다. 또한 모표피는 5~10개의 층으로 세포막복합체(*cell membrane complex*, CMC)에 의하여 모표피와 모표피가 중첩되어 있으며, 모표피와 모피질 사이에도 CMC에 의하여 접착된다. 모표피는 시스틴의 함량에 따라 최외표피(*epicuticle*), 외표피(*exocuticle*), 내표피(*endocuticle*)의 3개의 층으로 둘러싸여 있다. 모피질은 CMC에 둘러싸여 있고, 모피질은 편평세포 집단이며 세포질에는 핵의 잔해와 멜라닌소체가 함유되어 있다.

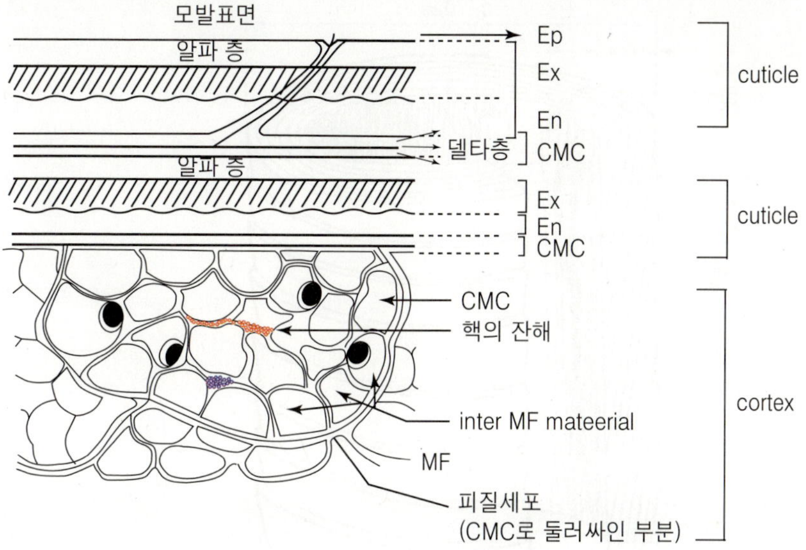

그림 6-3. 모표피와 모피질의 내부 모식도

1-1. 모표피(hair cuticle)

모표피는 모간의 가장 외측에서 내부의 모피질(*hair cortex*)을 물리적, 화학적 자극으로부터 보호한다. 모표피(*hair cuticle*)는 큐티클 층(*cuticle layer*)이라고도 하며, 색깔이 없는 무핵의 각질세포로 구성되어 있다. 건강한 모발의 모표피를 구성하는 무핵의 각질세포 길이는 약 60㎛, 두께는 약 0.5~1.0㎛인 판상의 세포이다. 모표피는 각질세포를 기와지붕 위의 기왓장을 위쪽에서 아래쪽 방향으로 겹쳐 놓은 것과 같거나 물고기의 비늘(*scale*)처럼 조밀하게 겹쳐져 있는 모양이다. 일반적으로 사람 모발의 모표피는 5~10층의 각질세포로 구성되어 있지만 경우에 따라서 20층인 경우도 있다. 그러나 사람의 모발과 가장 유사한 특징을 가지고 있는 양모는 단지 1~2층에 불과하다. 즉 모표피를 구성하고 있는 각질세포의 3/4~4/5는 서로 순차적으로 중첩된 부분이고, 각질세포의 1/4~1/5은 모발 표면의 특유한 무늬를 형성한다. 중첩된 모표피의 각 각질세포 1개당 공기 중에 노출된 부위는 약 5㎛ 정도이다. 이러

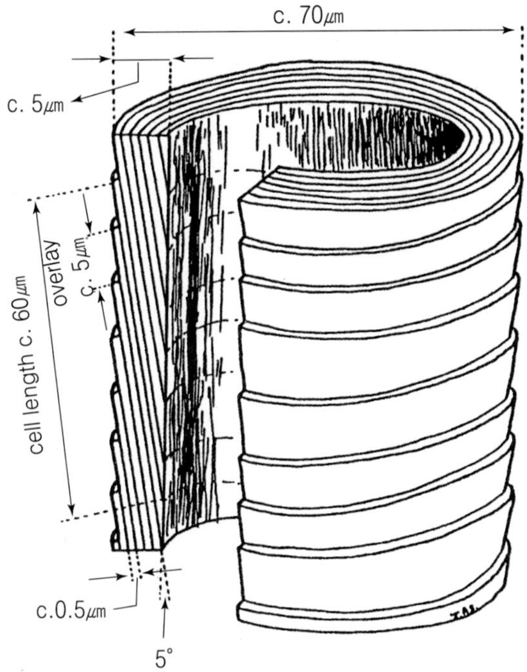

그림 6-4. 모표피의 형태학적 구조

한 모양으로 겹쳐진 비늘모양의 각질세포를 '문리'라 하며, 모근에서 모간 쪽을 향하여 규칙적으로 겹쳐져 있다. 모표피는 단백질과 지질로 구성되어 있으며, 지질은 20~30%를 차지한다.

모발에서 모표피가 차지하는 비율은 10~15%이며, 경케라틴(*hard keratin*)으로 구성되어 있어서 딱딱하고 부서지기 쉽다. 따라서 화학 약품에 대한 저항성은 강하지만 물리적인 자극, 즉 마찰이나 빗질(*brushing*) 그리고 거친 샴푸에 의하여 쉽게 손상된다.

이와 같은 특성을 가진 모표피는 시스틴(*cystine*) 함량에 따라 가장 바깥쪽으로부터 최외표피(*epicuticle*), 외표피(*exocuticle*), 내표피(*endocuticle*)의 3층으로 구분된다. 이중에서 약품과 효소의 저항력이 가장 강한 것은 매우 얇고 투명한 피막의 최외표피이

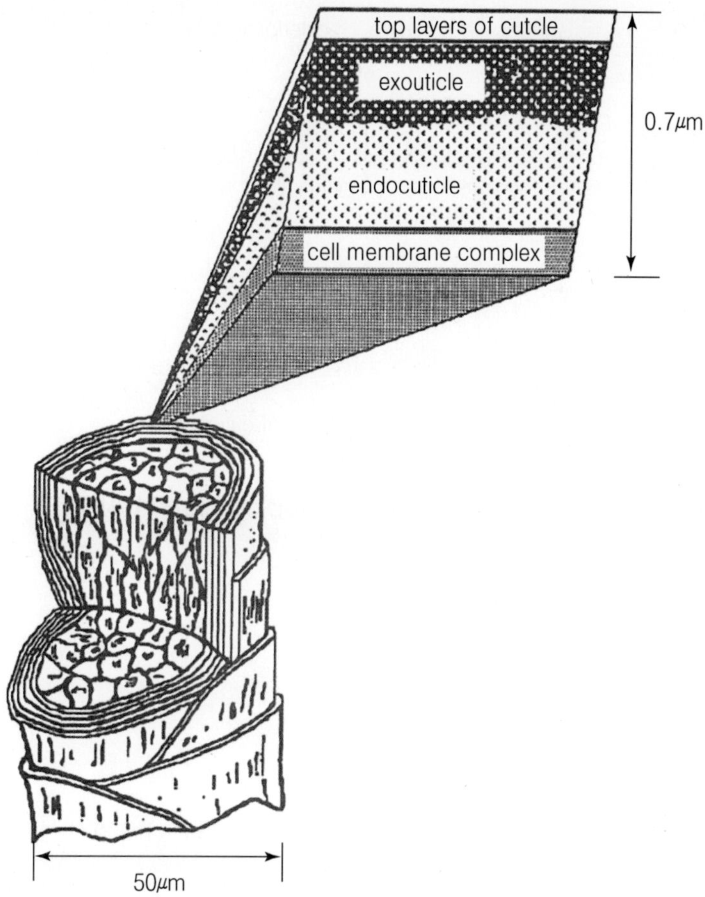

그림 6-5. 모표피의 미세구조

며 기계적인 손상을 받기 쉽다. 모표피는 친유성으로 물과 약제의 침투에 대한 저항력이 있고, 외부 환경의 여러 가지 요인으로부터 모피질을 보호한다. 따라서 물리적인 요인에 의한 모표피의 손상, 박피, 탈락 등은 모피질의 손상을 가져오는 직접적인 요인이 될 수 있다.

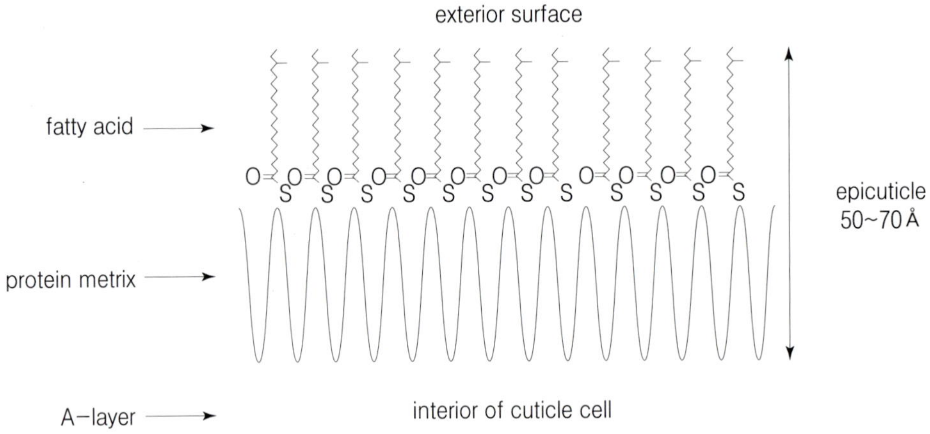

그림 6-6. 최외표피(epicuticle)의 미세구조

1-1-1. 최외표피(epicuticle)

최외표피는 모간의 가장 바깥을 구성하는 케라틴 단백질의 얇은 막이며, 모표피세포막(*cuticle cell membrane*)이라고도 한다. 즉 두께는 약 5~10nm이고, 지질과 시스틴을 함유하는 단백질로 구성된다.

18-메틸에이코산(18-*methyleicosanic acid*)이 단백질과 공유결합(*covalent bond*)되어 표피 세포의 외측에서 단백질과 결합되어 있다. 이는 모발의 표면 특성에 기여한다. 즉 퍼머넌트 웨이브 용제, 햇볕, 탈색제, 반복적인 모발의 신장 등에 의한 세포막복합체(CMC)의 손상으로 인하여 모발 내부로의 침투에 영향을 미친다.

최외표피의 얇은 막은 수증기는 통과하지만 물은 통과하지 못하고, 친유성이나 알칼리성 용액 등의 각질용해성 또는 단백질용해성 약품에 대한 저항이 강한 성질을 가지고 있다. 그러나 딱딱하고 부서지기 쉽기 때문에 물리적인 작용에 대해서는 약하다.

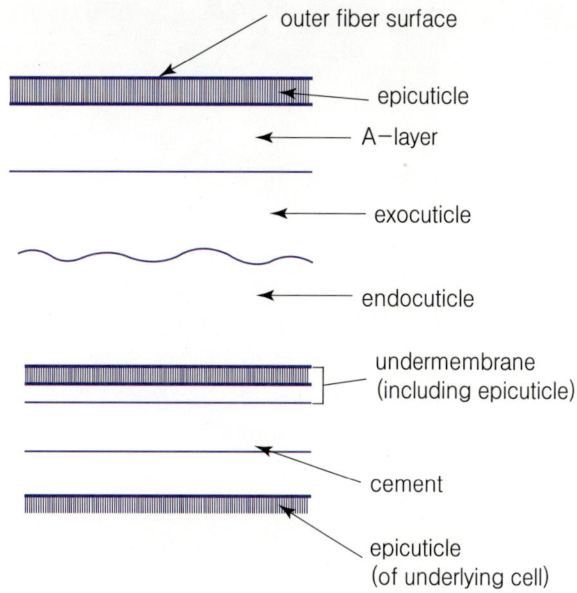

그림 6-7. 외표피(epicuticle) 단면 구조의 모식도

1-1-2. 외표피(exocuticle)

외표피의 세포 두께는 약 100~300nm이고, 시스틴의 함량이 많으며 비정질의 케라틴 단백질 층이다. 외표피는 다시 시스틴 함량에 따라 2층으로 구분된다. 최외표피와 경계에 있는 층은 시스틴 함량이 30%보다 많은 층으로 A층(*A layer*)이라 하고, 그 내측만을 엑소큐티클 층 혹은 B층(*B layer*)이라 하는데 시스틴의 함량이 약 15% 정도이다. A층은 비교적 일정 두께로 균일하게 외표피(*exocuticle*)에 존재하지만 외표피의 내측에서는 불균일한 상태로 내표피(*endocuticle*)에 접해 있다. 외표피는 모발 전체를 보호하기 위하여 존재하며, 총체적으로 약품의 확산, 침투에 대하여 저항성이 있고 그 외 광물성 기름 등 유분의 흡착 잔존에 대해서 역할이 크다. 즉 외표피는 단백질 용해성 약품에 대한 저항성이 강하지만 시스틴 결합을 절단하는 약품에는 약하다. 따라서 퍼머넌트 웨이브 용제의 작용을 받기 쉽다.

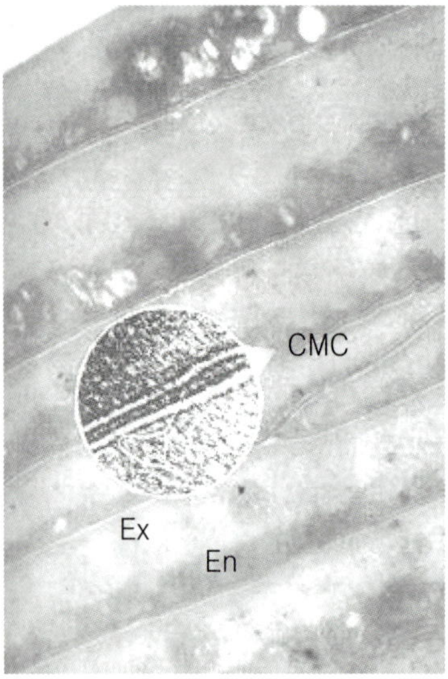

그림 6-8. 모표피의 내부 구조

1-1-3. 내표피(endocuticle)

내표피(*endocuticle*)는 모표피 층에서 가장 안쪽에 있는 층으로서 세포 두께는 약 50~300nm이다. 외측에는 외표피의 B 층(*B layer*)과 불규칙한 형상으로 접하고 있으나 내측에는 세포막복합체(*cell membrane complex*, CMC)와 비교적 균일한 형상으로 접착되어 있다. 외표피와는 대조적으로 시스틴의 함량(~3%)이 적고, 다른 모표피층(*cuticle layer*)보다 산성이나 염기성 아미노산을 많이 함유하고 있기 때문에 물에 대한 팽윤성이 크다. 내표피는 케라틴 단백질의 침식성 약품에는 강하지만 친수성이나 알칼리성 용액 등의 단백질 침식성 약품에는 약하다.

인접한 모표피는 세포막복합체(*cell membrane complex*, CMC)에 의하여 접착되어 있다. 세포막복합체는 세포막과 접착물질로 되어 있다. 모피질 세포들은 CMC에 의하여 단위세포막이 융합하여 모피질(*hair cortex*)을 형성한다. 즉 모표피와 모표피 사이 그리고 모표피와 내표피 사이 등 각 층 사이를 연접하는 CMC는 3층으로 구성되어 있다. 중앙의 검은 부분은 δ 층이라 하며, 약 15nm 정도의 폭으로 전자밀도가 높은 단백질 층으로 세포간 접착물질이 함유되어 있다. 그 양쪽의 하얀 부분은 β 층이고,

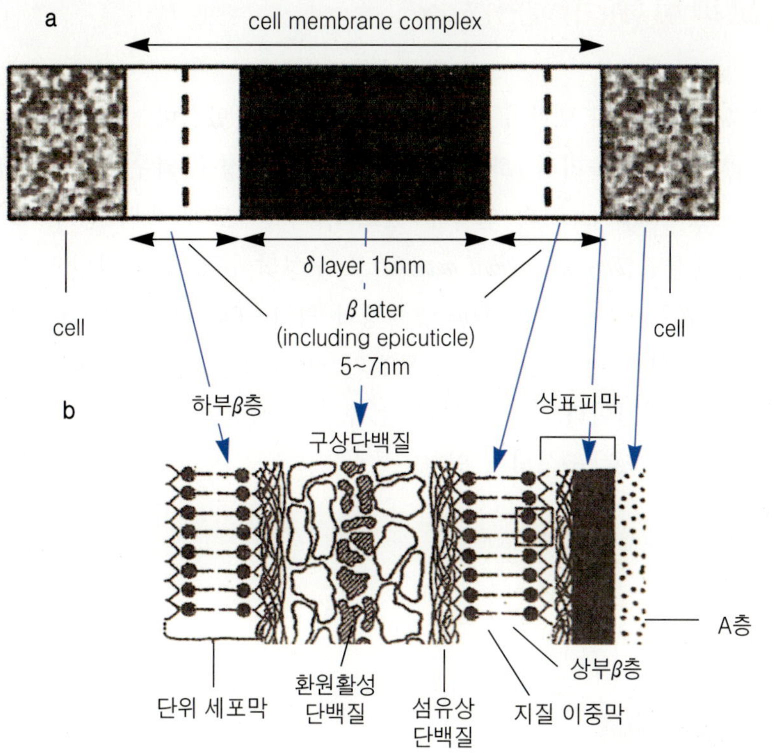

그림 6-9. **세포막복합체(cell membrane complex, CMC)의 모식도**

지질로 이루어져 있으며 최외표피를 포함한 두께는 약 5~7nm정도 이다. 세포막복합체는 연신성이 좋고 세포내 물질과는 화학반응성이 다른 특성이 있다. 즉 모피질의 세포내 단백질보다 단백질 분해효소에 의하여 매우 쉽게 분해된다. 그러나 모피질의 세포내 단백질을 쉽게 분해하는 알칼리제나 환원제에 대해서는 강한 저항을 갖는다.

세포막복합체(CMC)는 모표피와 모표피 사이와 모피질 내의 세포 간 접착에 기여한다. 또한 모피질 내의 수분과 단백질이 빠져나오거나 역으로 외부로부터의 수분 및 퍼머넌트 웨이브 용제나 염색과 탈색제 등의 화학 약품이 모피질 내로 침투하는 통로 역할을 한다.

1-2. 모피질(hair cortex)

모피질(*hair cortex*)은 모발의 85~90%를 차지하고 있으며, 모발의 유연성, 탄력성, 강도, 질감, 색상 등 물리적, 화학적 혹은 역학적 특성을 좌우하는 중요한 부분이다. 모피질은 모표피(*hair cticle*)의 안쪽에 있으며, 피질세포와 핵의 잔사, 멜라닌과립 그리고 세포간충물질(*inter-macrofibril material*)로 구성되어 있다. 케라틴으로 구성된 피질세포(*cortical cell*)는 길이가 약 100㎛, 직경이 약 1~6㎛이며 CMC로 둘러싸인 부분인데 중앙에 핵의 잔해가 남아있고, 모발의 길이 방향으로 비교적 규칙적인 배열을 하고 있는 세포집단이다. 피질세포는 섬유상 단백질인 다수의 거대섬유(*macrofibril*, MF)와 기질(*matrix*)로 구성되어 있다.

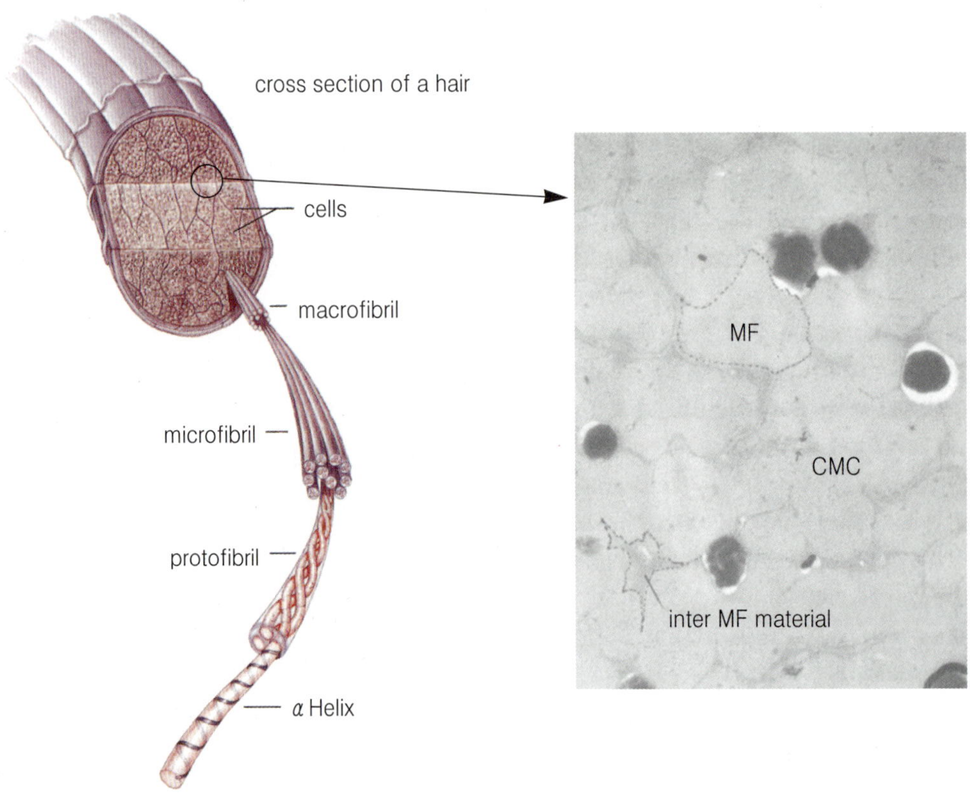

그림 6-10. 모피질의 구성 섬유와 세포

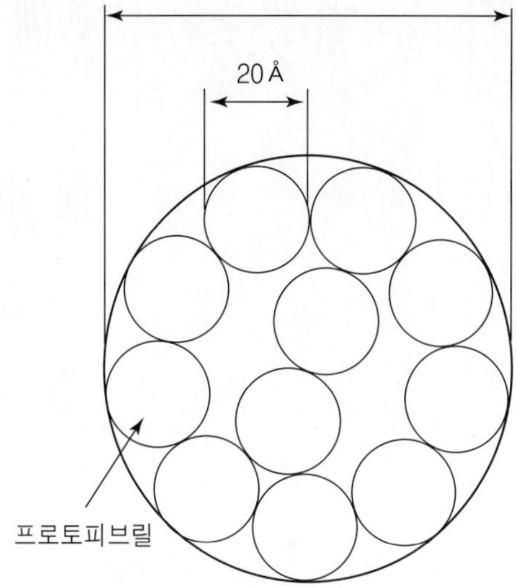

그림 6-11. 미세섬유(microfibril)의 구조

피질의 세포막은 거의 소멸되어 세포와 세포사이에는 섬유상 간충물질에 의하여 강하게 연결되어 있다. 모피질에서 세포막복합체는 거대섬유 및 그것들이 모인 피질세포와 피질세포 사이를 연결하며, 세포간충물질(*inter-MF material*)은 거대섬유사이와 피질세포 사이를 메우고 있는 물질이다.

피질세포의 대부분을 차지하는 거대섬유(*macrofibril*, MF)의 직경은 약 0.2~0.6㎛이며, 세포가 장축방향으로 배열되어 있다. 거대섬유는 가늘고 조직화된 미세섬유(*micro fibril*)와 조직화되지 않은 기질(*matrix*)로 둘러 싸여 있다. 특히 기질은 다른 부분 혹은 섬유전체보다 황 함량, 즉 시스틴 함량이 높다. 기질을 구성하는 단백질은 어느 정도 조직화된 단백질이만 대부분 비결정성이다. 미세섬유는 원섬유(*protofibril*)의 다발로 구성되어 있고, 원섬유는 3가닥으로 된 이중나선형 구조(*α-helix*)의 단백질로 구성되어 있다. 즉 아미노산의 펩티드결합에 의한 이중나선형 구조의 폴리펩티드 3가닥이 원섬유(*protofibril*)를 구성하고, 11개의 원섬유 다발이 가운데 2가닥을 중심으로 원주 상에 9가닥의 다발, 즉 9+2의 구조를 취하여 미세섬유(*microfibril*)를 구성한다. 11개의 미세섬유 다발이 가운데 2가닥을 중심으로 원주 상에 9가닥의 다발로 거대섬유(*macro fibril*)를 구성하여 다수의 거대섬유와 세포간충물질이 피질세포를 이룬다.

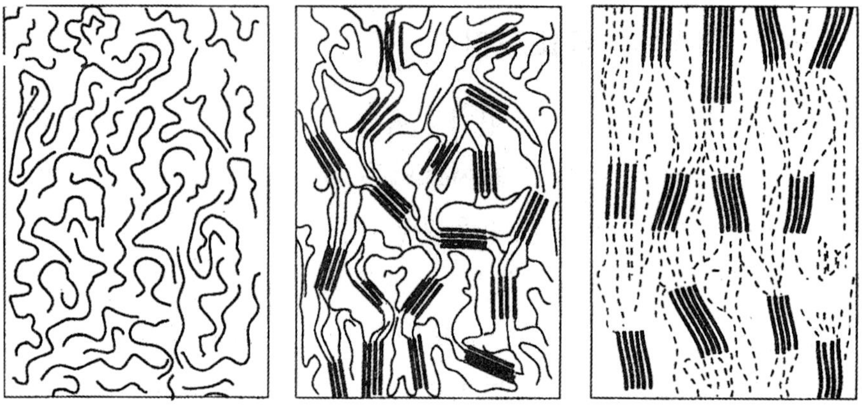

(a) 비결정성 (b) 결정성 (c) 배향한 결정성고분자

그림 6-12. **결정성과 비결정성**

모피질은 피질세포의 결정성영역과 세포간충물질의 비결정성영역으로 구성되어 있다. 결정성영역은 폴리펩티드(*polypeptide*)가 규칙적으로 배열되어 있고, 많은 수소결합으로 인하여 화학반응이 어려운 영역이다. 비결정성영역은 분자량이 적은 폴리펩티드로 된 이중나선형 구조의 단백질이 불규칙적으로 배열된 영역으로 기질(*matrix*)이라고도 한다. 이러한 비결정성영역은 긴 측쇄(*side chain*)의 이온결합(*ionic bond*)이 많아 인접한 폴리펩티드와는 거리가 멀고 수소결합도 약하기 때문에 유연하고 화학적 반응을 받기 쉬운 영역이다.

이러한 두 영역의 상태에 따라 모발의 화학적, 물리적, 역학적 특성이 달라질 수 있다. 특히 비결정질영역의 세포간충물질(*inter-macrofibril material*)은 손상을 받기 쉽기 때문에 모발 손상의 최대 원인이 되는 부분이다.

세포간충물질에는 비결정형의 케라틴 단백질 이외에 천연보습인자(*natural moisture facture*, NMF)가 함유되어 있다. 천연보습인자에는 아미노산이나 젖산 등의 염류 혼합물로 모발의 수분을 일정하게 유지하는 역할을 한다. 모발은 적당량의 수분을 함유하므로 촉촉하고 부드럽게 느껴지지만 수분이 감소되면 푸석푸석해진다. 외부 환경이 건조하면 수분이 증발되기 쉽기 때문에 천연보습인자가 수분 증발을 막아준

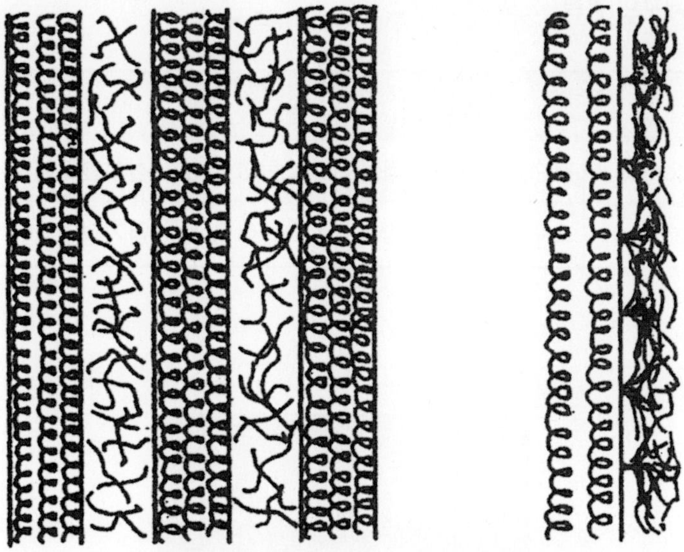

그림 6-13. 모피질의 미세구조

F : 결정성의 미세섬유(microfibril), M : 비결정성의 기질(matrix)

다. 그러나 천연보습인자는 수분을 흡수하지만 물에 녹기도 쉽다. 따라서 샴푸의 잘못된 습관으로 수분을 잃게 되는 경우도 있다. 모발의 트리트먼트는 천연보습인자를 대신하여 모발에 흡습능을 부여하는 것이 그 목적의 하나이다.

그리고 모피질은 모발의 색상을 결정하는 과립상의 멜라닌소체(*melanosome*)를 함유하고 있다. 멜라닌소체는 직경이 2.2~0.8㎛의 작은 타원형 혹은 공 모양의 입자이고, 피질세포 사이에 분산되어 있다. 미용학적인 측면에서 퍼머나 염색과 탈색 등에 의하여 여러 가지 헤어디자인을 연출할 수 있는 부분도 모피질의 화학적, 물리적 작용에 의해서 이루어진다. 즉 피질세포는 o-콜텍스(*ortho-cortex*)와 p-콜텍스(*para-cortex*) 혹은 A-콜텍스와 B-콜텍스의 2종류가 있다. 이는 케라틴의 특성에 따라 다르다.

표 6-1. 피질세포의 종류

종 류	성 질	시스틴 함량	염착성
o-cortex(A-cortex)	친수성이고 부드러움	시스틴이 적음	산성연료에 염색되기 쉬움
p-cortes(B-cortex)	소수성이고 딱딱함	시스틴이 많음	염기성염료에 염색되기 쉬움

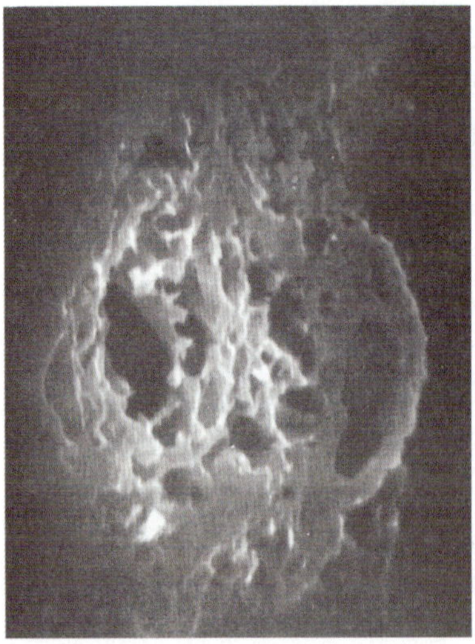

그림 6-14. 모수질(medulla)

1-3. 모수질(hair medulla)

모간의 중심부에 있으며 벌집형태의 세포가 축 방향으로 연결되어 있고, 멜라닌과 립을 함유하고 있다. 모발에 따라서 연필심과 같이 완전히 연결된 것, 군데군데 끊어져 있는 것, 완전히 없는 것 등이 있다. 또한 크고 작은 공포가 있는데, 이는 공기를 함유하여 보온 역할을 한다. 굵은 모발의 경우에 대부분 모수질이 존재하지만 취모나 유아의 모발에는 거의 존재하지 않는다.

2. 모발의 화학적 특성

2-1. 모발의 구성성분

모발은 대부분 경케라틴(*hard keratin*)이라는 단백질이 80~90%를 차지하며, 그 외에 멜라닌색소 2~3%, 지질 1~9%, 미량의 무기질 0.5~1.0%, 수분 11~13% 등으로 구성되어 있다. 또한 단백질은 탄소(*carbon*, C) 51%, 수소(*hydrogen*, H) 6%, 산소(*oxygen*, O) 20~21%, 질소(*nitrogen*, N) 17~18%, 황(*sulfur*, S) 5% 등의 원소로 구성되어 있다.

2-1-1. 모발의 아미노산 조성

체내의 단백질은 표준 아미노산이라 하는 20개의 아미노산으로 되어 있으며, 각각의 아미노산은 체내에서 다른 경로로 대사가 이루어진다. 어떤 아미노산은 포도당으로 전환되기도 하고 호르몬으로 되기도 하며 다양한 단백질을 구성한다. 이와 같은 표준 아미노산의 일반구조식은 그림 6-16과 같다.

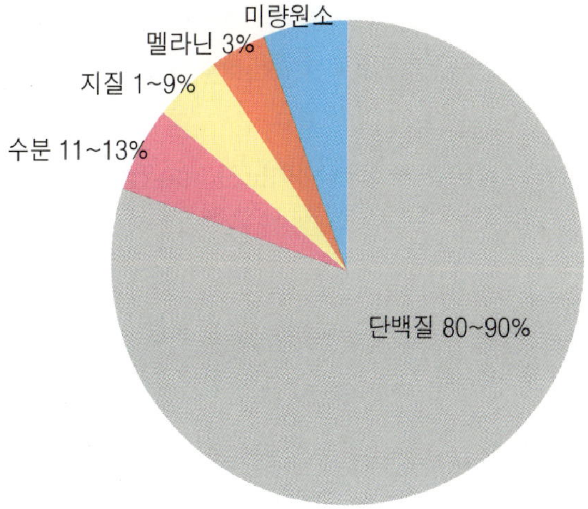

그림 6-15. 모발의 구성성분

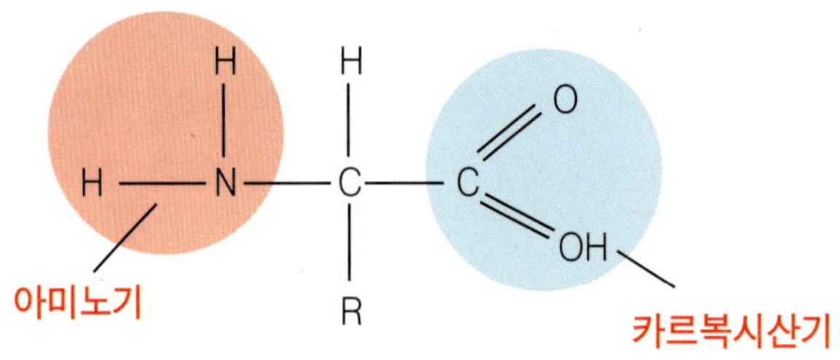

그림 6-16. 아미노산의 일반구조식

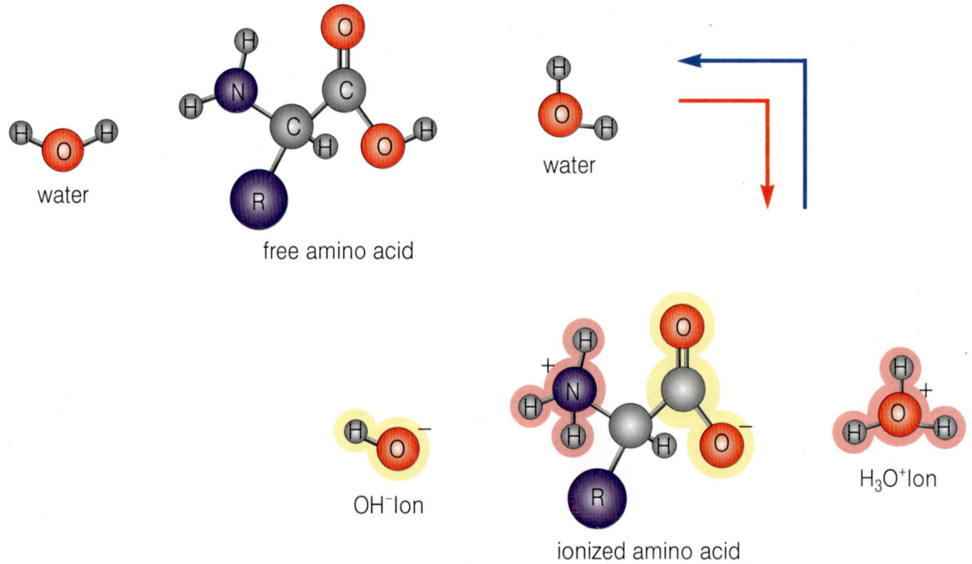

유리아미노산(free amino acid)+2H_2O ⇔ 이온화된 아미노산(ionized amino acid)+OH^-+H_3O^+

그림 6-17. 이온화된 유리 아미노산(free amino acid)

즉 아미노산(*amino acid*)은 아미노기(*amino group*, -NH_2), 카르복시기(*carboxyl group*, -COOH), 수소원자 그리고 곁사슬(*side chain*)인 R기(*alkyl group*) 등이 결합된 **α**-탄소원자(**α**-*carbon atom*)을 갖는다. 이와 같이 **α**-탄소원자에 아미노기(-NH_2)가 결합된 아미노산을 **α**-아미노산이라 한다. 유리 아미노산이 물에 노출될 경우에 카르복시기와 아미노기에 의하여 쉽게 이온화된 아미노산으로 된다. 이러한 현상은 아미노산의 측쇄(*side chain*)에서도 나타난다.

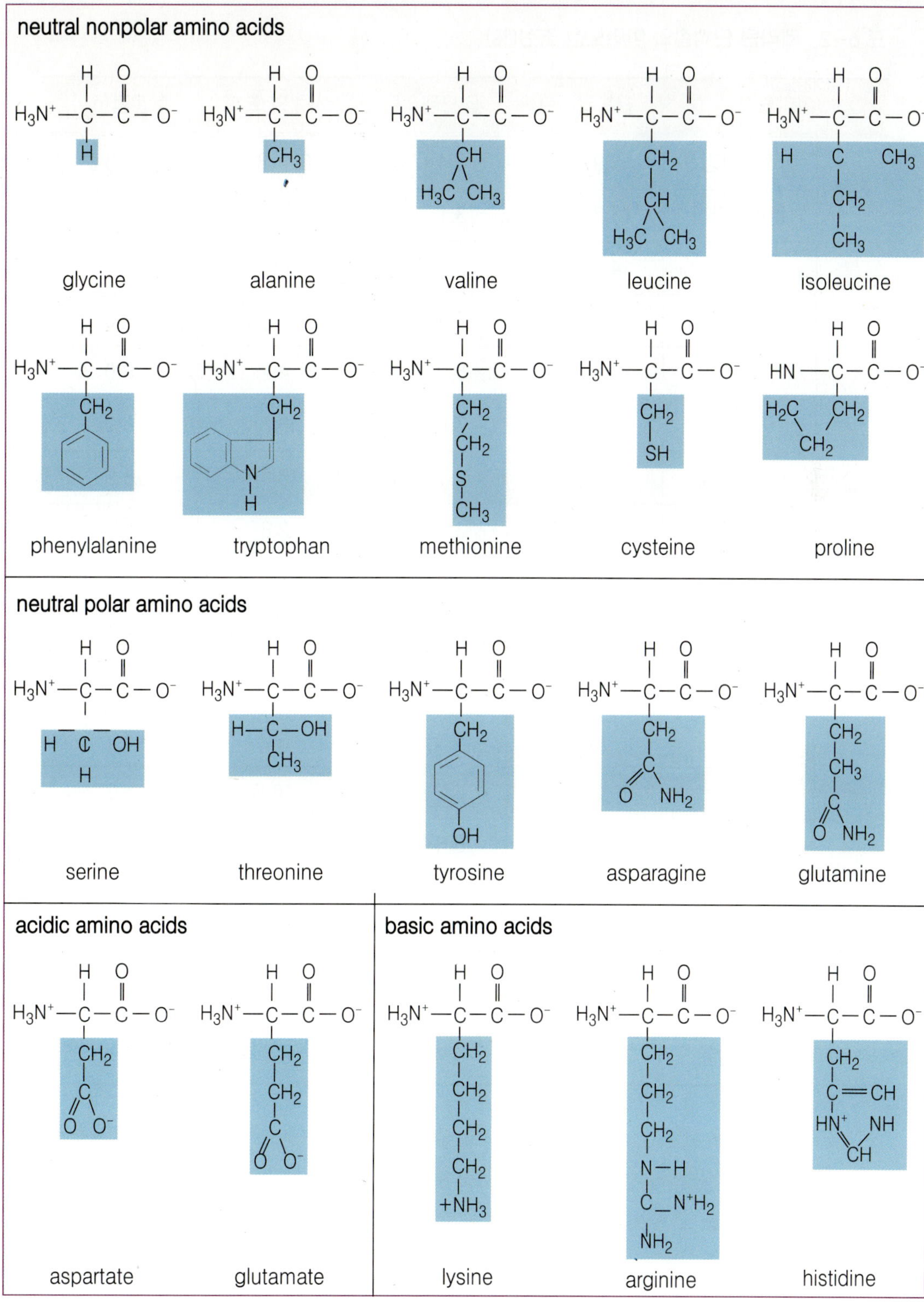

그림 6-18. 인체를 구성하는 표준아미노산

표 6-2. 케라틴 단백질의 아미노산 조성(%)

아미노산		인모케라틴	양모케라틴	사람의 표피	등전점(pH)
산성	아스파라긴산	3.9~7.7	6.4~7.3	(6.4~8.1)	2.8
	글루타민산	13.6~14.2	13.1~16.0	(9.1~15.4)	3.2
중성	글리신	4.1~4.2	5.2~6.5	6.0	6.1
	알라닌	2.8	3.4~4.4	–	6.0
	발린	5.5	5.0~5.9	4.2	6.0
	루이신	6.4	7.6~8.1	(8.3)	6.0
	이소루이신	4.8	3.1~4.5	(6.8)	5.9
	페닐알라닌	2.4~3.6	3.4~4.0	2.8	5.5
	트립토판	0.4~1.3	1.8~2.1	0.5~1.8	5.9
	메티오닌	0.7~1.0	0.5~0.7	1.0~2.5	5.7
	시스틴	16.6~18.0	11.0~13.7	2.3~3.8	5.0
	프롤린	4.3	5.3~8.1	3.2	5.7
	세린	7.4~10.6	7.2~9.5	16.5	5.7
	트레오닌	7.0~8.5	6.6~6.7	3.4	5.6
	티로신	2.2~3.0	4.0~6.4	3.4~5.7	5.7
염기성	리신	1.9~3.1	2.8~3.3	3.1~6.9	9.7
	아르기닌	8.9~10.8	9.2~10.6	5.9~11.7	10.8
	히스티딘	0.6~1.2	0.7~1.1	0.6~1.8	7.5

일반적으로 단백질 속에서 검출되는 20종의 아미노산을 표준아미노산이라 하는데, 비표준아미노산은 폴리펩티드에 결합한 후 화학적으로 변형되었거나 생체에는 존재하지만 단백질에서는 찾아볼 수 없는 아미노산이다. 즉 20종의 표준아미노산 중 어떤 것으로부터 유도된 것이다. 4-히드록시프롤린(4-*hydroxyproline*)과 5-히드록시리신(5-*hydroxylysine*)은 프롤린(*proline*)으로부터 유도된 비표준아미노산의 한 예로써 결합조직 내의 섬유단백질인 콜라겐 속에 함유되어 있다.

각 아미노산은 **α**-아미노기, 카르복시기 그리고 **α**-탄소원자를 가지고 있으므로 **α**-탄소원자에 결합된 R기에 따라서 20개의 아미노산으로 분류할 수 있다. 즉 R기가 수소원자(-H)이면 글리신(*glycine*)이고, 메틸기(*methyl group*, $-CH_3$)이면 알라닌(*alanine*)이 된다. 또한 아미노산은 물과의 상호작용 능력, 즉 R기의 화학구조와 물리적 특성에 따라 비극성, 극성, 산성, 염기성 아미노산으로 분류된다.

모발의 주성분인 단백질은 시스틴을 많이 함유하고 있는 케라틴 단백질이다. 케라틴 단백질은 18종의 아미노산으로 이루어져 있다. 즉 인체를 구성하는 20개의 표준아미노산 중에서 모발에는 곁사슬에 극성의 아미드기(*amide group*, $-CONH_2$)를 가지고 있는 아스파라긴(*asparagine*)과 글루타민(*glutamine*)이 없고, 시스테인 대신에 시스틴이 함유된다. 케라틴 단백질은 시스틴의 함량이 많은 특성이 있으며, 사람의 표피는 물론이고 양모 케라틴에 비하여 약 40~50% 정도 더 많다. 다음으로 염기성 아미노산인 히스티딘, 라이신, 아르기닌이 1:3:10의 비율로 함유된 특성이 있다.

사람의 모발은 여러 가지 요인, 즉 유전적, 환경적, 식습관, 미용상 화학 약품의 처리 등에 의하여 모발의 아미노산 함량이 다르다. 여성의 모발보다 남성의 모발에 시스틴이 많고, 색이 밝은 모발보다 어두운 모발의 시스틴 함량이 많다. 미처리 모발 섬유의 아미노산 조성은 대체적으로 인종간보다 인종내의 차이가 크다.

털끝부분의 시스틴 및 시스테인 함량은 털뿌리 부분보다 낮다. 또한 시스틴, 아르기닌 및 메티오닌 함량은 식습관에 따라 다르다. 강하게 탈색시킨 모발과 미처리 모발 사이의 주요한 화학적인 차이는 탈색처리 모발에서는 시스틴 함량이 낮고, 시스테인산 함량이 높으며 티로신, 메티오닌 함량이 낮다. 한편 약하게 또는 중간 정도로 탈색시킨 모발에서는 미처리모발보다 시스틴만이 확실히 적고, 이에 대응하여 시스테인산이 많다. 티오글리콜산과 과산화수소를 이용하여 실험실에서 처리한 모발의 시스틴 함량이 현저히 감소하며, 이에 대응하여 시스테인산 및 시스테인이 증가한다.

2-1-2. 멜라닌 색소

모발의 모피질에 멜라닌소체가 함유되어 모발의 색깔을 띠게 되는데, 모발에 함유된 멜라닌 색소는 3% 이하이다. 멜라닌은 크게 흑갈색을 띠는 유멜라닌(*eumelanin*)과 적갈색을 띠는 페오멜라닌(*phaeomelanin*)이 있는데, 이들의 조성비에 따라 모발 색깔은 다양하게 나타난다.

2-1-3. 모발의 지질

모발 중의 지질은 개인차이가 있으나 대략 1~9% 정도이다. 모발의 지질도 피부에서와 마찬가지로 피지선에서 분비된 외부지질과 모발 내부에 존재하는 내부지질로 구분할 수 있다. 모발의 외부지질과 내부지질의 조성은 같았고, 함량의 차이는 다소 있었으나 지질의 주성분은 유리지방산이었다.

표 6-3. 모발의 외부지질과 내부지질(%)

지질성분		외부지질	내부지질
중성지질	트리글리세리드	18.1	13.3
	디글리세리드	1.8	5.6
	모노글리세리드	3.9	7.7
유리지방산		45.2	50.2
콜레스테롤에스테르와 왁스에스테르		19.9	6.4
콜레스테롤		1.8	5.6
스쿠알렌		9.3	11.2

2-1-4. 미량의 무기질

모발 중에는 구리(Cu), 아연(Zn), 철(Fe), 망간(Mn), 칼슘(Ca), 마그네슘(Mg) 등의 금속이 함유되어 있다. 또한 이들 금속 이외에 인(P), 규소(Si) 등의 무기성분이 미량 함유되어 있으며, 미량원소는 모발의 회분으로서 0.55~0.94%를 차지한다.

모발은 케라틴 단백질로써 염기성을 띠고 있는 측쇄결합에 의하여 두발용화장품이나 땀과 먼지 등의 금속이온과 이온결합을 한다. 특히 퍼머넌트웨이브나 염색과 탈색으로 인하여 형성된 티올기(-SH), 술폰산기($-SO_3H$), 카르복시산기(-COOH)의 수용액 상태에서의 음이온, 즉 $-S^-$, $-SO_3^-$, $-COO^-$기의 증가로 금속이온이 모발에 흡착(*adsorption*) 되는 경우도 있다.

2-1-5. 모발의 수분 함량

모발은 흡습능력이 있기 때문에 주위 환경의 습도에 따라 수분 함량이 달라진다. 보통 25℃, 65% 상대습도에서 모발은 12~13%의 수분을 함유한다. 샴푸 후에는 30~35%, 드라이 후에는 10% 정도 수분이 함유된다. 케라틴 단백질 중의 수분은 25% 상대습도 이하의 낮은 습도에서는 수소결합에 의하여 섬유의 친수성기에 결합한다. 습도가 높아지면 수분의 흡착량은 증가하고, 이미 단백질과 화합하고 있는 물의 결합에너지가 감소한다. 80% 상대습도 이상의 고습도에서는 다분자흡착이 중요하게 된다. 케라틴 단백질 중에는 '움직이지 않는' 결합수와 '자유로이 움직이는' 자유수가 있다. 즉 결합수란 케라틴구조와 회합하고 있는 물이며, 자유수란 케라틴구조와 회합하고 있는 물분자의 결합에너지가 감소한 물이다. 모발의 수분 함량은 모발의 화학적, 역학적 특성, 즉 인장강도와 신장율, 정전기, 유연성, 팽윤, 마찰, 질감 등에 영향을 미친다.

2-2. 모발 내의 화학결합

단백질은 아미노산의 펩티드결합에 의한 고분자화합물이며, 단백질을 구성하는 18종류의 아미노산에 의한 여러 가지 화학결합과 입체적인 구조에 의하여 물리화학적인 특성을 나타낸다. 특히 모발은 아미노산의 펩티드 결합에 의한 주사슬(*main chain*)과 펩티드결합뿐만 아니라 염 결합, 수소결합 시스틴결합 등의 곁사슬(*side chain*)에 의한 고분자화합물이다. 모발의 주성분인 경케라틴(*hard keratin*)은 다른 단백질에 비하여 시스틴결합(*cystine bond*)이 많은 특성을 가지고 있다. 모발을 구성하는 단백질 섬유는 이러한 화학결합과 입체적인 구조로 인하여 여러 가지 물리적 화학적 특성을 나타낸다. 그리고 섬유사이의 세포간충물질 등으로 인하여 모발을 당기면 일정부분 늘어나다가 한계점 이상으로 힘이 가해질 때에는 끊어진다. 모발은 여러 가지 요인에 의하여 모발의 특성이 달라지는데 물리적, 화학적 특성에 영향을 크게 미치는 것은 모발을 구성하고 있는 단백질의 여러 가지 화학결합이다.

2-2-1. 모발의 주사슬(main chain)

두 개 이상의 아미노산이 한 아미노산의 카르복시기(-COOH)와 다른 아미노산의 아미노기(-NH_2)가 탈수되어 아미드결합(*amide bond*, -CO-NH-)을 형성한다. 이러한 아미드결합을 펩티드 결합(*peptide bond*)이라 하는데, 모발의 주사슬은 화학결합의 세기가 큰 공유결합 중 하나인 펩티드결합으로 되어 있다. 펩티드 결합은 생체 내에서의 여러 가지 특성을 가지고 있으며, 공유결합으로 화학적 결합력이 매우 높기 때문에 쉽게 파괴되지 않는다.

새로이 생성된 펩티드 결합의 C-N 결합은 일반적인 C-N 단일결합보다 결합의 길이가 짧고, 자유로이 회전할 수 없는 등 이중결합(*double bond*)의 특성을 나타낸다. 그리고 펩티드 결합에서 C=O의 산소원자와 -NH-의 수소원자는 항상 트랜스 형(*trans form*)의 동일평면상에 있다.

구성아미노산의 수에 따라 디펩티드(*dipeptide*), 트리펩티드(*tripeptide*), 테트라펩티드(*tetrapeptide*) 그리고 폴리펩티드(*polypeptide*) 등으로 분류할 수 있다. 즉 펩티드를 구성하는 각각의 아미노산을 아미노산 잔기(*amino acid residue*)라 하며, 2개의 아미노산 잔기로 되어 있는 펩티드를 디펩티드, 3개의 아미노산 잔기로 구성된 펩티드는 트리펩티드라 한다. 2~10개의 아미노산 잔기로 구성된 아미노산 중합체(*polymer*)를 올리고펩티드(*oligopeptide*)라 하고, 10개 이상의 아미노산 잔기를 갖는 아미노산 중합체를 폴리펩티드(*polypeptide*)라 한다. 단백질은 하나 그 이상의 폴리펩티드 사슬(*polypeptide chain*)로 되어 있다.

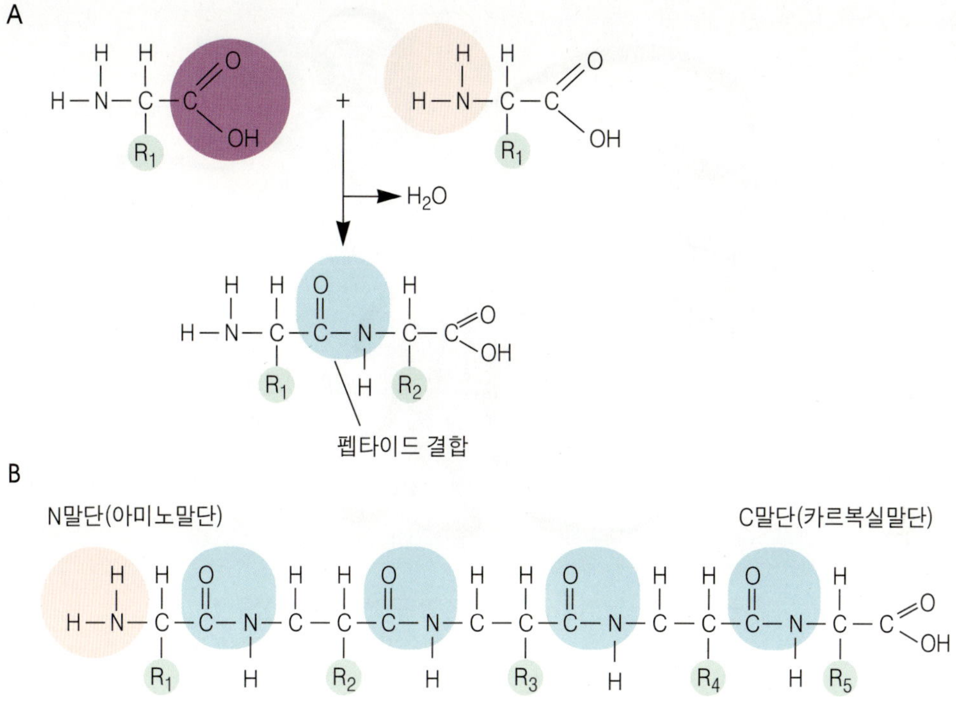

그림 6-19. 펩티드 결합(peptide bond)의 형성

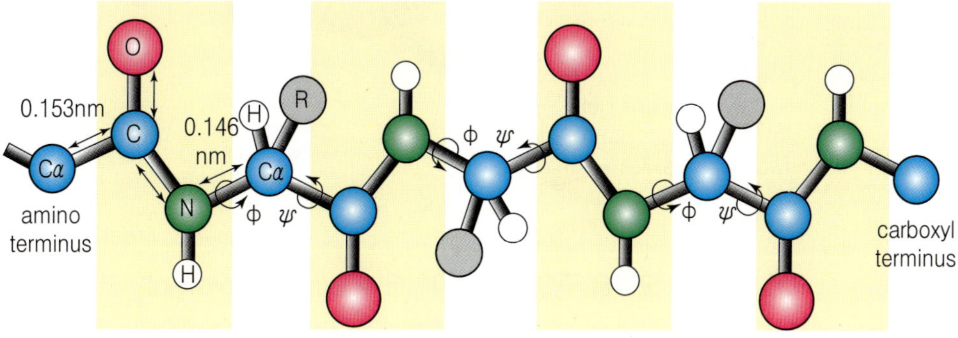

그림 6-20. 평면성 펩티드기

그림 6-21. 단백질의 α-나선형 구조와 β-병풍구조

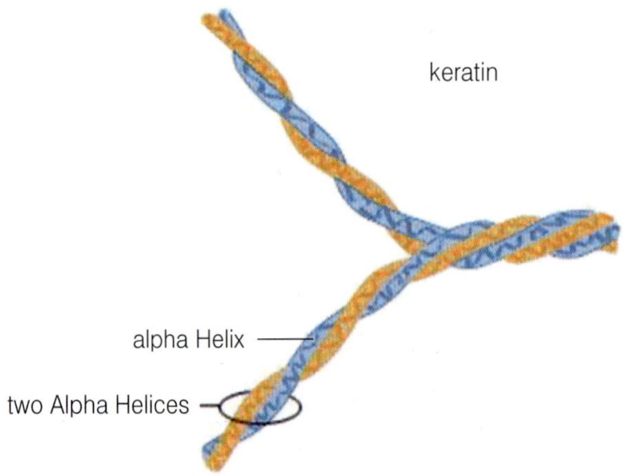

그림 6-22. 모발을 구성하는 케라틴 단백질(keratin protein)

모발의 경케라틴을 구성하는 주사슬은 주로 폴리펩티드 사슬의 공간적인 구조로 이루어진다. 즉 폴리펩티드 사슬 내에서 연속하여 인접된 아미노산 잔기의 공간적 배열은 **α**-나선형 구조(**α**-*helix*)와 **β**-병풍구조(**β**-*pleated sheet*)이다. 모발이 자연 상태일 때에는 **α**-나선형 구조이지만 모발에 힘을 주어 잡아당겼을 때에는 **β**-병풍구조를 한다.

모발은 이와 같은 α-나선형 구조의 단백질이 꼬여서 생성되는 고분자이며, 단백질의 주사슬과 주사슬 사이에 여러 가지 화학결합에 의하여 가교를 형성한다. 특히 시스틴에 의한 가교율이 높은 단백질을 경케라틴(*hard keratin*)이라하고, 가교율이 낮은 단백질을 연케라틴(*soft keratin*)이라 하는데 모발은 경케라틴으로 구성된 케라틴 단백질이다.

2-2-2. 모발의 곁사슬(side chain)

모발은 폴리펩티드의 주사슬과 주사슬 사이에 가교(*cross-linking*)를 형성하여 강도와 탄력성 등 여러 가지 물리적, 화학적 특성을 갖는다. 모발의 이러한 특성은 모발

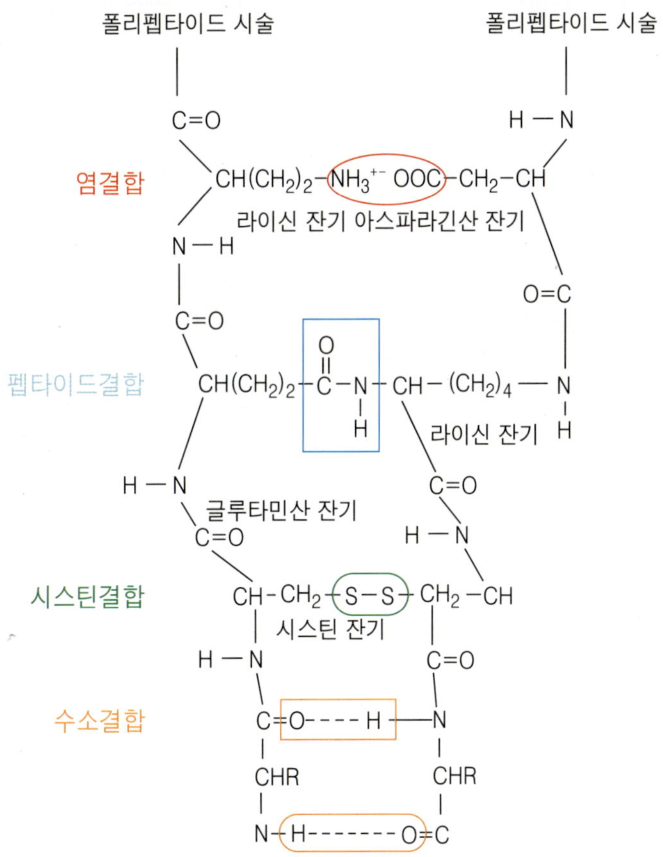

그림 6-23. 모발의 곁사슬을 구성하는 화학결합

의 곁사슬(*side chain*), 즉 펩티드결합뿐만 아니라 시스틴결합(*cystine bond*), 염 결합(*salt bond*), 수소결합(*hydrogen bond*)에 의하여 가교를 형성한다. 곁사슬은 이러한 주된 4가지 화학결합 이외에도 소수성결합과 반데르발스결합(*Van Der Waal' force*)도 기여를 하지만 화학결합의 세기는 약하며 단백질의 입체구조에는 다소 영향을 미친다.

1) 펩티드결합(peptide bond, −CO−NH−)

펩티드결합은 모발의 주사슬(*main chain*)뿐만 아니라 곁사슬의 화학결합에도 관여한다. 즉 모발을 구성하는 주사슬의 글루타민산과 리신과 같은 아미노산 잔기의 펩티드결합에 의한 가교(*cross-linking*)로 모발의 화학적, 역학적 특성에 큰 영향을 미친다.

2) 시스틴 결합(cystine bond) 혹은 이황화 결합(disulfide bond, −S−S−)

아미노산 잔기 중 시스테인(*cysteine*)과 시스테인(*cysteine*) 사이에서 형성된 시스틴 결합(*cystine bond*)혹은 이황화 결합(-S-S-, *disulfide bond*)은 모발의 화학적, 물리적 특성에 영향을 크게 미친다. 이와 같은 시스틴 결합은 펩티드나 단백질 내의 시스틴 잔기의 티올기(*thiol group*) 사이에서 형성된 공유결합으로 결합력의 세기가 크다. 이는 견이나 목면 등의 천연섬유나 합성섬유에서는 볼 수 없는 케라틴 단백질의 중요한 화학결합으로 역학적으로는 견고한 결합이지만 화학적으로 쉽게 절단되고 다시 결합시킬 수 있는 특성이 있다. 모표피(*cuticle*)는 모피질(*cortex*)에 비하여 시스틴의 함량이 많으며 화학적 저항성이 큰 반면에 물리적인 특성이 약하다. 시스틴 결합(*cystine bond*)은 단백질과 단백질사이의 가교(*cross-linking*)를 형성하여 케라틴을 딱딱하게 한다. 퍼머(*permanent waving*)의 기본 개념은 모발 케라틴 중 모피질의 시스틴 결합을 환원제로 절단하고, 모발을 원하는 형태로 변형시킨 후 그 형태를 유지하기 위하여 환원제로 절단된 시스테인을 산화제를 이용하여 다시 시스틴 결합을 형성하는 것이다.

3) 이온결합(ionic bond, $-NH_3^+-OOC^-$) 혹은 염 결합(salt bond)

이온결합(*ionic bond*)은 모발 내에서 단백질을 구성하는 아미노산의 잔기 중 음이온성 아미노산과 양이온성 아미노산의 정전기적인 인력에 의하여 형성된 모발의 측쇄결합이다. 즉 리신(*lysine*) 혹은 아르기닌(*arginine*) 잔기의 양이온(+*ion*)으로 하전된 암모늄 이온($-NH_3^+$)과 아르파라긴산 잔기의 음이온(-*ion*)으로 하전된 카르복시 이온($-COO^-$) 간의 정전기적 인력으로 인한 화학결합이다.

모발의 등전점인 pH 4.5~5.5의 범위에서 결합력의 세기가 최대이며, 케라틴 단백질의 강도에 약 35% 정도 기여한다. 이와 같은 이온 결합(*ionic bond*)은 염결합(*salt bond*)이라고도 하며, 산과 알칼리 그리고 물에 의해서 쉽게 파괴된다.

4) 수소 결합(hydrogen bond, −CH=O···H−NH−)

아미드기와 그것에 인접한 카르복시기 사이의 결합이다. 모발을 구성하는 단백질의 이중나선형(*α-helix*) 구조도 아미드기의 산소와 수소에 의한 수소결합에 의하여 안정화되어 나선형 구조의 일정한 모양을 유지하고 있다. 그리고 단백질을 구성하고 있는 아미드기의 산소와 수소뿐만 아니라 모발을 구성하고 있는 단백

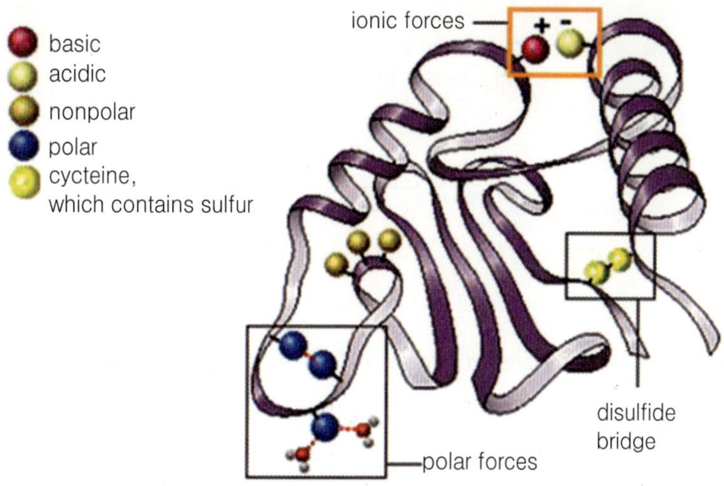

그림 6-24. 안정된 3차원 단백질의 화학결합

질 주위의 수많은 물 분자와도 수소결합을 한다. 수소결합은 모발을 구성하는 화학결합 중 가장 약한 결합이다. 그러나 모발의 흡습력에 의하여 단백질 주위에 물 분자가 많기 때문에 단백질과 물 분자 간에 다수의 수소결합으로 인하여 모발의 화학적, 물리적인 특성에 영향을 미치게 된다. 즉 케라틴 단백질이 건조 상태에 비하여 물에 젖었을 때 쉽게 늘어나는 것은 수소결합 때문이다. 한편 모발을 물에 적셔서 웨이브를 준 후 그대로 건조시키면 원래 상태로 돌아가지 않는 것은 잘 알려진 사실이다. 이 현상을 '워터 웨이브'라 하는데 이는 수소결합 때문이다.

2-3. 모발의 화학적 특성

2-3-1. 모발과 pH

물은 수소이온 또는 양성자(*protone*, H^+)와 수산화 이온(OH^-)으로 이온화 한다. 그러나 실제 해리된 물의 수용액에서는 양성자가 존재하지 않고, 양성자가 물과 결합하여 히드로니움 이온(*hydronium ion*, H_3O^+)으로 존재한다. 물의 이온화 반응에서 양성자(H^+)는 편의상 사용된다. 물의 해리는 다음과 같다.

$$H_2O \rightleftharpoons H^+ + OH^-$$

$$K_{eq} = \frac{[H^+][OH^-]}{[H_2O]}$$

K_{eq}는 반응의 평형상수(*equilibrium constant*)이다. 물의 순수한 농도는 물 1L 속에 있는 그램(g)수, 즉 1,000g을 물의 분자량(18g/mol)로 나눈 값이다. 이는 55.5M이며 어느 용질보다 농도가 훨씬 높기 때문에 보통 상수로 사용한다.

$$K_{eq}[H_2O] = K_{eq} \times 55.5 = [H^+][OH^-] = K_W$$

$K_{eq} \times 55.5$를 물의 이온적(*ion product of water*, K_W)이라 한다. 25℃에서 물의 이온화 상수는 1.8×10^{-16}M이므로

$$K_W = (1.8 \times 10^{-16})(55.5) = [H^+][OH^-] = 1.0 \times 10^{-14}$$

이는 25℃에서 물의 $[H^+][OH^-]$의 적이 항상 1.0×10^{-14}임을 의미한다. 순수한 물이 해리할 때 양성자의 농도($[H^+]$)와 수산화 이온의 농도($[OH^-]$)는 같다.

$$[H^+] = [OH^-] = 1.0 \times 10^{-7} M$$

따라서 순수한 물의 수소이온 농도($[H^+]$)는 1.0×10^{-7}M이다. 만일 $[H^+]=[OH^-]$이면 그 용액은 중성이다. 그리고 $[H^+]>[OH^-]$인 용액은 산성(*acidic*)이고, $[H^+]<[OH^-]$인 용액은 염기성(*basic*)이다. 수소이온 농도(*hydrogen ion concentration*, $[H^+]$)는 보통 $10^0 \sim 10^{-14}$M 범위이고, $pH = -\log[H^+]$를 측정하는데 사용되며 이를 수소이온지수 혹은 수소이온농도를 지수로 나타낸 값이다.

세포 내 많은 생체 분자들은 산성 또는 염기성을 띤다. Brönsted-Lowry의 정의에 의하면 산은 양성자 공여체(*donor*)이고, 염기성은 양성자 수용체(*acceptor*)이다. 염산(HCl)과 같은 전형적인 강산과 수산화나트륨(NaOH)과 같은 강염기는 물에 거의 100% 이온화된다. 강산은 자체 내의 양성자에 대한 친화력이 거의 없기 때문에 쉽게 이온화하여 양성자를 잃는다. 그리고 강염기는 양성자에 대한 강한 친화력을 가지고 있기 때문에 용액으로부터 쉽게 양성자를 받아들인다.

$$HCl \rightarrow H^+(H_3O^+, \text{실제적 이온}) + Cl^-$$

$$NaOH \rightarrow Na^+ + OH^-$$

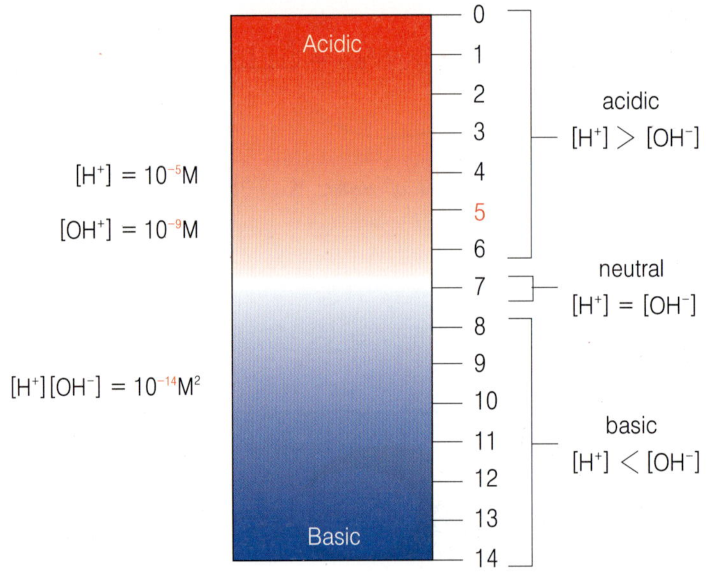

그림 6-25. **수소이온 농도**

그러나 약산(HA)은 자체의 양성자에 대한 강한 친화력을 가지고 있기 때문에 강산처럼 자신의 양성자를 쉽게 내어 놓지 않는다. 따라서 약산은 한정된 이온화반응만 일어난다. 산의 대부분은 계속 해리되지 않은 형태로 존재한다. 유기산 중 초산은 대표적인 약산이다. 물이 들어있는 컵에 초산을 첨가하면 초산의 대부분(약 99%)은 비해리 형으로 존재한다. 약염기는 양성자에 대한 친화력이 거의 없으며, 용액 상에서 쉽게 양성자를 받아들이지 못한다. 유기염기는 많지 않지만 약염기는 아미노기를 가지고 있다.

유기산의 해리는 다음과 같다.

$$\underset{\text{약산}}{HA} \rightleftharpoons H^+ + \underset{\text{약산의 짝염기}}{A^-}$$

해리반응에 의하여 약산(HA)이 양성자(H^+)를 잃고 A^-가 되는데, 이때의 A^-를 짝염기(*conjugate base*)라 한다. 예를 들면 초산(CH_3COOH)은 해리하여 짝염기인 초산염(CH_3COO^-)을 형성한다.

pH(*parts hydrogen, potential hydrogen*)란 수용액 상태에서 양성자의 농도를 측정하는 단위이며, 양성자의 농도($[H^+]$)를 음의 대수로 나타낸 것으로 산성도(*acidity*)의 척도이다.

$$pH = -\log[H^+]$$

순수한 물의 경우 양성자의 농도($[H^+]$)가 10^{-7}M이므로 pH = 7로써 중성을 나타낸다. 양성자의 농도($[H^+]$)가 10^{-7}M보다 더 큰 농도의 용액은 산성(pH 〈 7)이고, 반면에 10^{-7}M보다 더 적은 농도의 용액은 염기성(pH 〉 7)이다. 또한 이러한 값은 산술적인 값이 아니라 대수값이다. 즉 2개의 용액에서 pH가 1단위만큼 차이가 있는 것은 한쪽 용액의 양성자의 농도($[H^+]$)가 다른 쪽의 10배가 된다는 의미이다.

생물계에서 수소이온은 가장 중요한 이온 중 하나이며, 수소이온의 농도는 대부분의 세포와 생물체의 대사과정에 영향을 미친다. 즉 단백질의 구조와 기능 그리고 대부분의 생화학 반응 속도는 수소이온 농도에 의해 영향을 받는다. 뿐만 아니라 수소이온은 에너지 생성과 세포내 이입(*endocytosis*)과 같은 대사 과정에도 중요한 역할을 한다.

건강한 피부나 모발은 약산성을 띠는데 피지와 땀에 의하여 형성된 피지막이 수용액 상태에서의 약산성을 의미하며, 보통 pH는 4.5~5.5 정도이다. 이는 pH에 따라 단백질의 거동이 달라지기 때문이다. 모발이 약산에 노출될 경우 수렴효과 혹은 응집되지만 pH가 3 이하인 강산에 노출될 경우 가수분해되어 용해된다. 따라서 모발에 약산을 처리하면 모표피가 수렴되어 문리가 닫히게 되고 다소 딱딱하게 굳게 되며 외부의 이물질이 모피질 내로 침투되는 것을 억제하게 된다. 또한 모발에 강산을 처리하지 않는 한 산에 의한 손상을 받지 않는다. 모발이 약알칼리성에 노출될 경우에는 모발이 유연해지거나 팽윤도가 커지게 되지만 pH가 12 이상인 강알칼리성 수용액에 노출될 경우에도 가수분해되어 녹아버린다. 이러한 이유로 인하여 모발에 적용하는 샴푸제는 알칼리성 상태에서 이물질을 제거하고, 린스제는 유연해진 모발을 원래의 약산성 상태의 건강한 모발로 되돌리기 위해 사용하며 대전방지효과도 있다.

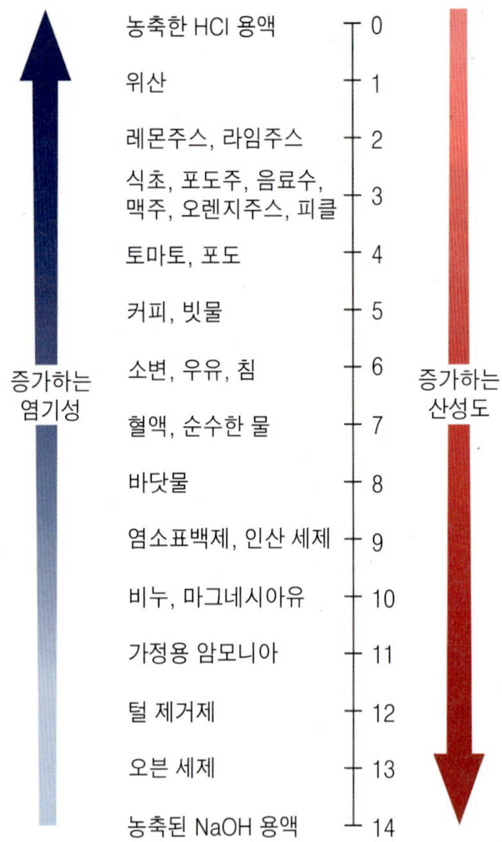

그림 6-26. 실생활 물질과 pH

표 6-4. pH에 따른 모발상태의 변화

pH	2.0	2.7	4.0	5.0	6.0	7.0	8.0	9.0	10.0	12.0
팽윤(%)	40.5	31.3	28.2	28.3	28.7	28.6	30.3	32.2	32.6	56.0
모발 거동	←가수분해		수렴, 경화		보통		팽윤, 연화			용해→

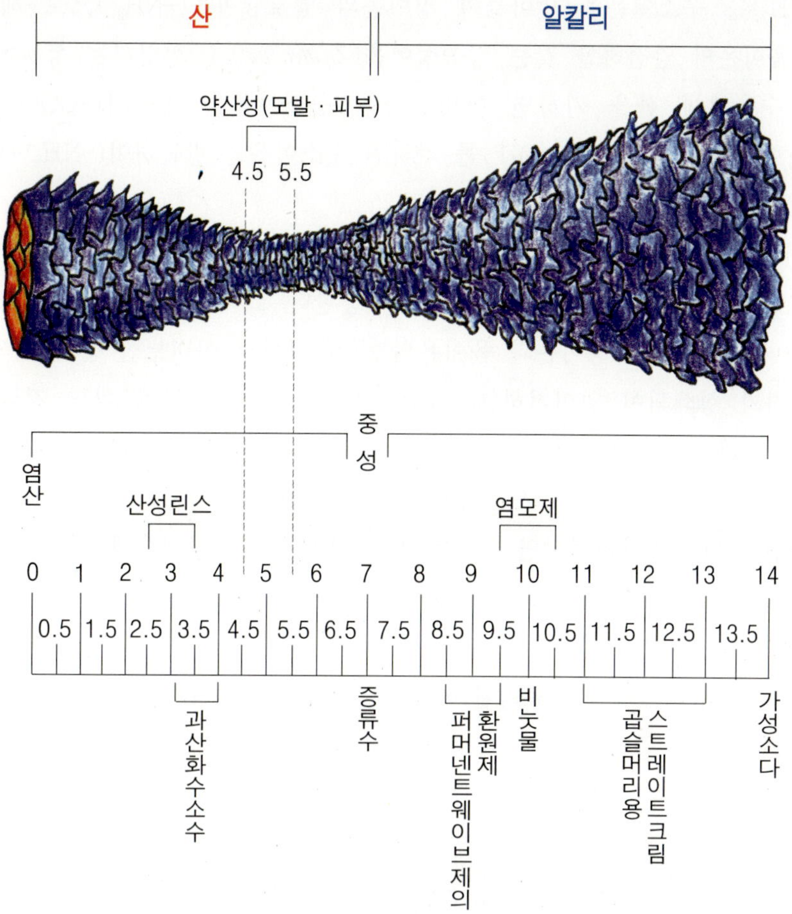

그림 6-27. pH에 의한 모발의 거동

2-3-2. 모발의 등전점

아미노산은 한 분자 내에 산성을 띠는 카르복시기(-COOH)와 염기성을 띠는 아미노기($-NH_2$)가 공존하기 때문에 용액의 pH에 따라서 산이나 염기로 작용한다. 이와 같은 화합물을 양쪽성전해질(*ampholyte*)이라 한다. 아미노산이 물에 녹으면 카르복시기는 수소이온(H^+)을 방출하여 음이온의 카르복시기($-COO^-$)으로 해리되고, 아미노기($-NH_2$)는 수소이온을 받아들여 양이온의 암모늄이온($-NH_3^+$)으로 해리되어 양이온과 음이온의 양전하를 갖는 양쪽성이온(*Zwitter ion*)을 형성하는 성질이 있다. 아미노산 수용액에 산을 가하면 아미노산은 수소이온을 받아서($-COO^- + H^+ \rightarrow -COOH$) 양이온이 되고, 알칼리($OH^-$)를 가하면 수소이온을 방출하여($-NH_3^+ + OH^- \rightarrow -NH_2 + H_2O$) 음이온으로 된다.

아미노산 용액을 전기영동(*electrophoresis*) 장치에 넣고 전류를 통하면 산성용액에서는 음극으로 알칼리성용액에서는 양극으로 이동한다. 그러나 어느 일정한 pH의 용액에서는 아미노산 중의 양이온과 음이온의 수가 같아서 아미노산 분자 내의 양전화와 음전하가 상쇄되어 알짜전하(*net charge*)가 0(*zero*)이 되므로 어느 전극으로도 이동하지 않는다. 이때 그 용액의 pH값을 등전점(*isoelectric point*)이라 한다. 등전점보다 산성이면 아미노산은 양이온으로 하전 되고, 음이온과 결합하여 염이 형성된다. 그리고 등전점보다 알칼리성이면 음이온으로 하전 되고, 양이온과 결합하여 염이 형성된다. 등전점에서 아미노산은 불안정하여 침전되기 쉽고, 용해도, 삼투압과 점도는 가장 작으며 흡착성과 기포성은 크다.

단백질은 폴리펩티드이므로 유리된 **α**-아미노기와 카르복시기는 거의 존재하지 않는다. 그러나 단백질 중의 산성 아미노산이나 염기성 아미노산 등의 곁사슬에는 아미노기 또는 카르복시기가 유리된 상태로 존재하며, 용액의 pH에 따라서 양이온이나 음이온으로 하전 된다. 단백질도 양쪽성전해질이며, 아미노산의 경우와 같이 등전점을 갖는다. 단백질 분자는 그 등전점에서 분자의 양이온과 음이온의 하전량이 같게 되어 분자 전체의 알짜전하는 0이다. 즉 전기적으로 중성으로 되어 전류를 통

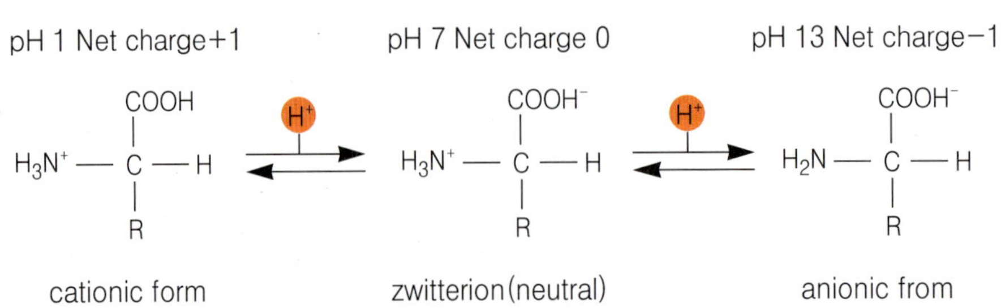

그림 6-28. 수용액 상태에서 아미노산의 해리

해도 단백질 입자가 어느 전극으로도 이동하지 않게 되는 pH를 단백질의 등전점이라고 한다. 등전점에서는 단백질 분자 사이에 정전기적인 반발력이 없게 되므로 응집되기 쉽다. 이러한 단백질의 거동은 모발에서도 나타난다. 즉 케라틴 단백질로 구성된 모발의 등전점은 pH가 4~6 정도이며, 등전점을 벗어난 용액에 모발이 노출될 경우에는 모발이 약해지거나 파괴되기 때문에 모발은 항상 등전점 영역의 상태로 유지하는 것이 중요하다.

2-3-3. 모발과 산화제

모발에 염색을 할 경우에는 산화제를 이용하는 경우가 많다. 주로 산화제로 사용되는 과산화수소(H_2O_2)는 모발이 멜라닌색소를 파괴시켜 모발의 탈색을 유도한다. 또한 모발에 염색을 할 때 전구체를 산화 반응시켜 활성중간체를 형성하여 결합제와 쉽게 반응하여 이량체(*dimer*), 삼량체(*trimer*) 그리고 고분자(*polymer*)를 형성하여 모발의 발색을 유도한다. 그러나 과산화수소가 모발에 강하게 작용하면 모발의 결사슬 결합뿐만 아니라 주사슬인 폴리펩티드와 산화반응으로 모발의 손상의 원인이 된다.

2-3-4. 모발과 알코올

헤어토닉이나 세트로션 등의 모발화장품에는 알코올이 함유된다. 알코올은 단백질을 용해시키기도 하고, 탈수 및 소독과 살균작용 그리고 수렴과 응고 등의 작용을 한다. 알코올의 농도가 50% 이상이 되면 모발의 수분을 탈수시키거나 수렴 및 응고 등으로 단백질을 변성시킴으로써 모발의 손상을 유발할 수 있다. 또한 알코올의 농도가 50% 이하이더라도 모발이 장시간 동안 노출될 경우 모발이 손상 될 수 있다.

2-4. 모발의 물리적 특성

2-4-1. 모발의 흡습성(hygroscopicity)

모발은 습한 공기 중에서 수분을 흡수하고 건조한 공기 중에서는 수분을 발산하는 흡습성(*hygroscopicity*)이 있다. 모발의 흡습성은 모발의 강성(*rigidity*), 인장강도, 신장율, 탄성, 대전성, 염색성 등 여러 가지 물리적, 화학적 성질에 영향을 미칠 뿐만 아니라 헤어스타일링(*hair styling*)에 있어서도 매우 중요하다.

일반적으로 모발에 접하고 있는 기체상이나 액체상의 물질이 있을 때 모발 표면의 기체 분자나 액체 분자의 농도가 기체상이나 액체상의 내부 농도와 차이를 생기게 하는 현상을 흡착(*adsorption*)이라 하고, 모발 표면에는 없고 모발 섬유 내부로 받아들이는 현상을 흡수(*absorption*)라 한다. 흡착과 흡수가 동시에 일어날 때 이것을 수착(*sorption*)이라 한다.

일반적으로 흡습은 물과 어떤 물질과의 결합이다. 이와 같은 결합은 3가지 결합, 즉 화학적 결합(*chemical combination*), 물리화학적 결합(*physicochemical combination*), 기계적 결합(*mechanical combination*)이 있다. 화학적 결합은 화학반응이나 수화물(결정수)

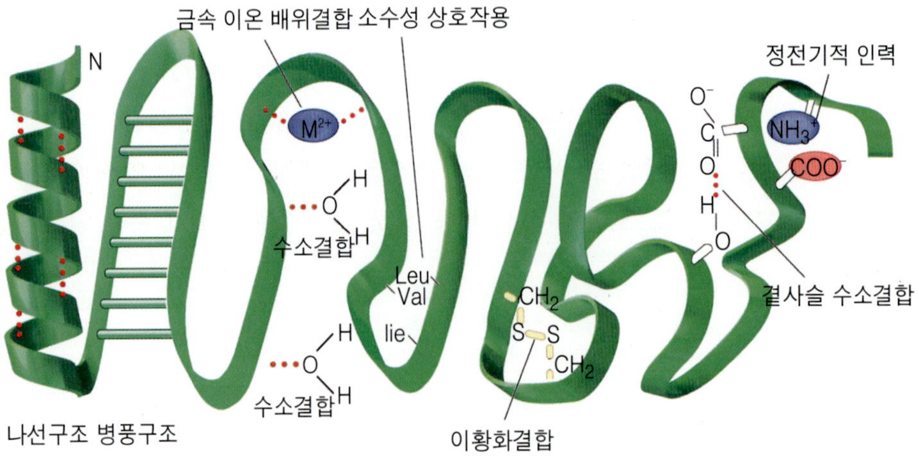

그림 6-29. 단백질 3차 구조의 안정화에 영향을 미치는 화학결합

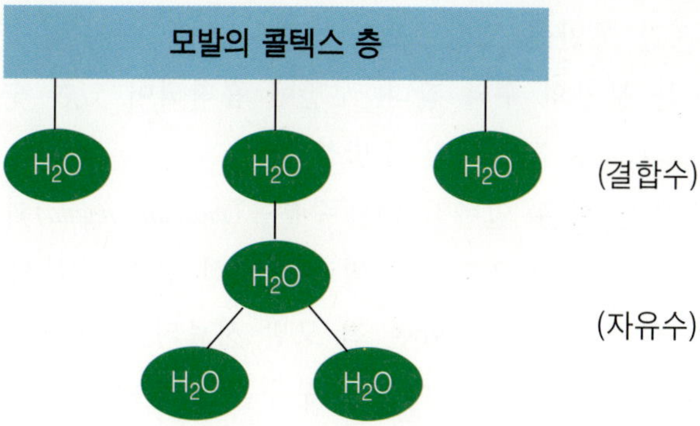

그림 6-30. 결합수와 자유수

에서의 물과 같이 결합수와 물질의 질량비가 일정한 것이다. 물리화학적 결합은 삼투(*osmosis*)나 흡수(*absorption*)와 같이 어떤 일정 한계에서 물과 물질의 결합비가 변한 것이다. 그리고 기계적 결합은 모세관 응축(*capillary condensation*)이나 표면 흡착(*surface adsorption*)과 같이 물과 물질의 결합비가 일정하지 않는 경우이다. 그러므로 모발의 흡습은 모발과 물의 물리화학적 및 기계적 결합이 보다 더 관련이 많다.

모발에 흡착된 물은 모발의 구성성분인 단백질의 친수기와 직접 결합된 물(*directly attached water*)과 직접 접착수에 다시 결합된 간접 접착수(*indirectly attached water*)로 구분된다. 전자를 결합수(*bound water*) 혹은 수화수(*water of hydration*)라하고, 후자를 자유수(*free water*)라고도 한다.

결합수는 모발의 물리적 성질, 즉 강도, 탄성도, 팽윤도, 흡수열 등에 관계되는 물이고, 자유수는 모발의 화학작용과 증기압을 유지하는데 필요한 물이다. 모발이 물에 젖으면 모발의 강성(*rigidity*)이 감소되는데, 모발의 주사슬(*main chain*)인 펩티드 사슬들을 서로 결합하는 수소결합을 자유수가 절단하기 때문이다. 또한 결합수는 케라틴 단백질 곁사슬(*side chain*)의 친수기에 결합되는 것으로 역학적 성질에는 별로 영향을 미치지 않는다.

건조한 모발을 습한 공기 중에 놓아두면 수분을 흡수하고, 젖은 모발을 건조한 공기 중에 두면 수분을 탈수(*desorption*)하여 그 이상의 변화가 일어나지 않은 수분평형(*moisture equilibrium*)에 도달할 때까지 진행된다. 이러한 평형은 동적평형(*dynamic equilibrium*)으로 단위시간 동안에 모발로부터 증발되는 물 분자의 수는 단위시간 동안 모발에 흡수되는 물 분자의 수와 같다. 모발에 흡착되어 있는 수분이 증발할 때에는 불안정하게 결합된 자유수가 먼저 증발한다.

모발에 흡수된 수분의 양은 일반적으로 수분율(*moisture regain*)과 함수율(*moisture content*)로 나타낸다. 수분율은 건조모발의 질량에 대한 흡수 수분의 질량의 비이고, 함수율은 건조시키지 않는 수분을 포함한 전 모발 시료의 질량에 대한 함유 수분의 질량비이다. 주로 모발의 물리적 고찰에는 수분율을 사용한다. 모발의 수분율은 모발이 존재하고 있는 공기의 온도와 상대습도(*relative humidity*, RH)에 따라 다른데 일반적으로 온도의 영향보다는 상대습도의 영향이 더 크다. 상대습도가 높아짐에 따라 모발의 수분 함량이 증가한다. 이와 같이 모발은 습도의 변화에 민감하고 수분량이 너무 많으면 모발의 기력이 나빠지고, 너무 적으면 푸석푸석하게 된다.

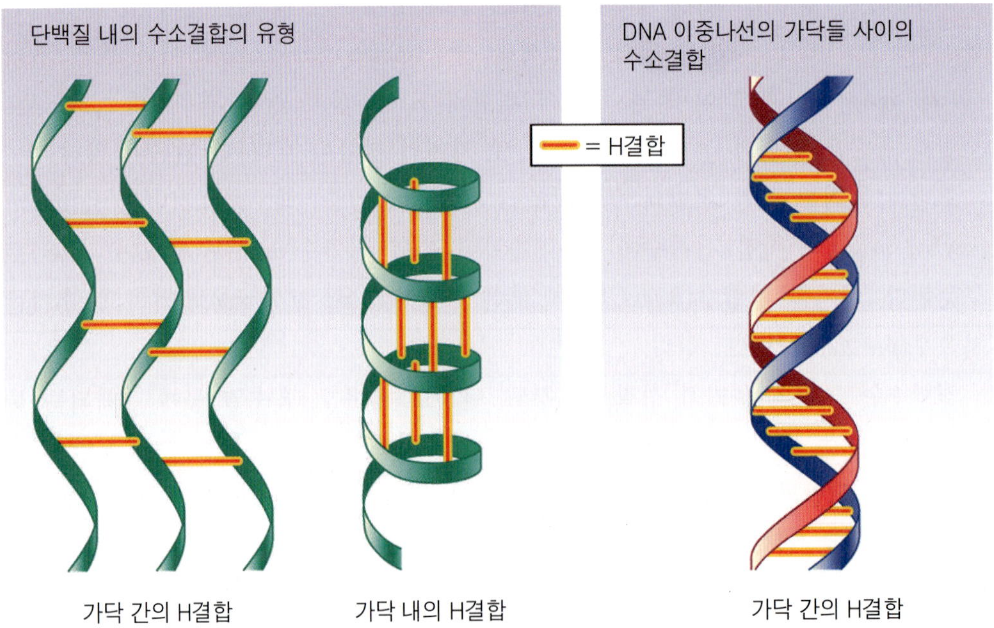

그림 6-31. 단백질 내의 수소결합 형태

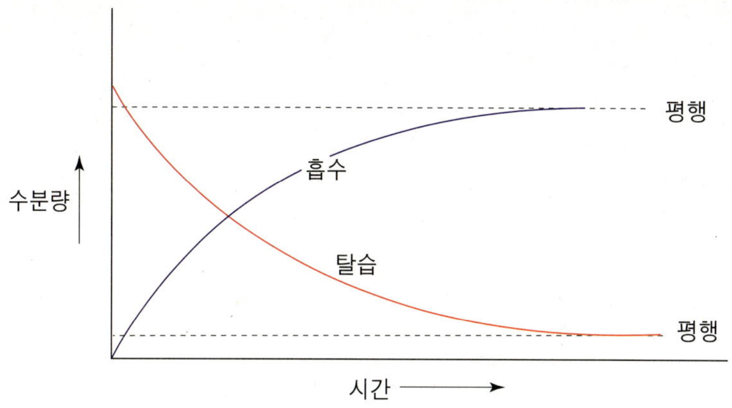

그림 6-32. 흡습 및 탈습 평형

표 6-5. 상대습도에 따른 모발의 수분 함량

상대습도(%)	29.2	40.3	50.0	65.0	70.3
수분함량(%)	6.0	7.6	9.8	12.8	13.6

일정한 온도에서 상대습도(RH)와 수분율과의 관계곡선은 수착등온선(*sorption isotherm*)이라 한다. 수착등온선은 건조한 모발이 상대습도가 점점 높아지는 상태에서 평형일 때의 수분율을 나타내는 곡선이고, 탈수등온선(*desorption isotherm*)은 습윤된 모발이 상대습도가 점점 낮아지는 상태에서 평형일 때의 수분율을 나타내는 곡선이다.

이 두 곡선은 서로 일치하지 않는데, 이러한 현상을 수분수착의 이력(*hysteresis of moisture sorption*)이라 한다. 수분수착의 이력현상은 동일한 상태에서 수분율이 다른 건조한 모발과 젖은 모발을 놓아두었을 때에도 생긴다.

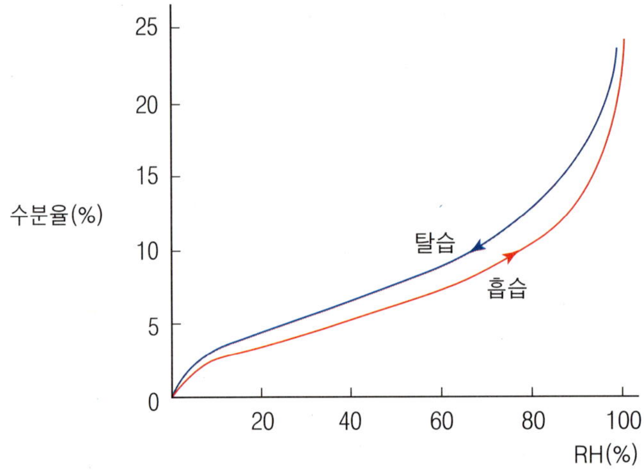

그림 6-33. 수착등온선

일반적으로 동일한 모발이라 하더라도 원래 젖은 모발이 도달하는 수분평형율은 건조한 모발을 동일한 상태에 두었을 때에 도달하는 수분평형율과 같지 않고 더 큰 값을 갖는다. 즉 모발의 흡습력에 따라서 평형수분율이 달라진다. 이것은 수분평형이 열역학적인 진평형이 아니라 준안정(*metastable*) 상태의 평형이다.

모발은 건조하면 가교(*cross-linking*)가 많은 구조가 되고, 젖으면 가교가 끊어져서 물분자와 결합하여 가교가 적은 구조가 된다.

이 두 구조를 상대습도가 일정한 어느 상태에 놓아두면 수분을 수착할 기회는 공기 중에 있는 물분자의 농도와 운동속도에 의하여 결정되므로 수분수착의 기회는 두 구조가 모두 같다. 그러나 모발에 가교가 형성되는 기회는 모발에 있는 작용기(*functional group*)와 이온결합(*ionic bond*)과 관련되며, 이것은 건조 모발이 습윤 모발보다 훨씬 크다. 그러므로 이 두 기회의 차가 모발이 수분을 수착 하는 순(*net*) 기회가 되며, 이것은 습윤 모발이 건조 모발의 경우보다 크다. 따라서 모발을 동일한 상대습도에 두더라도 습윤 모발의 평형수분율이 건조 모발의 평형수분율보다 훨씬 커져서 이력현상이 생기게 된다.

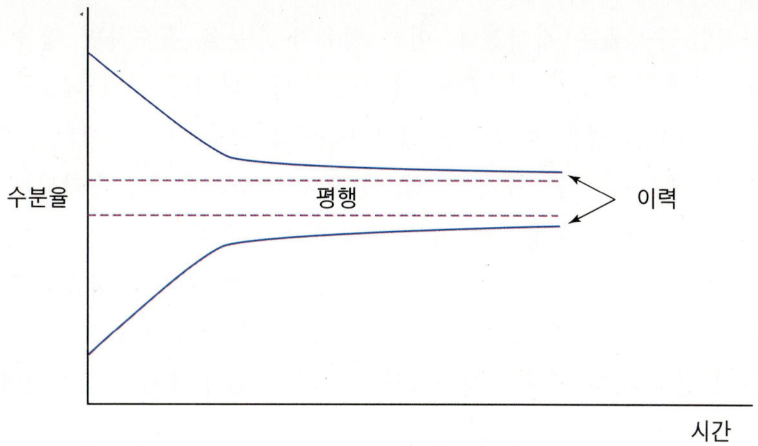

그림 6-34. **수분 수착의 이력**

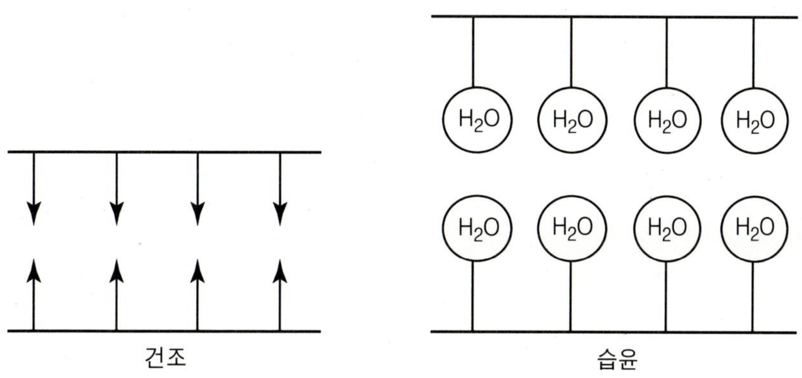

그림 6-35. **건조와 습윤 모발 구조의 모식도**

비오는 날에 헤어스타일이 흐트러지는 것은 모발이 일정 이상의 수분을 흡수하면 모발 중의 수소결합이 절단되어 원래의 헤어스타일로 되돌아가기 때문이다. 또 겨울에 빗질을 할 때 정전기가 발생하여 빗에 모발이 달라붙는 것은 건조하기 때문에 모발 중의 수분이 없어지는 경향이 있기 때문이다.

일반적으로 섬유의 경우 낮은 온도, 즉 10~50℃에서 동일한 상대습도의 경우 온도가 높아지면 수분율은 작아진다. 이는 섬유가 수분을 흡수하면 열을 발생하므로 일정 상대습도에서 온도가 상승하면 흡수량이 감소되어야 하기 때문이다. 즉 섬유는 수분을 수착하면 열을 발생하는 발열반응이기 때문이다. 발생되는 열량은 섬유의 성질, 섬유에 존재하는 수분의 양, 수착되는 수분의 양, 수착되는 수분의 상(*phase*), 즉 액체수 또는 수증기의 여부 등에 따라 다르다.

그러나 온도 50~100℃의 범위에서는 이러한 현상이 85% 상대습도까지만 일어나고 상대습도가 85% 이상의 고습도이면 반전현상, 즉 온도가 높으면 수분율도 커진다. 면섬유의 경우 85% 이하의 상대습도와 110℃의 고온에서 건조시키면 섬유 주위에 있는 물분자의 수가 적으므로 섬유의 친수성기인 수산기(*hydroxyl group*, -OH) 간의 재결합이 일어남으로써 친수성이 감소된다. 그러나 면섬유를 85% 이상의 상대습도와 고온에서 건조시키면 주위에 물분자가 많으므로 섬유간의 친수성기들이 이룬 가교가 절단되고, 이것이 다시 결합하기 전에 물분자가 침투하여 결합하므로 친수성이 커진다. 그러므로 고습도, 고온의 경우에는 고습도, 저온의 경우 보다 수분수착이 커져서 섬유의 수분율이 커지게 된다. 이러한 이유로 흡습등온성의 반전현상이 생기게 된다.

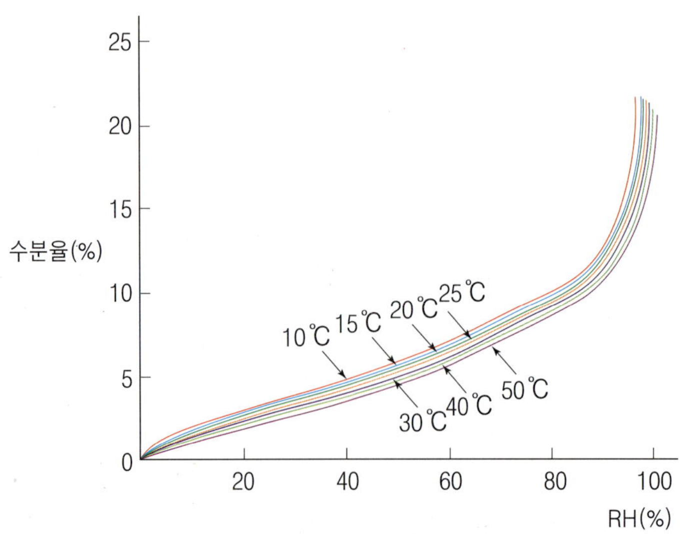

그림 6-36. 흡습등온선에 미치는 온도(10~50℃)의 영향

여러 가지 섬유의 흡습 메카니즘은 섬유분자와 물분자의 직접적인 화학결합과 반데르발스 힘(*Van Der Waal's force*)에 의한 약한 결합의 총합이다. 여러 가지 다른 섬유에 비하여 양모는 흡습등온선이 상대습도의 증가에 따라 수분율이 증가하는 정도가 가장 크게 나타나는데, 이는 동일한 상대습도에서 양모의 수분율이 가장 큼을 의미한다. 양모를 구성하는 주사슬(*main chain*)에는 $-NH^-$기가 있고, 곁사슬(*side chain*)에는 친수성기(*hydrophillic group*), 즉 수산기(-OH), 아미드기($-CONH_2$), 암모니움기(*ammonium group*, $-NH_3^+$), 카르복시기($-COO^-$) 등의 작용기(*functional group*)가 많아서 물분자와 결합력이 커져서 초기 흡수량이 많다. 뿐만 아니라 비결정영역, 즉 분자의 배열이 불규칙적인 영역 내의 작용기들이 임의로 존재하고 있어서 물과의 결합도 쉽게 일어나고 결합량도 많아서 상대습도가 클수록 수분율이 크기 때문이다. 양모와 화학적 구조가 가장 유사한 모발의 경우에서도 이와 유사한 현상이 나타난다. 그러나 견섬유는 곁사슬의 작용기가 양모보다 적기 때문에 모든 상대습도에서 수분율이 양모보다 적다.

비스코스와 면의 구성분자는 모두 셀룰로오스이지만 면의 결정영역은 전체 섬유질량의 약 2/3, 비스코스는 약 1/3이다. 즉 같은 질량의 면과 비스코스를 비교하면

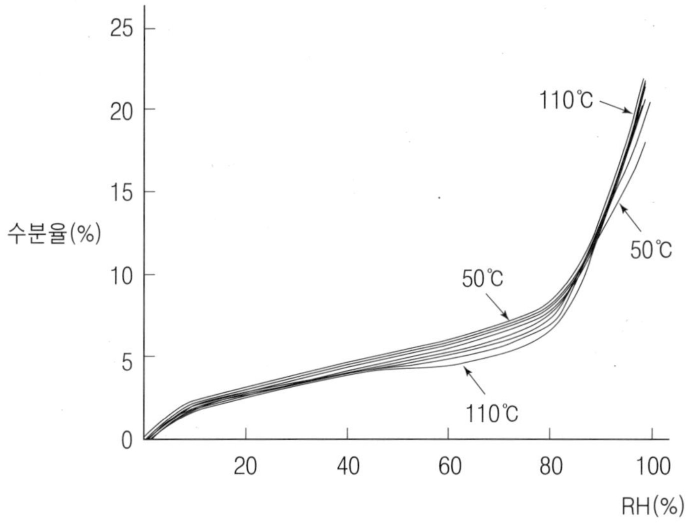

그림 6-37. 흡습등온선에 미치는 온도(50~110℃)의 영향

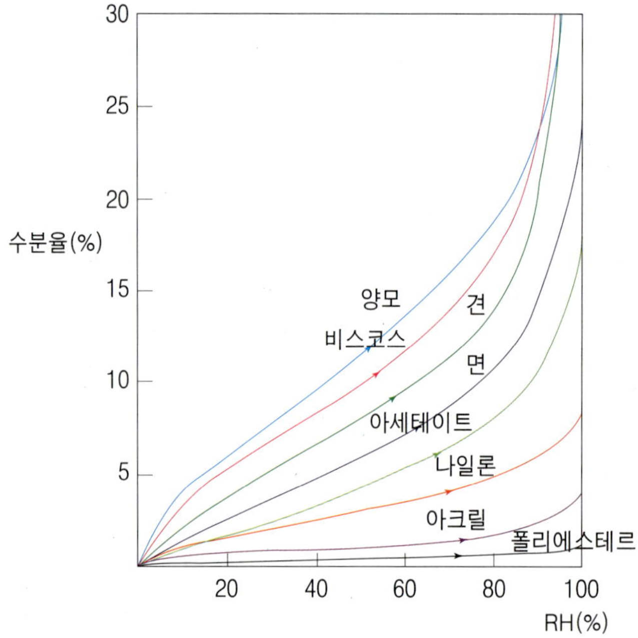

그림 6-38. 여러 가지 섬유의 상대습도와 수분율과의 관계

면은 비스코스의 결정부분의 2배의 결정영역을 가지고 있다. 그런데 수분은 섬유 분자들이 수소결합으로 치밀하게 배열된 결정영역에는 침투할 수 없고 분자들이 임으로 배열된 비결정영역에만 침투할 수 있다. 따라서 수분율은 모든 상대습도에서 비결정영역이 많은 비스코스가 면보다 훨씬 크다.

2-4-2. 모발의 흡유성

모표피의 최외표피(*epicuticle*)는 친유성이고, 모피질은 친수성이기 때문에 유지의 흡수는 주로 모표피에서 이루어진다. 모표피는 모간의 약 10~15%를 차지하기 때문에 모발의 수분 흡수량에 비하여 유지의 흡수량은 상대적으로 적다. 또한 모발에 대한 유지의 흡수성 보다는 흡착성이 보다 더 크고, 유지의 흡수량은 유지의 종류와

표 6-6. 유지의 흡수율

구 분	올리브유	동백유	바셀린	유동파라핀
유지의 흡수율	3.18%	7.18%	8.76%	11.06%

모발의 상태에 따라 다르다. 올리브유 등의 식물성 유지보다는 유동파라핀(*liquid paraffin*)과 같은 광물성 유지가 흡수가 잘 된다. 또한 화학처리나 열처리 등으로 인한 모표피의 변성이나 탈락으로 인한 손상을 받은 모발은 유지의 흡수력이 감소한다.

2-4-3. 모발의 팽윤(swelling)

일반적으로 섬유가 수분을 수착하면 그 부피가 증가하여 모발의 길이방향 또는 직경방향으로 늘어난다. 즉 그 본질을 변화시키지 않고 체적을 증가시키는 현상을 팽윤(*swelling*)이라한다. 이와 같은 팽윤은 끝없이 진행하여 결국 용해될 때 무한팽윤(*limitless swelling*)이라 하고, 어느 정도까지만 팽윤되고 그 이상 팽윤되지 않은 경우를 한계팽윤(*limited swelling*)이라 한다.

길이와 직경의 팽윤도가 같은 경우를 등방성(*isotropic*)이라 하고, 다른 경우를 이방성(*anisotropic*)이라 한다. 대부분의 섬유와 같이 모발의 경우도 한계팽윤이고 이방성이다. 특히 모발의 케라틴 단백질은 아미노산(*amino acid*)의 많은 폴리펩티드 결합(*polypeptide bond*)으로 주사슬(*main chain*)을 이루고 있고, 주사슬과 주사슬 사이에는 곁사슬(*side chain*)에 의하여 가교(*cross-linking*)를 형성하여 복잡한 그물구조를 하고 있다

특히 모발의 주사슬이나 곁사슬의 수소결합과 이온결합은 물에 의하여 절단됨으로써 늘어지거나 탄력을 잃게 하는 원인 중의 하나이다. 즉 이중나선형(***α**-helix*) 구조가 풀리게 되거나 수산기, 아미노기, 카르복실기 등의 작용기와 물 분자가 흡착되어 그물구조가 부풀리게 된다. 그 결과 모발의 주사슬은 늘어지고 곁사슬의 가교는 풀어져서 부풀게 되지만 물분자가 감소하거나 없어지게 되면 수소결합이나 이온결

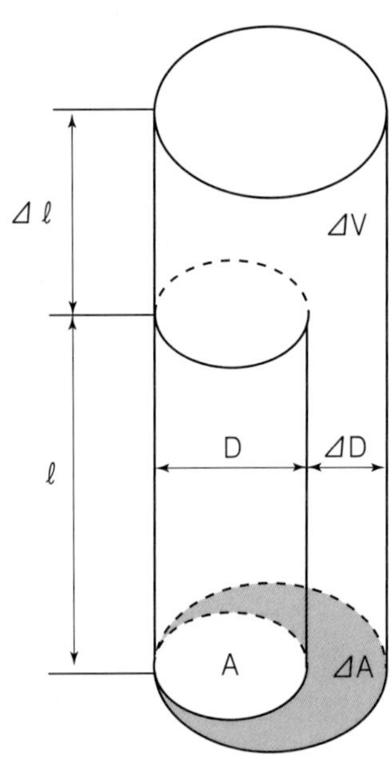

그림 6-39. 팽윤에 의한 섬유의 변화

합에 의하여 다시 원래의 상태로 되돌아가려는 경향이 있다. 수분이 흡수되어 부풀리게 되거나 더 이상의 변화가 일어나지 않는 상태를 팽윤평형이라 한다.

모발의 결정영역은 섬유들이 촘촘히 규칙적으로 배열되어 있기 때문에 수분이 침투하기가 어려워서 팽윤되기가 어렵다. 반면에 비결정영역은 비교적 섬유 간에 느슨하게 배열되어 있기 때문에 수분의 침투가 용이하여 팽윤되기가 쉽다. 그러나 모발의 경우 수직방향의 팽윤은 섬유에 의하여 방해를 받기 때문에 주로 수평방향으로 팽윤이 일어난다. 즉 모발은 길이 방향 보다는 직경방향으로 팽윤된다.

팽윤에 영향을 미치는 화학구조상의 요인은 케라틴 단백질의 분자량, 결정영역의 양, 측쇄결합의 수 등이고, 이러한 요인이 많아지면 팽윤도가 저하되고 적어지면 많아진다. 모발을 물에 충분히 담그면 길이는 1~2% 길어지고, 굵기는 12~15% 정도 굵어진다. 그리고 중량은 30~40% 증가한다.

상대습도에 따른 수분율의 변화는 모발의 체적 변화에 영향을 미치기 때문에 팽윤도와 밀접한 관련이 있다. 상대습도가 60% 이상에서는 체적의 변화율도 상대적으

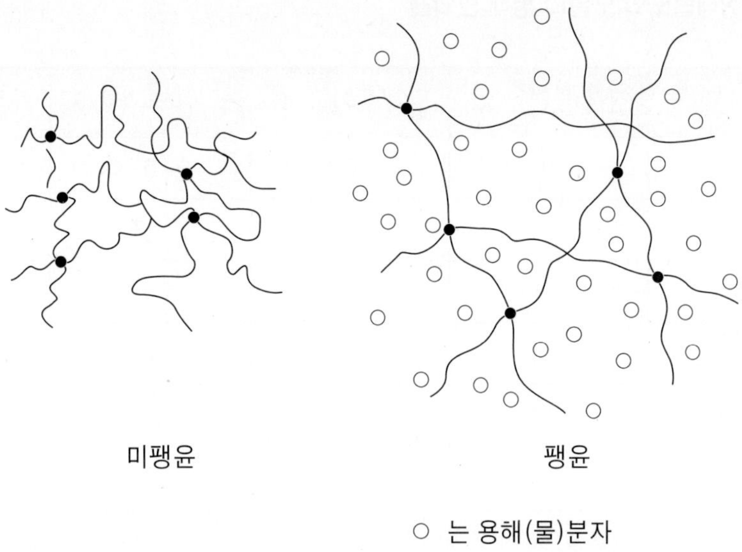

그림 6-40. 수분에 의한 미결정영역의 팽윤 모식도

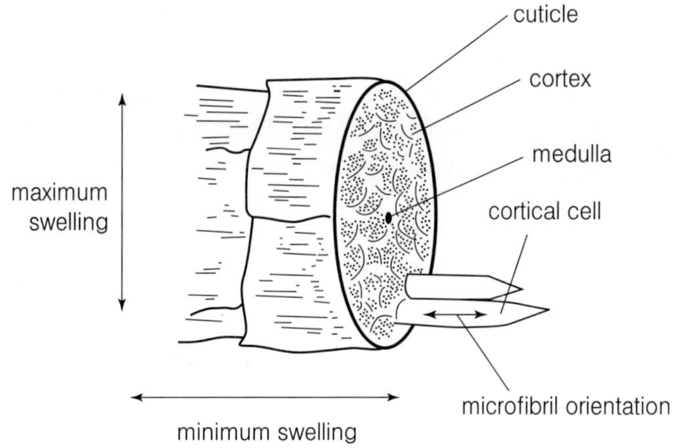

그림 6-41. 모발의 팽윤 방향

로 크게 나타난다. 이러한 체적의 변화는 수분율과 밀접한 관련이 있으나 상대습도가 증가하더라도 결합수는 크게 증가하지 않고 일정하지만 자유수는 급격하게 증가하는 경향이 있기 때문에 결합수보다는 자유수에 의한 영향이 크다.

표 6-7. 상대습도와 모발의 형태 변화율

상대습도(%)	직경 증가율(%)	길이 증가율(%)	단면적 증가율(%)	체적 증가율(%)
0	0	0	0	0
10	2.3	0.56	4.7	5.7
40	5.1	1.29	10.5	12.2
60	6.9	1.53	14.3	16.3
90	10.6	1.72	22.3	24.6
100	13.9	1.86	29.7	32.1

수중에서 모발의 팽윤 평형은 실온에서 15분 이상이 걸리고, 고온에서는 5분 이내에 도달한다. 물에 의하여 팽윤된 모발을 공기 중에 방치하면 초기에는 팽윤도가 급속히 감소되다가 수분이 5% 이하가 되면 서서히 감소된다. 이것은 모발에 함유된 물의 함량에 따라 물의 존재 상태가 다르기 때문이다. 즉 모발 중 5% 이하의 수분이 함유된 경우 케라틴 단백질의 친수성기와 화학적인 결합을 한 결합수이고, 5~25%의 수분이 함유된 경우 모발의 모피질의 빈 공간을 메우는데 기여한 침투수 그리고 수분이 25~30% 이상인 경우 단지 모발에 흡착된 흡착수로서 모발에서 탈수되는 성향이 다르기 때문이다. 원심분리기를 이용하여 모발에 결합된 물, 즉 결합수와 침투수 그리고 흡착수의 함량을 측정할 수 있고, 건조모발에 대한 수분 함량 비율로 모발의 팽윤도를 구할 수 있다. 수분에 젖은 모발의 중량을 측정하고, 원심분리기를 이용하여 모발 표면에 흡착된 수분을 제거한 후 모발을 건조시키면 모피질의 수분함량을 알 수 있다. 이를 모발의 건조 중량으로 나눈 비율(%)을 1차 팽윤도(기초 팽윤도)라 한다. 모발이 손상되어 다공성 모발로 되면 1차 팽윤도가 달라지는데 이를 2차 팽윤도라 한다. 이는 모발의 손상정도를 예측하는데 이용할 수 있으며, 산, 알칼리, 염류 등의 수용액에 의한 1차와 2차 팽윤도는 차이가 있다.

모발의 팽윤도는 물 이외에도 pH, 온도, 모발의 상태, 흡착 및 흡수 물질 등 여러 가지 조건에 따라 영향을 받는다. 모발에 사용되는 샴푸 및 린스 제품, 퍼머넌트 웨

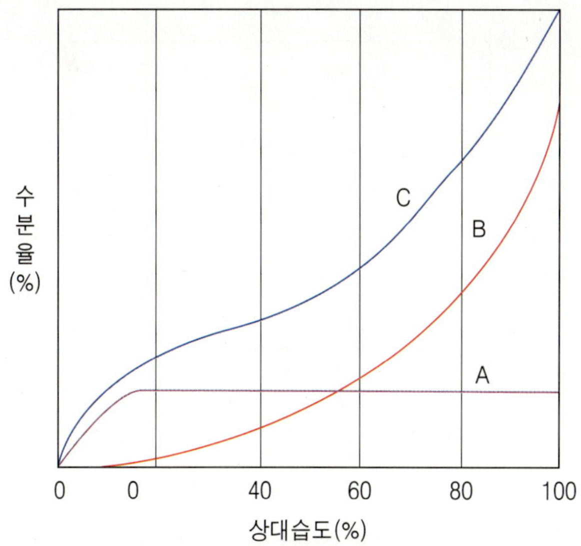

그림 6-42. 케라틴 단백질의 상대습도에 따른 수분율

표 6-8. 모발의 1차 팽윤도와 2차 팽윤도

구 분	1차 팽윤도	2차 팽윤도	
	자연모발	퍼머넌트 웨이빙	탈 색
팽윤도	28.6%	32.2%	35.4%

이브 제품, 염색 및 탈색 제품 등 모발 제품에 따라 모발의 팽윤도가 차이가 있는 것은 pH가 다르기 때문이고, 모발에 적용하는 목적이 다르기 때문이다. 즉 모발이 안정한 상태인 등전점(pH 4.5~5.5)에서 모발의 팽윤도가 가장 낮고, 산성보다는 알칼리성에서 팽윤도가 보다 더 높다. 모발은 등전점보다 산성 상태에서 팽윤도가 다소 높아지지만 응고되거나 단단해지다가 pH 2 이하에서는 결국 용해된다. 알칼리성 상태에서는 알칼리도가 증가함에 따라 모발이 유연해지고 팽윤도도 높아지지만 pH 11 이상에서는 급격하게 팽윤되어 용해된다.

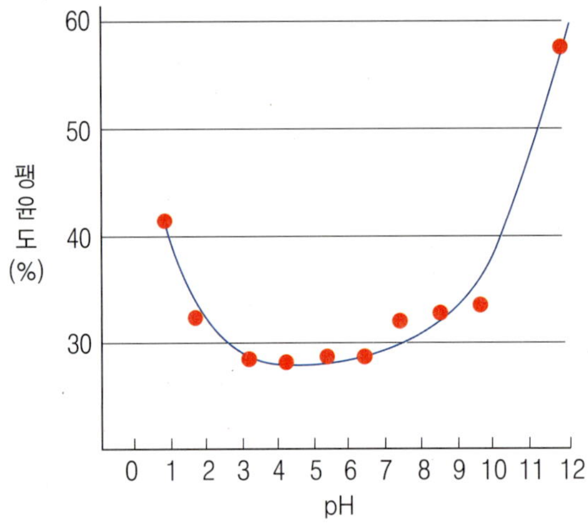

그림 6-43. pH와 모발의 팽윤도

2-4-4. 모발의 열적 성질

천연단백질은 그 구성 아미노산의 펩티드결합에 의해 연결되는 1차 구조 이외에 단백질 분자 내의 수많은 곁사슬을 구성하는 알킬기(-R) 사이의 이온결합, 수소결합, 이황화결합 등에 의한 단백질 고유의 형태, 즉 화학구조가 유지된다. 그러나 이러한 화학구조는 가열을 비롯한 물리적 작용, 산·알칼리와 같은 화학적 작용, 효소학적, 생물학적 작용에 의하여 천연단백질의 특유한 입체구조가 변하는 경우가 있다. 이와 같은 단백질의 구조 변화에 따라 그의 성질도 변하게 되는데 이러한 현상을 변성(*denaturalization*)이라 한다. 이러한 작용에 의하여 생성된 단백질을 변성단백질(*denatured protein*)이라 한다.

변성단백질은 천연단백질과 비교하여 물리화학적 성질이 달라진다. 즉 용해도의 감소, 응고와 겔화 및 선광도의 변화, 분자량 및 분자형의 변화, 등전점의 이동현상이 일어난다. 생물학적으로는 항원성의 소실, 효소활성을 잃게 되고, 독성 및 면역성 등 단백질 특유의 성질을 상실한다. 변성단백질은 천연단백질의 형태가 풀려서 히드록시기(-OH), 티올기(-SH), 카르복시기(-COOH), 아민기($-NH_2$) 등 작용기의 수가 급증하게 되며, 이들 작용기들은 다시 서로 2차적인 화학결합을 하여 불용성 단백질을 형성하는 경우가 많다. 변성은 어느 한도에서 가역적으로 일어나고 천연단백질과 변성단백질이 평형상태로 유지되다가 변성도가 심하면 비가역적으로 된다. 그러나 적당한 변성조건에 따라서 적당하게 처리하면 천연단백질 구조로 변화시킬 수 있다. 이를 재생(*renaturation*)이라 한다.

일반적으로 단백질은 열에 의하여 대부분 응고되는 것이 많기 때문에 응고가 변성이라 생각한다. 그러나 단백질이 응고되기 전에 용액 중에서 분자의 형태가 변하고 분자량이 증가하기 때문에 열에 의한 변성은 분자의 변형, 회합, 응고의 3단계를 거치게 된다. 달걀흰자의 단백질은 가열에 의하여 쉽게 변성되고, 휘저어서 거품을 일게(*whip*)하면 표면장력에 의하여 변성된다.

단백질은 수분이 많은 경우 비교적 저온에서 열에 의한 변성이 일어나지만 수분이 적으면 고온에서 응고한다. 건열살균이 습윤 살균에 비하여 고온을 필요로 하는 것은 이러한 이유 때문이다. 가열에 의한 단백질의 변성은 물 분자의 운동이 왕성해짐으로써 폴리펩티드 사슬간의 수소결합이 파괴되고, 폴리펩티드 사슬이 풀리거나 응집할 때 사슬의 움직임을 쉽게 하기 때문이다. 가열변성은 pH, 가열방법, 염 화합물, 탄수화물, 지질과 같은 공존물질 등의 영향을 받는다.

열변성은 등전점에서 가장 일어나기 쉬우며, 단백질의 등전점은 대개 산성 쪽에 있다. 그러므로 용액을 산성으로 하면 열 변성 온도가 낮아진다. 단백질은 염화물, 황산 염, 인산 염, 젖산 염 등 소량의 전해질 존재 하에서 열변성이 촉진된다. 이것은 중성 부근의 pH에서 단백질이 가지는 음(-) 전하를 염의 양이온이 중화하여 단백질을 등전점에 이르게 하기 때문이다. 알부민을 투석하여 염을 제거하면 등전점과는 거리가 먼 pH에서 100℃로 가열할 경우 열변성이 일어나지만 응고하지는 않는다. 여기에 소량의 소금을 넣으면 바로 응고하게 된다.

단백질 용액을 가열한 경우 단백질 분자는 응고하여 침전되지 않고, 용액 전체가 겔화되는 경우가 많다. 이것은 변성된 폴리펩티드 사슬 사이의 상호작용에 의하여 그물모양의 구조가 형성되고, 그 속에 물이 함유되기 때문이다. 불용성의 결정성을 가진 콜라겐을 가열하면 변성, 분해되어 가용성 젤라틴(*gelatin*)이 된다.

케라틴 단백질로 구성된 모발에 열을 가하게 되면 모발의 구성 섬유의 구조변화를 초래하여 모발의 물리적 성질에 영향을 미치며, 젖은 상태와 건조한 상태에 따라 다르다. 건조한 모발에 열을 가할 경우 120℃ 전후에서 팽화를 보이고, 130~150℃에서 색깔이 변하기 시작한다. 그리고 150℃ 전후에서 시스틴이 감소되고 180℃가

되면 *α*-케라틴(*α-keratin*)이 *β*-케라틴(*β-keratin*)으로 변하며 270~300℃에서는 열분해가 시작된다. 그러나 역학적인 강도는 80~100℃에서부터 약해지기 시작한다. 젖은 모발의 경우 100℃ 전후에서 시스틴이 감소하고 130℃에서 케라틴 단백질의 구조 변화, 즉 *α*-케라틴(*α-keratin*)이 *β*-케라틴(*β-keratin*)으로 변하게 된다. 따라서 모발은 건조한 상태보다는 젖은 상태에서 열에 의한 모발의 손상이 보다 더 크다.

일반적으로 젖은 모발의 경우는 30% 전후의 수분을 함유하고 있기 때문에 드라이나 아이론 등으로 가열 또는 건조할 때 60℃ 이하에서 처리하여야 모발의 손상을 막을 수 있다. 이는 70%의 상대습도에서 젖은 모발은 70℃에서 변성이 시작되고, 97%의 상대습도에서 젖은 모발은 60℃에서 모발의 변성이 시작되기 때문이다. 퍼머넌트 웨이브 용제 등의 약액에 젖은 모발이나 샴푸 후 세제가 충분히 제거되지 못하고 잔류된 모발에 열을 가할 경우 모발의 변성이 촉진된다. 주로 사용되고 있는 블루우 드라이(*blow dry*)는 송풍구의 거리에 따라 다르지만 약 90℃ 전후에서 행해지고, 압축식 아이론은 200℃ 전후에서 행해지므로 모발의 손상과 변성에 많은 영향을 미치게 된다. 따라서 아이론과 드라이를 사용할 경우 사용하는 온도와 모발의 수분 함량에 주의하여야 모발의 손상을 줄일 수 있다.

2-4-5. 모발의 정전기(static electricity)

전기는 크게 2가지, 즉 전하가 흐르지 않는 정전기(*static electricity*)와 전하가 흐르는 전류(*electric current*)로 나눌 수 있다.

1) 정전기(static electricity)

모든 물질은 원자로 되어 있으며, 원자는 (+)전하를 띤 원자핵과 (-)전하를 띤 전자가 같은 수만큼 있어서 전기적으로 안정한 중성 상태를 유지하고 있다. 그러나 종류가 서로 다른 물질을 마찰하면 가벼운 것을 끌어당기게 된다. 이는 전자의 흐름에 의하여 생성된 전기 때문이다. 예를 들면 플라스틱 책받침을 헝겊으로 문지르면 마찰에 의하여 에너지를 받게 된다. 그때 헝겊이란 물질 안에서 원자를 구성하고 있던 전자는 궤도에서 벗어나 플라스틱을 구성하고 있는 원자 쪽으로 이동하게 된다. 전자는 음(-)전하를 가지고 있으므로 플라스틱 책받침 전체는 음(-)전하를 가지게 된다. 한편 전자를 잃은 헝겊은 음(-) 전하를 잃어 버렸기 때문에 전기적으로 양(+)성이 된다. 음전하와 양전하는 서로 끌어당기는 성질이 있기 때문에 음전하의 책받침과 양전하의 헝겊은 서로 달라붙게 된다. 그렇지만 서로 같은 종류의 전하끼리는 서로 반발하여 밀어내게 된다. 그러나 이렇게 발생한 전기는 언제까지나 지속력을 갖는 것은 아니다. 에너지를 더 이상 가하지 않으면 전기를 유발시켰던 전하가 없어지기 때문이다. 즉 전자의 증감에 의해서 불안정하게 되어 있던 원자는 전자가 원래의 중성상태로 되돌아가게 된다. 이와 같이 두 물질 사이에서 마찰 에너지에 의하여 생기는 전기를 마찰전기라 한다. 즉 어느 한 쪽 물질의 전자가 다른 쪽 물질로 이동함으로써 전기가 생기게 되는 것이다. 물론 이때 어느 쪽의 전자가 어느 쪽으로 이동하느냐는 두 물질의 성질에 따라 다르다. 물체가 전자를 얻거나 잃었을 때 이 물체는 '전기를 띠고 있다' 혹은 '대전(*electrification*)되었다'고 한다. 이와 같이 대전된 물체를 대전체라고 한다.

물체에 발생한 전하는 그 물체가 전기를 통하게 하지 않는 절연체이면 그 전하 분포상태를 바꾸지 않지만, 도체일 경우에는 이동하여 새로운 분포상태로 바뀐다. 이와 같은 상태 가운데서 전하의 분포가 변화 없이 보존되어 있는 상태를 정전기라 하는데, 그것에 의해 일어나는 현상에는 다음과 같은 특징이 있다.

① 2개의 정전하 사이에는 그 전하가 동종일 경우에는 상호반발력이 작용하고, 다른 종류일 경우에는 상호인력이 작용한다. 그 크기는 두 전하량의 곱에 비례하고, 전하 사이의 거리의 제곱에 반비례한다. 이것을 쿨롱의 법칙이라고 한다. 전하량은 이 힘의 크기를 기준으로 하여 결정할 수 있다.

$$F(\text{Coulmb Force}) = \frac{q1q2}{4\pi\varepsilon_0 r^2}$$

여기서 힘(F)의 단위는 뉴튼(N), 거리(r)는 미터(m), 전하(q1, q2)는 쿨롱(C)이다. 쿨롱의 힘(*Coulmb force*)은 거리의 제곱에 반비례하고 전하에 비례하기 때문에 전기의 양이 많고 거리가 짧을수록 커진다.

② 정전하 사이의 전기력은 전하 주위의 공간에 어떤 종류의 성질이 주어지고, 거기에 있는 다른 전하에 힘을 미치게 된다. 이와 같은 정전하 주위의 전기력이 작용하는 공간을 전기장이라 한다.

③ 대전체 가까이에 물체를 놓으면 그 대전체 가까운 쪽에는 이와 반대되는 전하가 나타나고, 먼 쪽에는 같은 종류의 전하가 나타난다. 이 현상이 정전기유도인데, 물체가 비교적 가벼울 때는 전기력에 의해 대전체에 끌어당겨진다. 또 물체가 도체일 경우에는 유도된 한쪽 전하를 접지함으로써 흘려버리고 다른 쪽 전하를 도체 속에 축적할 수 있다. 전기쟁반이나 기전기 등은 이 현상을 이용한 것이다.

④ 물기둥의 높이가 수압을 결정하는 것과 같이 대전체나 전기장에는 전위에 의하여 전기력이 결정된다. 즉 전기장 안의 A에서 B로 양전하가 이동할 때는 일을 얻을 수 있고, 반대로 B에서 A로 양전하를 이동시키기 위해 외부로부터 일을 주지 않으면 A가 B보다 전위가 높다. 이것을 A, B 사이의 전위차(전압)라 한다. 물이 낮은 곳으로 흐르듯이 전위차가 있는 대전체를 도체로 연결하면 양(+)전하는 전위가 낮은 곳으로 흐른다. 전위차의 단위는 볼트(V)이다. 1V는 1C(*coulmb*)의 전하가 이동할 때의 일이 1J(*joule*)인 두 점 사이의 전위차를 말한다. 따라서 q C의 전하가 V~V의 전위를 가지는 장소에 있을 때는 0~V의 장소에 있을 때보다 qV J만큼 많은 에너지를 축적하고 있는 것이다.

⑤ 절연된 도체(예를 들면, 축전기의 극판 등)에 전하를 주었을 때 전위를 단위만큼 높이는 데 소요되는 전기량을 그 도체의 전기용량이라 한다. 그 값은 도체의 종류·형태·크기 등에 따라 결정되는 상수인데, 거꾸로 말하면 이 값이 클수록 전위를 높이지 않아도 많은 전하를 축적할 수 있다는 것이 된다. 단위는 패럿(F)인데, 1C의 전하에 의해 전위가 1V 높아지는 경우의 전기용량을 1F로 한다.

이와 같은 마찰전기는 두 물체 사이에서 발생한 마찰 에너지에 의해 한 쪽 물체의 전자가 다른 물체로 이동함으로써 발생한다. 이 때 전자의 이동 방향은 두 물체의 상대적인 성질에 따라 결정된다. 예를 들어 유리막대는 비단으로 마찰하면 양전하로 대전되지만 모피로 마찰하면 음전하로 대전된다. 즉 모피, 유리, 비단의 순으로 양전하로 대전되기 쉽다. 이와 같이 마찰에 의한 대전의 양·음에

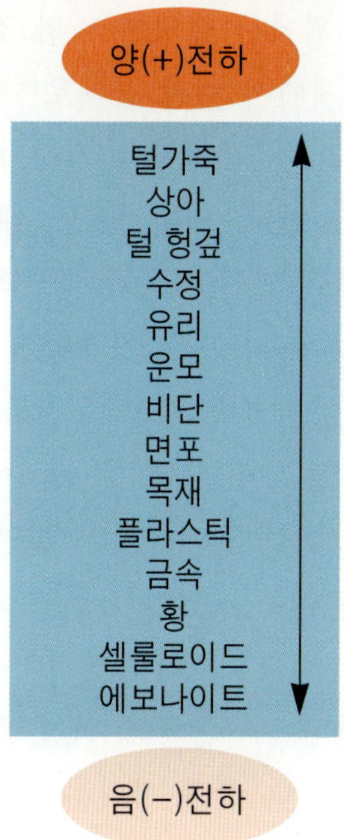

그림 6-44. 물체의 대전열

관하여 차례대로 늘어놓은 것을 대전열이라고 한다. 같은 물체라도 마찰시키는 물체에 따라 양(+)전하나 음(-)전하로 대전되지만 에보나이트막대는 뛰어난 절연체이므로 다른 물체와 마찰시 주로 음(-)전하로 대전된다.

에보나이트는 생고무 100에 황 30 이상을 첨가(가황)하여 장시간 가열처리하면 생기는 검은색의 가황고무로 경질고무라고도 하며, 같은 물체라도 마찰시키는 상대방 물체에 따라 (+)전하나 (-)전하로 대전된다. 대부분의 산, 알칼리, 염에 잘 견디며 전기저항이 높고 내전압성이므로 절연체 등의 전기기구나 라이닝재로 이용된다. 순수한 것은 탄성이 있고 갈색이지만 가황 때에 가하는 첨가물의 종류와 양에 따라 색이나 그 밖의 성상(性狀)이 달라진다.

껴입던 옷을 벗을 때나 문을 열기 위해 손잡이를 잡는 순간 손이 따끔거리는 을 느껴본 적이 있을 것이다. 혹은 옷이 몸에 달라붙어 떨어지지 않거나 빗질(*combing*)을 하자 머리카락이 사방으로 솟구쳐 오르는 등의 경험은 누구나 한번

쯤은 겪어봤을 것이다. 이는 위에서 설명한 바와 같은 정전기 현상 때문이다. 정전기란 발생한 전기가 한 물체에서 다른 물체로 지속적으로 이동하지 않고 머물러 있기 때문에 붙여진 이름이다. 대부분의 정전기는 물체가 서로 마찰할 때 생기기 때문에 마찰전기라고도 한다. 일반적으로 대부분의 물체는 같은 양의 양(+)전하와 음(-)전하를 가지고 있기 때문에 전기적으로 중성이다. 그러나 두 물체가 서로 접촉하거나 분리하게 되면 그 경계면에서 전하의 이동이 생겨서 각각의 물체에 같은 양의 과잉 양전하와 과잉 음전하로 인하여 정전기가 발생하게 된다. 정전기는 이러한 접촉 분리에 의한 것 이외에도 태양광선 중의 자외선, 높은 주파수, 고전압, 방사선에 의한 공기분자가 절연파괴를 일으키면서 이온화 하여 양이온(*positive ion*)이나 음이온(*negative ion*)을 과다하게 발생시킴으로써 균형을 파괴하여 정전기를 발생시키기도 한다. 정전기는 고체뿐만 아니라 액체나 기체인 모든 물체에 관련이 있다. 두 물체의 마찰, 박리, 파괴, 충돌, 액체의 유동, 기체의 분출 등 발생 원인이 되는 물질 상태는 다르지만 발생 원리는 같다.

정전기 현상은 건조한 날에 특히 잘 일어난다. 이는 물의 전기친화성에서 그 이유를 찾을 수 있다. 습한 날에는 공기 중의 수증기가 전기를 흡수하기 때문에 정전기 현상이 일어나지 않는다. 또한 건성 피부인 사람이 정전기 현상을 더 크게 느끼게 되는데 이는 그 사람의 손에 정전기 유도현상이 일어나기 때문이다. 예를 들어, 어떤 물체가 음(-)전하로 대전되어 있다면 사람의 손에 있는 전자들이 척력에 의해 밀려서 양(+)전하를 띠게 되므로 전압이 생긴다. 그리고 합성섬유로 만든 치마가 자꾸 몸에 붙는 현상 역시 마찰에 의해 양쪽에 반대 전하가 생기고, 그 인력 때문에 발생하는 현상이다. 또한 겨울철에 머리를 빗고 나면 머리카락이 사방으로 솟구쳐 오르는 것 역시 머리카락이 같은 전하로 대전되어 척력이 작용했기 때문이다. 또한 이러한 정전기에 의하여 컴퓨터의 주요 부품을 훼손하기도 하고, 가스나 휘발유가 있는 곳에 정전기 불꽃이 튀면 불이 나기도 한다.

이처럼 습도가 매우 낮은 날에 스웨터를 벗을 때나 털 카펫 위를 걸을 때 수만 볼트 의 정전기가 생길 수 있다. 그러나 정전기는 전압만 높을 뿐 전류는 아주 짧은 순간에만 흐르기 때문에 정전기로 인해 큰 부상을 입는 경우는 극히 드물다. 인체에 남겨진 정전기는 다른 물체와 접촉했을 때 방전을 일으키면서 쇼크를 주기도 하는데, 보통 수천~수만 볼트의 고전압이지만 전류가 약해 인체에 심각한 영향을 주는 경우는 별로 없다.

표 6-9. 전류 크기에 따른 인체의 반응

통과 전류의 크기	1mA	5mA	10mA	15mA	50~100mA
증 상	약간 느낀 정도	경련을 일으킨다.	불안해진다.	강력한 경련을 일으킨다.	사 망

정전기의 발생을 막으려면 양(+)전하와 음(-)전하로 대전되는 물체 사이를 전기가 잘 통하는 물질이나 도선으로 연결하면 된다. 모발의 경우 마찰을 적게 하거나 습기가 많으면 정전기를 발생하지 않기 때문에 실리콘 오일, 계면활성제, 습윤제 등이 함유된 모발 제품이 모발의 정전기 방지에 이용되고 있다. 또한 우리 일상생활, 즉 방 안에서 정전기를 방지하기 위해서는 천연 소재로 만들어진 카펫을 사용하고 문의 금속 손잡이에 천연 섬유를 씌워 두는 방법이 있다. 그리고 금속 물체를 바로 잡지 말고 물체에 손을 살짝 대어 정전기를 방전시킨 후 물체를 잡으면 정전기의 피해를 어느 정도 줄일 수 있다. 매우 가는 도선을 섬유와 함께 섞어 옷감을 짜거나 옷에 얇은 금속 막을 입히면 옷에 정전기가 생기는 것을 막을 수 있다. 컴퓨터에 정전기가 흐르면 내부에 이상이 생길 수 있으므로 케이스와 메인보드를 연결하는 나사가 접지 역할을 해 정전기를 방지한다. 유조차가 쇠사슬을 땅에 끌고 다니는 것도 차와 땅 사이를 도선으로 연결해 정전기가 생기지 않도록 하기 위함이다. 그러나 우리가 불편하게만 생각하는 정전기를 공학적으로 응용한 사례로 복사기가 있다. 전류에 의해 음전하를 띤 토너 입자들은 정전기에 의해 상이 비친 곳에만 달라붙게 된다. 이러한 원리를 이용하여 종이를 밀착시킨 다음 종이 뒤에서 강한 양전하를 쪼이면 드럼에 붙어 있던 음전하의 토너 입자들은 종이쪽으로 다시 옮겨 붙게 된다.

2) 전류(electric current)

정전기의 반대되는 개념으로 전하의 이동을 전류라 하며, 이를 동전기라 할 수 있으나 일반적으로 말하는 전기가 동전기를 의미하므로 널리 쓰이지 않는다.

전류는 전위가 높은 곳에서 낮은 곳으로 전하가 연속적으로 이동하는 현상이다. 즉 물이 높은 곳에서 낮은 곳으로 흐르듯이 전하는 전기적인 위치에너지가 높은 곳에서 낮은 곳으로 이동한다. 물이 흐르는 이유가 중력 때문이라면 전류는 기전력이라는 힘에 의해 흐른다. 전류가 흐르는 길을 전기회로라 하며, 이는 물이 흐르는 수로에 대응된다. 그리고 전류에 의하여 에너지를 공급받는 장치를 부하라 하고, 이것은 물에 의해 돌게 되는 물레방아에 대응된다.

전류의 크기를 나타내는 단위는 A(*ampere*)이다. 1A는 도선의 임의의 단면적을 1초 동안 1C(*Coulomb*)의 전하가 통과할 때의 크기다. 전류의 방향은 정전하(정지한 전하, 양전하)의 이동방향을 양(+)의 방향으로 정한다. 그러나 실제로 도선 안에서는 전류의 반대방향으로 자유전자가 이동한다. 1A의 전류가 흐르는 도선에는 1초에 약 6.25×10^{18}개의 자유전자가 단면적을 통과한다. 전류의 종류에는 그 크기 및 방향이 변하지 않는 직류(直流)와 크기와 방향이 주기적으로 변하는 교류(交流)가 있다.

도선에 전류가 흐르면 자유전자가 도선 내의 원자 또는 전자와 충돌하여 열이 발생한다. 백열전구나 전기밥솥·전기다리미와 같은 전열기구 등에서 알 수 있다. 일반 전기기기에서 열이 발생하면 전력 손실이 생기고 기기 내의 절연성이 떨어지기도 한다. 또 도선에 전류가 흐르면 도선 주위에 자기장이 형성된다. 이 원리를 사용해 전자석, 전류계, 전동기나 자기부상고속철도처럼 전기 에너지를 역학적 에너지로 바꿀 수 있다. 전해질용액에 전류가 흐르면 화학분해가 일어난다. 예를 들어 물에 전류를 흐르게 하면 전기분해가 일어나 음극에 수소, 양극에 산소가 발생한다. 반대로 건전지·축전지 등에서는 화학분해 작용을 이용하여 전기에너지를 발생시키기도 한다.

2-4-6. 모발의 광변성

태양광선은 파장(*wavelength*)에 따라 여러 가지 방사선, 자외선, 가시광선, 적외선 등으로 분류된다. 그러나 방사선과 자외선 중에서도 파장이 가장 짧은 자외선 C(UVC, 190~290nm)는 오존층으로 인하여 거의 지구상에 내려오지 않는다. 따라서 피부와 마찬가지로 모발과 두피에 영향을 미치는 광선은 대부분 일부의 자외선, 즉 UVB와 UVA 그리고 가시광선 및 적외선이다.

적외선(*infrared rays*)은 열을 발생하기 때문에 열선이라고도 하며, 두피의 온열효과로 인하여 모세혈관의 혈액순환을 활성화시키기 때문에 두피관리에도 응용된다. 실질적으로 적외선이나 가시광선은 두피나 모발에 손상의 유발 정도는 매우 적다. 그러나 반응성이 높은 화학약품에 노출된 경우, 즉 산화염료나 과산화수소를 모발에 적용할 경우에는 근적외선이나 가시광선에 의하여 화학 반응이 활성화되기 때문에 모발에 영향을 미칠 수 있다.

자외선(*ultraviolet*, UV)은 열을 발생하지 않기 때문에 냉선 혹은 화학반응을 하기 때문에 화학선이라고도 한다. 특히 자외선은 피부나 모발에 가장 많은 영향을 미치는 광선이다. 특히 모발의 경우 자외선에 의하여 모발의 시스틴이 파괴되거나 멜라닌 색소를 파괴시킴으로써 모발이 탈색되거나 손상을 받게 된다. 자외선에 노출이 많을 경우 컬의 형성력이 낮고 쉽게 풀어지는 경향을 볼 수 있다. 이는 모발을 구성하는 케라틴 단백질의 변성 때문이다.

샴푸와 린스

Shampoo and Rinse

7

두피와 모간에는 외부 환경으로부터 매연, 세균, 헤어스프레이(*hair spray*) 오일(*oil*) 등의 두발화장품과 피부의 생리작용으로서 땀과 피지가 분비되어 항상 불결하게 되기 쉽다. 이러한 더러움을 제거하지 않으면 모발의 생리기능을 악화시켜 탈모의 원인이 되거나 비듬 등의 각종 질병을 유발시킨다. 이러한 각종 질병을 예방하고 생리기능을 원활하게 하고 건강한 모근을 유지시키며 모발 시술을 용이하게 하기 위한 방법으로 샴푸를 한다.

두피와 모간을 청결하게 유지하기 위하여 샴푸(*shampoo*)와 린스(*rinse*)를 한다. 사전적인 의미로 샴푸(*shampoo*)는 '머리를 감다', '마사지하다'와 세정제 혹은 샴푸제 등의 의미이고, 린스(*rinse*)는 '헹구다'와 머리를 헹구는 유성제 혹은 린스제이다. 일반적으로 샴푸제로 세정한 후에 모간에 매끄러움을 주고, 모간을 정돈하기 쉽게 하기 위해서 린스제가 사용된다. 린스제는 모간을 세정한 후에 사용되는데 모간에 바르고 씻어내면 린스제의 주성분인 양이온성 계면활성제와 유분이 모간에 흡착되어 모발의 성질이 개선된다. 특히 린스제 중에도 모발 보호 효과를 높인 것을 헤어트리트먼트 혹은 헤어 팩이라 하며 사용법은 린스제와 같다.

샴푸는 물리적, 화학적인 복합작업으로서 두피와 모간을 건강하게 해주고 사람에 따라 각각의 두피 및 모발의 성상이 다르므로 이에 맞는 시술방법 및 샴푸제를 사용해야 한다. 시술중간에 두피관리(*scalp manipulation and treatment*)를 통해서 두피에 자극을 주어 혈액순환을 활성화시키며, 모발의 질병예방과 모발 성장을 촉진시킨다. 이와 같이 매일 실시하는 샴푸는 모발생리의 근원으로서 뿐만 아니라 사람의 심리를 좌우시키며, 헤어스타일(*hair style*)의 기초가 되고 모발 시술의 준비 단계이므로 중요하게 여겨지고 있다.

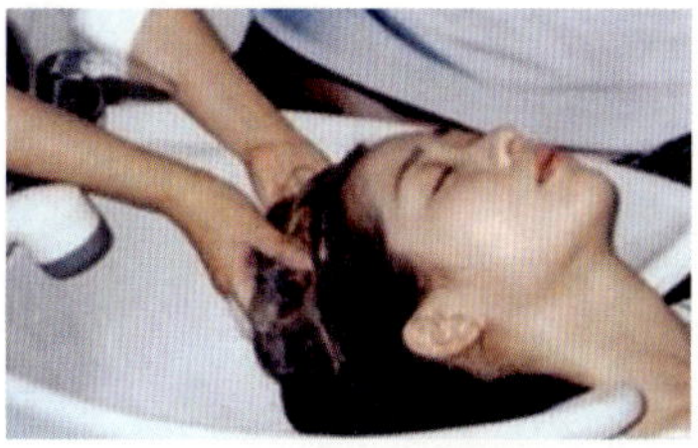

그림 7-1. 샴푸와 린스

1. 샴푸(shampoo)

1-1. 샴푸의 목적

샴푸(*shampoo*)는 크게 2가지 목적이 있다. 하나는 샴푸제와 샴푸 기법을 이용하여 두피 및 모발의 오염 물질을 제거하고, 비듬이나 가려움을 억제함으로서 두피와 모발을 청결하게 유지하여 두피상태를 개선하기 위함이다. 또 다른 하나는 두피에 적당한 자극을 주어 두피 근육의 마사지와 혈액순환을 촉진시킴으로써 스트레스를 해소시키고, 탈모를 예방할 목적이다. 따라서 두피와 모발의 오염 물질을 충분히 없애고, 두피와 모발에 필요한 피지를 지나치게 제거하지 않는 적당한 세정력이 필요하다. 또한 주목적인 세정 기능 이외에도 콘디셔닝, 윤기, 헤어스타일링 등 여러 가지 부가 기능을 갖는 제품이 있고, 그 종류와 형태도 다양하다. 더불어 생리활성 물질을 두피에 공급하여 모발의 발생을 촉진시키기 위한 목적으로도 샴푸를 한다.

두피와 모발의 세정작용은 오염 물질의 종류, 세정제의 성질, 세정할 때 물의 온도나 물리적인 힘 등에 따라 다르다. 두피와 모발의 오염 물질은 두피에서 분비되고 있는 피지, 땀의 노폐물, 두피의 과각화와 비듬 그리고 모발화장품(*hair cosmetics*)의 잔류물과 먼지, 세균, 오염물질 등의 공기 중에서 부착된 물질 등이다.

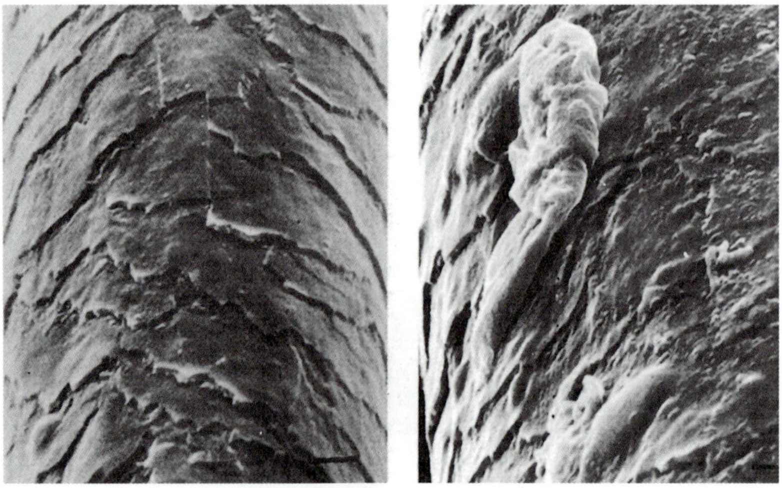

그림 7-2. 청결한 모간과 오염물질이 축적된 모간

표 7-1. 두피 및 모발의 오염 원인과 물질

오염의 원인	오염 물질
체내의 분비물	피지, 땀, 비듬, 각질 등
모발화장품의 잔류물	헤어콘디션닝제, 스프레이, 무스, 스타일링 젤 등
공기 중의 물질	각종 먼지, 세균, 아황산(SO2), 황사 등의 오염물질

1-2. 샴푸제의 구성성분과 세정작용

1-2-1. 샴푸제의 성질

과거에는 고형 비누나 지방산 비누를 베이스로 한 분말상의 세정제가 세발용으로 사용되었다. 합성세제의 개발과 함께 알킬황산에스테르염(*sodium alkyl sulfate*)을 베이스로 한 분말 상 샴푸제나 젤리상의 샴푸제를 사용하게 되었다. 1965년 이후에는 알킬에테르황산에스테르염(*sodium alkyl ether sulfate*)을 샴푸에 사용함으로써 샴푸가 본격적으로 보급되고, 액상이 주류를 이루게 되었다.

이러한 샴푸제는 여러 가지 기능이 있는데, 샴푸제로서 갖추어야 할 성질은 다음과 같다.

① 두피와 모발의 지나친 탈지현상을 억제하고, 적당한 세정성을 가질 것
② 부드럽고 지속성이 있는 거품을 낼 것
③ 샴푸 중 마찰에 의한 모발 손상을 방지 할 것
④ 샴푸 후 모발에 윤기와 유연성을 부여할 것
⑤ 샴푸 후 빗질이 잘 될 것
⑥ 샴푸 후 비듬이나 가려움증, 염증 등의 현상이 나타나지 않을 것
⑦ 두피, 모발 및 눈에 대한 안전성이 높을 것
⑧ 샴푸제가 잘 풀려야 하며, 헹굼이 잘 될 것

1-2-2. 샴푸제의 구성 성분

샴푸의 주요 성분은 기포 세정제이고, 그 밖에 유성성분, 점증제, 정전기 방지제, 컨디셔닝제, 생리활성물질, 방부제, 향료 등의 기타 첨가제를 첨가한다. 샴푸의 목적은 단순하게 두피와 모발의 오염물질을 제거하는 것만이 아니고 마사지에 의한 두피의 혈행촉진 혹은 모발의 건강미를 유지하기 위하여 헤어케어의 수단이다. 따라서 샴푸제는 기포세정제로 인하여 모발의 손상을 방지하고 그 이외에 모질의 상태를 개선할 목적으로 여러 가지 보조제를 첨가함으로써 샴푸제의 우수성이 달라진다.

1) 물(water)

물은 많은 종류의 용질을 녹이는 뛰어난 용매이다. 물속에 녹아 있는 어떤 용질은 산소와 같이 유익할 수 있다. 어떤 용질은 물의 특성을 바꿀 수 있다. 어떤 것은 독성이 있을 수 있다.

물속에 녹아 있는 높은 농도의 무기물에 의하여 해로울 수 있고, 많은 비용의 이유가 될 수 있다. 이와 같은 무기물이 풍부한 물은 물의 맛에 영향을 미치거나 시설과 수도관에 침전물을 만들 수 있다. 또한 비누거품을 만들지 못하게 할 뿐만 아니라 비누 때가 세탁물에 남아있게 한다. 물에 높은 농도의 칼슘 이온(Ca^{2+})과 마그네슘 이온(Mg^{2+}) 등의 미네랄이 120ppm 이상 녹아 있는 물을 경수(*hard water*)라 하고, 이들 이온들은 중탄산염 및 황산염의 형태로 물에 존재한다. 이와 같은 경수는 센물이라고도 하며, 일반적으로 지하수나 샘물을 말한다. 반면에 칼슘 이온과 마그네슘 이온이 거의 녹아 있지 않는 물, 즉 120ppm 이하 함유된 물을 연수(*soft water*)라 한다. 이와 같은 연수는 단물이라고도 한다. 물의 경화로 인하여 가장 흔히 나타나는 현상은 칼슘 이온과 마그네슘 이온이 비누의 성능을 저하시키는 것이다. 그들은 비누와 반응하여 용액에서 분리되어 물에 녹지 않는 화합물을 만든다. 이 불용성 화합물은 경수에서 세탁한 옷에 묻은 찌꺼기들이 그 한 예이다. 따라서 많은 양의 비누가 이들 앙금과 결합하므로 세탁하는데 연수에서보다 경수에서 더 많은 비누가 필요하게 된다. 즉 세정력도 저하될 뿐만 아니라 거품도 잘 일어나지 않는다. 따라서 일반적으로 화장품에 사용되는 물은 끓이거나 이온교환수지로 미생물이나 무기금속 등을 걸러낸 증류수나 정제수를 이용한다.

2) 기포 세정제

샴푸제의 주요 성분으로 사용되는 기포 세정제는 음이온성 계면활성제, 양쪽성 계면활성제, 비이온성 계면활성제가 이용된다. 특히 음이온성 계면활성제는 샴푸의 주요 기포 세정제로 사용된다.

음이온성 계면활성제 중 알킬황산에스테르염(AS)과 폴리옥시에틸렌알킬에테르황산에스테르염(AES)은 가격이 비교적 싸고 공급력이 풍부하여 샴푸에 가장 많이 사용되고 있는 계면활성제이다. 이와 같은 계면활성제를 나트륨염, 암모늄염, 트리에탄올아민염 등의 상태로 주로 이용되고 있다. 샴푸의 기포세정제로 이용되는 이러한 계면활성제는 중성이고, 세정력이 우수하며 경수에 안정하고 기포력이 좋다. 계면활성제 중 Lau-로 시작되는 알킬 성분은 월계수(*Laurel*)의 씨에서 추출한 라우린산(*lauric acid*)과 라우린 알콜(*lauryl alcohol*)을 의미한다. 이 성분은 야자열매(*coconut*)에서 추출한 야자오일(*coconut oil*)과 성분이 같으며 포화지방산이다. 보통 기포력이 우수하고 가격이 낮은 AS와 친수성으로 저온에서 투명하고 자극성이 낮은 AES를 혼합하여 사용하는 경우가 많다. 알킬 사슬과 폴리옥시에틸렌 사슬의 길이를 변화시켜 기포력, 자극성, 친수성을 적당히 조절할 수 있다.

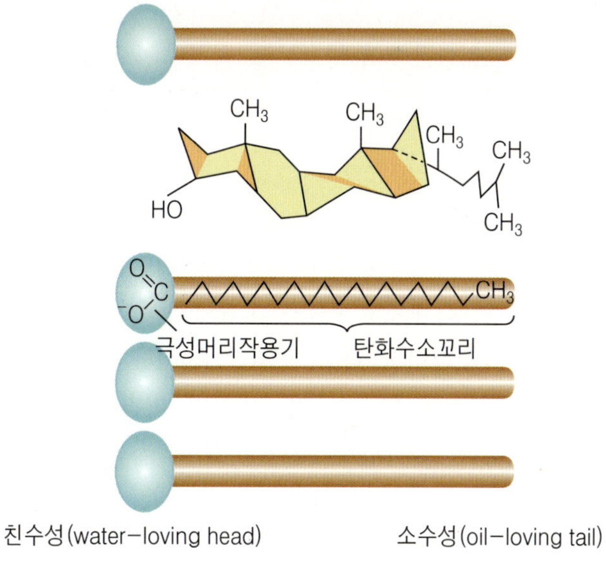

그림 7-3. 기포세정제의 분자구조 모형도

표 7-2. 샴푸의 구성 성분

구 분	기 능	성분 예
기포세정제	거품 형성과 표면장력 저하	알킬황산염, 알킬에테르황산염, 양쪽성 계면활성제
기포증진제	기포 증진과 안정	지방산 알칸올 아미드와 아민옥시드
유화제	유화작용	고급지방산 글리콜에스테르
보습제	보습력 제공	글리세린, 프로필렌글리콜, 폴리에틸렌 글리콜
유연제	유연효과	유지, 고급알콜에스테르류, 라놀린유도체 프로틴유도체, 스쿠알렌, 양이온화 셀룰로오스, PVP
점증제	점성도 조절	셀룰로오스 유도체, 카보폴, PVP
방부제	방부효과	안식향산, 안식향산에스테르, 소르빈산
금속이온봉쇄제	금속이온 봉쇄	EDTA
pH 조절제	pH 조절	구연산, 인산 나트륨
비듬방지제	미생물증식 억제, 비듬제거 가려움 예방, 피부염 효과	황화셀렌, 황, ZPT(zinc pyrithione) 등
토닉제	청량감 부여	멘톨, 캄포 등

또한 알킬베타인, 알킬아미드 베타인, 이미다졸리늄 베타인 등의 베타인형 양쪽성 계면활성제는 음이온성 계면활성제와 조합하여 안전성의 향상, 점도증가 등의 보조적인 목적으로 사용하기도 하고, 단독으로 사용하기도 한다. 기포성과 세정성은 음이온성 계면활성제에 비하여 떨어지지만 저작극성, 특히 눈에 대한 자극성이 적기 때문에 베이비 샴푸(*baby shampoo*)의 주요 성분으로 사용된다.

마지막으로 모노에탄올아미드(*monoethanolamide*), 디에탄올아미드(*diethanolamide*) 등 비이온성 계면활성제는 음이온성 계면활성제의 보조적인 역할을 하는 기포세정제이다. 이는 기포의 안정성 향상, 샴푸 기제의 점도 증가, 저온에서의 안정성 향상 등의 목적으로 널리 사용된다.

3) 유성성분

샴푸한 후에는 모발의 지질 성분이 제거되기 때문에 지질성분을 부여하기 위하여 유성 원료를 첨가한다. 또한 모발을 정돈하고 탄력을 부여하며 탈지성과 윤택한 모발을 유지하기 위하여 사용된다. 그러나 이러한 유성성분은 거품형성에 영향을 미치고 세정력이 저하되기 때문에 보통 2% 이하로 첨가한다. 유지는 올리브유, 피마자유 등의 식물성 유지와 라놀린, 레시틴, 세틸알코올과 올레일알코올 등의 고급알코올, 스테아린산과 팔미틴산 등의 고급지방산, IPM(*isopropyl myristate*), 실리콘오일 등이 다양하게 사용된다. 일반적으로 오일샴푸라 하더라도 오일 함량이 다량 함유된 것은 아니다.

4) 보습제

모발은 10% 내외의 수분을 함유되어 있기 때문에 촉촉하고 부드럽게 느껴지지만 수분이 함량이 감소되면 촉감이 딱딱하고 탄력이 저하된다. 잦은 샴푸와 화학처리로 인하여 모발의 천연보습인자(NMF)가 감소하면 건성모발이 되기 쉽다. 샴푸 후 모발의 건조를 막기 위하여 샴푸제에 보습제를 첨가한다. 일반적으로 사용되는 보습제로는 글리세린, 프로필렌 글리콜(*propylene glycol*, PG), 피롤리돈카르복실산(*pyrollidone carboxylic acid*, PCA), 폴리펩티드 등이다.

5) 기타 첨가제

샴푸제는 기포세정제의 주성분 외에 여러 가지 종류의 첨가제가 추가되어 사용된다. 콘디셔닝제로는 양이온화 셀룰로오스 등의 양이온성 고분자가 주로 사용된다. 샴푸액을 희석하면 양이온성 고분자와 계면활성제의 복합 염이 석출하여 모발에 흡착됨으로써 세정할 때와 헹굴 때 손질이 매끄럽게 된다. 이와 같은 작용으로 양이온성고분자는 머리를 감을 때 모발 손상 방지 효과가 높다.

그 밖에 첨가제로는 고분자화합물의 점증제, 유탁제, 안정제로서 금속이온봉쇄제, 자외선 흡수제, 방부제, pH 조절제, 색소가 사용 목적에 따라 첨가된다. 또한 모발 보호제로 메티오닌, 티로신 등의 아미노산과 PPT, 판테놀(비타민 B5) 등이 첨가되고, 비듬과 가려움 방지 목적으로 사용되는 약제로는 황, 살리실산, 징크피리치온(*zinc pyrithione*, ZPT), 이소프로필메틸페놀 등이 있다.

1-2-3. 샴푸제의 세정작용

두피 및 모발의 오염 물질을 제거하기 위하여 음이온성 계면활성제, 양쪽성 계면활성제, 비이온성 계면활성제가 샴푸용 세정제로 사용된다. 계면활성제는 극성인 머리부분(*head part*)과 비극성인 꼬리부분(*tail part*)으로 구성되어 있기 때문에 양친매성(*amphipathic*)이라 한다. 양친매성은 수용액에서 이온화할 수 있고, 어느 농도 이상에서는 독특한 형태로 서로 모이게 된다. 수용액 상태에서 소수성 사슬부분은 소수성끼리 내부를 향하여 배열하고, 친수성인 머리부분은 물이 있는 외부로 향하여 배열한다. 이러한 배열의 형태를 미셀(*micelle*)이라 한다. 미셀이 형성되는 최소한의 농도를 임계미셀농도(*critical micelle concentration*)라 한다. 미셀은 분자 수준 보다는 훨씬 큰

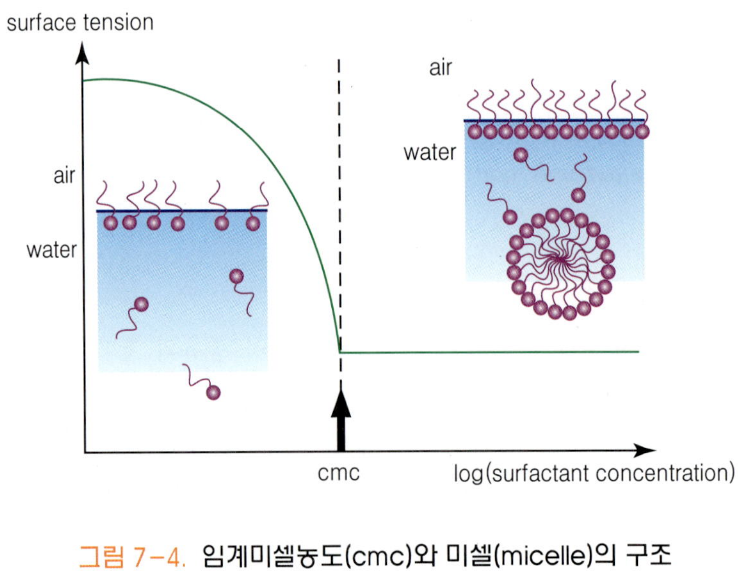

그림 7-4. 임계미셀농도(cmc)와 미셀(micelle)의 구조

상태로 수백만 또는 수천 개의 계면활성제가 서로 회합되어 있다. 이와 같은 성질 때문에 미셀은 화장수 등의 가용화 작용이나 로션 등의 유화작용에 주로 이용된다.

기포세정제의 친수성인 머리부분은 물과 친화성이 높아 물에 쉽게 분산되고, 소수성인 꼬리부분은 오염 물질인 기름때와 모간의 에피큐티클 층과 쉽게 습윤 되거나 흡착된다. 이러한 계면활성제의 흡착과 침투작용 그리고 유화 및 분산작용에 의하여 모발과 두피의 오염 물질이 제거된다. 즉 오염 물질이 부착되어 있는 두피 및 모발에 세정액이 습윤 되거나 흡착 및 침투하여 샴푸용 세정제가 오염 물질의 부착력을 약화시키고, 팽윤시킴으로써 세정작용이 이루어진다. 물리적인 힘과 물에 의하여 분리된 오염물질은 미셀(*micelle*)의 유화상태로 더욱더 작은 방울로 세분화되어 수중에 분산된다.

그 결과 오염 물질은 기질에서 쉽게 제거된다. 결국오염 물질은 세정액에 의하여 세분되어 수중에 안정하게 분산되고, 오염물질에 흡착된 계면활성제가 오염의 재부착을 방지한다. 마지막으로 충분히 헹굼으로써 오염물질과 기포세정제 등 샴푸제의 성분이 제거되어 두피와 모발이 청결하게 된다. 이와 같은 헹굼 과정이 불충분하면 두피의 부작용을 초래할 수 있고, 모발의 정상적인 성장을 초래할 수 있다.

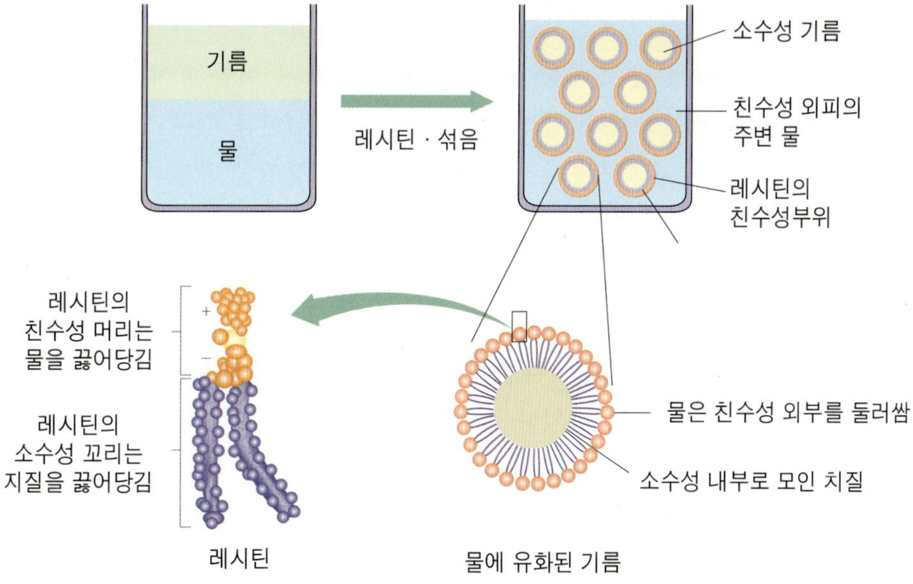

그림 7-5. 레시틴의 유화상태

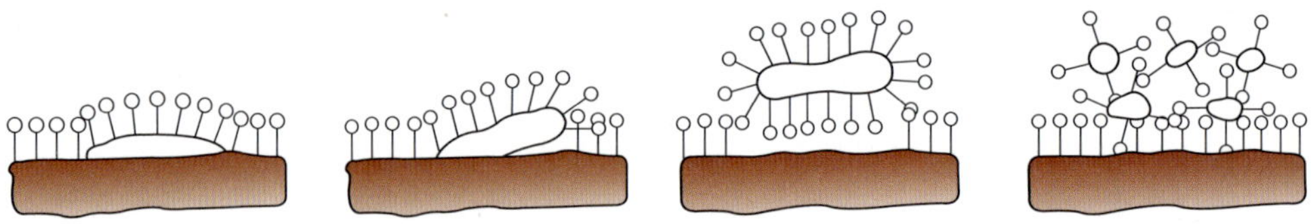

그림 7-6. **샴푸의 세정 작용**

계면활성제의 작용을 고려하여 실제적인 모발의 샴푸 메카니즘을 살펴보면 다음과 같다.

① 계면활성제의 습윤작용에 의하여 샴푸액이 모발 전체를 적시고, 동시에 모발 표면 사이를 통하여 조직 내에 침투한다. 모발의 침투 경로는 크게 2가지이다. 하나는 모발의 구성 세포막을 가로질러 침투하는 과정이고 또 다른 침투 과정은 큐티클층과 큐티클층 사이의 접합부위, 즉 세포막복합체(*cell membrane complex*, CMC) 사이로 침투한다. 모발의 모피질(*hair cortex*) 층에 침투하는 모든 물질은 분자의 크기나 특성 그리고 온도 등 여러 가지 요인에 의하지만 대부분은 세포막을 가로지르는 것보다 세포막복합체를 통하여 침투한다.

② 샴푸액이 알칼리성인 경우는 노화각질을 연화하여 비듬을 제거하기 쉽게 하고, 지방분을 비누화한다. 중성, 약산성인 경우는 이와 같은 연화작용이 약해도 계면활성제의 유화작용과 분산작용으로 오염물질을 모발과 두피에서 분리한다. 모발의 등전대가 pH 4.5~5.5이기 때문에 모발은 이러한 등전대 상태로 유지하는 것이 가장 바람직하다. 그러나 pH가 7~8정도에서 모발이 화학변화를 유발시킬 정도는 아니고 비누와 같이 pH가 10~11이라 하더라도 샴푸제를 미량으로 사용하기 때문에 각질이 연화되어 노화된 각질을 제거하기 위해서는 오히려 적합한 경우도 있다. 즉 모발보다 약한 피부의 경우 비누를 이용하여 얼굴을 세정하거나 샤워를 하는 경우를 보더라도 샴푸의 pH가 8이면 안 된다는 것은 논리적으로 모순이 있다. 다만 피부의 경우에는 분비되는 피지와 땀에 의한 피지막의 영향으로 약산성으로 돌아오는 성질을 가지고 있는 것은 모발과 다르다. 따라서 모발의 경우 피부와 달리 이러한 피지막의 영향으로

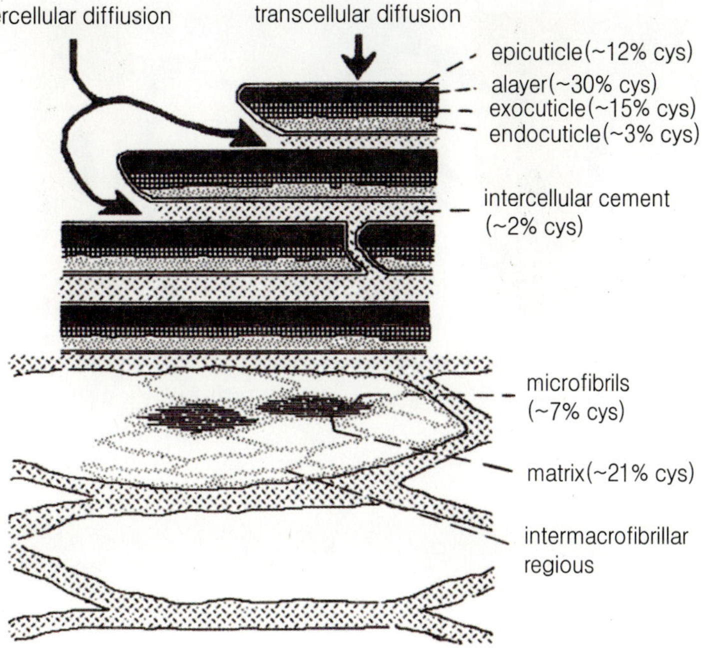

그림 7-7. 모발의 침투 경로

모발의 뿌리부분 이외에는 그 작용을 받지 못하기 때문에 알칼리성 샴푸를 사용할 경우 린스제로 pH를 조정한다. 그러나 알칼리성 샴푸만 사용하여 세정한 모발을 그대로 건조시켜 빗질을 한 경우 모발 손상을 유발하기 때문에 충분한 헹굼이 필요하다. 이러한 이유로 인하여 헤어 케어 제품이 있고 올바른 샴푸기법이 있으므로 샴푸제 자체의 pH에 크게 영향을 받지 않지만 pH가 4~7인 약산성과 중성의 샴푸제가 대부분이다.

③ 모발에서 분리된 오염물질은 샴푸액 중에 형성된 미셀의 가운데로 둘러싸이고, 수중에 안정된 형태로 분산되고 유지된다. 따라서 미셀 형성력이 없는 샴푸 액에서 그 효과가 나타나지 않는다.

그림 7-8. 샴푸제의 작용

④ 두피를 마사지하고 모발을 세정하는 동안 거품이 형성되고, 거품 주위에 미셀 농도가 높아져서 오염물질이 포함된 미셀이 샴푸액 쪽으로 밀려난다. 이러한 과정에서 오염물질이 세정되어 거품 주위가 검어지는 것을 볼 수 있다.

⑤ 한편 계면활성제는 모발의 표면에 층상 미셀의 흡착막을 형성하고, 모발의 표면에 오염물질이 다시 부착되는 것을 방해한다.

⑥ 헹굼 단계에서 세정액은 급격히 엷어지고 미셀은 붕괴되지만 표면에 부착되어 있던 오염물질은 모발에서 밀려나고, 모발 표면에는 계면활성제의 흡착막이 남게 된다.

⑦ 마지막으로 다량의 더운 물(40℃ 내외)을 이용하여 충분히 헹궈 냄으로써 모발 표면에 흡착된 계면활성제를 제거한다. 다만 모발 표면에 계면활성제가 흡착되어 잔류하는 경우도 있다. 이러한 상태에서 모발이 건조해지면 모발 감촉에 영향을 미치게 된다. 계면활성제가 모발 표면에 흡착된 것은 에피큐티클층의 화학적 특성 때문에 정전기적 인력이 크게 영향을 미친다. 다만 등전점 이상의 pH에서는 음이온의 성향이 강하기 때문에 음이온성 계면활성제는 흡착력이 약하여 헹굼에 의하여 쉽게 분리된다. 양이온성 계면활성제와 양쪽성 계면활성제가 함유된 경우에는 흡착 잔존율이 커지기 때문에 모발의 감촉을 좌우하게 된다.

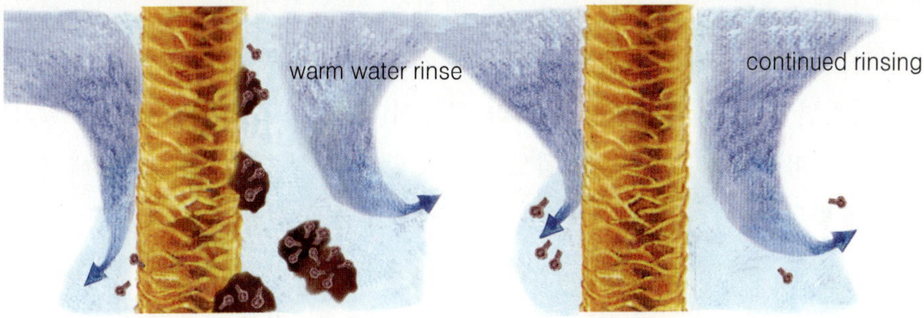

그림 7-9. 샴푸의 헹굼 작용

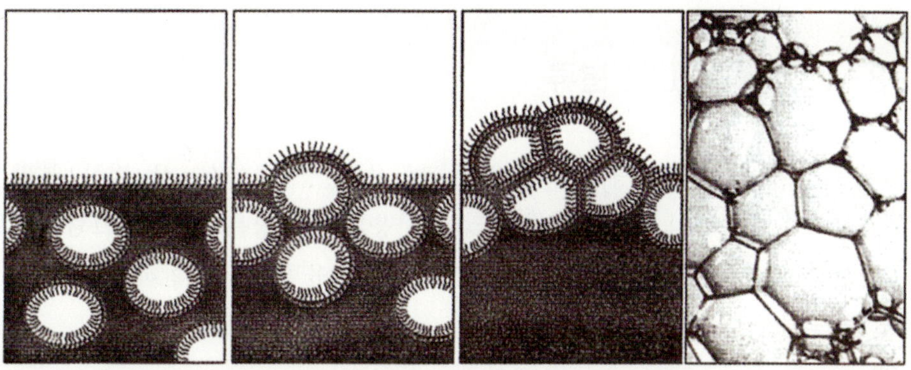

그림 7-10. 기포 형성과 작용

샴푸의 기포는 세정액이 흘러내리지 않도록 유지시키고, 모간 사이의 접촉을 막아 마찰을 적게 하는 역할 이외에 계면활성제의 액체 면을 확대시켜 오염물질의 재부착을 방지하고, 세정이 쉽게 하는 역할을 한다. 또한 모간 사이의 헝클어짐을 방지하여 쿠션 역할을 하므로 기포의 역할은 중요하다. 그러나 기포력과 세정력은 반드시 상관성이 있는 것은 아니다. 즉 일반적으로 비이온성 계면활성제는 기포력이 약하지만 유화력이 강하여 세정력이 우수하다.

그리고 두피에 각종 오염 물질, 즉 피지와 각종 유기물이 축적되면 세균이 증식하여 피지와 유기 물질이 분해되어 불쾌한 냄새와 가려움을 유발한다. 더욱 심해지면 두피의 염증뿐만 아니라 모공이 막히고 모낭에 염증이 유발되어 모구와 모유두의 기능이 저하됨으로서 모발의 정상적인 발육이 방해되고 탈모가 유발된다. 따라서 최근에 샴푸는 단지 오염 물질을 제거할 뿐만 아니라 모발을 감는 동안 모발 손상을 방지하는 효과가 있는 콘디셔닝 타입의 샴푸제, 비듬 및 가려움을 방지하는 약용 타입의 샴푸제, 린스 효과를 주는 린스 일체형 샴푸제 등 샴푸제의 기능이 다양화 되고 있다.

1-3. 샴푸제의 종류

1-3-1. 제형에 따른 분류

샴푸제는 제형에 따라 투명액상, 유액상, 크림상, 겔상, 페이스트상, 펄상, 분말, 고형, 무스상으로 구분된다. 최근에 가장 많이 사용되는 제형은 유액상, 크림상, 겔상이다. 샴푸제는 외관상 크게 2가지, 즉 투명 액상과 유탁제를 배합하여 고급스러운 느낌을 주는 불투명 액상으로 나누어진다.

1-3-2. 부가 기능에 따른 분류

① 세정 후의 느낌을 향상시키기 위하여 유분을 배합한 오일 샴푸, 크림샴푸
② 세발 중 모발의 손상을 방지하는 콘디셔닝 샴푸
③ 비듬, 가려움을 억제하는 데에 효과가 높은 비듬용 샴푸
④ 두피, 모발에 대한 자극이 보통 샴푸보다 낮은 저자극 샴푸
⑤ 모발 표면의 마찰 저하, 정전기 방지, 모발 보호 등 린스의 기능을 부가한 린스일체형 샴푸
⑥ 위의 샴푸 기능 중 몇 가지 복합 기능을 가진 샴푸

1-3-3. 사용 목적에 따른 분류

1) 일반 샴푸제(general shampoo)

모발 및 두피를 청결하게 하는 것을 목적으로 실시하기 때문에 플레인 샴푸(*plain shampoo*)라고도 하며, 가볍게 브러싱한 후 두피의 먼지나 때를 제거한다. 이때 모발에 심하게 마찰을 가하거나 부비지 않도록 하며 두피에 상처가 나지 않도록 주의한다. 모발에 샴푸제가 남지 않도록 충분히 헹구어 주고 린스를 사용할 때는 모발에만 도포하여 두피에는 닿지 않도록 한다. 퍼머넌트 웨이브나 헤어 컬러링 시술 전에는 린스를 사용하지 않는다.

2) 지성모발용 샴푸제(oily hair shampoo)

모발이 지성인 경우는 두피에서 많은 양의 유분이 배출되기 때문에 과도한 피지 분비를 조절하고, 두피의 지성화를 완화시킬 수 있는 샴푸제를 이용한다. 즉 세정력을 높게 해주는 음이온 계면활성제를 이용하여 피지를 효과적으로 제거하는 샴푸제이다. 또한 세균번식을 막고 염증을 예방하는 샴푸제이어야 한다. 두피나 모간의 피지를 제거하여야 하기 때문에 건성이나 중성인 경우에 비하여 샴푸를 자주하여야 한다.

3) 건성모발용 샴푸제(dry hair shampoo)

콘디셔닝 기능이 첨가된 세정제로 건조하고 푸석푸석한 모발을 위한 샴푸제를 이용하여야 한다. 주 세정제는 음이온 계면활성제이며, 보조세정제는 비이온성 및 양쪽성 계면활성제이다. 마일드한 세정력과 과다하게 손상될 수 있는 보습성분을 보충하여 줌으로써 두피의 이상 현상을 최소화 할 수 있다. 모발이 건성인 경우는 모발이나 두피가 건조하고 푸석푸석하기 때문에 식물성과 동물성 유지나 영양성분이 함유된 샴푸제를 이용한다.

4) 콘디셔닝 샴푸제(conditioning shampoo)

샴푸를 실시한 후에 모발의 감촉, 윤기, 강도 등의 물리적 상태를 개선시키기 위하여 여러 가지 첨가제가 배합된 샴푸제 이다. 첨가제의 종류에 따라 경모용, 연모용, 염색모, 손상모 등으로 분류되고, 모발의 상태와 모질에 따라 샴푸제를 선택하여 이용된다. 또한 음이온성 계면활성제와 양이온성 계면활성제 그리고 음이온성고분자 혹은 양이온성고분자가 배합된 샴푸제를 사용하면 샴푸 후 모발에 힘을 줄 수 있기 때문에 연모와 손상모에 적합하다. 소량의 동물성, 식물성, 광물성 성분을 첨가하면 모발의 보습효과도 부여할 수 있다.

5) 산성 샴푸제(acid shampoo)

산성 샴푸는 구연산이나 인산 등에 의하여 pH가 5~6인 약산성 샴푸제이다. 모발에 염색이나 퍼머넌트 웨이브를 시술함으로써 모발의 pH가 높아져서 약알칼리성으로 변하고 팽윤된 상태가 된다. 이러한 모발에 산성 샴푸제를 사용하면 모발을 단단하게 하고 수축시키며 손상을 억제할 수 있다. 특히 모발 염색 후에 사용하면 효과가 크다

6) 항비듬성 샴푸제(anti-dandruff shampoo) 혹은 비듬방지용 샴푸제

비듬의 발생을 예방하거나 억제하고 비듬 제거를 목적으로 사용되는 샴푸제이다. 이와 같은 샴푸제에는 황이나 황화셀렌, 징크피리치온(*zinc pyrithione*, ZPT)과 같은 항균제가 주로 사용되었다. 최근에는 비듬 예방과 가려움 방지 목적으로 첨가하는 살균제는 황화셀렌, 징크피리치온((ZPT) 이외에 살리실산, 언데실렌산(*undecylenic acid*), 헥사클로로펜 등이 있다. 비듬성 두피에 사용하는 샴푸제로 1주일에 2회 정도 사용하는 것이 적당하다.

7) 허벌 샴푸제(herbal shampoo)

식물성 샴푸제로 고급 알코올계 세제를 사용하고 식물약초 엑기스를 함유하며 두피의 생리기능을 조절하므로 자극이 적어서 손상된 모발에 사용하면 효과적이다.

8) 프로테인 샴푸제(protein shampoo)

모발에 영양을 공급하는 샴푸제로 마일드한 세정작용과 케라틴을 보호하며 퍼머넌트 웨이브나 모발 염색 후의 손상모등에 사용한다.

9) 베이비 샴푸

어린이 전용 샴푸제로 탈지력이 약하고 피부, 눈에 자극이 적은 샴푸제이다. 일반적으로 자극이 적은 양쪽성계면활성제를 사용한 저자극성 샴푸이다.

10) 기타 샴푸

그 이외에도 헤어스타일을 연출하기 위하여 사용목적에 따라 다음과 같이 분류할 수 있다.

① 프리 샴푸(*pre-shampoo*) : 퍼머넌트 웨이브, 염색과 탈색 시술 전에 제품이 균일하게 작용하거나 빠르게 진행되도록 샴푸를 실시한다.

② 애프터 샴푸(*after-shampoo*) : 모발의 염색과 탈색을 시술한 후에 모발의 pH를 조절하기 위해 샴푸를 실시한다.

③ 컬러 픽스 샴푸 : 모발 염색 후 모발의 색상을 오래 유지시키기 위해 사용한다.

④ 탈색 샴푸 : 모발의 탈색전용 샴푸로서 모발색상을 밝게 하고 싶을 때 사용한다.

1-4. 샴푸할 때의 주의사항

샴푸는 두피와 모발의 청결뿐만 아니라 모발 성장과 탈모에도 영향을 미치기 때문에 샴푸제의 선택과 샴푸 기법 등이 중요하다. 이는 샴푸의 횟수와 두발상태, 개인 등에 따라서 다르지만 청결하게 보존하는 것이 기본적인 목적이다. 이러한 관점에서 샴푸할 때의 주의사항은 다음과 같다.

① 두피와 모발의 상태를 파악한다. 즉 두피가 지성, 건성 또는 비듬이 많은 상태, 모질, 모발의 손상을 고려하고, 사용하여야 할 샴푸제를 잘 선정하여야 한다.

② 샴푸할 때의 물의 온도는 40℃ 전후가 적당하다.

③ 샴푸를 문지를 때는 손톱으로 하지 말고 손가락 끝마디 부분으로 가볍게 문지르며 마사지 한다.

④ 모발은 수분을 흡수하기 때문에 모발을 너무 강하게 비비지 않는다.

⑤ 샴푸제는 한 번에 너무 많이 사용해도 효과는 없고 오히려 두발을 손상시키는 원인이 되므로 적당량 사용한다.

⑥ 샴푸 후에 드라이를 할 때는 모발을 충분히 타월로 닦아내고 완전히 건조시킨다.

2. 린스(Rinse)

2-1. 린스의 목적과 기능

2-1-1. 린스의 목적

샴푸에 의한 모발의 과도한 피지 제거와 음이온성 계면활성제의 흡착으로 모발의 손상을 초래할 수 있다. 린스(*rinse*)는 "헹구다"하는 의미로 샴푸에 의해 감소되어진 모발의 유분을 공급하여 모발에 유연성과 모발의 표면 상태를 정돈할 목적으로 사용된다. 따라서 헤어린스는 모발에 유연성을 주어 빗질이 잘 되게 하고, 모발에 자연스러운 광택을 주는 콘디셔닝 효과가 있다. 모발 세정에 비누가 사용되는 경우는 알칼리와 금속비누를 제거하기 위하여 구연산 등이 함유된 산성 린스가 사용되었다. 산성린스는 퍼머넌트 웨이브나 모발 염색을 시술할 때에도 사용된다. 모발 세정 시에 과도하게 탈지된 모발에 유분을 주기 위해 오일 린스라는 유지류나 헤어크림을 물에 분산시킨 제품이 모발의 마무리에 사용된다. 최근에는 양이온성 계면활성제와 고급 알코올이 배합된 겔 중에 여러 가지 유분을 첨가한 유액상 또는 크림상의 린스가 대부분이다. 주요 성분인 양이온성 계면활성제는 모발에 잘 흡착되어 모발의 표면을 매끄럽게 하는 작용을 한다.

2-1-2. 린스의 기능

양이온성 계면활성제는 모발에 흡착하여 모발표면의 마찰계수를 저하시킨다. 그 효과는 양이온성 계면활성의 알킬 사슬 길이가 길수록 크다. 모발표면의 마찰계수를 저하시키기 위해서는 모발표면에 양이온성 계면활성제의 단분자층이 형성되면 된다. 양이온성 계면활성제는 친수기를 모발 방향으로 향하여 정전기적으로 흡착시키고, 친유기를 외측으로 향하게 하여 모발의 표면이 양이온성 계면활성제의 친유기에 싸여서 모발이 매끄러워진다. 그리고 모발에 흡착된 양이온성 계면활성제나 유분은 물 세척으로 간단히 탈착되지 않는다. 따라서 린스를 사용한 후에는 헹구는 정도에 따라 린스 효과는 거의 변하지 않는다.

모발표면에 양이온 계면활성제와 유분의 흡착 및 친수기 부분의 수화층 형성에 따라 헤어 린스의 기능은 다음과 같다.

① 모발의 표면을 매끄럽게 하고, 빗질을 좋게 한다.

② 모발의 표면을 보호한다.

③ 정전기를 방지 한다.

④ 모발을 유연하게 하고 자연스러운 광택을 준다.

⑤ 샴푸 후 제거되지 않은 음이온성 계면활성제를 중화시켜 준다.

2-2. 린스제의 구성성분

헤어 린스는 주요 성분으로 양이온 계면활성제와 유성성분을 함유하고 있어 샴푸에 의해 제거된 모발의 유분을 보충해 주고, 음이온을 띠는 모발의 표면에 양이온성 계면활성제를 공급함으로써 모발의 손상을 억제하고 모발의 정전기 발생을 막아준다.

2-2-1. 양이온성 계면활성제(cationic surfactant)

린스의 주성분은 양이온성 계면활성제이며, 모발과 정전기적으로 결합하는 성질을 가지고 있기 때문에 다른 계면활성제보다 강하게 흡착된다. 특히 에피큐티클층의 음이온과 이온결합을 함으로써 모간 표면에 부드럽고 얇은 피막을 형성하여 젖은 상태에서도 빗질 용이성을 증가시켜 줄 수 있다. 대표적인 계면활성제는 염화알킬트리메틸암모늄(*chloroalkyltrimethylammonium*)이며, 그 외에 2쇄형의 염화디알킬디메틸암모늄(*chloro*야*alkyldimethylammonium*)도 사용된다. 알킬기는 C_{12}~C_{22}가 사용된다.

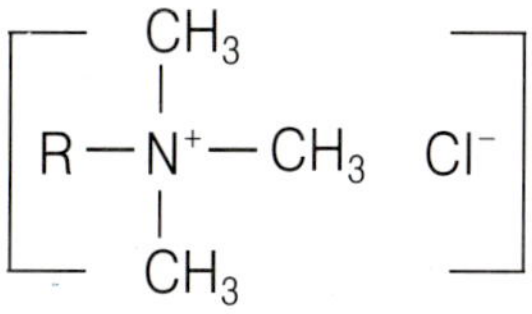

2-2-2. 유성성분(oil and fat)

샴푸에 의하여 과도하게 제거된 유성성분을 보충하여 주며, 모발의 추가적인 손상이나 정전기를 방지시켜 줄 수 있는 성분이다. 일반적으로 모발에 흡착 능력이 좋으며 물로 쉽게 제거되지 않은 천연 오일류나 합성오일이 사용된다. 유동파라핀 등의 탄화수소화합물, 올레일알코올과 세틸알코올 등의 고급알코올, 에스테르류, 실리콘유 등의 사용된다. 특히 실리콘유는 모발에 매끄러움을 부여하는 효과가 있다.

2-2-3. 보습제(humectant)

보습제는 모발에 수분을 주어 촉촉하게 하는 효과가 있다. 보습제로는 글리세린, 프로필렌글리콜, 1,3-부틸렌 글리콜, 폴리에틸렌글리콜 등이 사용된다.

2-2-4. 고분자 물질

제형을 유지시켜 주고 모발에 흡착되어 콘디셔닝 효과를 부여하는 성분으로 정발효과, 점증 효과, 보습 효과 등이 있다. 카르복시 셀룰로오스, 아라미아 검, 젤라틴, 폴리비닐알코올 등이 사용된다.

2-2-5. 기타 성분

그 외에 린스제의 효과를 높이거나 모발의 탄력과 유연성을 부여해 주고 큐티클층의 손상 완화, 청량감, 비듬방지효과, 염증완화 등을 줄 수 있는 성분들이 첨가된다. 이러한 목적으로 사용되는 성분들은 콜라겐, 엘라스틴, 아미노산, 펜타놀, 알란토인 등이며, 그 외에도 여러 가지 성분들이 첨가된다.

2-3. 린스의 종류

2-3-1. 산성 린스

물 중에 칼슘, 마그네슘 등에 의하여 생성된 물때(칼슘비누 등의 금속비누)를 제거하기 위하여 산성 린스를 사용되었다. 따라서 산성 린스는 비누로 세발하는 경우 이외에는 사용할 필요가 없지만 퍼머넌트 웨이브나 염색 시술 후에 모발에 잔류하는 알칼리의 중화용으로도 사용한다. 알칼리제에 의한 모발의 팽윤으로 인하여 모발 손상을 억제하고, 산화작용을 높이는 효과가 있다. 알칼리성을 중화시키는 중화제이기 때문에 중간산 린스라고도 한다. 산성 린스에는 거의 구연산이나 인산이 사용되고 레몬이나 식초를 이용한 린스도 동일한 효과를 가져 올 수 있다. 그러나 식초를 이용한 경우의 린스는 냄새로 인하여 사용되는 경우는 드물다. 최근 알칼리성을 중화시키기 위하여 유기산 이외에 양이온 계면활성제나 양이온성 고분자 등을 이용하는 경우도 있다. 특히 산성 린스제는 장시간 사용하면 표백작용이 있기 때문에 주의하여야 한다.

2-3-2. 크림 린스(cream rinse), 오일린스(oil rinse)

모발 세정 시에 과도하게 탈지된 모발에 유분을 부여하기 위해 사용되는 린스제이다. 크림 린스는 유지류와 계면활성제, 즉 양이온성 계면활성제, 양쪽성 계면활성제가 주요 구성성분이며, 폴리펩티드와 아미노산, 식물추출물 등 여러 가지 수용성 물질이 첨가된다. 샴푸 후에 크림 린스를 하면 모발이 부드러워지는 것은 양이온성 혹은 양쪽성 계면활성제의 영향이며, 이러한 효과를 높이기 위하여 약 3~5%의 양이온성 계면활성제를 첨가하는 경우도 있다. 일반 린스 후 모발에 흡착된 계면활성제의 축적으로 지나치게 유연해지는 경우도 있으므로 연모의 경우에 주의가 필요하다. 모간 중 에피큐티클 층의 음이온과 양이온성 계면활성제의 양이온이 정전기적인 인력으로 흡착되면 모간의 표면에는 유성의 얇은 막이 형성되어 모발의 빗질감과 윤기 그리고 유연성이 개선되는 린스의 효과가 있다.

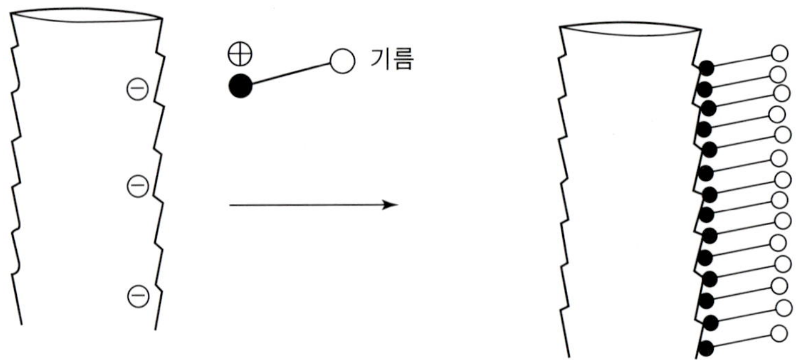

그림 7-11. 양이온성 계면활성제의 흡착

일반적으로 크림 린스는 양이온성 계면활성제의 영향으로 pH 5~6 정도이지만 퍼머넌트 웨이브나 염색 후의 잔류 알칼리를 중화할 정도로 산성이 강하지 않다. 린스 후 건조한 뒤 모발에 힘을 주기 위하여 양이온성 또는 양쪽성 수지를 이용하여 크림 린스를 개선시킬 수 있다.

오일 린스는 샴푸 후에 모발에 유분을 부여할 목적으로 사용한 린스이다. 그러나 모발뿐만 아니라 지성 두피를 유발할 수 있기 때문에 현재에는 거의 사용되지 않는다.

2-3-3. 비듬제거 린스

비듬은 두피의 각질과 산화분해물, 세균, 두피의 건조 등에 의하여 유발되므로 각질용해제, 피지분비 억제하는 비타민류, 살균제, 두피의 건조를 막고 촉촉하게 하기 위한 습윤제 등이 함유된 린스제이다.

2-3-4. 린스 일체형 샴푸 (two in one shampoo or one step shampoo)

콘디셔닝 샴푸를 개선시켜 모발 표면의 마찰계수를 저하시키고 정전기 방지효과, 모발 보호효과 등의 기본적인 린스 기능을 첨가시킨 것이 린스 일체형 샴푸이다. 린스인 샴푸(*rinse in shampoo*)라고도 한다. 모발의 세정 회수 증가, 외출 전의 샴푸, 여행지, 외출지에서의 샴푸 등 생활환경의 변화로 간편성을 추구한 것이다.

주세정제는 양쪽성 계면활성제 또는 음이온성 계면활성제가 사용된다. 콘디셔닝제로는 주로 양이온성 계면활성제, 실리콘유 및 그 유도체, 그 외에 탄화수소 류의 유성성분 등이 사용된다.

양이온성 계면활성제를 단독으로 사용하는 경우보다 음이온성 계면활성제와 일정한 비율로 조합하여 사용하는 편이 양이온 계면활성제의 자극성을 완화시킬 수 있고, 린스제의 효과가 양호하게 나타난다. 일반적으로 양이온성 계면활성제와 음이온성 계면활성제를 혼합하면 물에 불용성인 복합체를 생성하지만 말단의 친수기와 더불어 분자 내에 별도의 친수기를 갖는 음이온성 계면활성제 경우는 양이온성 계면활성제와 병용하여도 수용성의 복합체를 형성한다. 따라서 양쪽성 계면활성제를 주세정제로 하는 샴푸에는 이런 종류의 음이온-양이온 복합체를 린스제로서 첨가할 수 있다. 그러나 일반적으로는 음이온성 계면활성제를 주세정제로 사용하기 때문에 콘디셔닝제로는 주로 실리콘오일이 사용된다.

퍼머넌트 웨이브

Permanent Wave

8

모발을 펴거나 웨이브(*wave*)를 부여함으로서 여러 가지 헤어스타일을 연출할 수 있다. 특히 생기 있고 발랄하거나 우아한 여성의 헤어스타일은 모발의 웨이브를 이용한다. 이러한 모발의 웨이브는 일시적인 세팅 헤어 웨이브와 영구적인 헤어 웨이브가 있다. 모발을 구성하는 케라틴의 이온결합과 수분에 의하여 일시적으로 형성될 수 있는 모발의 웨이브를 일시적인 헤어 웨이브(*temporary hair wave*)라 하고, 이러한 웨이브는 수증기나 샴푸에 의해서 쉽게 없어질 수 있다. 또한 모발을 구성하는 케라틴의 화학적 성질과 물리적인 방법을 부여하여 케라틴의 구조와 모발의 형태를 변화시킴으로서 영구적으로 지속되는 모발의 웨이브를 형성시킬 수 있다. 이러한 모발의 웨이브를 영구적인 헤어 웨이브 혹은 퍼머넌트 웨이브(*permanent wave*)라 하며 원래의 상태로 되돌리기가 쉽지 않다.

이러한 퍼머넌트 웨이브는 고대 이집트 시대로 거슬러 올라간다. 기원전 3000년 고대 이집트 시대에 모발을 막대기로 말아서 그 위에 점토를 바르고 태양에 건조시켜 모발에 웨이브를 주어 멋을 내었다는 기록이 있다. 그리스 로마시대에는 불로 달군 쇠막대기로 웨이브를 만들었으며, 이와 같은 웨이브 형성 방법은 19세기까지 사용되었다. 즉 1892년 프랑스의 마셀 그라또우(*Marcel Grateau*)가 아이론을 이용하여 모발에 웨이브를 만들었으나 샴푸를 하거나 수증기를 이용하면 웨이브가 쉽게 풀려지기 때문에 퍼머넌트 웨이브라고 할 수 없었다. 그러나 1905년 찰스 네슬러(*Charles*

그림 8-1. 퍼머넌트 웨이브를 이용한 헤어스타일

Nessler)는 붕사와 같은 알칼리성 수용액을 이용하는 화학적 처리를 하고, 전기를 이용하여 가열하는 방법을 고안하여 처음으로 퍼머넌트 웨이브 기법을 발표하였다. 1908년 영국 특허를 받는 것이 근대 퍼머의 시작이다. 그 후 네슬러 방법의 가열 기구는 개량되었고, 약품도 붕사 대신 암모니아와 탄산암모늄이 이용되었으며 1920년대에는 "히트퍼머"로서 널리 사용되었다. 1923년 사르토리(*Sartory*)가 전열 대신에 화학 반응열, 즉 석회의 수화열을 이용한 것으로 "Machineless Wave"로 보급되었다. 이는 퍼머넌트 웨이브용 약제의 개발을 촉진시키는 계기가 되-었다.

1934년 고다드(*Goddard*), 미첼리스(*Michelis*)는 티오글리콜산염(*sodium thioglycolate*)을 이용하였다. 그리고 1936년 영국의 화학자 스피크먼(*Speakman*)은 모발의 주요 구성 성분인 케라틴 분자의 구조를 동정(*identification*)하였고, 티오글리콜산과 케라틴의 화학반응을 사람의 모발에 응용하여 퍼머의 이론과 기법을 발표하였다. 즉 아황산수소나트륨을 이용하여 종래의 100℃ 전후의 가열이 필요했던 시술 온도를 실온 가까이까지 떨어뜨려도 충분히 웨이브가 얻어지게 되었다. 콜드 퍼머의 "콜드"는 이와 같은 의미로 붙여진 명칭이다. 알칼리와 열에 의한 퍼머는 케라틴 분자의 구조를 변화시킴과 동시에 고열에 의한 열변성, 잔존 알칼리에 의하여 모발이 손상되었기 때문에 "히트퍼머"는 현재의 콜드웨이브가 생겨나면서 급격히 쇠퇴하였다. 1940년경부터 미국의 맥도우(*McDonugh*)는 티오글리콜산을 환원제로 하는 콜드퍼머넌트 웨이브 로션을 개발하여 현재 사용되고 있는 형태에 가까운 제품에 이르렀다.

1. 퍼머넌트 웨이브 형성 메커니즘(mechanism)

모발은 주성분인 케라틴의 폴리펩티드 사슬(*polypeptide chain*)이 여러 개의 측쇄결합으로 연결된 그물구조로 구성되어 있다. 퍼머넌트 웨이브를 형성하는데 중요한 것은 여러 개의 측쇄결합 중에서 이황화결합(*disulfide bond*, -S-S-)이다. 이황화결합은 환원제에 의하여 절단되어 시스테인(*cysteine*)으로 되며, 산화제에 의하여 다시 새로운 이황화결합을 생성한다. *Ker*은 모발의 케라틴(*keratin*)을 의미한다.

$$\text{Ker}-\text{S}-\text{S}-\text{Ker} \underset{\text{산화제}}{\overset{\text{환원제}}{\rightleftarrows}} \text{Ker}-\text{SH} + \text{HS}-\text{Ker}$$

주로 환원제는 메르캅탄(R-SH)이 사용되는데, 메르캅탄은 유기황화합물의 한 종류로 지방족탄화수소의 수소 원자를 메르캅토기(혹은 티올기)로 치환된 화합물의 총칭이다. 이러한 원리에 의하여 모발의 퍼머넌트 웨이브(*permanent wave*)가 형성된다. 즉 퍼머넌트 웨이브의 구체적인 형성과정이다.

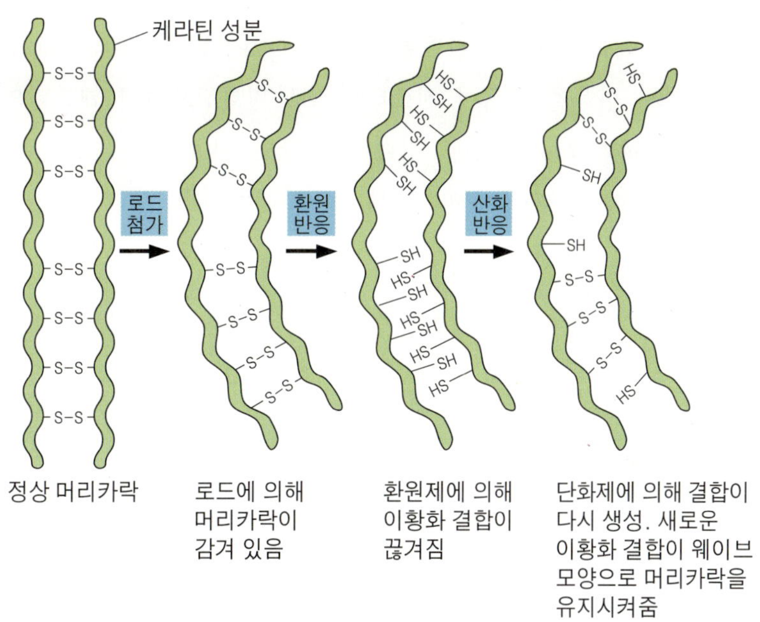

그림 8-2. 퍼머넌트 웨이브의 형성

1-1. 케라틴의 시스틴기와 메르캅탄의 평형반응

케라틴의 이황화결합(*disulfide bond*, 시스틴)을 메르캅탄(*mercaptan*)으로 절단하는 반응은 가역적 평형반응이다. k는 평형상수이다. 즉 시스틴은 환원제인 메르캅탄에 의하여 환원되어 시스테인으로 전환되고, 메르캅탄은 산화되어 환원력을 잃게 된다.

이 반응은 2단계로 일어난다. 즉 환원제로 작용하는 메르캅탄은 메르캅티드로 전환되고, 1차적으로 케라틴의 대칭형 이황화결합(*disulfide bond*)과 친핵성 치환반응(*nucleophilic substitution*)을 한다. 2차적으로 케라틴에 결합된 혼합형 이황화결합을 공격하여 친핵성 치환반응을 함으로써 케라틴의 시스틴 결합을 파괴시켜 케라틴 사슬의 측쇄에 티올기(-SH)가 결합된 시스테인 잔기가 형성된다.

1단계

$$\text{Ker-S-S-Ker} + \text{R-SH} \xrightleftharpoons{k_1} \text{Ker-SH} + \text{Ker-S-S-R}$$

2단계

$$\text{Ker-S-S-R} + \text{R-SH} \xrightleftharpoons{k_2} \text{Ker-SH} + \text{R-S-S-R}$$

결국 이와 같은 케라틴의 시스틴결합(혹은 이황화결합)은 환원제에 의하여 1단계의 반응과 2단계의 반응을 통하여 시스테인으로 변화됨으로써 케라틴의 사슬과 사슬의 가교(*cross-linking*)가 파괴된다. 이러한 케라틴 개열반응의 전체적인 화학반응 진행도를 평형상수(*equilibrium constant*, k)로 나타낼 수 있다.

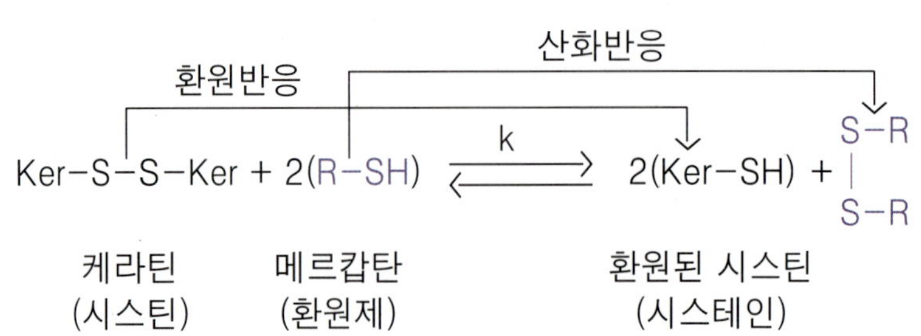

그림 8-3. 케라틴의 산화환원반응

$$평형상수(k) = k_1 \times k_2 = \frac{[R-S-S-R]\ [Ker-SH]^2}{[Ker-S-S-Ker]\ [R-SH]^2}$$

평형상수는 화학평형의 법칙으로부터 유도된 것으로 생성물의 몰농도 곱과 반응물의 몰농도 곱의 비이다. 가역적인 화학반응이 특정 온도에서 평형을 이루고 있을 때 반응물과 생성물의 농도 관계를 나타내는 상수이며, 반응물 및 생성물의 초기 농도에 관계없이 항상 같은 값을 갖는다. 평형상수가 크면 정반응이 활발하여 생성물이 많이 존재하는 것을 의미하고, 화학반응식의 계수가 변하면 평형상수도 변한다. 평형상수는 온도만의 함수로서 압력이나 농도에는 영향을 받지 않는다.

이러한 유형의 반응은 평형상수가 pH에 의하여 변하며, pH가 클수록 평형상수가 크다. pH 7 이상에서 티오글리콜산(*thioglycolic acid*), 시스테인(*cysteine*)과 같은 간단한 메르캅탄에 의한 시스틴의 환원반응의 평형상수는 모두 약 1이다.

1-2. 시스틴의 환원반응 속도에 영향을 미치는 인자

케라틴의 이황화결합(*disulfide bond*)을 메르캅탄으로 환원하는 반응은 메르캅티드(*mercaptide*)에 의한 이황화결합의 직접 치환반응이다. 이황화결합의 개열과정에서의 활성종은 메르캅티드 이온이다. 따라서 pH가 반응속도에 크게 영향을 미치며, pH가 결정되면 케라틴 중의 시스틴기(*cystine group*)를 메르캅탄으로 환원반응 하여 개열하는 반응 속도가 결정된다. 이와 같은 케라틴의 환원반응 속도에 영향을 미치는 인자는 pH 외에 온도, 모발의 팽윤, 모발의 전처리, 메르캅탄의 구조이다.

1-2-1. pH의 반응속도에 미치는 영향

pH가 높은 알칼리성에서는 메르캅티드 이온의 농도가 높아지고, 시스틴 결합의 환원반응은 메르캅티드 이온이 케라틴 중에 확산되는 것보다 빠르게 일어난다. 그러나 pH가 낮아져 산성이 되면 반응속도의 감소 쪽이 확산속도의 감소보다 크다. pH가 낮은 산성에서는 환원반응 속도의 감소가 확산속도의 감소보다 크다. 따라서 모발의 환원 반응 중 시스틴의 환원반응 속도가 반응속도의 결정단계인 율속 단계(*rate determining step*)가 된다. 대부분의 메르캅탄에서는 pH를 2까지 낮추면 환원반응은 거의 일어나지 않는다.

모발의 경우 환원제의 모발 내로 확산이 율속일 때와 환원반응이 율속이 되어 있는 경우를 생각할 수 있기 때문에 어느 쪽이 율속인지를 파악하는 것이 중요하다. 일반적으로 pH가 6~9.5인 알칼리성에서 모발의 메르캅탄에 의한 환원 반응이 이루어짐으로 확산율속의 경우가 모발의 반응보다 중요하다.

1-2-2. 온도의 반응속도에 미치는 영향

모발의 환원반응 활성화 에너지는 확산 율속 조건일 때 알칼리성에서는 12~14kcal/mol이다. 따라서 온도의 영향은 비교적 적다. 그러나 산성에서의 활성화 에너지는 알칼리성에서보다 약간 크며, 산성조건에서의 반응속도는 온도의 영향을 받기 쉽다.

1-2-3. 모발의 팽윤, 모발상태가 반응속도에 미치는 영향

등전점 이상의 pH에서는 pH가 높아지면 모발의 팽윤도가 증가한다. pH가 높아짐에 따라 모발 중으로의 메르캅탄의 확산속도도 커진다. 주성분이 티오글리콜산과 그 유도체가 함유된 탈모제는 요소, 아미드와 같은 수소결합을 파괴하는 시약, 즉 모발 팽윤제가 첨가되어 있는데 이는 환원반응이 빠르게 일어나도록 하기 위함이다. 확산 율속의 경우에는 모발상태도 환원반응속도에 영향을 미친다. 퍼머넌트 웨이브와 탈색을 한 모발의 경우에는 용제에 의하여 팽윤이 보다 쉽게 된다. 탈색 또는 퍼머넌트 웨이브를 한 모발은 화학반응을 받지 않은 건강 모발에 비하여 환원되기 쉽다. 또한 퍼머넌트 웨이브를 한 모발에서는 최외표피(*epicuticle*)층의 변화, 즉 손상을 받은 경우 확산속도가 빠르기 때문에 환원반응속도가 율속이 된다. 따라서 모발의 상태가 환원반응속도에도 영향을 미친다.

1-2-4. 메르캅탄의 구조와 반응속도

1) 메르캅토기(mercapto group)의 친핵성

메르캅토기의 친핵성은 그것에 직접 결합하고 있거나 그 가까이에 있는 작용기의 성질에 영향을 받으며, 일반적으로 메르캅토기의 염기성이 강해짐에 따라 커진다. 확산율속의 범위에서는 메르캅토기의 친핵성이 변해도 환원반응의 속도는 변화하지 않는다. 그러나, 반응속도율속의 범위에서는 메르캅토기의 구핵성이 중요하게 된다.

확산 율속의 범위에서는 친핵성, 즉 메르캅토기의 염기성을 낮추면 확산하기 쉬워져 환원반응을 빠르게 하는 것은 이론적으로는 가능하다. 가장 단순한 메르캅탄인 황화수소의 pK RSH는 7.0이다. 수소 대신 카르보닐, 에스테르, 아미드 등의 전자흡인기로 치환되면 메르캅탄의 해리상수는 커지며 카르복시기나 알킬기 등의 전자공여기는 해리를 억제한다.

2) 입체 장해

메르캅탄이 모발 속으로 확산할 때 입체장해를 받는다. 메르캅탄 분자의 크기에 의하여 모발 속으로의 확산속도는 변한다. 확산속도가 변하면 중성이나 알칼리성일 때 확산 율속이므로 환원 반응의 속도도 변한다.

2. 케라틴을 메르캅탄으로 환원반응할 때의 부작용

케라틴의 메르캅탄에 의한 환원반응은 약산에서는 선택적으로 일어나지만 알칼리 상태에서는 펩티드의 가수분해와 란티오닌이 생성된다. 알칼리성에서는 펩티드, 아미드결합의 가수분해가 일어나며 반응이 복잡해질 가능성이 있다.

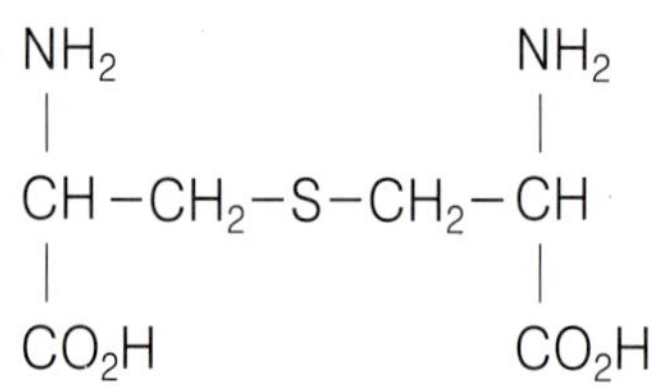

란티오닌(lanthionine)

아스파라긴산, 글루타민산의 아미드기를 가수분해하면 케라틴 중에서 산성기의 비율이 증가하며, 등전점 및 등이온점도 변한다. 그러나 보통의 퍼머넌트 웨이브 처리를 할 때에는 대체로 문제가 되지는 않는다. 펩티드 결합(*peptide bond*)은 폴리펩티드나 단백질의 골격을 형성하고 있는 반복단위로 모발의 기본골격을 구성하며, pH가 높을 때는 펩티드의 가수분해가 일어난다. 탈모제는 pH 12로 처방되어 있기 때문에 보통 pH가 9.2~9.5인 퍼머넌트 웨이브 용제에 비하여 훨씬 가수분해가 일어나기 쉽다.

3. 환원된 케라틴 중 메르캅토기의 반응

메르캅토기는 매우 반응성이 크기 때문에 바로 산화반응, 친핵성 치환반응, 친핵성 부가반응, 자유라디칼(*free radical*) 부가~치환 반응이 일어난다. 환원된 모발 중에 생성한 메르캅토기의 반응과 반응성에 대하여 설명하고자 한다.

3-1. 환원된 케라틴의 산화

메르캅탄기의 산화는 단계적으로 일어난다. 환원된 모발을 산화시키면 메르캅탄, 이황화결합(*disulfide bond*), 설폰산(*sulfonic acid*)을 분리할 수 있는데, 주생성물은 이황화결합(*disulfide bond*)이다. 퍼머넌트 웨이브 처리할 때 환원된 모발을 산화시키는 것은 이황화결합(-S-S'-)으로 되돌리기 위해서이므로 탈색의 경우와는 달라서 온화한 산화조건하에서 반응시킨다. 사용하는 산화제로는 산성의 과산화수소, 브롬산염, 요오드산염, 과붕산염, 모노과황산염 등이 있다. 공기 중에서도 산화되며, 금속촉매를 사용하기도 한다.

3-2. 친핵성 치환반응

메르캅탄은 매우 강력한 친핵체이며 쉽게 친핵성 치환반응을 한다. 이 성질을 이용하여 설리반 시험(메르캅탄이온의 요오드초산으로의 친핵반응) 등과 같은 시스테인과 시스틴의 정량분석을 행한다. 케라틴에 대하여 연구할 때 요오드화 메틸이 메르캅탄의 블록제로서 사용된다. 다른 염화벤질, 브롬화헵틸, 브롬화 도데실과 같은 관능기가 하나인 할로겐화 알킬도 환원한 케라틴과의 반응에 이용된다. 분테염도 마찬가지로 환원한 케라틴섬유 중의 메르캅탄기와 반응하여 혼합 이황화결합을 형성한다. 디분테염도 환원한 케라틴과 bis-disufide결합에 의하여 가교한다.

$$K-SH + R-S-SO_3Na \longrightarrow K-S-S-R + NaHSO_3H$$

분테염

3-3. 친핵성 부가반응

케라틴의 메르캅토기는 강한 흡인기기를 갖는 활성 올레핀과 친핵성 부가반응을 한다. 아크릴로니트릴, 아크릴산 페닐도 환원한 모발중의 메르캅탄기와 쉽게 반응한다. 두 개의 활성올레핀을 갖는 2관능기의 시약은 환원한 케라틴섬유와 반응하여 새로운 가교결합을 형성할 수 있다. 디비닐설폰(*divinylsulfone*)은 그 예이다.

$$2(K-SH) + CH_2 = CH-SO_2-CH = CH_2$$

$$\longrightarrow K-S-CH_2-CH_2-SO_2-CH_2-CH_2-S-K$$

디비닐설폰(divinylsulfone)

3-4. 자유라디칼(free radical) 부가 및 중합반응

양털섬유를 환원하고 여기에 비닐모노머와 산화제를 첨가하면 중합 반응이 일어난다. 이 반응은 불활성기체 중에서 행하며 상당한 양의 폴리머의 부가가 일어난다. 공기 중에서 모발에 대하여 유사한 중합반응을 행한 예도 있다. 이 유형의 반응에서는 환원된 케라틴 중의 메르캅토기는 산화 환원 계에서 자유라디칼을 생성하는 환원제로서 작용하거나 가교하는 장소를 제공한다. 또는 고분자의 분자량을 억제하는 연쇄이동제로서 작용한다.

4. 퍼머넌트 웨이브 용제

4-1. 퍼머넌트 웨이브 용제의 구성 성분

4-1-1. 환원제의 종류와 특성

환원제는 콜드퍼머넌트 웨이브 용제에 함유된 주요 성분으로 모발의 구성성분 중 시스틴의 이황화결합(*disulfide bond*, -S-S-)을 환원반응 시킨다. 퍼머넌트 웨이브 용제의 환원제는 티오글리콜산(*thioglycolic acid*)과 시스테인(*cysteine*)이 주로 사용된다.

1) 티오글리콜산(dithioglycolic acid)과 그 염류

티오글리콜산은 무색이지만 특이한 냄새가 있는 액체이며, 수용액 상태에서 해리되고 pH가 2인 산성이다. 수용액의 산성 상태에서는 환원력이 약하지만 알칼리성 상태에서는 환원력이 강해진다.

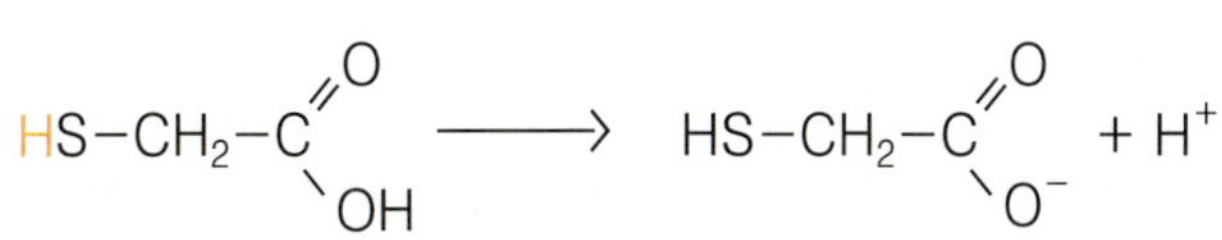

티오글리콜산

티오글리콜산은 케라틴 중 시스틴 잔기(*cystine residue*)의 이황화 결합을 환원작용에 의해 절단하여 시스테인 잔기(*cysteine residue*)로 전환시킨다. 환원제인 티오글리콜산 자신은 산화되어 디티오글리콜산(*dithioglycolic acid*)으로 전화됨으로써 환원력을 잃게 된다. 특히 티오글리콜산은 공기 중에서도 쉽게 산화되어 디티오글리콜산으로 전환되어 환원력을 잃게 되기 때문에 퍼머넌트 용제는 공기 중에 노출되지 않도록 주의하여 사용하여야 한다. 퍼머넌트 용제에 사용되는 티오글리콜산은 주로 2~7%가 첨가되며, 그 용제의 pH는 4.5~9.6 정도이다.

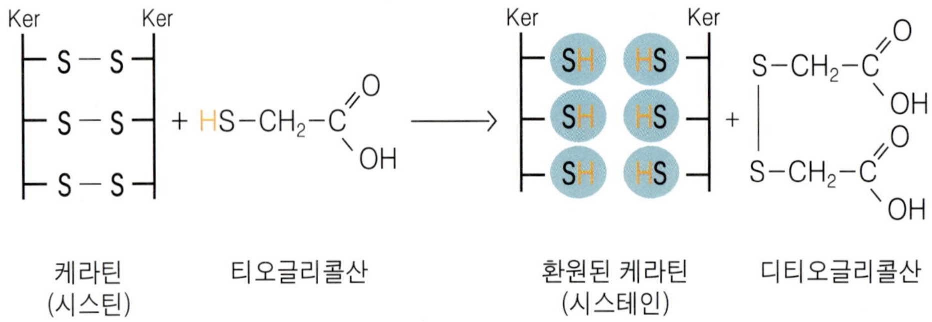

그림 8-4. 케라틴과 티오글리콜산의 화학반응

그러나 티오글리콜산이 함유된 산성 용액을 사용할 경우 피부의 자극이 심하고, 희석하여 사용할지라도 표피의 각질이 박리되며 염증을 유발시키기 때문에 그 염의 상태로 사용한다. 이와 같은 티오글리콜산의 염은 중성 상태로 피부에 자극을 줄일 수 있기 때문이다. 따라서 pH 2인 티오글리콜산을 알칼리성인 암모니아로 처리하면 티오글리콜산암모늄 염이 형성되며, 거의 pH 6.5~6.8인 중성이다.

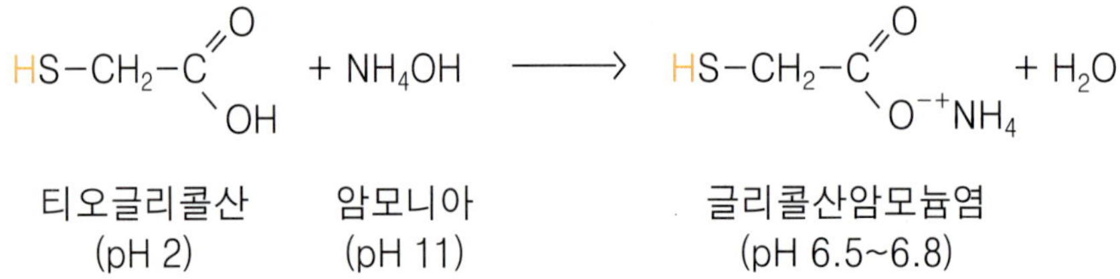

2) 시스테인(cysteine)

시스테인은 표준 아미노산 중의 하나이며, 시스테인의 분자량은 121.15로서 92.11인 티오글리콜산에 비하여 크다.

시스테인은 냄새가 없고, 모발 손상이 적은 장점이 있지만 티오글리콜산에 비하여 환원력이 약하기 때문에 웨이브 형성력이 다소 떨어진다. 시스테인은 원가

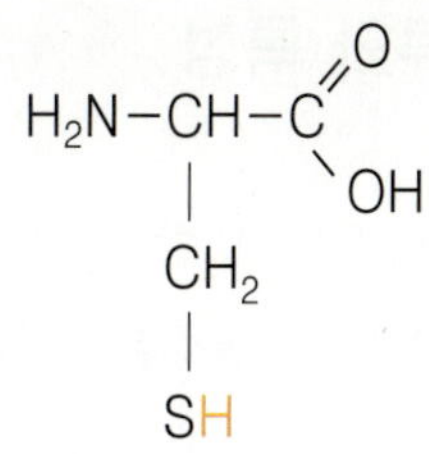

시스테인(cysteine)

가 비싸고, 쉽게 산화되어 시스틴으로 되기 때문에 안정성 문제로 인하여 사용되지 않았다. 그러나 현재는 시스테인의 다량 생산과 산화방지제의 첨가 등 문제점 개선으로 시스테인 퍼머에 사용되고 있다.

3) 기 타

티올기(*thiol group*, -SH)가 결합된 화합물을 메르캅탄(*mercapthane*)이라 하는데, 대부분의 메르캅탄은 케라틴의 이황화결합을 환원시키는 작용을 한다. 따라서 대부분의 메르캅탄은 퍼머넌트 웨이브 용제의 환원제로 사용이 가능하다. 그러나 경제성과 안정성, 자극성, 냄새 등으로 인하여 실제적으로 사용되는 것은 2, 3가지 밖에 없으며, 아직도 가장 많이 사용되고 있는 것은 티오글리콜산이다.

표 8-1. 메르캅탄 화합물

명 칭	화학식
티오젖산 (thiolactic acid)	$CH_3-CH(SH)-COOH$
티오아세트아미드 (thioacetamide)	$HS-CH_2-CONH_2$
티오글리콜(thioglycol)	$HSCH_2CH_2OH$
메르캅토아세트히드라지드 (mercaptoacethydrazide)	$HSCH_2CONHNH_2$

4-1-2. 알칼리제의 종류와 특성

퍼머넌트 웨이브 용제 중 알칼리제는 모발의 염 결합(이온결합, *ionic bond*)을 약화시키고 모발의 팽윤을 높이며, 티오글리콜산의 환원력을 증진시킴으로써 모발을 연화시킨다. 또한 알칼리도가 매우 높을 경우 케라틴이 가수 분해됨으로써 용해되지만 퍼머넌트 웨이브 용제로는 쉽게 용해되지 않는다. 웨이브의 형성 원리는 모발을 연화시키는 것이 제일 조건이기 때문에 pH를 높이면 모발의 강한 웨이브를 얻을 수 있다. 따라서 퍼머넌트 웨이브 용제에는 티오글리콜산 이외에 어느 정도의 알칼리제가 반드시 함유되어야 한다. 그러나 알칼리제로 인하여 pH가 너무 높으면 환원된 모발을 용해시킬 수 있고, 모발의 상태, 즉 모질이 약하면 pH가 높지 않을지라도 용해되거나 단모를 유발 할 수 있다. 또한 단모가 유발되지 않는다 하더라도 팽윤이 심하게 될 경우 모발 표면이 쪼글쪼글한 웨이브가 형성되는 경우도 있다.

팽윤(*swelling*)은 케라틴과 같은 고분자에 용매가 흡수되어 부풀리는 현상으로 용해되기 전단계의 현상이다. 이러한 팽윤 현상은 pH가 높으면 커지고, 동일한 pH라 하더라도 모질이 약하면 커지게 된다. 모발의 퍼머넌트 웨이브를 형성시키기 위해서는 모발이 어느 정도 팽윤되고 연화되어야 한다. 그러나 팽윤 현상이 너무 커지게 되면 모발 손상을 유발시킨다. 따라서 퍼머넌트 웨이브 용제 중 알칼리제는 티오글리콜산의 환원력을 높이고, 모발을 연화시켜 웨이브 형성력을 높이기 때문에 절대적으로 필요하다. 한편, 그 환원된 모발을 용해시키는 작용도 있고, 조건에 따라 모발 손상의 원인이 되기 때문에 항상 주의가 요구된다.

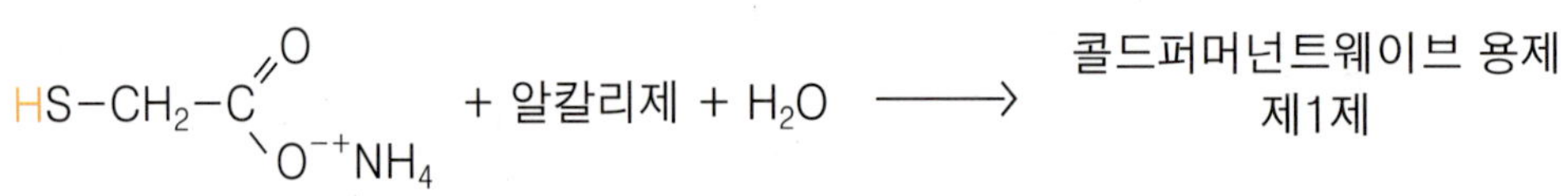

글리콜산암모늄염
(pH 6.5~6.8)

pH 7 이상

글리콜산암모늄염의 용액은 pH 7 전후의 중성에 가깝지만 일반적으로 콜드퍼머넌트 웨이브 용제는 알칼리제를 추가로 첨가하여 pH 7 이상으로 높여서 사용한다. 이와 같이 콜드퍼머넌트 웨이브 용제를 중성 이상의 상태로 pH를 높이는데 사용되는 알칼리제를 유리 알칼리라 한다. 퍼머넌트 웨이브 용제 1제의 pH는 유리알칼리제의 종류에 따라 달라진다. 즉 콜드퍼머넌트 웨이브 용제 중 1제는 티오글리콜산염에 적당한 알칼리제를 첨가하여 pH 7 이상으로 한다. 일반적으로 pH 8.5~9.6의 제1제를 사용한다. 모발의 상태와 사용 목적에 따라 pH 4.5~6.5의 산성 콜드퍼머넌트 웨이브 1제를 사용하는 경우도 있다. 이와 같은 산성 콜드퍼머넌트 웨이브 1제에는 유리 알칼리제 대신에 약산을 첨가하여 pH를 낮추는 것이며, 이러한 약산을 유리산이라 한다.

표 8-2. 알칼리제로 사용되는 화합물과 그 특성

명 칭	특 성
암모니아 (NH_3), Mw 17	· 분자량이 작고, 저 농도로 pH 높임 · 알칼리도 7은 암모니아 1.2% · 1제에 사용되는 알칼리도 4~5는 0.7~0.85%
모노에탄올아민 (MEA), Mw 61	· 유기 아민류 · 불휘발성의 점성이 있는 액체 · 알칼리성의 강도는 암모니아 보다 다소 강함 · 피부 접촉시 암모니아보다 염증 유발성이 큼 · 모발의 팽윤성이 커짐
트리에탄올아민 (TEA), Mw 149	· 분자량이 크고, 암모니아나 MEA보다 알칼리성의 강도가 약함 · 무작극성 알칼리제이며, 화장수에 사용 · 1제에 첨가한 경우 작요이 완화됨
수산화칼륨(KOH), Mw 56 혹은 수산화나트륨(NaOH), Mw 40	· 무기 알칼리제 중에서 가장 강한 알칼리제 · 사용할 경우 소량만 사용 · 일반적으로 거의 사용되지 않음
탄산칼륨(K_2CO_3), Mw 140	· 피부에 자극이 적지만 팽윤성이 떨어짐 · 무기염으로서 비교적 많이 사용됨
탄산암모늄 ($(NH_4)_2CO_3$), Mw 96	· 중탄산암모늄 : 탄산가스와 암모니아가 결합된 백색 분말 · 수용액은 pH 7.6~7.8로 약알칼리성 · 퍼머넌트 웨이브 용제에 배합할 경우 pH가 낮은 것에 비하여 웨이브 효율이 좋음 · 와인딩한 모발에 도포할 경우 시간이 경과함에 따라 팽윤도가 커짐

* Mw : 분자량

지금까지 가장 많이 사용되어온 콜드퍼머넌트 웨이브 용제 중 1제는 티오글리콜산암모늄과 암모니아로 제조한 용제이다. 이는 가장 이상적인 퍼머넌트 웨이브제의 처방임을 의미한다. 알칼리제로 암모니아(NH_3)가 주로 사용되는 이유는 약알칼리성이고 분자량(Mw 17)이 작아서 모발에 침투성이 좋고, 휘발성이 커서 모발에 잔류되어 모발 손상을 주지 않기 때문이다. 또한 저 농도로 pH를 높일 수 있지만 냄새와 자극이 있는 단점도 있다. 이와 같이 주로 사용되는 알칼리제는 암모니아 이외에도 몇 가지 알칼리제가 있다.

퍼머넌트 웨이브 용제의 알칼리제는 단독 혹은 혼합하여 사용하고, 그 종류와 혼합 비율 등에 따라 냄새, 자극성, 웨이브 효과, 감촉 등의 차이가 발생한다. 이러한 현상에 영향을 미치는 것은 단순히 알칼리제 외에도 유지(*oil and fat*)나 활성제 그리고 기타 첨가제 등이다.

알칼리도는 수용액 상태에서 산을 중화시킬 수 있는 능력이다. 퍼머넌트 웨이브 용제에 사용될 수 있는 알칼리제의 알칼리도는 주로 4~5 정도이다. 티오글리콜산암모늄 용액에 알칼리도가 4정도 되기 위해서는 알칼리제의 첨가량, pH, 팽윤 효과 등의 다르다.

동일한 알칼리도라 하더라도 알칼리제의 분자량이 다르기 때문에 알칼리제의 첨가량이 다르다. 이는 pH가 모두 다르게 되며, 팽윤 효과에 미치는 영향이 크다. 여

표 8-3. 동일한 알칼리도에서 알칼리제의 특성

알칼리제	티오글리콜산 % 함량	알칼리도	알칼리제의 첨가량(% 농도)	pH at 25℃	팽윤효과
암모니아	6.0	4	0.68	9.4	45
모노에탄올아민	6.0	4	2.44	9.5	55
트리에탄올아민	6.0	4	6.0	8.9	40
탄산칼륨	6.0	4	2.8	9.2	32
탄산암모늄	6.0	4	4.0	7.8	28
수산화나트륨	6.0	4	2.24	9.7	58

러 가지 알칼리제 중에서 암모니아(NH_3)는 분자의 크기가 작고, 첨가량이 가장 적지만 pH나 평윤 효과가 양호하기 때문에 퍼머넌트 웨이브 용제의 알칼리제로서 적당하다. 특히 분자가 크면 모발 조직 중에 침투하기 어렵고, 불휘발성과 결정상의 알칼리제는 잔류하기 때문에 모발의 손상을 유발하는 단점이 있다.

4-1-3. 산화제의 종류와 특성

케라틴의 구성 성분 중 시스틴 잔기의 이황화결합(-S-S-)은 제1제의 환원작용에 의하여 파괴되고, 제2제의 산화작용에 의하여 다시 이황화결합으로 되돌려 주는 역할을 하는 화합물이 산화제이다. 퍼머넌트 웨이브 용제 중 제2제에 함유된 산화제는 주로 브롬산칼륨($KBrO_3$), 브롬산나트륨($NaBrO_3$), 과산화수소(H_2O_2) 등이 이용된다. 퍼머넌트 웨이브 2제의 pH는 6.8~7.5 정도의 중성 영역에 가깝지만 화학적인 측면에서 '중화'는 아니다. '중화'라고 하는 것은 중화반응(*neutralization reaction*)을 말하는 것으로 산과 염기가 반응하여 물과 염을 생성하여 중성으로 되는 화학반응이다. 그러나 퍼머넌트 웨이브 형성과정에서 사용되는 '중화'는 화학반응 차원에서 보다는 환원작용을 하는 1제 처리 후에 산화작용을 하는 2제를 처리하여 중화반응을 유도하기 때문에 사용되는 용어이다.

1) 브롬산칼륨($KBrO_3$)과 브롬산나트륨($NaBrO_3$)

브롬산칼륨과 브롬산나트륨은 백색 분말이고 무취이며, 퍼머넌트 웨이브 용제 중 산화제로 이용된다. 그러나 브롬산나트륨이 브롬산칼륨에 비하여 전반적으로 물에 잘 녹지만, 물의 온도에 따라 녹는 정도가 다르다. 브롬산칼륨은 차가운 물에 녹기 어렵고, 녹는다 하더라도 포화도가 낮기 때문에 고농도로 사용할 수 없다. 그러나 브롬산나트륨 염은 상온에서도 용해도가 높기 때문에 고농도로 사용이 가능하다.

따라서 모발의 산화반응 시간, 즉 2제 처리의 시간을 단축할 수 있다. 퍼머넌트 웨이브 용제 중 산화제인 브롬산나트륨은 8~20%를 첨가할 수 있으며, 주로 2제에 이용되는 농도는 5~6% 브롬산나트륨이 함유된 제제를 이용한다. 브롬산나트륨이 모발에 잔류될 경우 모발의 감촉을 저하시키고 모발 손상을 유발할 수 있다.

표 8-4. 브롬산나트륨과 브롬산칼륨의 용해도

(물 100ml에 대한 용해량 g)

물의 온도(℃)	브롬산나트륨(g)	브롬산칼륨(g)
0	27.5	3.1
20	34.5	6.9
40	50.2	13.2
60	62.5	22.7
80	75.7	34.0
100	90.9	50.0

2) 과산화수소(H_2O_2)

과산화수소는 퍼머넌트 웨이브 용제의 제2제로 사용된다. 과산화수소는 분해되면 산소를 발생하여 산화반응을 유발한다.

$$2H_2O_2(l) \rightarrow 2H_2O(l) + O_2(g)$$

일반적으로 35%와 60%의 과산화수소가 주로 사용되며, 60% 과산화수소는 위험물질로 분류된다. 이와 같은 과산화수소는 강력한 산화력 이외에 표백작용이나 살균작용이 있다. 3% 과산화수소는 살균소독제인 옥시풀로 이용되고 있으며, 모발 염색제의 산화제나 탈색제는 6% 과산화수소가 주로 이용된다.

퍼머넌트 웨이브 용제 중 산화제로 이용되는 과산화수소는 산화반응 속도가 브롬산나트륨에 비하여 빠른 장점이 있다. 그러나 퍼머넌트 웨이브 형성 시 모발 끝의 웨이브가 약한 단점이 있다. 이와 같은 이유는 브롬산염류는 비중이 높아서 와인딩 된 모발의 끝까지 침투하지만 과산화수소가 함유된 2제는 비중이 낮기 때문에 모발 끝까지 침투하지 못하기 때문이다. 과산화수소의 제2제에 특수한 보조제를 첨가하여 비중을 높임으로서 이와 같은 결점을 개선하여 이용되고 있다.

과산화수소를 산화제로 이용하여 웨이브를 형성할 경우 산화반응 속도가 빠르고, 형성된 웨이브의 감촉이 부드러운 장점이 있다.

4-1-4. 첨가제

1) 유성성분

화장품에 사용되는 오일은 피부나 모발에 유분 막을 형성하여 각질층의 수분 발산을 억제하고 모발의 윤기를 좋게 하며, 모발을 보호하는 효과를 가지고 있다. 유성 성분으로 천연오일과 합성오일이 있다. 천연오일에는 식물성 오일, 동물성 오일, 광물성 오일로 구분된다. 식물성 오일에는 호호바 오일(*jojoba oil*), 올리브 오일(*olive oil*), 아몬드 오일(*almond oil*) 등이 있으며, 동물성 오일에는 스쿠알렌(*squalene*), 밍크오일(*mink oil*) 등이 대표적이다. 그러나 식물성 오일과 동물성 오일은 천연에서 추출한 오일로 피부나 모발에 대한 친화성은 우수하지만 쉽게 변질되는 문제가 있어서 수소화 반응을 시킨 피마자 오일(*castor oil*)과 스쿠알란(*squalane*)이나 잘 정제된 밍크 오일이 많이 사용되고 있다. 광물성 오일은 대부분 석유에서 추출하며, 그중에서 화장품에 주로 사용되는 것은 유동파라핀(*liquid paraffin*), 바셀린(*vaseline*) 등을 들 수 있다. 그러나 광물성 오일은 쉽게 변질되지 않지만 지나치게 유성감이 강하기 때문에 다른 종류의 오일과 혼합하여 사용한다. 합성 오일은 주로 고급지방산과 저급알코올 간의 에스테르화 반응을 통하여 얻어지며 천연 오일에 비해 사용성과 화학적 안정성이 뛰어난다. 최근에는 합성 혹은 질이 개선된 탄화수소 화합물의 사용이 증가하고 있다. 그 중에서 특히 실리콘오일(silicone oil)은 화장품의 원료로 사용량이 크게 증가하고 있다.

2) 계면활성제(surfactants)

계면활성제란 한 분자 내에 물과 친화하기 쉬운 친수성기(*hydrophilic group*)와 기름과 친화하기 쉬운 친유성기(*lipophilic group*)를 함께 가지는 분자를 말한다. 계면활성제는 용도에 따라 유화제, 가용화제, 세정제, 기포제 , 습윤제, 침투제, 분산제 등으로 구별될 수 있으며 또한 물이나 오일(*oil*)에의 용해도 등과 같은 물리적 성질에 따라 분류될 수 있다. 계면활성제는 크림이나 로션 등을 제조할 때 사용하면 유화제로 작용하고, 비누와 샴푸 등을 제조할 때 사용하면 세정제로서 역할을 한다. 퍼머넌트 웨이브 용제나 염색제 등을 제조할 때에는 침투제로도 작용한다. 또한 립스틱에서는 색소가 지방 성분에 잘 분산할 수 있도록 하는 분산제로 사용된다.

3) 보습제(humectants)

보습제란 피부나 모발의 건조를 막아 부드럽고 촉촉하게 하는 피부나 모발의 보습 유지에 중요한 물질이다. 화장품에 사용되는 보습제는 글리세린, 프로필렌 글리콜, 솔비톨 등의 다가 알콜이 가장 많고, 피롤리돈카르복시산염이나 젖산염 등의 천연보습인자(NMF)의 성분이 있다. 또한 고분자 보습제 중에서 대표적인 히아루론산의 경우 과거에는 닭 벼슬에서 추출하였으나 현재는 미생물 발효에 의해 대량 생산된다. 그 외에도 콜라겐이나 단백질(*protein*) 등도 보습제로 이용된다. 보습제는 화장품 성분 중에서 중요한 피부 보습 작용을 하고, 동시에 화장품 그 자체의 수분 보류제로써 작용하여 계의 안정성 유지에 기여한다. 또한 정균작용이나 향료 보류제로 이용되기도 한다.

4) 향료(fragrance)

향료는 크게 천연향료와 합성향료, 조합향료로 구별된다. 천연향료는 식물로부터 분리된 식물성 향료와 동물의 선낭 등에서 채취한 동물성 향료로 나누어진다. 합성향료는 단일 화학구조로 구성된 향료이며, 천연향료로부터 분리 된 단리 향료와 합성에 의한 순합성 향료가 있다. 천연향료와 합성향료를 사용 목적에 따라 혼합한 향료를 조합향료라 한다. 이러한 향료는 산화제나 환원제 및 열 등에 약한 것이 많기 때문에 퍼머넌트 웨이브 용제에 사용되는 것은 한정되어 있다.

5) 색소(colorants)

기초 화장품은 물론 메이크업 화장품과 모발화장품에 이르기까지 다양한 색소를 사용하고 있다. 화장품에 사용되는 색소는 크게 염료, 레이크, 유기안료인 유기합성색소, 동식물에서 유래된 것과 미생물로부터 유래된 천연색소, 광물성 안료인 무기안료로 구분된다. 일반적으로 염료는 물 또는 오일에 녹는 색소를 말하며, 안료는 물과 오일에 모두 녹지 않는 것을 말한다. 염료는 기초 화장품과 모발 화장품에 주로 사용되고 안료는 메이크업 화장품에 주로 사용된다.

6) 기타 원료

화장품을 구성하는 성분으로써 전술한 성분 이외에 몇 가지 원료 등이 있다. 즉 고분자 화합물은 점도 증가제, 피막제, 수지분말로 주로 사용되고 일부는 보습제 및 계면활성제로 사용된다. 그리고 피부를 자외선으로부터 보호하기 위한 자외선 흡수제, 화장품의 구성성분 중 산화되기 쉬운 유지와 왁스류의 산화방지를 위한 산화방지제, 금속을 불활성화할 목적으로 사용되는 금속이온봉쇄제 등이 있다.

4-2. 콜드퍼머넌트 웨이브 용제의 종류

퍼머넌트 웨이브 용제는 용법과 주성분에 의하여 분류된다. 즉 실온에서 사용하는 것, 가온하여 사용하는 것, 제1제로만 구성되어 있는 것, 제1제와 제2제로 구성되어 있는 것, 섞으면 발열하는 것, 발열하지 않는 것, 목적이 웨이브 형성에 있는 것, 축모 교정에 이용되는 것 등 용법에 따라 분류된다. 그러나 현재 사용되고 있는 대부분의 퍼머넌트 웨이브 용제는 제1제와 제2제이다. 제1제는 웨이브 형성과정 중 이황화결합을 절단하기 위한 환원제를 주성분으로 한다. 제2제는 새로운 이황화결합을 형성하는 과정으로 산화제를 주성분으로 한다.

4-2-1. 1욕식 콜드퍼머넌트 웨이브 용제

1욕식 콜드퍼머넌트 웨이브의 특징은 환원반응에 의하여 형성된 케라틴의 시스테인 잔기를 공기 중의 산소에 의하여 산화반응이 서서히 일어남으로서 웨이브가 형성된 것이다. 즉 제2제를 사용하지 않는 것이 특징이다. 제1제의 주요성분인 환원제는 티오글리콜산 또는 그 염류가 사용된다. 제1제의 티오글리콜산의 농도가 높으면 시스테인 잔기의 생성율이 높아지는 반면에 산화반응이 충분히 일어나지 않기 때문에 3.0~3.3%의 낮은 농도가 주로 사용된다. 이러한 용제의 pH는 9.4~9.6이다. 일반적으로 웨이브 형성율이 낮기 때문에 와인딩할 때 가는 로드를 사용한다. 1욕식의 퍼머넌트 웨이브 용제는 가온하지 않고 실온에서 실시한다.

4-2-2. 2욕식 콜드퍼머넌트 웨이브 용제

1) 환원제의 종류에 따른 제1제

제1제를 환원제의 종류에 따라 구분하면 티오글리콜산 및 그 염류를 주성분으로 하는 것과 시스테인류를 주성분으로 하는 것이 있다.

① 티오글리콜산 및 그 염류를 주성분으로 하는 제1제

퍼머넌트 웨이브 용제 중 제1제는 환원제로서 티오글리콜산 또는 그 염류(암모늄염, 모노에탄올아민염, 나트륨염 등) 등이 사용되며, 알칼리제, 계면활성제, 안정화제 등이 배합된다. 웨이브의 강약은 티오글리콜산염의 양과 알칼리제에 의하여 조정할 수 있다. 티오글리콜산염은 구리(Cu), 철(Fe) 등의 금속이온과 반응하여 색깔을 띠게 되고, 외관이 손상되면 동시에 그 환원력도 감소하기 때문에 사용하는 물과 원료의 순도에 주의하여야 한다.

알칼리제는 암모니아, 유기아민류, 암모늄염, 염기성 아미노산 등이 사용된다. 그 중에서도 암모니아는 모발의 적절한 팽윤성이 있고, 휘발성으로 인하여 모발에 잔류되지 않기 때문에 안전성이 높아 주로 사용된다. 그 밖에 유기아민류 중 냄새가 심하지 않는 모노에탄올아민도 많이 사용되지만 휘발성이 없기 때문에 모발 내에 잔류될 가능성이 높다. 따라서 제1제에는 적정한 배합량과 퍼머넌트 웨이브 시술 후 제거에 주의가 필요하다.

그 외에 안정화제로서 EDTA 등의 킬레이트제, 유효성분의 침투와 유화제로서 주로 비이온성 계면활성제, 사용성 향을 위하여 양이온 계면활성제, 유성성분 등이 배합된다. 이와 같은 제1제는 일반적으로 pH 8.5~9.6의 제제가 주로 사용되며, 모발의 상태와 사용 목적에 따라 pH가 4.5~6.5인 산성 웨이브 제1제를 사용하는 경우도 있다.

유럽에서는 티오글리콜산염을 주성분으로 한 퍼머넌트 웨이브 용제를 알칼리성 퍼머제라 하고, 티오글리콜산의 글리세린 에스테르를 주성분으로 한 퍼머제를 산성퍼머제라 하여 구별하고 있다. 산성퍼머제는 알칼리성 퍼머제보다 웨이브 형성력은 약하지만 탄력이 풍부한 웨이브를 형성하고, 모발의 손상도 적다는 장점이 있다.

표 8-5. 콜드퍼머넌트 웨이브 제1제의 예

성 분	함 량(%)
티오글리콜산	6.0
스테아레쓰-20(steareth-20)	2.5
향료	0.5
EDTA	2.0
색소	적당량
이온교환수	
암모니아수	To pH 9.3

표 8-6. 티오글리콜산의 글리세린 에스테를 주성분으로 한 제1제의 예

	성 분	함 량(%)
part A	티오글리콜산의 글리세린 에스테르	25.0
part B	암모니아수(28%)	적당량
	에데트산염	적당량
	폴리옥시에틸렌(25) 라우릴에테르	2.0
	향료	0.5
	이온교환수	72.5

암모니아수는 part A와 part B를 혼합하였을 때 pH가 5.0~7.0이 되도록 한다. 티오글리콜산의 글리세린에스테르는 수용액 중에서 가수 분해되므로 퍼머 시술 직전에 part A와 part B를 혼합하여 사용한다. 이때의 제2제는 주로 과산화수소를 주성분으로 하는 제품이 사용된다.

② 시스테인을 주성분으로 하는 제1제

퍼머넌트 웨이브 용제 중 제1제는 환원제로서 시스테인이 사용되며, 알칼리제, 계면활성제, 안정화제 등은 티오글리콜산계의 제1제와 같이 배합된다. 티오글리콜산계의 웨이브 용제에 비하여 냄새와 피부의 자극이 적고 모발 손상이 적은 장점이 있다. 그러나 환원력이 티오글리콜산에 비하여 약하고, 수용액은 불안정하며 단시간에 산화되어 불용성의 시스틴으로 변하는 단점이 있다. 그러나 자연스런 웨이브를 연출하고자 할 때 이용될 수 있다. 시스테인은 환원작용을 함으로써 자체는 산화되어 시스틴으로 되고, 물에 난용성인 백색분말로 결정화되어 손가락에 부착되기 쉽다. 이때 티오글리콜산암모늄을 공존시키면 시스틴의 결정화를 억제할 수 있다. 제1제에 함유된 시스테인의 농도는 보통 5~7.5%이고, pH는 8~9.5이다. 냄새가 없는 특징을 살리기 위하여 알칼리제로서 암모니아는 피하고 모노에탄올아민이 주로 사용된다.

일반적으로 시스테인계 웨이브제를 사용한 경우는 점점 퍼머넌트 웨이브가 형성되기 어렵다. 그 이유는 모발 중에 잔류하고 있는 시스틴이 점차 증가하기 때문이고, 제1제를 도포한 경우 모발 조직 중 케라틴의 시스틴과 반응으로 혼합이황화결합 물질이 많아지기 때문이다.

2) 산화제의 종류에 따른 제2제

제1제에 의하여 연화된 모발을 제2제에 의하여 웨이브를 고정시키는 작용을 한다. 제2제의 주성분으로 브롬산염(나트륨염, 칼륨염), 과붕산나트륨, 과산화수소를 사용한다. 유럽에서는 과산화수소가 주성분인 제2제를 80~90% 사용하고, 10~20%는 브롬산염류를 사용한다. 반면에 동양권에서는 제2제로 과산화수소 보다는 브롬산염류가 주로 사용된다. 주로 산화제의 농도는 2.5~3%를 사용한다. 또한 제1제와 같은 목적으로 계면활성제, 유분 등이 적절하게 첨가된다.

① 브롬산염류를 주성분으로 하는 제2제

제2제의 주성분인 산화제로 이용되는 브롬산염류는 브롬산나트륨과 브롬산칼륨이 있다. 브롬산나트륨은 액상이고 브롬산칼륨은 분말상태이며, 브롬산칼륨은 용해도가 낮은 단점이 있다. 따라서 진한 농도의 브롬산나트륨을 사용할 수 있고, 제2제의 처리 시간이 짧기 때문에 주로 브롬산나트륨이 이용되며 pH는 5.0~7.5이다.

표 8-7. 콜드퍼머넌트 웨이브 제2제

성 분	함 량(%)
브롬산나트륨	5.0
실리콘에멀젼	1.5
이온교환수	
pH 완충액	To pH 5

표 8-8. 콜드퍼머넌트 웨이브 제2제

성 분	함 량(%)
과산화수소(30%)	7.0
폴리솔베이트-40(polysorbate-40)	2.5
페나세틴	0.5
이온교환수	
인산(85%)	To pH 3.5

② 과산화수소를 주성분으로 하는 제2제

과산화수소는 산성 상태에서 안정하고, 알칼리성 상태에서 불안정하기 때문에 pH 2.5~3.5의 제2제가 주로 이용된다. 과산화수소는 브롬산염에 비하여 화학적으로 불안정하고 햇빛이나 미량의 중금속에 의하여 쉽게 분해되기 때문에 주의가 요구된다. 시스테인 퍼머넌트 웨이브 용제 중 제2제의 산화제는 브롬산염이 사용되고, 과산화수소는 거의 사용되지 않는다. 이와 같은 산화제 이외에 침투제, 유화제, 보습제, 색소, 향료 등이 첨가된다.

4-2-3. 2욕식 가온퍼머넌트 웨이브 용제

제1제를 모발에 도포한 후 로드를 이용하여 와인딩한 후 일정한 온도를 가하여 웨이브를 형성하는 용제이다. 이때의 온도를 가열하는 방식, 즉 비닐 캡을 씌워 스팀, 적외선램프 등으로 가온하는 방식과 플라스틱제의 세팅기 또는 경질 고무제의 세팅기로 가온하는 방식이 있다. 또한 아이론(*Iron*)을 이용하는 가온방식이 있다.

2욕식 가온웨이브 용제는 2욕식 콜드웨이브 용제에 비하여 티오글리콜산의 농도, pH, 알칼리도가 낮은 용제이다. 이는 열에 의한 과도한 웨이브를 방지하기 위함이다. 일반적으로 2욕식 가온웨이브 용제, 즉 제1제와 제2제를 모발에 적용할 때의 온도는 60℃ 이하에서 실시한다. 2욕식 가온퍼머넌트 웨이브 용제의 제2제는 콜드웨이브 용제의 제2제와 같으며, 브롬산염과 과산화수소가 산화제로 이용된다.

4-2-4. 2욕식 콜드퍼머넌트 웨이브 용제의 축모 교정제

퍼머넌트 웨이브 용제의 주된 목적은 모발에 웨이브를 형성시키는 것이지만 곱슬머리를 직모로 펴는 축모 교정제(스트레이트 퍼머제)가 있다. 제1제의 주성분은 티오글리콜산염인데, 점액질의 크림상으로 제조됨으로 모발에 고무로 텐션을 주면서 도포한다. 10~20분 방치후 물로 씻소, 점액질의 크림상 제2제를 같은 방법으로 도포하고 10~15분 방치후 물로 씻어내어 마무리하면 찰랑찰랑한 직모로 변한다.

표 8-9. 2욕식 콜드웨이브 용제와 가온웨이브 용제의 차이

	콜드웨이브 용제	가온웨이브 용제
티오글리콜산(%)	2.7	1.5
알칼리도(ml)	7ml 이하	5ml 이하
pH	4.5~9.6	4.5~9.3

5. 모발의 퍼머넌트 웨이빙(permanent waving)

5-1. 퍼머넌트 웨이빙의 종류

퍼머넌트 웨이브는 1900년대 초에 Nessler에 의하여 발명되었다. 초기에는 진한 알칼리성 수용액(5~15%) 또는 알칼리성 아황산염이 사용되었으며, 고온에서 모발을 처리하였다. 고온으로 하기 위해서는 곱슬머리용 다리미, 반응열을 이용한 가열패드, 전열기를 이용하였다.

현재의 퍼머넌트 웨이브는 가열하는 퍼머넌트 웨이브보다 훨씬 우수하며 가열할 필요는 없다. 콜드퍼머넌트 웨이브는 제2차 세계 대전 중에 발달하여 그 후 30년간 이용되어 왔다. 퍼머넌트 웨이브 제품은 메르캅탄 또는 아황산염으로 되어 있으며 티오글리콜산 약 0.6N(pH 9~9.5) 용액이 가장 일반적이다.

퍼머넌트 웨이브를 형성시키는 방법에는 크게 2가지, 즉 열을 이용한 열 퍼머넌트 웨이빙(*heat permanent waving*)과 퍼머넌트 웨이브 용제를 이용한 콜드퍼머넌트 웨이빙(*cold permanent waving*)이 있다.

5-1-1. 열 퍼머넌트 웨이빙(heat permanent waving)

모발에 알칼리성 용제와 열을 이용하여 시스틴결합을 변화시켜 웨이브를 형성한 후 자연 상태로 방치하고 고정시켜 모발의 영구적인 웨이빙을 얻는 방법이다. 이는 콜드퍼머넌트 웨이빙 방법이 개발되기 이전에 이용되어진 방법으로 최근에는 그다지 사용되지 않는다.

1) 머시인 퍼머넌트 웨이빙(machine permanent waving)

알칼리성 용제와 전기 혹은 증기 등의 열을 사용하여 퍼머넌트 웨이빙을 하는 방법이다. 알칼리성 용제는 암모니아수, 붕산, 탄산칼륨, 탄산나트륨과 환원작용을 하는 소량의 아황산염을 첨가한 수용액이다.

2) 프리히트 퍼머넌트 웨이빙(preheat permanent waving)

알칼리성 용제와 열을 사용하여 퍼머넌트 웨이빙을 하는 방법으로 머시인 퍼머넌트 웨이빙 방법과 같으나 전기를 이용하지 않고 가열집게(*heating clip*)를 이용하여 가열하는 가열방법이 다르다. 또한 알칼리성 용제에는 소량의 티오글리콜산이 함유되어 있다. 따라서 이러한 방법을 wireless permanent waving 혹은 cold permanent waving 방법이라고도 한다.

3) 머신리스 퍼머넌트 웨이빙(machineless permanent waving)

머시인 퍼머넌트 웨이빙 방법과 같은 알칼리성 용제를 사용하지만 분말상의 약제를 물에 녹여 생성되는 반응열에 의한 퍼머넌트 웨이브가 형성된다. 이러한 퍼머넌트 웨이빙 방법을 화학적 퍼머넌트 웨이빙(*chemical permanent waving*) 혹은 발열 퍼머넌트 웨이빙(*exothermic permanent waving*) 방법이라고도 한다.

5-1-2. 콜드퍼머넌트 웨이빙(cold permanent waving)

콜드퍼머넌트 웨이빙은 퍼머넌트 웨이브 용제의 종류와 사용 방법에 따라 1욕식, 2욕식, 3욕식으로 구분한다.

1) 1욕식(one step wave)

제2제를 사용하지 않고 단지 한 종류의 퍼머넌트 웨이브 용제, 즉 1욕식 웨이브제를 사용하여 웨이브를 형성시키는 방법이다. 제1제인 퍼머넌트 웨이브 용제에는 티오글리콜산(*thioglycolic acid*)이 환원제이고, 망간(Mn), 구리(Cu), 철(Fe) 등의 금속염이 첨가된 용제이다. 이와 같은 용제가 용액 상태에서 금속염의 작용은 일어나지 않고, 티오글리콜산 암모늄만이 작용하여 시스틴 결합을 환원반응으로 절단된다. 환원된 모발에 제2제를 사용하지 않고 자연 방치함으로써 공기 중의 산소와 접촉하여 자연적으로 산화작용이 이루어짐으로써 퍼머넌트 웨이브가 형성되는 방법이다. 제1제의 환원제로 티오글리콜산과 그 염류가 사용된다. 제1제의 티오글리콜산의 농도가 높으면 산화되지 않는 모발이 잔류되기 때문에 일반적으로 티오글리콜산의 농도는 3.0~3.3%를 적용하며 알칼리도는 3.5~4.5이다. 그때의 pH는 9.4~9.6 정도이다. 일반적으로 가온하기 않고, 웨이브 효과가 낮기 때문에 가는 로드를 사용하여 와인딩 한다. 이와 같은 방법은 웨이브 형성이 장시간 소요되기 때문에 일반적으로 사용되지 않는다.

2) 2욕식(two step wave)

퍼머넌트 웨이브 용제는 환원제가 함유된 제1제와 산화제가 함유된 제2제를 이용하여 퍼머넌트 웨이브를 형성시키는 방법이다. 즉 실온 혹은 60℃ 이하로 가온한 상태에서 케라틴을 환원반응과 산화반응으로 모발의 퍼머넌트 웨이브를 형성시키는 방법이다. 이와 같은 2욕식은 최근에 가장 많이 사용되는 퍼머넌트 웨이빙 방법이다.

3) 3욕식(three step wave)

퍼머넌트 웨이브 용제 중 제1제는 모발을 팽윤 및 연화시키기 위하여 와인딩(*winding*)하기 전에 모발에 도포한다. 제2제는 2욕법의 제1제와 같이 환원 작용을 하는 것으로 와인딩(*winding*) 후에 모발에 도포한다. 제3제는 2욕식의 제2제와 같이 산화작용을 한다.

5-2. 콜드퍼머넌트 웨이브에 의한 모발의 성질 변화

5-2-1. 제1제에 의한 시스틴 잔기와 환원반응

퍼머처리한 모발의 아미노산을 분석하면 화학적인 변화는 비교적 적어 모발 중에서 일어난 큰 구조변화는 없다. 다만 시스틴이 약간 감소하고 그에 따라 시스테인산과 시스테인이 증가한다. 모발의 케라틴을 구성하고 있는 시스틴 잔기가 제1제에 의하여 환원반응이 일어남으로써 절단되어 시스테인산 잔기나 시스테인 잔기로 전환되기 때문이다. 이와 같이 시스테인산이 발생하는 것은 케라틴의 부반응 결과이다.

케라틴을 구성하고 있는 아미노산 중 시스틴의 함량은 14~18%로 가장 많으며, 이러한 시스틴 잔기는 제1제의 강도와 반응조건에 의하여 시스틴 잔기의 절단 정도가 다르다. 즉 티오글리콜산의 농도를 일정하게 하고 pH를 변화시킨 경우와 pH를 일정하게 하고 티오글리콜산의 농도를 변화시킨 경우의 시스틴 잔기의 절단 정도가

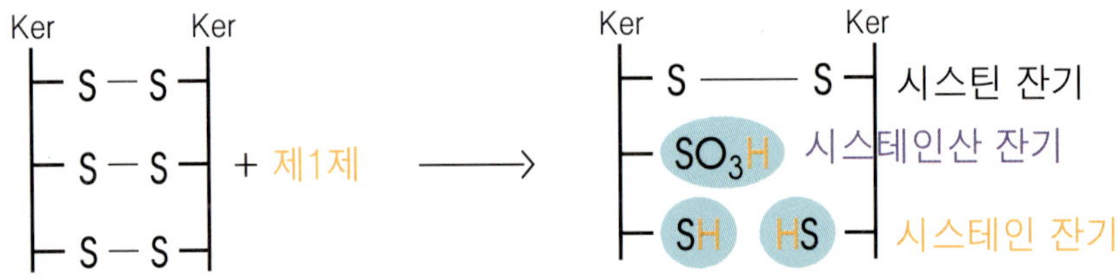

그림 8-5. 제1제에 의한 시스틴 잔기의 환원반응

표 8-10. 일정한 티오글리콜산의 함량(6%)에서 pH 변화에 따른 시스틴의 환원율

티오글리콜산 (%)	pH (암모니아로 조정)	시스틴함량(%)		화원된 비율
		처리 전	30℃에서 5분간 침적 후	
6	5.1	15.6	12.3	21.0
6	8.1	15.6	9.8	27.5
6	9.3	15.6	6.9	45.5
6	9.5	15.6	6.2	60.5

다르다. 즉 티오글리콜산은 pH가 높고, 농도가 높으면 환원력이 강해진다. 뿐만 아니라 또한 중요한 것은 모발의 상태가 다르면 환원되는 정도도 다르다. 표 8-10과 표 8-11의 모발은 동일한 사람의 모발이 아니다. 그러나 실질적으로 사람의 모발을 로드로 감아서 제1제를 도포한 경우는 비이커에 침적시킨 경우에 비하여 훨씬 적은 양으로 환원된다. 이러한 결과는 도포된 양에 따라서 다른데, 제1제의 도포량이 많으면 환원율이 높고 도포량이 적으면 환원율이 낮다. 사람을 대상으로 실제 퍼머넌트 웨이빙을 할 경우 시스틴 결합은 20% 정도 절단된다. 또한 점성이 있는 제1제의 경우에 환원제의 침투성을 높일 수 있기 때문에 환원반응이 보다 많이 일어난다.

표 8-11. 일정한 pH(9.4)에서 티오글리콜산의 농도 변화에 따른 시스틴의 환원율

티오글리콜산 (%)	pH (암모니아로 조정)	시스틴함량(%)		화원된 비율
		처리 전	30℃에서 5분간 침적 후	
7.0	9.4	15.4	9.95	35.5
6.0	9.4	15.4	10.5	32.0
5.0	9.4	15.4	11.9	23.0

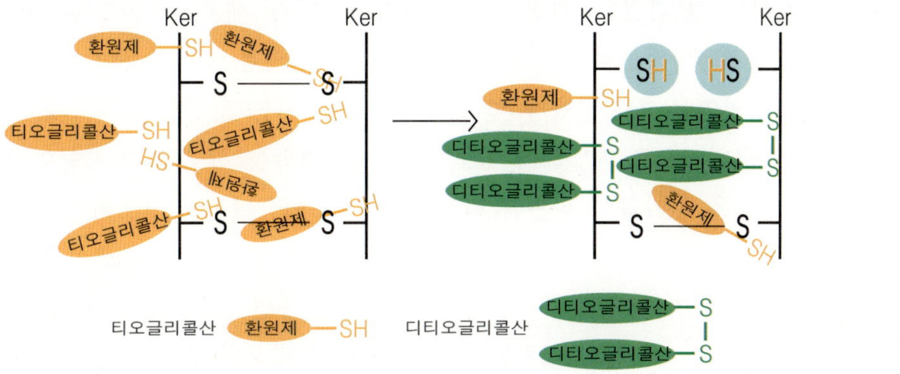

그림 8-6. 콜드웨이브 용제 제1제를 처리한 모발

콜드웨이브를 처리한 모발 중에는 기타 소량의 혼합 이황화결합(*disulfide bond*), 흡수된 티오글리콜산, 디티오글리콜산(*dithioglycolic acid*)이 존재한다. 즉 모발에 콜드퍼머넌트 웨이브 제1제를 도포함으로서 환원제인 티오글리콜산은 케라틴의 시스틴결합을 절단하고 자신은 산화되거나 공기 중의 산소와 반응하여 디티오글리콜산으로 전환된다.

디티오글리콜산은 양성자(H^+)를 내놓을 수 없기 때문에 시스틴결합과 반응하여 환원작용을 할 수 없다. 따라서 디티오글리콜산이 증가하면 티올기(*thiol group*)의 환

원력은 저하되고, 더 이상의 시스틴결합과 환원반응을 할 수 없다. 시간이 지나면서 티오글리콜산의 농도가 낮아지고 디티오글리콜산의 농도가 증가한다. 결국 티오글리콜산과 디티오글리콜산의 비율이 1:1의 비율로 되면 케라틴에 대하여 환원반응을 할 수 없다. 이것을 화학평형에 이르렀다고 한다.

콜드퍼머넌트 웨이브 용제를 개방하여 오랫동안 공기 중에 방치하면 환원력이 저하되는 것은 공기 중의 산소에 의하여 산화반응이 일어남으로써 디티오글리콜산이 증가하기 때문이다.

5-2-2. 콜드퍼머넌트 웨이브 용제의 제1제와 모피질(cortex)

퍼머넌트 웨이브는 퍼머넌트 웨이브 용제와 모피질(*cortex*)과의 화학반응에 의하여 형성되는 것이다. 모피질은 피질세포의 결정성영역과 세포간충물질(*intermacrofibril material*)의 비결정성영역으로 구성되어 있다. 결정성영역은 화학반응이 어려운 영역이고, 비결정성영역은 화학반응을 받기 쉬운 영역이다. 결정성영역은 폴리펩티드(*polypeptide*)가 규칙적으로 배열되어 있고 많은 수소결합을 하고 있기 때문이다. 그러나 비결정성영역은 분자량이 적은 폴리펩티드로 된 이중나선형 구조의 단백질이 불규칙적으로 배열된 영역으로 긴 측쇄(*side chain*)의 이온결합(*ionic bond*)이 많아 인접한 폴리펩티드와는 거리가 멀고 수소결합도 약하며 유연하기 때문이다. 결정성영역은 분자간격이 좁고 가지런히 정렬되어 있기 때문에 티오글리콜산이 침투하기 어렵다. 그러나 비결정성영역은 섬유의 배열이 일정하지 않기 때문에 티오글리콜산의 침투가 쉽고 분자들이 서로 충돌 가능이 증가되어 환원반응 할 수 있기 때문에 웨이브 형성에 기여하는 영역이다. 따라서 퍼머넌트 웨이브 용제와 비결정성영역의 화학반응에 의하여 모발의 형태, 즉 웨이브를 형성하여 헤어스타일에 적용할 수 있다.

퍼머넌트 웨이브 용제의 제1제는 직접적으로 케라틴 분자의 시스틴 잔기와 환원응하여 이황화결합(-S-S-)이 절단된 것이며, 모발은 외형적으로 모발이 팽윤되고 연화된 것이다. 팽윤(*swelling*)은 케라틴 분자의 간격이 느슨해지기 때문에 수분이 흡수되어 일어나는 것으로 퍼머넌트 웨이브 용제의 처리 전과 후의 모간이 부풀리는 정도가 다르게 나타나는 현상이다. 이러한 팽윤은 물만으로도 나타난다. 물론 물은 모피질 사이에 침투하는 것만이 아니라 분자 사이의 수소결합도 느슨하게 하기 때문에 대부분 30% 정도 중량이 증가한다. 이와 같은 팽윤 정도는 퍼머넌트 웨이브

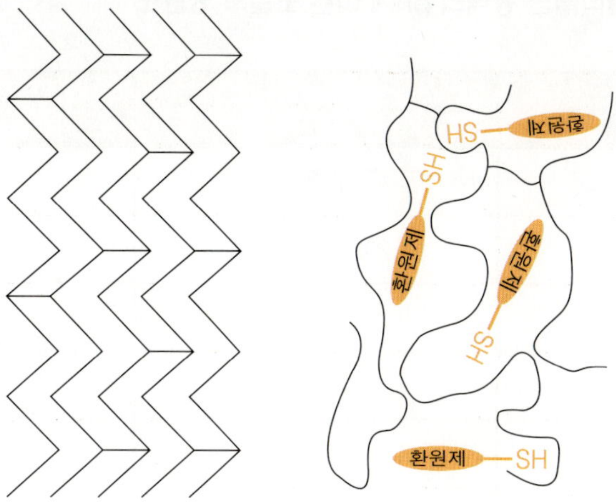

그림 8-7. 케라틴의 결정성영역과 비결정성영역의 모형도

표 8-12. pH에 따른 모발의 팽윤

pH	2.0	2.7	4.0	5.0	6.0	7.0	8.0	9.0	10.0	12.0
팽윤(%)	40.5	31.3	28.2	28.3	28.7	28.6	30.3	32.2	32.6	56.0

용제의 pH와 모발의 상태에 따라 다르다. 케라틴은 pH 4~6의 등전점에서 이온결합이 강하지만 등전점에서 벗어나면 케라틴 분자가 느슨해지고 수용액의 pH는 모발의 팽윤도에 영향을 미친다.

모발의 습윤 시에는 항장력(30% 연신)이 퍼머처리에 의하여 감소하지만 건조 시에는 거의 변화하지 않는다. 퍼머처리에 의한 모발의 손상이 클수록 퍼머처리 후의 모발팽윤의 커진다. 이는 큐티클층이 손상됨으로써 약액의 침투가 쉬워진다. 또한 시스틴결합도 절단되고, pH에 의하여 염결합 혹은 이온결합이 절단되기 때문에 팽윤의 정도가 달라진다. 6.0%의 글리콜산 용제를 암모니아로 pH를 조절하여 30℃에서 10분 동안 모발을 침적하여 팽윤도의 변화를 보면 다음과 같다.

표 8-13. 6% 티오글리콜산 용액의 pH에 따른 모발의 팽윤도

티오글리콜산 함량(%)	pH	팽윤도(%)
0	7(물)	28.0
0	1.2% 암모니아수	32.5
6.0	1.85	38.8
6.0	3.2	33.2
6.0	3.7	29.0
6.0	5.0	28.7
6.0	8.9	42.3
6.0	9.3	71.5
6.0	9.7	141.0
6.0	9.95	175.0
6.0	10.15	220.0

모발이 물에 의해서만 팽윤도는 28.0%로서 pH 5.0과 거의 같다. pH 9 이상에서 팽윤도가 급격히 증가된다. 이는 티오글리콜산의 환원력에 의해서 라기 보다는 환원된 모발이 알칼리성이 증가되어 용해가 시작된 것이다. 모발의 팽윤은 용해되기 바로 전의 현상이며, pH 9.7 이상의 용제는 위험한 것이다. 따라서 팽윤 효과는 용제의 pH에 의하여 좌우되지만 환원율과는 그다지 관계가 없다. 티오글리콜산이 적으면 환원되는 힘은 저하되지만 평윤도는 거의 변하지 않는다.

이와 같은 결과로부터 퍼머넌트 웨이브 용제가 모발에 미치는 영향을 다음과 같이 요약할 수 있다.

① 일정한 pH 하에서 티오글리콜산의 농도가 높을 경우 환원력이 높다.

② 일정한 티오글리콜산의 농도에서 pH가 높으면 환원력이 높다. 다만 알칼리제가 다를 경우에는 환원력이 다를 수 있다.

③ 환원된 모발은 알칼리에 의하여 팽윤도가 높아진다.
④ 티오글리콜산의 농도가 낮더라도 pH가 높으면 팽윤도는 높다.
⑤ 팽윤도가 높기 때문에 환원율이 높은 것은 아니다.

팽윤도가 너무 높은 퍼머넌트 웨이브 용제는 웨이브 형성에 있어서 모발이 평평하게 되거나 표면에 주름이 형성되는 등 모발의 형태학적 변화가 일어나고 자연스러운 웨이브가 만들어지기가 어렵다. 따라서 확산율속반응의 반응속도는 증가한다. 더욱이 모발처리의 반응이 많은 경우 확산율속이므로 퍼머처리하면 모발의 화학적 성질이 크게 변한다. 퍼머처리하면 모발표면의 성질도 변화되며 마찰계수가 커진다. 이는 퍼머처리하면 빗질이 어려워지는 것으로부터도 알 수 있다.

5-3. 2욕식 콜드퍼머넌트 웨이빙

퍼머넌트 웨이브는 화학적으로 처리를 하기 때문에 모발에 손상을 동반하지 않을 수 없다. 그러나 모발의 손상을 최소화하면서 가장 어울리는 헤어스타일을 연출할 수 있는 것이 미용기술이다. 일반적으로 활용되고 있는 2욕식 콜드퍼머넌트 웨이빙 과정을 구체적으로 설명하고자 한다.

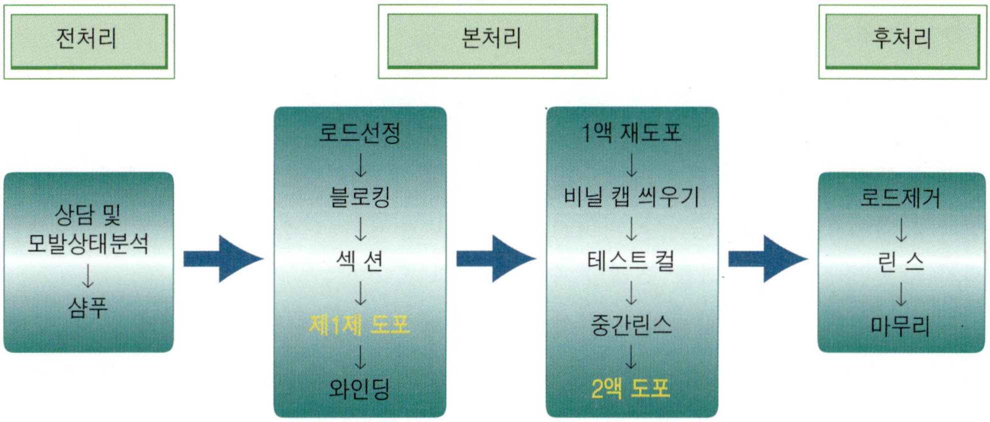

그림 8-8. 콜드퍼머넌트 웨이브 형성의 전과정

5-3-1. 상담과 두피상태 파악

고객과의 상담은 고객이 원하는 바가 무엇인지 정확히 파악하고, 연출하여야 할 헤어스타일을 머릿속으로 미리 디자인하여 미용기술을 적용하는 것이 무엇보다도 중요하다. 즉 강한 웨이브를 원한다면 컬(*curl*)의 크고 작음과 지속성 등을 파악하여야 하고, 자연스러운 웨이브를 원한다면 고객의 연령, 생활환경 등을 고려하여야 한다. 고객과 미용 시술자의 헤어스타일에 대한 취향이나 생각이 완전히 동일할 경우가 드물기 때문에 충분한 대화가 부족하면 고객의 불만을 유발할 수 있기 때문이다. 그러나 고객이 원하지는 않았지만 부드럽고 힘이 없는 모발을 퍼머처리한 후에 탄력이 있는 모발이 되거나 딱딱한 모발을 탄력이 있고 부드러운 모발로 완결되어 우연히 고객을 충족시키는 경우도 있을 수 있다. 이러한 결과와 효과를 보기 위하여 퍼머넌트 웨이브 용제를 선택할 경우 보조제를 사용하고, 가장 적합한 미용 기술을 적용하는 것이 중요하다.

상담 과정에서 원하는 헤어스타일뿐만 아니라 두피의 상태도 동시에 파악하여야 한다. 콜드퍼머넌트 웨이브 용제는 알레르기를 유발할 가능성이 적다고 하지만 계면활성제와 향료로 인하여 가벼운 피부염을 일으키는 경우가 있다. 또한 두피에 상처가 있거나 염증이 있는 경우에는 자극이 강하고, 건조성 두피의 경우는 퍼머 후 비듬이 증가하는 경우도 있다. 그리고 생리 및 임신여부 그리고 건강상의 문제도 있을 수 있기 때문에 두피 상태를 문진이나 잘 관찰하여 정확히 파악하여야 한다.

5-3-2. 모발의 상태 분석

퍼머넌트 웨이브뿐만 아니라 모든 헤어타일을 연출하기 위해서는 모발의 상태를 정확히 분석하여야 올바른 시술을 할 수 있다. 특히 퍼머넌트 웨이브의 경우 모발의 상태 분석이 정확하지 않거나 퍼머넌트 웨이브 용제의 선정과 적합한 기술이 적용되지 않으면 잘못된 결과를 초래할 수밖에 없다.

모발의 상태 분석은 모발의 친수성 정도, 탄력성, 경모와 연모, 모발의 굵기, 모발의 손상 정도이다. 일반적으로 모발은 친수성으로 수분을 흡수하는 성질을 가지고 있으나 물에 적셔도 젖지 않는 모발이 있다. 이러한 모발의 성질을 소수성 혹은 발수성이라 한다. 특히 소수성 모발의 경우 퍼머넌트 웨이브 용제를 도포하여도 흡수가 잘되지 않기 때문에 잘 연화되지 않으며 퍼머가 쉽지 않다. 모발의 탄력성은 젖은 모발을 손가락 끝으로 둥글게 잡았다가 놓을 경우 원래의 상태로 되돌아가는 정도로 확인할 수 있다. 모발의 손상과 정도는 퍼머넌트 웨이브의 경우 매우 중요하다. 균일하게 퍼머를 하기 위해서는 전처리를 하여야 하기 때문에 모간의 손상 정도, 즉 모간이 전체적으로 손상되었는지 아니면 모발 끝부분 등의 일부인지 분석되어야 한다.

그 외에 모발 측정기를 이용하여 모발의 상태를 파악할 수 있다. 즉 모발의 굵기는 모경 게이지로 측정할 수 있고, 인장강도(*tensile strength*)와 신장률(*elongation*)을 측정하여 모발의 상태를 간접적으로 진단할 수 있다. 인장강도는 모발을 양쪽에 고정하고 당겨서 끊어질 때의 힘이다. 인장강도는 섬유의 손상 정도를 예측할 수 있으

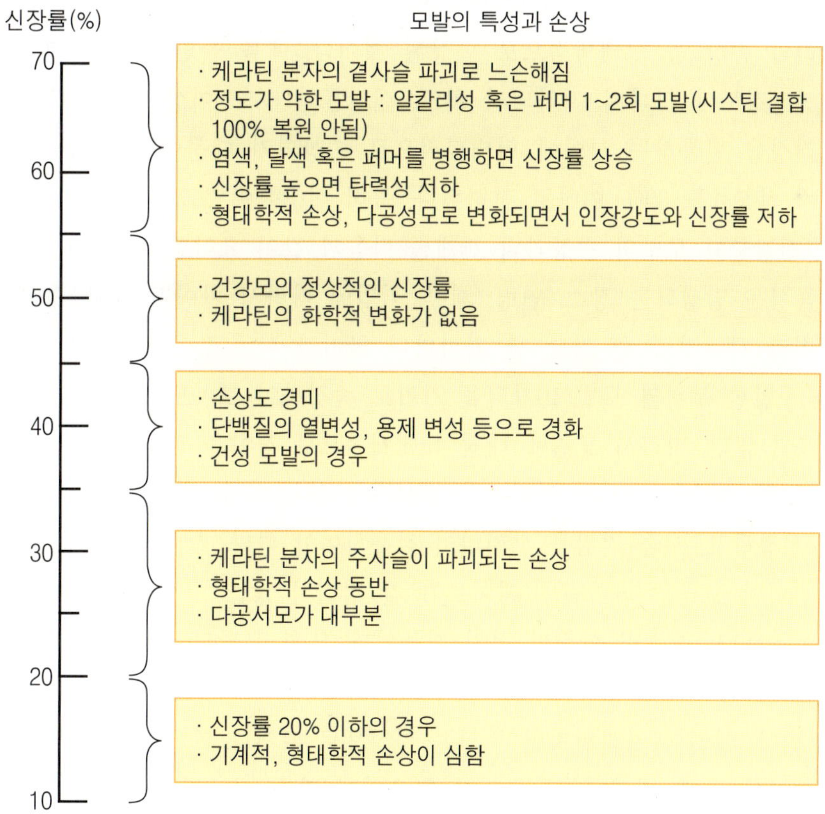

그림 8-9. 신장률과 모발의 특성

며, 모발의 굵기에 따라 다르지만 인장강도가 우수하면 모질이 우수한 것이다. 또한 신장률은 모발을 양쪽에 고정하고 당겨서 절단되기 전까지의 모발이 늘어난 길이를 원래의 길이로 나눈 값의 100분율이다. 모발의 수분함량이 많고, 케라틴의 수소결합이 느슨하면 신장률은 증가한다. 보통 정상적인 모발의 신장률은 50% 전후, 즉 48~52% 정도이지만 실내 습도가 높으면 신장률은 높아진다. 또한 모발이 알칼리성의 용제에 노출될 경우 염 결합이 느슨해지기 때문에 신장률은 증가한다.

따라서 정상적인 모발의 신장률보다 커지는 경우에는 그 정도에 따라 수분 함유량이 많거나 알칼리성이 되었거나 제1제로 처리한 후 제2제의 처리가 불완전하여 시스틴 결합이 감소한 것이기 때문에 정상적인 상태로 되돌리기 위해서는 트리트먼트를 하여야 한다. 특히 퍼머넌트 웨이브는 시스틴 결합을 파괴하기 때문에 신장률은 커지게 되고, 반복하면 할수록 탄력성은 감소하게 된다. 반대로 신장률이 저하되는 경우는 수분이 부족하거나 건조한 상태이다. 또한 케라틴 단백질의 산성에 의한 응고와 열변성 등으로 경화되어 신장률이 저하된다. 신장률이 40% 이하일 경우에는 표피의 박리와 손상 등 형태학적으로 손상된 것이다. 예를 들면 염색을 한 모발은 처음에는 인장강도가 그다지 저하되지 않고, 신장률만 60% 이상으로 된다. 그러나 샴푸와 브러싱을 반복하는 사이에 형태학적으로 손상되기 때문에 인장강도도 감소하는 동시에 신장률도 30% 이하로 저하된다. 특히 신장률이 20% 이하가 되면 손상도가 크다. 신장률과 모발의 손상과의 관계를 다음과 같이 요약할 수 있다.

모발의 특성은 발생되는 장소, 연령, 계절, 직업에 따라서 차이가 있다. 동일한 사람의 모발이라 하더라도 한 가닥 한 가닥마다 굵기가 다르고, 모질도 다소 차이가 있다. 또한 동일한 부위의 모발 10가닥을 기기로 측정하여 보아도 모두 다른 결과가 나오는 경우가 많다. 따라서 모질에 대하여 대체적으로 경향을 파악할 수 있을 뿐이지 정확한 모발 진단을 하기는 실질적으로 불가능하다. 이에 적합한 퍼머넌트 웨이브 용제를 선정하고, 시술 기법을 고려하여 적용하여야 한다.

흔히 어린이의 모발은 퍼머넌트 웨이브가 잘 걸리지 않는다. 이는 손상되지 않는 모발 때문이 아니고 시스틴 함량이 적기 때문이다. 또한 모발의 굵기나 외관은 차이가 없을 지라도 임신이나 중병을 앓은 후 혹은 식사 습관 등으로 모질이 약해져 있는 경우도 있다. 생리가 가까워지면 두피는 지성으로 되거나 과민하게 되는 등의 특성을 고려하여야 한다. 바다 바람에 염분 함유량이 많은 해안지대의 거주자나 선반공장의 종업원 등 생활환경과 직업에 따라서 두피와 모발의 이물질과 기름기가 부착되는 특성을 고려하여야 한다.

동일한 모발이라 하더라도 모발의 끝부분과 뿌리부분도 모발의 특성이 다르고, 동일한 사람이라 하더라도 모발이 자라나는 장소, 즉 두정부, 측두부, 후두부에도 차이가 있다. 이러한 차이를 최소화하고 균일한 결과를 유발시키기 위해서는 전처리를 하여 균형을 맞추어야 한다. 이와 같은 효율적인 관리를 위해서는 개인별 챠트를 작성하여 보다 전문성 있는 미용기술이 도입되어야 한다.

5-3-3. 퍼머넌트 웨이브 용제의 선정

퍼머넌트 웨이브 용제는 환원제와 알칼리제뿐만 아니라 여러 가지 첨가제가 배합된다. 그러나 환원제와 알칼리제는 모발의 웨이브 형성에 가장 크게 영향을 미친다. 퍼머넌트 웨이브 용제의 특성에 따른 모발의 웨이브 특성을 정리하면 다음과 같다.

① 팽윤성이 높고 환원력도 강한 용제는 웨이브 형성이 쉽고, 지속력도 우수하다. 이와 같은 용제는 경모와 저항성의 모발에 적합하다.

② 팽윤성은 높지만 환원력이 약한 용제는 웨이브 형성이 쉽게 되지만 지속력은 약하다.

③ 팽윤성이 낮아도 환원력이 있는 용제는 웨이브가 잘 형성되지 않지만 일단 웨이브가 형성되면 지속력이 우수하다. 이와 같은 용제는 연모와 손상모에 적합하고, 퍼머 기술력이 요구된다.

④ 팽윤성도 낮고 환원력도 약한 용제는 웨이브 형성이 어렵고 웨이브 지속력도 좋지 않다. 이와 같은 용제는 산성 콜드퍼머넌트 웨이브 용제와 1욕식 콜드퍼머넌트 웨이브 용제의 특성이다.

시진, 문진, 촉진, 모발진단 기기를 통하여 두피의 상태와 모발의 특성을 분석하여 진단을 완료하면 적당한 퍼머넌트 웨이브 용제를 선정하여야 한다. 이와 같은 퍼머넌트 웨이브 용제는 제조회사와 사용 목적에 따라 종류가 많고, 첨가제도 다양하다. 따라서 감촉이나 윤기 등의 효과를 배제하고 단지 모발의 상태와 퍼머넌트 웨이브 용제의 화학적 특성을 고려하여 3가지 타입으로 분류하였다. 즉 pH가 9.2~9.5 정도의 암모니아 타입, pH 7.6~8.2 정도의 탄산암모늄 타입, pH 5.0~6.0 정도의 산성 타입이다.

① pH가 9.2~9.5 정도의 암모니아 타입의 기본적인 콜드퍼머넌트 웨이브 용제는 일반적으로 가장 많이 사용된다. 또한 알칼리제로 에탄올아민계의 경우는 냄새가 없다. 다만 손상된 모발이나 염색 모발은 팽윤성이 높기 때문에 전처리가 요구된다. 이러한 용제는 퍼머가 잘 되지 않는 모발, 경모 그리고 일반적인 보통 모발에 주로 이용된다.

② pH 7.6~8.2 정도의 탄산암모늄 타입의 콜드퍼머넌트 웨이브 용제는 알칼리제로 탄산암모늄을 첨가하여 pH가 낮기 때문에 모발을 거의 팽윤시키지 않고 환원반응이 가능한 용제이다. 주로 연모, 염색 모발 등의 손상된 모발에 적용할 수 있으며, 일반 모발에도 사용이 가능하다. 이러한 용제는 용해되거나 단모를 방지할 수 있으나 pH가 낮아서 초과시간(*overtime*) 현상을 일으키고, 잔류된 알칼리제를 제거하기 위하여 산 린스, 플레인 린스를 주의하여 사용하여야 한다. 또한 팽윤과 연화가 약하기 때문에 강한 웨이브를 형성시키기 위해서는 와인딩(*winding*)을 정확하게 하여야 한다.

③ pH 5.0~6.0 정도의 산성 타입의 콜드퍼머넌트 웨이브 용제는 유리 알칼리가 전혀 없기 때문에 모발의 등전점에 가깝다. 따라서 수분에 의하여 팽윤되는 거와 마찬가지이다. 또한 환원력이 약하기 때문에 웨이브 형성력은 매우 낮다. 따라서 작은 로드를 사용하고 가온하는 등 기술적인 어려운 점이 있으며 웨이브의 지속력이 떨어지지만 모발의 감촉이나 손상이 적은 장점이 있다. 이러한 용제는 극단적으로 손상된 모발, 즉 염색 모발이나 탈색 모발에 사용하지만 주로 잘못된 퍼머를 수정하는 차원에서 필요한 웨이브 용제이다. 그러나 현실적으로 영업상 어려운 점이 있기 때문에 모든 모발에 사용하기는 적합하지 않고, 제품도 많이 생산되지 않는다.

이와 같은 웨이브 용제의 구성성분의 화학적 조성에 의한 타입도 중요하지만 용제의 점성에 의한 효과도 고려하여야 한다. 즉 용제를 로드 위에 도포하거나 용제가 수용액이라 하더라도 로드의 중심부나 내부에 용액이 다량으로 작용하고, 로드의 표면과 모발의 뿌리 부분에 부착량이 적다. 그 결과 모발의 끝 부분에 웨이브가 너무 많이 형성되고 뿌리 부분은 웨이브가 잘 형성되지 않는다. 그러나 용제의 점도가 높으면 역으로 작용한다. 이와 같이 점성에 의하여 용제의 부착량이 많고 적음에 따라서 웨이브 효과가 좌우되기 때문에 점성이 있는 용제와 점성이 없는 용제의 특성을 고려하여야 한다.

퍼머넌트 웨이브 용제 중 제1제를 도포하기 전에 전처리(*pretreatment*)하는 목적은 웨이브 형성을 수월하게 하고, 웨이브를 균일하게 형성시키며 모발의 손상을 방지하기 위함이다. 샴푸도 웨이브 형성을 수월하게 하는 전처리 중의 한 과정이다.

5-3-4. 샴푸와 전처리

모발의 상태나 모질을 잘 관찰하는 등 샴푸를 함으로써 모발 진단을 할 수 있다. 또한 모발의 더러움이나 코팅 막을 깨끗이 제거하여 퍼머넌트 웨이브 용제의 흡수를 돕고, 웨이브 형성이 쉽게 이루어지게 하기 위하여 전처리 과정 중의 하나로서 샴푸가 필요하다. 다만 퍼머 전의 샴푸는 퍼머넌트 웨이브 용제의 작용을 방해하는 요인을 제거하는 것으로 용제의 성분이 두피를 민감하게 하기 때문에 두피마사지 등의 자극을 하지 않도록 가볍게 행한다. 퍼머넌트 웨이브 용제의 작용을 방해하는 것은 기름, 특히 금속성분을 포함한 먼지, 무기염 등이다.

일반적으로 염색 모발이나 탈색 모발과 같은 손상 모발 혹은 모발 끝부분에 헤어트리트먼트 크림을 가볍게 도포한 후 퍼머넌트 웨이브 용제의 제1제를 도포한다. 제1제 속에 함유되어 있는 유성성분에 의하여 헤어트리트먼트 크림을 도포한 것과 같은 모발의 윤기와 감촉을 얻을 수 없다. 다만 이와 같은 크림을 도포함에 따라 제1제의 침투를 완화시킴으로써 너무 강한 퍼머가 걸리는 것을 방지할 수 있다. 이와 같은 과정을 전처리 과정이라 한다.

또 하나의 전처리 과정에 사용되는 제품이 PPT(*polypeptide*) 액이며, PPT는 가용성 프로테인으로써 경단백질의 분해물이다. PPT는 분자의 크기, 즉 3~5개 정도의 아미노산으로 구성된 것, 8~10개 전후의 아미노산으로 구성된 것, 20개 전후의 아미노산으로 구성된 것 등이 있다. 분자량이 적은 PPT는 주로 습윤 효과가 있고, 단백질(*protein*)과 같은 고분자의 PPT는 다공성모의 충진 효과가 있다. 따라서 PPT액으로 전처리하는 것은 다공성 모발이나 건조성 모발이다. 이러한 PPT액을 충분히 흡수시키기 위해서는 모발을 건조시키는 것이 필요하며, 젖은 모발의 경우는 PPT액을 도포하고 김쐬기(*steaming*)가 필요하다. 최근에는 인모의 케라틴을 분해시켜 만든 시스틴이 함유된 PPT액이 출시되고 있으며, 특수퍼머의 전처리로서 좋은 효과를 볼 수 있다.

특히 발수성 모발은 모표피에 지질이 많고 친수성이 아니기 때문에 퍼머넌트 웨이브 용제를 도포하여도 흡수되지 않는다. 이러한 모발에는 습윤제나 침투제로 이용되는 비이온성계면활성제를 도포하여 김쐬기(*steaming*)를 한다. 또는 제1제를 2~3배 희석한 용제에 활성제를 첨가하여 김쐬기(*steaming*)하는 등의 방법을 적용하면 비교적 제1제가 흡수되기 쉬워진다.

금속 분진이 모표피 틈 사이에 흡착된 모발과 금속 성분이 배합되어 있는 염모제로 염색한 모발도 퍼머가 잘 되지 않는다. 이는 철(Fe)과 그 외의 금속성분이 티오글리콜산의 산화반응에 촉매 작용을 하기 때문에 퍼머가 잘 되지 않는다. 특히 철분과 반응하면 적갈색의 액이 흘러내린다. 이러한 경우는 제1제를 2배 정도 희석하여 도포한 후 7~8분 이내에 따뜻한 물로 헹구어 내는데, 이러한 과정을 2회 정도 반복하여 적색 물이 나오지 않을 때까지 헹군다. 그 뒤에 타월로 가볍게 수분을 제거하고 다시 제1제를 도포하여 와인딩한다.

5-3-5. 로드의 선정 및 와인딩

로드의 형태와 크기에 따라 웨이브의 형태와 크기, 모양이 결정되기 때문에 로드의 선택이 중요하다. 모발의 길이에 따라서도 로드의 선정이 달라져야 한다. 뿐만 아니라 와인딩 방법에 의하여 모발의 손상과 웨이브에 미치는 영향이 크기 때문에 와인딩 기술이 중요하다. 콜드퍼머넌트 웨이브제로 형성된 컬의 크기는 로드 직경 크기의 2~3배이다. 와인딩 과정에서 주의하여야 할 사항이다.

① 슬라이스 폭은 로드의 굵기보다 조금 가늘게 뜬다.
② 판넬은 두피에 대하여 거의 직각으로 들어올린다.
③ 모발 끝은 꺾이거나 굽혀지지 않게 페이퍼를 댄다.
④ 전체적으로 균일한 텐션(*tension*)을 주어 와인딩한다.
⑤ 로드를 고정시키는 고무줄은 최초 컬의 시작점에 고정시킨다.
⑥ 모발이 잘록해지거나 상처를 입지 않도록 한다.
⑦ 와인딩이 끝나면 부분적으로 잘 되었는지 확인한다.
⑧ 캡을 씌울 때에는 무리하게 로드가 캡 속에 밀려들어가지 않도록 한다.

5-3-6. 콜드퍼머넌트 웨이브 용제의 제1제 도포

와인딩할 때 두피에서 1cm 정도 떨어진 부위에서부터 모발 끝 2.5cm 정도 남긴 부위에 제1제를 도포한 후에 와인딩하는 것이 용이할뿐만 아니라 용제의 침투가 잘 이루어진다. 이와 같이 제1제를 모발에 직접 도포한 후에 와인딩하는 방법과 모발에 물을 촉촉하게 적신 후에 와인딩하고 제1제를 도포하는 방법이 있다. 특히 후자를 워터 래핑(*water wrapping*)이라 하며, 3가지 목적이 있다. 즉 하나는 연속해서 시술하는 시술자의 손을 보호하고, 둘째는 제1제의 작용시간을 균등하게 하기 위한 것이며, 셋째는 손상모나 흡수성모인 경우 제1제의 흡수가 빨라 모발의 손상을 유발하기 때문에 먼저 물을 도포한 후 제1제를 도포한다.

와인딩하기 전에 제1제를 도포하였기 때문에 모발에 환원작용이 일부 이루어졌으나 와인딩이 끝나면 다시한번 충분히 도포한다. 제1제를 도포하고 난 후 10분 정도 지나면 화학반응은 거의 종결된다. 이는 티오글리콜산의 환원반응이 진행됨에 따라 디티오글리콜산이 생성되고, 더불어 공기 중의 산소에 의하여 산화반응이 진행되기 때문이다. 따라서 8~10분 정도 지나면 테스트하고 아직 환원반응이 미약할 경우에는 제1제를 재도포하여야 한다. 환원된 부분과 미변화부분의 비율은 티오글리콜산의 농도, 욕비, pH, 반응시간, 모발의 두께, 모발의 상태에 따라 다르다.

5-3-7. 캡 씌우기 및 테스트 컬

1) 캡(cap) 씌우기

캡을 씌우는 것은 제1제의 성분 중 알칼리 성분의 휘발을 막아 일정한 pH를 유지하고, 두피 온도를 균일하게 유지하여 퍼머넌트 웨이브의 형성을 돕는다. 알칼리제는 암모니아와 같은 휘발성인 것과 유기 아민계열의 비휘발성인 것이 있지만 특히 암모니아와 같은 경우는 휘발성이 높다. 제1제에 의한 모발의 환원반응은 흡열반응이기 때문에 온도가 높을수록 반응성은 높아진다. 웨이브를 강하게 하고자 할 때 시스틴결합의 절단 정도를 높이기 위하여 일정한 온도가 필요하다. 또한 모발의 온도가 균일하게 유지되어야 모든 모발의 웨이브가 일정하게 형성되기 때문이다. 캡을 씌우므로 두피 내의 온도는 대체로 30℃ 전후가 되며, 외부

표 8-14. 2욕식 가온퍼머넌트 웨이브 용제의 제1제 처방 예

티오글리콜산 함량(%)	알칼리도	pH
1.0~5.0	5ml 이하	4.5~9.3

온도가 차가운 경우에는 좀처럼 온도가 상승하지 않는다. 따라서 스팀기 등을 이용하는 경우는 반응 온도가 40~50℃ 내외이기 때문에 웨이브제도 그다지 강한 것을 사용할 필요가 없다. 가온할 경우의 웨이브제는 2욕식 가온퍼머넌트 웨이브 용제라 한다.

2) 테스트 컬(test curl)

모발에 대한 제1제의 반응정도를 파악하는 것이 테스트 컬이다. 일반적으로 캡을 씌운 후부터 10~15분 정도 경과하면 미리 정해놓은 스트랜드 중 일부를 로드에서 완전히 풀지 않고 형성된 웨이브가 탄력 있는 'S' 자형을 이루는지 검사한다. 이때 모질이 좋은 모발은 뚜렷하고 강한 'S' 자형을 이루지만 약한 모질은 'S' 자의 선이 뚜렷하게 나타나지 않는다. 그러나 10분 전후에서 테스트한 경우에 아직 충분히 연화되지 않는 경우는 다음 중 한 가지 이상의 원인이 있기 때문이다.

① 모질에 대하여 콜드퍼머넌트 웨이브 용제가 약하다.
② 모발 자체가 용제를 흡수하지 않는 발수성 모발이다.
③ 용제의 도포량이 적다.
④ 반응 온도가 너무 낮다.
⑤ 용제가 산화되어 효과가 저하되어 있다.
⑥ 용제의 반응을 방해하는 이물질이 부착되어 있다.

이에 대응하는 방법을 찾아서 환원반응이 일어날 수 있도록 하여야 한다. 단순히 반응시간을 연장하는 것보다 가온하거나 제1제를 재도포하는 방법 등이 있다.

표 8-15. 제1제의 반응시간에 따른 모발의 팽윤도와 황의 함량

반응시간(분)	제1차 팽윤도(%)	제2차 팽윤도(%)	시스틴형 황의 함량(%)
0	21.8	21.8	4.01
7	21.8	32.8	–
10	21.8	34.1	4.05
20	21.8	36.5	4.20
30	21.8	38.5	4.38

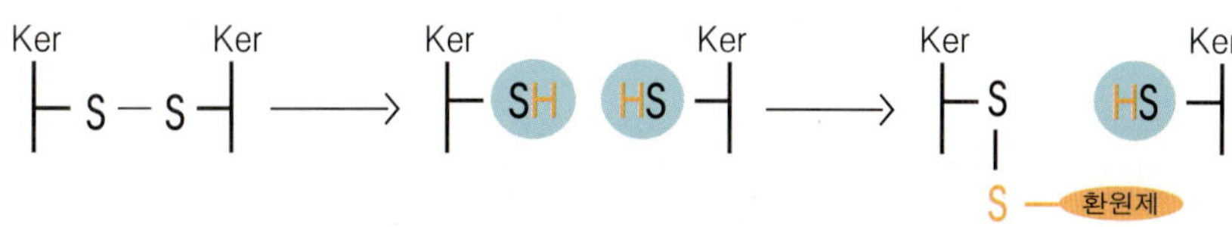

그림 8-10. 제1제에 의한 모발의 이황화혼합물 생성

손상모는 콜드퍼머넌트 웨이브 용제에 대하여 저항력이 없어지고, 퍼머를 하기가 쉽지만 웨이브의 지속력은 좋지 않다. 정상적인 모발이라 하더라도 모발의 차이로 콜드액에 대한 반응이 빠르거나 늦거나 혹은 그 정도의 크고 작은 것이 있다. 따라서 친수성의 대소, 그 외에 테스트를 하는 것이 필요하다.

제1제의 반응시간은 10분 전후가 적당하지만 온도, 제1제의 강도, 모질에 따라 ±5분 전후의 차이가 있다. 그러나 어느 정도 반응이 진행된 이후에 더 이상 반응이 진행되지 않게 되지만 반응시간이 초과(*overtime*)되면 모발의 손상을 초래한다. 동일인의 건강 모발을 로드에 감고 제1제를 도포하여 30℃에서 7분, 10분, 20분, 30분간 방치하여 물로 세척한 다음 제2제를 처리하고 퍼머넌트 웨이브를 마

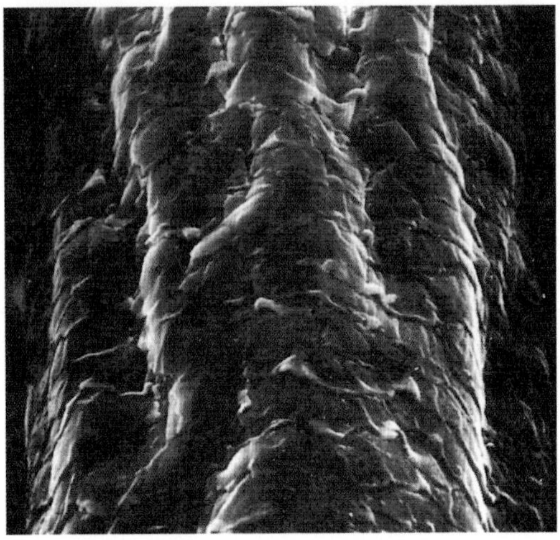

그림 8-11. 퍼머처리 모발의 반응시간 초과에 의한 모발 표면의 주름

무리하여 모발의 손상을 확인하였다. 모발의 손상도는 처리 전후의 물에 의한 팽윤도를 비교하고, 동시에 모발의 유황 함유량을 측정하였다.

반응시간이 경과할수록 제2차 팽윤도가 높아지고 모발 조직, 케라틴 분자의 구조가 느슨해지면서 황(S)의 함량이 증가되었다. 시스틴 결합은 절단되어도 제2제로 완전히 산화시키면 원래의 상태로 돌아오기 때문에 황(S) 함량의 증가는 없다. 그러나 제1제에 의하여 이황화 혼합물이 형성되면 실질적으로 황(S)이 증가된다.

또한 티오글리콜산이나 디티오글리콜산이 모발 중에 잔류하여도 황(S)은 증가하는데, 이러한 물질은 수용성이기 때문에 모발을 충분히 세척하면 모발 중에는 남지 않기 때문에 구별이 가능하다.

결국 환원반응의 진행이 정지한 후 그대로 반응시간이 초과(*overtime*)되면 모발 내에 다시 시스틴 결합으로 돌아가지 않는 형태의 화학변화를 일으키고, 실질적으로 모발의 손상이 유발된다. 또한 처음부터 모질이 약한 염색모와 탈색모 등의 경우에도 팽윤도가 높기 때문에 반응시간이 초과됨으로써 연화된 모발의 모표피에 주름이 생기고, 모발 표면에 눈에 보이지 않는 요철이 형성된다. 이러한 형태의 변화가 모발의 감촉과 외관을 악화시키며 빗질을 어렵게 한다.

5-3-8. 중간 린스(water rinse)

적합한 웨이브 형성을 위한 테스트 컬이 완료되면 제2제의 산화반응이 효과적으로 이루어지도록 하기 위하여 모발에 부착된 제1제와 혼합이황화화합물들을 물로 제거하는 것을 중간 린스(*water rinse*)라 한다.

1) 모발의 팽윤에 미치는 영향

모발을 티오글리콜산 5%, 암모니아로 조정하여 pH 9.45인 제1제에 모발을 30분간 침적시킨 후에 물로 세척하고 2% 초산으로 산성 린스를 하였다. 그 결과 약 200% 정도로 팽윤된 모발이 물로 세척하면 100%로 수축하고, 산성 린스로 헹구면 85%가 된다.

그러나 실제 퍼머와 같이 모발을 로드에 감고 제1제를 도포하여 10분이 경과한 후 팽윤도를 측정하고, 산성 린스를 하여 팽윤도를 측정하면 오히려 물로 중간 린스한 경우에 팽윤도가 크다. 이러한 결과는 제1제를 도포한 모발이 팽윤되면 조직이 파괴되거나 더 이상의 흡수할 수분이 없기 때문에 팽윤이 정지되지만 이러한 상태에서 새로운 수분을 공급하면 또 다시 팽윤되기 때문이다.

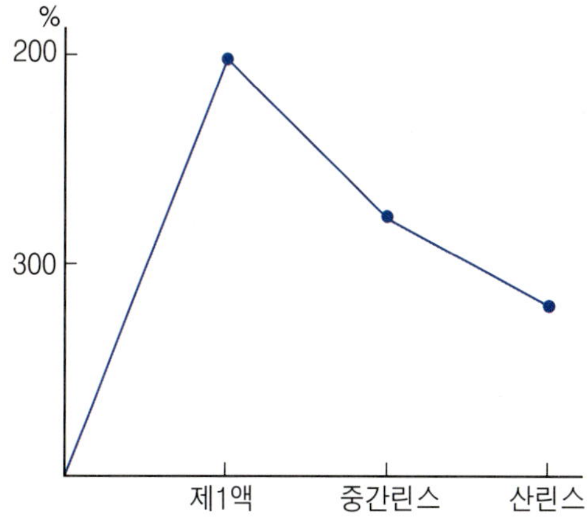

그림 8-12. 팽윤도와 중간린스

표 8-16. 실제 퍼머넌트 웨이빙할 때의 팽윤도와 중간린스

모 발	제1제 도포 후	중간 린스 후	산 린스 후
모발 A	39.7%	42.0%	39.1%
모발 B	42.4%	46.2%	41.5%

즉 모발에 제1제가 다량 존재하면 최대한으로 팽윤되고 물로 씻어내더라도 pH가 저하되기 때문에 수축되지만 제1제를 모발에 도포한 경우처럼 소량일 경우 중간 린스로 인하여 수분을 흡수하여 또다시 팽윤되기 때문에 팽윤도가 높아진다. 이는 삼투압에 의한 팽윤 현상 때문이다. 따라서 실제 모발에 퍼머를 할 경우 모발의 수축을 목적으로 할 경우 중간 린스는 무의미하고, 산성 린스가 보다 더 효과적이다.

2) 제2제의 작용에 미치는 영향

모발에 제1제가 잔류하면 제2제의 작용이 약해져서 산화반응이 불충분하게 된다. 그러나 점성이 강한 제1제가 로드 위에 다량으로 잔류할 경우에는 타당하지만 일반적으로 테스트 컬 후에는 제1제 중의 티오글리콜산의 대부분은 산화되어 디티오글리콜산으로 전환된다. 따라서 미반응의 티오글리콜산이 남아있더라도 제2제의 산화반응을 방해할 정도는 아니다. 그리고 중간 린스로 미반응 티오글리콜산을 제거한다고 할지라도 로드 위나 두피에 부착된 것은 가능하지만 모피질 내로 침투된 것은 1~2분 정도 물로 씻어 내는 것은 불가능하다. 또한 티오글리콜산이 산화되어 생성된 디티오글리콜산은 절단된 시스틴결합을 재결합시키는 작용을 한다. 그러나 이러한 경우는 모발의 강도를 저하시킨다.

결국 모발 내에 티오글리콜산이 잔존하고 있는 상태에서 제2제의 산화반응에 의하여 시스틴결합의 재결합과 동시에 이황화결합의 혼합물이 존재할 가능성이 있고, 이러한 현상이 모발을 손상시키는 하나의 원인이다. 따라서 티오글리콜산을 제거하기위해 중간 린스를 할 필요가 있다. 즉 중간 린스로 인하여 모발의 손상을 줄일 수 있다.

3) 모발의 직경에 미치는 영향

퍼머넌트 웨이브 과정에 중간 린스를 하면 모피질 내의 일부가 용출되어 모발이 가늘어지게 된다. 모발에는 수용성의 비케라틴 물질로서 요산, 요소, 크산틴, 글리코겐과 어떤 종류의 효소가 미량 포함되어 있다. 이들은 반복하는 샴푸에 의하여 용출된다. 또한 세포간충물질은 분자량이 비교적 적은 단백질로 제1제의 작용에 의한 환원반응으로 연화되고, 분자구조가 변화되어 가용성이 높아진다. 가용성 세포간충물질도 제1제가 도포된 알칼리성 상태에서 따뜻한 물을 이용하여 세척하면 용출된다. 제1제가 강하면 가용성분의 비율이 높아진다. 특히 과산화수소로 처리된 염색이나 탈색된 모발에 이와 같은 가용성 단백질의 함량이 많다. 그 외에도 자외선에 의한 변성이나 손상된 모발에도 가용성 단백질이 많다.

4) pH 변화와 산화작용에 미치는 영향

일반적으로 pH 9.2~9.5인 제1제로 처리한 모발은 중간 린스를 함으로써 pH 8.0 전후의 상태로 저하시킬 수 있다. 또한 산 린스를 이용할 경우 pH 4~5의 상태로 낮출 수 있다. 그러나 중간 린스를 하지 않을 경우 pH 9.0 전후에서 정지된다.

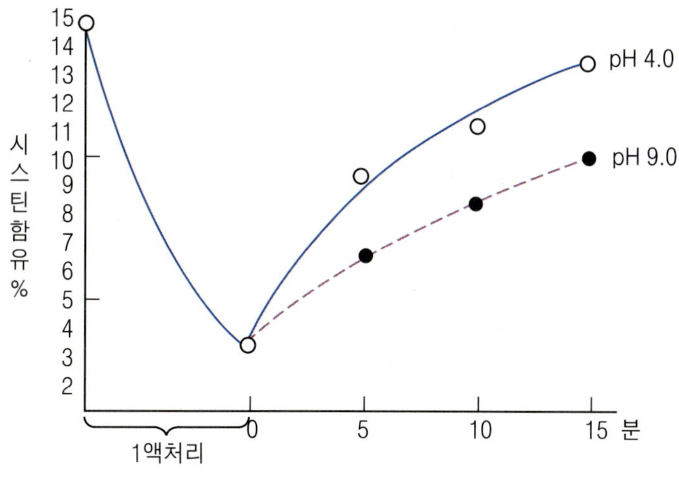

그림 8-13. 산화에 의한 시스틴의 복원(1% 브롬산칼륨)

주로 제2제로 사용되는 브롬산염류는 pH가 낮은 산성 상태에서 산화력이 보다 더 크다. 따라서 제1제로 환원된 모발을 가능한 중간 린스를 하여 알칼리를 제거하고 난 후에 제2제를 처리하여야 산화반응이 효과적이고 웨이브의 유지력이 커진다.

환원된 모발을 중간 린스하고, pH 9.0과 pH 4.0에서 브롬산칼륨으로 산화 반응하여 재결합한 시스틴의 함량은 pH 4.0에서의 경우에 보다 더 많다.

이와 같은 결과로부터 중간 린스를 하지 않고 알칼리성 상태에서 제2제를 처리하면 산화반응에 의한 웨이브의 고정이 늦어진다. 따라서 제2제로 처리하기 전에 모발의 pH를 낮추기 위하여 중간 린스를 할 때 약산성으로 산성 린스를 하면 효과적이다. 한 가지 예를 들면 모발에 제1제를 처리하고 테스트 컬을 확인 한 후 로드 위에 산성 린스를 하여 pH 5~6의 약산성으로 전환시키고, 따뜻한 물로 충분히 씻어 낸다. 이어서 타월로 물기를 제거하고, 제2제를 처리하면 가장 효과적이다. 이때의 산성 린스는 1% 정도의 구연산이나 포도산 용액을 사용할 수 있으며, 물로 씻어 내어도 단백질의 용출을 막을 수 있다. 그러나 산성 린스가 너무 강할 경우 큐티클 층이 수축되어 제2제의 침투를 저해 할 수 있다. 또한 로드 위에서 산성 린스를 할 경우에는 물로 세척하면 모간의 내부까지 산성 상태가 되지 않을 수 있기 때문에 산성 린스를 도포한 후 5분정도 방치할 필요가 있다.

따라서 중간 린스를 하면 모발의 강도 저하를 막을 수 있으며, 1주일 정도에 거의 원래의 모발로 회복된다. 같은 산성 린스라 하더라도 마지막에 하는 것은 이와 같은 효과가 나타나지 않는다. 이는 알칼리성 상태에서 제2제의 처리가 이루어지는 것과 마찬가지이므로 산화작용이 불충분하기 때문이다.

5-3-9. 콜드퍼머넌트 웨이브 용제의 제2제 도포

제2제의 주요성분은 산화제로 브롬산나트륨과 브롬산칼륨이 주로 이용된다. 브롬산칼륨은 분말이고 찬물에는 용해도가 낮기 때문에 주로 용액상의 브롬산나트륨이 사용된다. 브롬산칼륨은 뜨거운 물에 녹이면 용액 상태로 장시간 방치하여도 변하지 않는다. 다만 온도가 높은 상태에서 녹이면 냉각 후에는 결정체로 석출되는데, 이를 가온시키면 용해되고 다시 사용할 수 있다. 실제 제2제로 사용할 때에는 적당한 농도보다는 다소 높은 농도를 사용한 경우에 효과가 빠르다. 따라서 스피드 중화

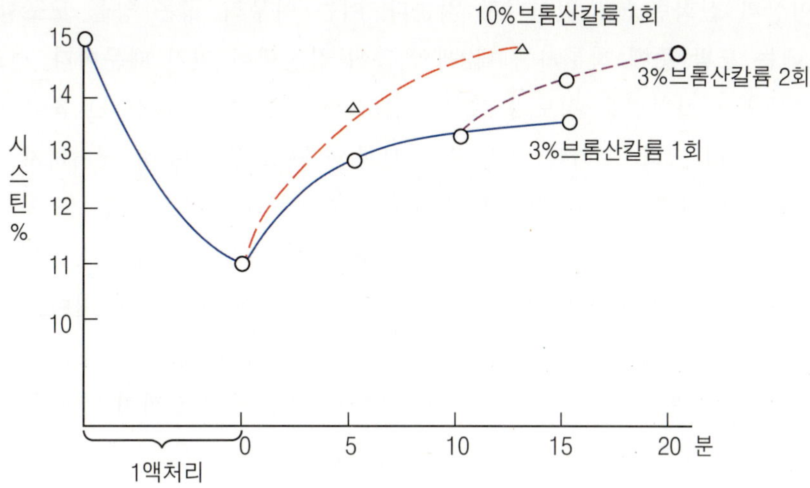

그림 8-14. 제2제에 의한 시스틴의 복원

제 혹은 순간 중화제 등으로 불리는 것은 브롬산나트륨의 10% 전후 용액에 침투제를 첨가한 것이다. 다만 과잉의 산화제가 모발에 잔류되지 않도록 물로 충분히 세척하여야 한다.

보통 pH 9.2~9.6인 제1제의 처리는 알칼리성으로 중간 린스를 한 후에도 모발은 pH 8~8.5인 약알칼리성 상태인데, 산성 린스를 사용함으로써 중성 상태가 되어 중화가 되는 것이다. 일반적으로 제2제를 처리하는 것을 중화(*neutralization*)라고 하는데, 산성린스에 의하여 중화되는 것이지 제2제에 의하여 중화되는 것은 아니다. 제2제인 브롬산염 용액은 다른 첨가제를 부가하지 않는 한 pH 7 전후의 중성이다. 따라서 제2제의 역할은 중화작용이 아니라 산화작용으로 시스틴의 재결합이다. 그러나 브롬산염의 용액에 산성 물질을 첨가하여 pH 5 이하가 되면 브롬산염이 분해되어 산화력이 감소된다. 그러므로 제1제에 의하여 환원된 모발을 시스틴 결합을 복원하여 손상을 최소화하기 위해서는 산성 린스와 제2제가 반드시 필요하다. 주로 제2제에는 2.5~3%의 산화제를 사용한다.

중간 린스가 끝나면 탈지면이나 거즈 혹은 타월을 이용하여 물기를 제거한 후 제2제를 2~3회로 나누어 꼼꼼히 로드에 도포한다. 제2제를 도포하고 10분 정도 지나면 더 이상의 산화반응이 일어나지 않는다. 이는 아무리 많은 양을 도포할지라도 1회 도포에는 모발 중에 침투하는 제2제의 양이 한정되어 있기 때문이다. 산화제의 농도가 높을수록 화학반응 정도가 크고, 브롬산칼륨보다는 브롬산나트륨이 산화반응 효과가 보다 더 크다. 그러나 모발 중의 브롬산나트륨을 충분히 제거하지 못하고 모발에 잔류하게 되면 모발의 감축을 저해하고 손상을 유발하는 원인 중 하나가 된다.

제2제의 산화반응은 발열반응이기 때문에 가온할 필요는 없다. 그러나 제2제의 침투를 돕기 위하여 가온이 필요하고, 실질적으로 가온한 경우에 웨이브의 효율이 높아진다. 제1제의 조건은 모두 동일하게 처리한 모발에 제2제를 도포하고 약 8분 정도 가온하고 4분간 자연 방치한 결과 웨이브 효율은 35℃까지 영향을 미치지 않았으나 45℃ 이상에서 웨이브 효율이 증가하였다. 따라서 제2제의 처리는 5~8분 동안 스팀기를 이용하여 가온하고, 5분 정도 자연 방치한 후 2번째의 제2제를 도포하는 것이 바람직스럽다. 열이 있는 상태에서 로드를 풀게 되면 웨이브가 느슨해진다.

마지막으로 제2제의 처리가 끝나면 로드를 풀고 나서 물로 세척한 뒤 모발의 경우에 유분 등을 부여하여 트리트먼트를 실시한다. 아울러 두피도 퍼머넌트 웨이브 용제의 작용으로 자극을 받았기 때문에 토닉 등의 후처리를 할 필요가 있다. 퍼머를 한 후 비듬 증가 등은 두피의 처리가 충분하지 못하면 유발될 수 있다.

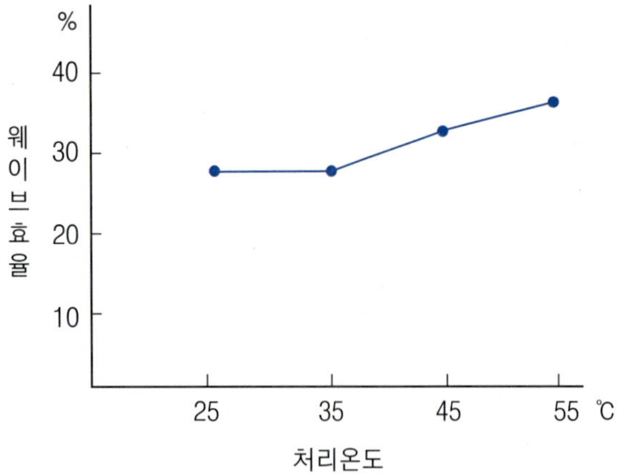

그림 8-15. 제2제 처리 시 웨이브 효율

염색과 탈색

Dyeing and Bleaching Human Hair

9

모발의 염색과 탈색은 원래의 모발 색깔을 변화시켜 헤어스타일에 응용하는 미용 기법 중 하나이다. 헤어디자인에 있어서 염색과 탈색이 차지하는 비중이 높아지고 있으며, 개성과 패션을 위한 색상도 다양화되고 있다.

기원전 3000년경에 고대 이집트에서 천연의 광물이나 식물을 이용하여 모발에 염색하였던 것으로 알려지고 있다. 이때의 모발 염색은 황토, 백토 혹은 돌가루를 이용하기도 하고, 선인장의 열매와 각종 식물의 즙을 추출하여 모발 염색에 이용하였다. 이는 조상의 선행과 신분 혹은 계급을 나타내기 위함이었다.

현재 주로 사용되고 있는 산화 염모제는 19세기 후반 '파라페닐렌디아민(*p-phenylenediamine*)'이 발명되고 난 이후부터이다. 제2차 세계대전 후 미국에서 '멋 내기 염색'이 유행함으로써 모발 염색의 새로운 장이 열렸고, 현재에 이르고 있다.

이와 같은 모발의 염색은 모발의 색깔을 보다 밝게 하여 탈색을 시키고, 염색하는 방법과 자연 모발의 색에 인공색소를 착색시키는 방법 그리고 전자의 두 가지 방법을 조합하는 방법 등이 있다. 우선 염색의 목적은 백발을 감추어 자연스런 모발을 보여주고, 모발에 강제적으로 다양한 색깔을 연출함으로써 패션의 수단으로 이용하는 것이다. 즉 전자는 백발 염색이고, 후자는 멋 내기 염색이다. 염색은 모발의 멜라닌 색소를 인위적으로 제거하고 인공 색소를 고착, 착색시키는 것을 의미한다. 염색과 탈색은 모발의 색깔을 변화시키는 목적은 같지만 화학적인 반응이 다르고, 화학반응을 유발시키기 때문에 모발의 화학적, 물리적 특성에 많은 영향을 미친다. 따라서 본 장에서는 염색이 모발 손상을 동반하지만 모발 손상을 최소화하면서 정확한 모발의 색깔을 연출하기 위해서 염색제 및 탈색제의 구성과 특성 그리고 이들과 모발의 반응 메커니즘에 대하여 설명하고자 한다.

그림 9-1. 멋 내기 염색

1. 모발의 탈색(bleaching human hair)

모발을 탈색시키기 위해서는 멜라닌 색소를 파괴시키는 것이다. 이와 같은 멜라닌 색소는 2가지 반응, 즉 환원반응 혹은 산화반응에 의하여 파괴시킬 수 있다. 환원반응은 수소를 주는 반응 혹은 산소를 제거하는 반응이고, 산화반응은 산소를 주는 반응 혹은 수소를 제거하는 반응이다.

따라서 환원반응에 의한 탈색은 아황산계의 환원제와 아스코르빈산(*ascorbic acid*), 티오글리콜산(*thioglycolic acid*) 등이 이용된다. 흔히 콜드퍼머넌트 웨이브를 하고나면 모발이 적색으로 변화되는 것은 환원반응에 의하여 탈색되기 때문이다. 그러나 이러한 환원반응에 의한 탈색은 효과가 없기 때문에 주로 산화반응에 의한 탈색이 이용된다.

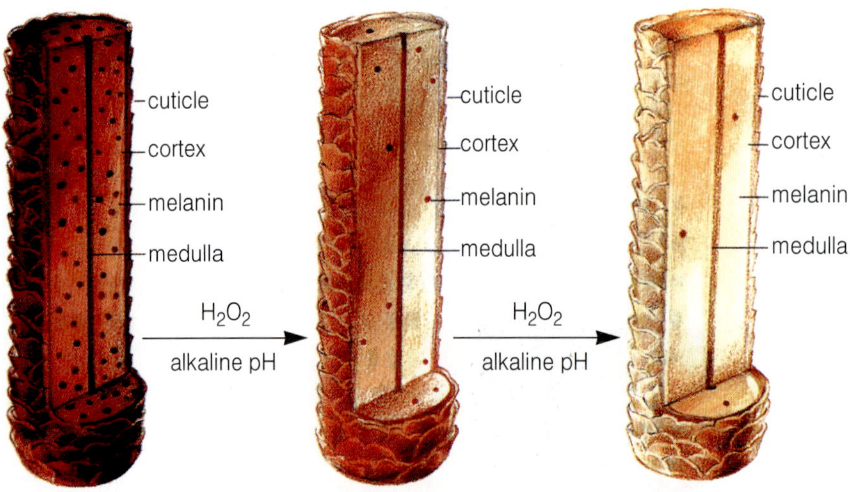

그림 9–2. 알칼리성 상태에서 탈색 과정

1-1. 탈색제의 구성 성분과 특성

일반적으로 탈색은 산화제의 산화반응에 의하여 멜라닌 색소의 발색단과 조색단을 파괴시킴으로써 모발의 색깔이 없어지는 것을 말한다. 탈색제는 제1제와 제2제로 구성되어 있으며, 모발을 탈색할 경우에는 혼합하여 사용한다. 제1제의 주요 성분은 암모니아(NH_3)이며 알칼리제로서의 역할을 하고, 제2제의 주요 성분은 과산화수소(*hydrogen peroxide*, H_2O_2)이며 산화제로서의 역할을 한다. 강력한 탈색제는 과황산 염류(암모늄염, 나트륨염, 칼륨염)를 촉진제(*booster*)로 첨가하거나 피로아황산소다를 제1제에 넣어 산화 환원의 반응열을 이용하는 발열 타입도 있다. 제1제와 제2제는 조건에 따라 다를 수 있으나 주로 1:2의 비율로 혼합하여 사용한다. 일반적으로 탈색제의 pH는 9~11이며, 킬레이트제와 같은 안정화제도 종종 과산화물의 분해속도를 감소시키는데 사용한다.

1-1-1. 탈색제의 제1제

제형에 따라 분말과 액체의 조합, 오일상, 크림상, 유액상 등이 있다. 크림상이나 오일상의 경우 비교적 자극이 적지만 반응속도가 느린 단점이 있다. 주요성분은 알칼리제로 암모니아가 주로 사용되며, 모표피의 팽윤과 산화반응을 촉진시킨다. 탈색작용을 활성화시키는 촉진제(*booster*) 혹은 활성제는 과황산 암모늄($(NH_4)_2SO_4$), 과황산 나트륨(*sodium persulfate*, Na_2SO_4), 과황산 칼륨(*potassium persulfate*, K_2SO_4) 등이다.

1-1-2. 탈색제의 제2제

제2제의 주요 성분은 산화제로서 과산화수소(*hydrogen peroxide*, H_2O_2)가 이용된다. 모발을 탈색할 경우 주로 6% 과산화수소가 사용되며, 약 20볼륨(*volume*)의 산소가 생성된다. 또한 1볼륨의 산소가 과산화수소에서 생성되는데 소요되는 시간은 약 1분 정도 걸린다. 그러므로 6%의 과산화수소에서 20볼륨의 산소가 생성되는데 걸리는 시간은 약 20~30분 정도이다.

표 9-1. 제1제의 처방 예(액상타입)

성 분	함유량(%)
폴리옥시에틸렌(10) 올레일알코올	20.0
폴리옥시에틸렌(15) 디스테아레이트	10.0
팔미틴산	4.0
에틸알코올	10.0
암모니아수	9.0
킬레이트제	적당량
정제수	47.0

$$2H_2O_2(l) \rightarrow H_2O(l) + O_2(g)\uparrow$$

과산화수소에서 발생되는 산소는 모발의 멜라닌 색소를 무색의 옥시멜라닌 형태로 산화반응을 시킨다. 결국 6%의 과산화수소에 의한 모발의 탈색은 약 20~30분 정도 걸리며, 반응시간에 따라 모발의 색상이 탈색되어 점점 옅어지게 된다. 과산화수소에서 발생되는 산소가 모발에 남아 있는 한 탈색은 멈추지 않고 지속된다. 즉 20볼륨의 과산화수소와 혼합된 탈색제의 경우 거의 35분 동안 탈색 과정이 지속되기 때문에 탈색과정에서 반응시간에 따라 모발의 명도를 확인하여야 한다. 탈색제 도포 후 35분이 지나면 더 이상 탈색은 일어나지 않고, 알칼리제의 작용에 의하여 모발 손상이 유발된다. 따라서 30분이 지나도록 원하는 모발의 명도가 유발되지 않을 경우 모발을 미지근한 물로 헹궈 내고, 모발을 건조시킨 후 새로 혼합한 탈색제를 도포하고 원하는 모발을 확인하면서 탈색과정을 계속해야 한다.

일반적으로 사용되는 과산화수소는 물 중에 H_2O_2의 농도를 중량%로 나타내지만 이를 볼륨으로도 환산된다. 과산화수소는 염색제의 산화제로서 명도를 조절할 경우에 이용되며, 사용목적에 따라 과산화수소의 농도를 달리하는 경우도 있다.

표 9-2. 과산화수소의 농도와 산소 생성량

과산화수소의 농도	산소 생성량(volume, Vol)
3%	10Vol
6%	20Vol
9%	30Vol
30%	100Vol

표 9-3. 제2제의 처방 예

성 분	함유량(%)
과산화수소(30%)	17
도데실벤젠황산(50%)	16
노녹시놀-9	6
세틸알코올	3
스테아릴알코올	2
인산	1
정제수	55

과산화수소는 불안정하여 자체적으로 쉽게 분해되기 때문에 탈색 효과가 감소한다. 이러한 현상을 막기 위하여 과산화수소 용액에 안정제를 첨가하며, 약산성 상태로 보존한다.

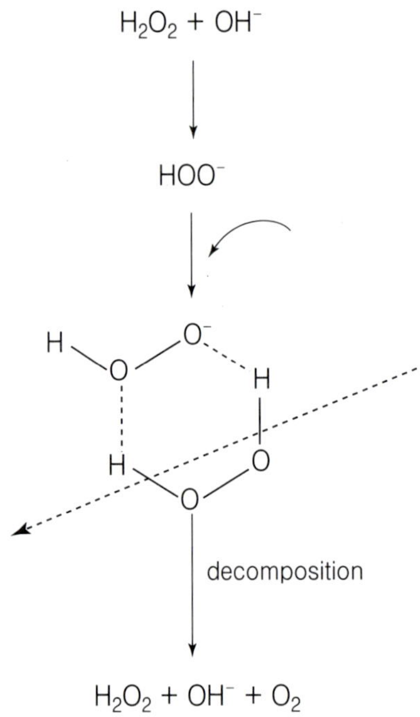

그림 9-3. **알칼리성 상태에서 과산화수소의 분해 반응**

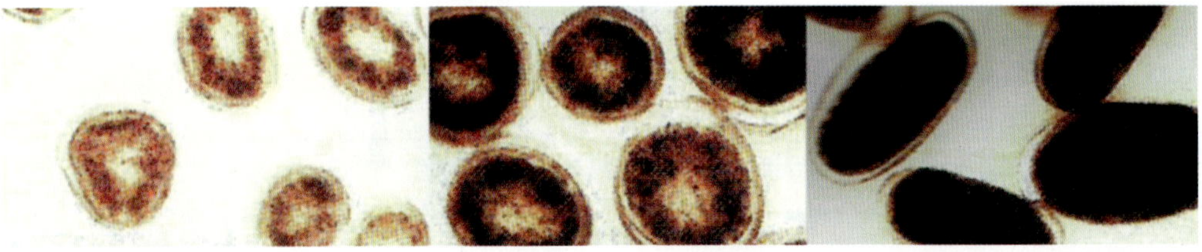

코카시안 모발 아시아인의 모발 아프리카인의 모발

그림 9-4. **인종별 모발 색깔**

그러나 과산화수소는 알칼리성 상태에서 분해반응이 촉진되기 때문에 모발의 탈색제로 사용할 경우에는 암모니아로 알칼리도를 조절하여야 한다. 따라서 탈색제는 알칼리성 상태의 제1제와 산화제인 과산화수소가 함유된 제2제를 혼합하여 사용한다. 농도가 높은 과산화수소를 사용하면 모발이 극단적으로 손상되므로 촉진제(*booster*)를 사용하여 탈색 시간을 단축시킨다.

1-2. 탈색제의 모발에 대한 작용

1-2-1. 멜라닌의 생성과 멜라닌의 산화반응

모발은 인종에 따라 검정, 갈색, 금발, 빨강 등 색깔이 다양하지만 모발의 모피질(*cortex*)에 함유되어 있는 멜라닌 색소의 많고 적음에 의하여 차이가 있다. 모발의 주요 색소는 흑갈색인 유멜라닌(*eumelanin*)과 소량의 적색 색소인 페오멜라닌(*pheomelanin*)으로 구성된다. 특히 후자는 철을 함유하는 붉은 색소로 빨강모발을 만드는데, 이를 '트리코시데린(*trichosiderin*)' 이라고도 한다.

모발의 색소는 알 모양 또는 공 모양의 색소과립으로 멜라닌과립 혹은 멜라닌소체(*melanosome*)라 하며, 모표피에는 존재하지 않고 모피질 및 모수질에 존재한다. 일반적으로 장축의 길이는 0.8~1.2㎛이고 두께는 0.3~0.4㎛ 정도이며, 모발 총 중량의 3% 이하이다. 멜라닌 과립은 색소, 단백질, 금속으로 되어 있고, 멜라노프로테인(*melanoprotein*)이라고 하는 단백질과 결합한 색소과립으로 존재한다. 이는 분자량이 큰 중합체로 물에 용해되지 않는다

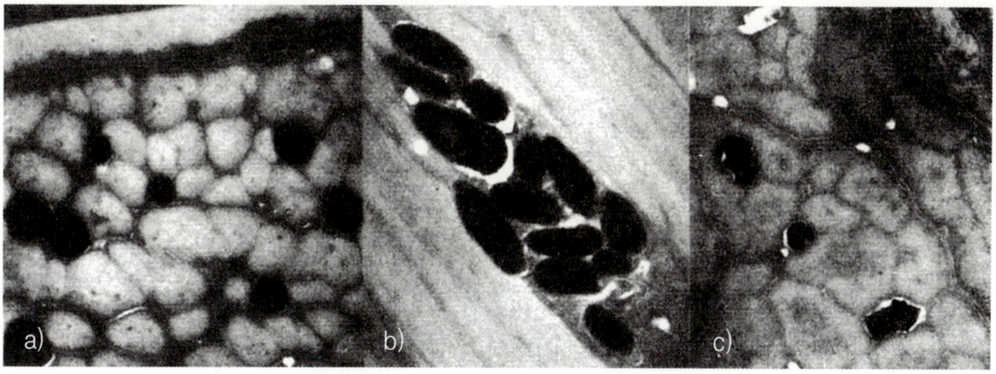

그림 9-5. **모피질의 멜라닌 색소**

(a) 중간세사 사이에 유멜라닌이 존재하는 짙은 갈색모발의 횡단면,
(b) (a)와 동인한 모발에 유멜라닌이 존재하는 모달의 종단면,
(c) 페오멜라닌이 존재하는 적색 모발의 횡단면.

표준아미노산 중의 하나인 티로신(*tyrosine*)이 티로시나아제의 산화반응에 의하여 크게 2가지 종류의 멜라닌이 멜라닌생성세포(*melanocyte*)에서 생합성 된다. 즉 유멜라닌(*eumelanin*)은 갈색~흑색을 띠고, 페오멜라닌(*pheomelanin*)은 노랑색~적색을 띠며 유멜라닌에 비하여 밝은 색소이다. 모발의 주요 색소인 유멜라닌과 페오멜라닌의 혼합 비율에 따라 모발의 색깔이 결정된다. 따라서 같은 인종이나 한 가족이라 하더라도 멜라닌 색소의 조성이 다르기 때문에 모발의 색깔이 사람마다 다르다.

멜라닌 색소의 화학적 구조는 인돌 퀴논(*indol quinone*)류 또는 그 환원된 인돌 퀴논(*reduced indol quinone*)이 멜라닌의 주요한 반복 단위이다. 이러한 색소 고분자는 산화제의 공격을 받기 쉬운 부위가 많다. 특히 멜라닌의 생합성 과정에서 유멜라닌은 황(S)이 존재하지 않고, 페오멜라닌은 시스테인(*cysteine*)의 영향으로 황이 함유되었었기 때문에 화학구조와 화학적 특성이 다르다.

이와 같은 멜라닌은 탈색제의 제1제와 제2제를 혼합하여 사용함으로서 산화반응이 일어나고, 이로 인하여 멜라닌색소는 무색의 옥시멜라닌으로 변화되기 때문에 모발이 탈색된다.

유멜라닌의 경우 분자가 크고 모피질 내에 뭉쳐있기 때문에 탈색과정에서 산화반응이 쉽게 일어난다. 그러나 페오멜라닌은 작고 흩어져 있기 때문에 유멜라닌에 비하여 산화반응이 일어나는 데에 시간이 오래 걸린다. 따라서 탈색과정에서 모발의 색깔은 갈색에서 붉은 오렌지색, 금발, 회백색 순으로 변화된다.

표 9-4. 모발의 색깔별 유멜라닌과 페오멜라닌의 크기와 함량

모발색	유멜라닌	페오멜라닌
흑갈색	수가 많고 큼	미 량
밤 색	중간 크기	적 음
금 발	수가 적고 작음	중 간
적 색	미 량	많 은
백 색	미 량	미 량

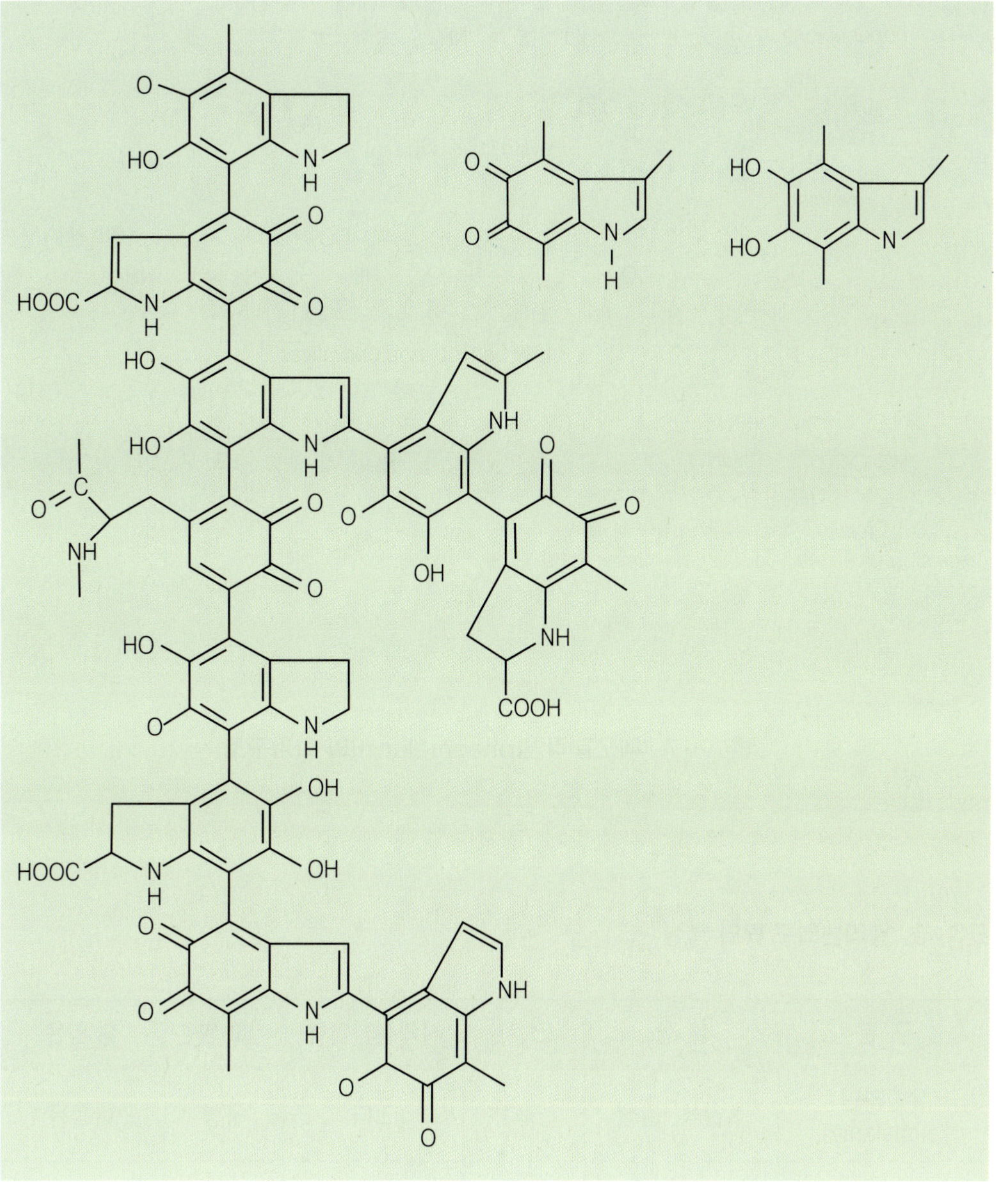

그림 9-6. 유멜라닌(eumelanin)과 반복 단위인 인돌퀴논의 화학구조

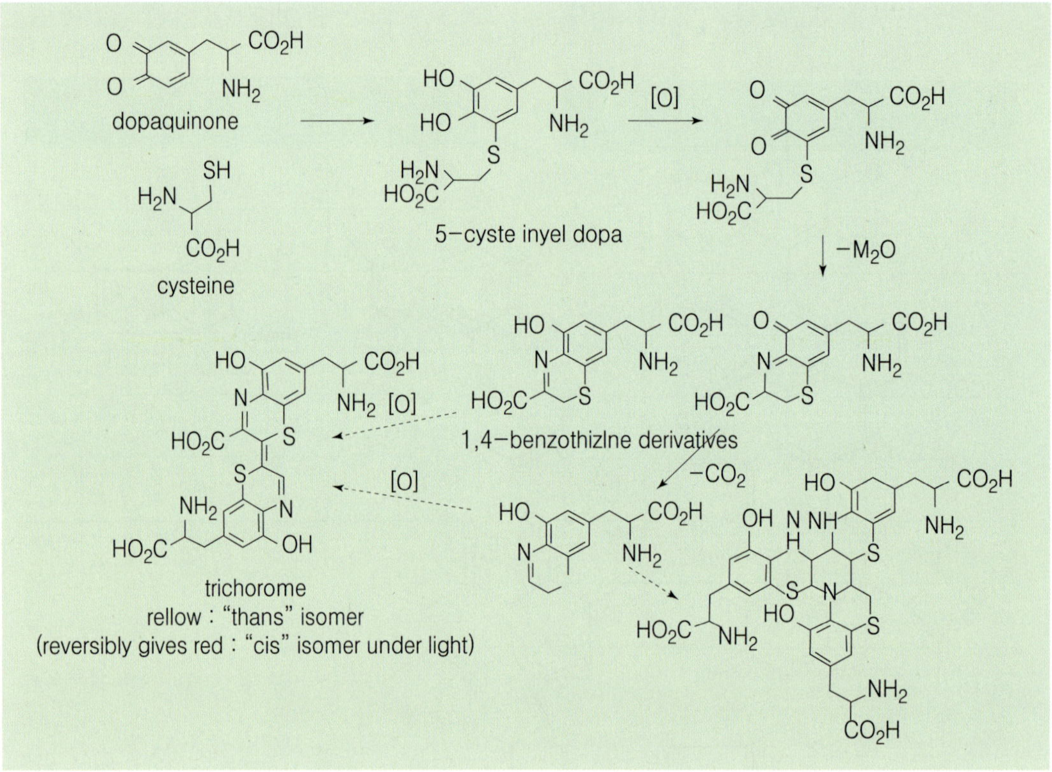

그림 9-7. 페오멜라닌(pheomelanin)의 화학구조

표 9-5. 멜라닌의 종류와 특성

구 분	색 상	크 기	자외선방어력	모 양	황 함유
유멜라닌 (eumelanin)	흑갈색~갈색	크다	크다	구형	비함유
페오멜라닌 (pheomelanin)	노랑색~빨강색	작다	작다	타원형	함유

또한 모발은 과산화수소 이외에도 자외선에 의하여 모발의 케라틴 단백질과 멜라닌이 공격을 받아 손상되고 모발의 색깔이 변한다. 이와 같은 광화학반응은 254nm~350nm의 파장에서 일어난다. 모발은 유멜라닌과 페오멜라닌의 혼합비율에 의하여 색깔이 결정되는데, 이러한 멜라닌의 화학적 구조는 발색단(*chromophore*)과 조색단(*auxochrome*)으로 구성되어 있다. 특히 발색단은 자외선이나 가시광선을 흡수할 수 있는 고리구조로 되어 있다. 과산화수소나 광선에 의하여 산화반응이 일어남으로써 고리구조가 파괴되어 흡수파장이 달라진다. 따라서 가시광선의 흡수 파장이 달라지기 때문에 모발의 색깔이 변하게 되는 것이다. 이와 같은 고리구조가 파괴되는 반응메커니즘은 다음과 같다.

(자연갈색모발) (중간탈색모발) (심한 탈색 모발)

그림 9-8. 탈색 정도에 따른 모발의 색깔변화

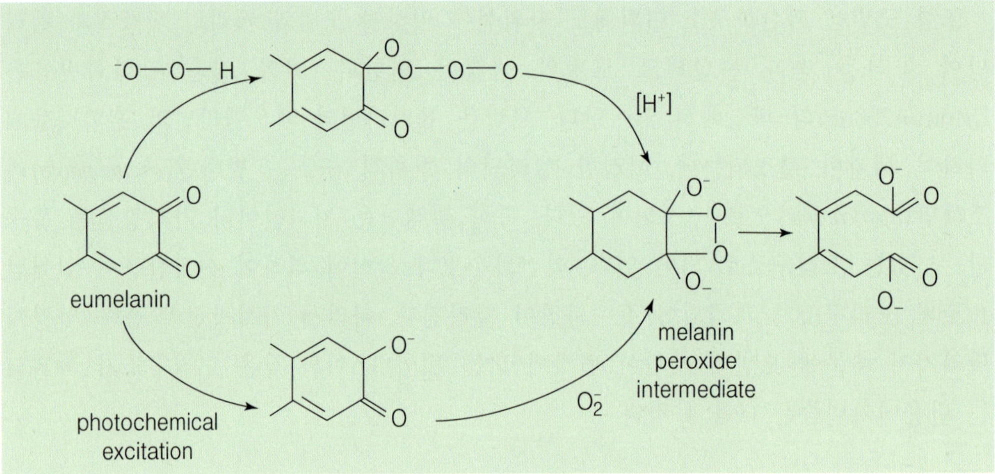

그림 9-9. 멜라닌 색소의 분해반응 메커니즘

1-2-2. 탈색제와 모발 단백질과의 반응

탈색제의 주된 목적은 모발의 색깔을 밝게 하는 것이고, 이는 과산화수소의 산화 반응에 의하여 이루어진다. 그러나 멜라닌과립을 파괴할 정도의 과격한 반응조건은 산화제와 케라틴 단백질 사이의 부반응도 동시에 일어난다. 모발을 과도한 반응조건 하에서 탈색시키면 산화제는 주로 케라틴 중 시스틴 잔기의 이황화결합에 작용한다. 또한 티로신, 트레오닌, 메티오닌 등의 아미노산 잔기에도 작용하여 그 중 소량을 파괴한다.

1) 이황화결합(disulfide bond)의 산화반응

일반적으로 모발의 탈색에 의하여 시스틴 잔기의 이황화결합이 15~22%가 파괴된다. 실제로 행해지는 과도한 탈색, 즉 백발화처리나 흑백 또는 흑갈색으로부터 금발까지 탈색시키는 경우에는 이황화결합의 45%가 파괴될 수 있다. 이러한 결과로 케라틴 섬유의 습윤 시 섬유의 신장 특성이 시스틴 함량 감소와 더불어 감소한다. 이와 같은 현상은 알칼리성의 과산화수소액으로 산화된 모발에서 관찰된다. 따라서 탈색에 의한 모발의 습윤 시 신장 특성 감소율은 이황화결합이 절단되는 척도가 된다. 이황화결합의 산화반응에 의한 케라틴의 분해는 2가지 유형의 반응메커니즘이 가능하다.

① S-S 결합의 분열반응 메커니즘(S-S fission mechanism)

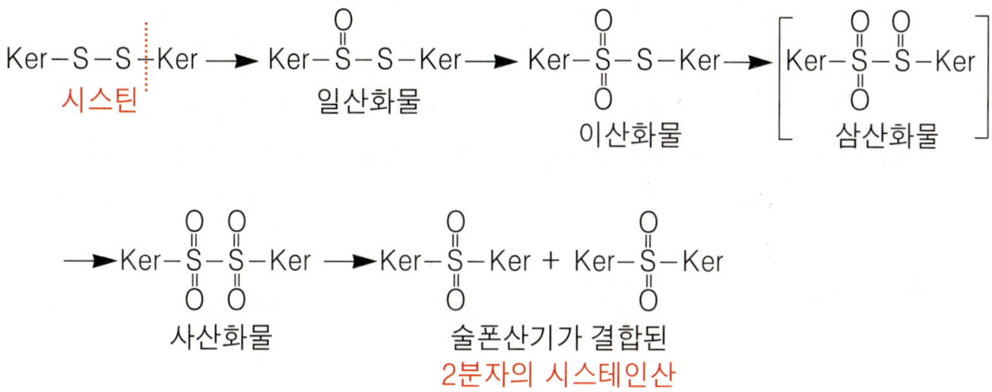

② C-S 결합의 분열반응 메커니즘(C-S fission mechanism)

S-S 분열 반응이 산화반응에 의하여 일어나면 1분자의 이황화결합으로부터 2분자의 시스테인산이 생성된다. C-S 분열반응이 산화반응에 의하여 일어나면 알코올은 세린 잔기이며, 미처리 모발로부터 탈색 처리한 모발의 가수 분

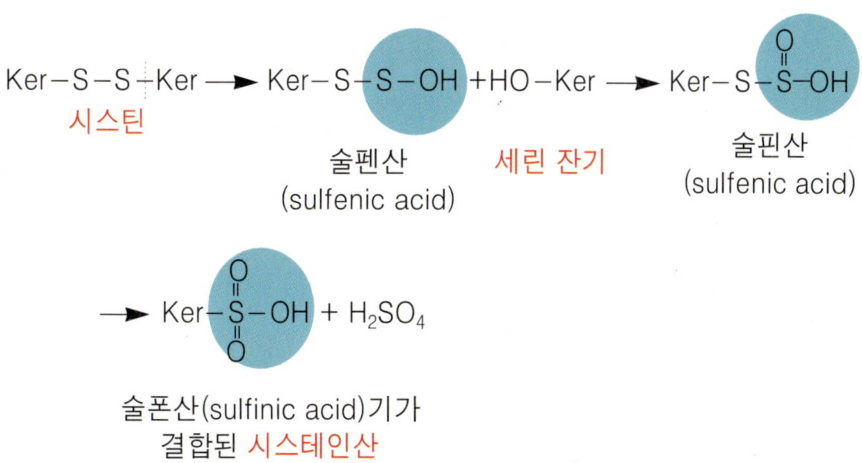

해물 중에는 세린잔기가 많아야 한다. 그러나 일반적으로 탈색제로 처리한 모발의 세린 양이 미처리모발과 차이가 없다. 따라서 모발의 탈색과정에서 일어나는 이황화결합의 분열 반응은 주로 S-S 분열 반응 메커니즘에 의하여 일어나며, 최종산화물은 술폰산기(*sulfonic acid group*)가 결합된 시스테인산 잔기이다. 시스틴의 일산화물과 이산화물은 알칼리에 의하여 가수 분해되고, 사산화물은 보다 더 쉽게 가수 분해된다. 그러나 삼산화물은 분리 확인되지는 않았지만 중간 생성물로 존재할 가능성이 있다. 시스틴 잔기의 산화반응에 의하여 절단된 시스테인산 잔기는 환원반응에 의하여 절단된 시스테인 잔기와 달리 원래의 시스틴 잔기로 돌아오지 않는다. 이와 같은 환원반응과정에서 부반응으로 시스테인산 잔기가 생성되며, 이러한 결과는 모발 손상을 유발시키는 원인이 된다.

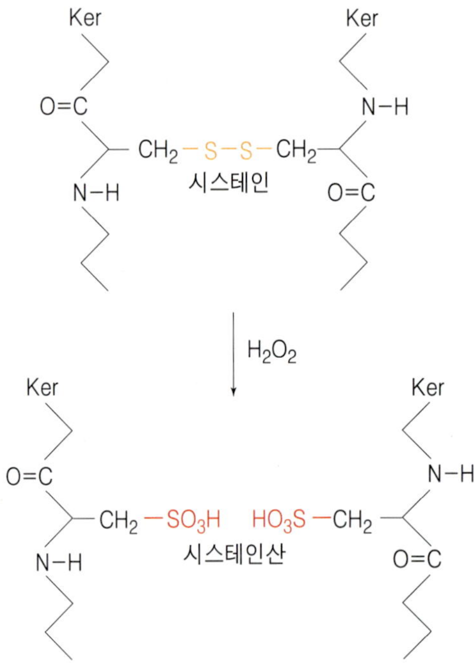

그림 9-10. 산화재에 의한 모발 변성

탈색 제품의 pH는 9~11이므로 이들 산화반응 중간산물의 가수분해가 산화반응과 동시에 일어나며, 이들 산화반응 중간산물이 탈색처리 모발 중에 다량으로 존재할 가능성은 적다. 이황화결합의 모든 산화물 중 술핀산 만이 비교적 안정하고, 술펜산은 매우 불안정하며 이황화결합의 삼산화물 및 사산화물은 일산화물 및 이산화물보다 알칼리에 의한 가수 분해되기 쉽다.

2) 시스틴 잔기 이외의 다른 아미노산 잔기의 산화반응

과도하게 탈색한 모발에서는 시스틴 이외에 메티오닌, 티로신, 리신, 히스티딘 등이 산화반응에 의하여 분해된다. 메티오닌도 산화되기 쉬우며, 산화되어 메티오닌 술폭시드나 메티오닌술폰이 될 가능성이 있다. 전자밀도가 높은 페놀기를 가진 티로신도 산화되기 쉽지만, 리신이나 히스티딘의 아민 염은 산화반응 되기 어렵다. 다만 이들 아미노산의 유리아마노기가 탈색제에 의하여 서서히 산화반응

표 9-6. 미처리모와 탈색모발 사이의 아미노산 조성

구 분	미처리 모발(μmol/g)	탈색 모발(μmol/g)
세 린	1085	973
글루타민산	1030	999
프롤린	639	582
글리신	450	415
시스틴	1509	731
시스테인산	27	655
로이신	509	485
티로신	182	146
아르기닌	51	486

이 일어난다. 이와 같이 과도한 탈색제에 의하여 케라틴의 파괴 작용에 의하여 미처리모와 탈색모발 사이에는 아미노산 조성의 차이가 있다. 일반적으로 탈색 후에는 많은 아미노산이 유출된다. 이러한 아미노산의 유출을 막기 위해서는 과산화수소 처리 후에 pH 2~3, 즉 구연산을 1~2%로 처리하면 케라틴의 붕괴 혹은 유출을 막을 수 있다.

3) 가수분해 또는 알칼리의 작용

탈색제는 보통 pH 9~11로 처방되기 때문에 탈색과정에서 모발 중의 펩티드나 아미드결합의 가수분해 및 란티오닌 잔기의 형성반응이 일어날 수 있다. 시스테인산 잔기의 형성 및 아스파라긴산이나 글루타민산의 아미드결합의 가수분해는 케라틴 중에서 염기성에 비하여 산성의 비율을 증가시켜 케라틴의 등전점을 저하시킨다.

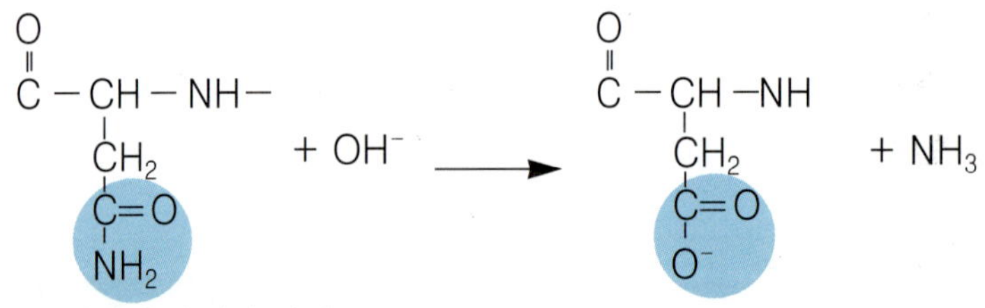

그림 9-11. 아스파라긴산 아미드기의 알칼리 가수분해

펩티드 결합(*peptide bond*)은 폴리펩티드나 단백질의 주요한 반복 단위이며, 알칼리성의 높은 pH에서 가수 분해된다. 백발화처리나 흑색 내지 흑갈색의 모발로부터 금발로의 탈색 등 과도한 탈색처리에서는 처리시간이 길고, 알칼리나 산화제의 농도가 높기 때문에 펩티드결합의 가수분해가 일어난다. 모든 펩티드결합을 절단시키는 것은 아니지만 분자의 크기는 작아지고 가용성이 높아진다. 이와 같이 탈색을 할 경우에 사용한 과산화수소는 탈색 후에 씻어내어도 좀처럼 모발 속에서 제거되지 않는다. 특히 알칼리성인 상태로 방치하면 서서히 모피질의 케라틴이 붕괴되고 모발이 점점 손상된다. 따라서 탈색 후에는 반드시 구연산 린스를 실시할 필요가 있다. 그러나 과산화수소를 사용하여 염색한 경우에는 아주 강한 산 린스를 하면 퇴색을 촉진하기 때문에 주의하여야 한다.

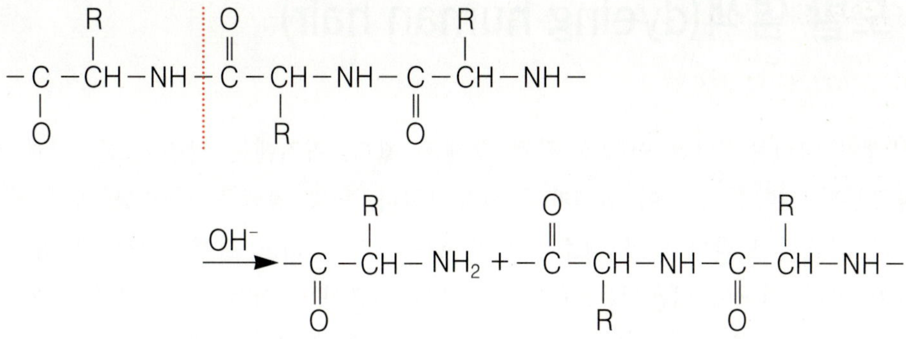

그림 9-12. 펩티드결합의 알칼리 가수분해

케라틴의 경우 습윤 시의 연신 특성은 이황화결합과 관계있으며, 건조 시의 연신 특성은 펩티드 결합의 영향을 받는다. 백발화처리한 모발의 건조 시 연신특성은 4~8% 정도 감소한다. 이는 과도한 탈색과정에서 펩티드 결합의 가수분해가 일어난다. 그러나 펩티드결합의 수는 이황화결합의 약 10배이며, 파괴되는 펩티드결합의 비율은 매우 낮다.

2. 모발 염색(dyeing human hair)

모발의 염색은 2천년 이상에 걸쳐 행해져 왔다. 여기에는 각종 동물, 광물 또는 동물로부터 채취한 물질이 염색제로 사용되었다. 모발 염색은 자연모발에 염색하는 경우와 염색된 모발에 인공 색소로 염색하는 경우 그리고 탈색한 모발에 염색하는 경우가 있다. 염색에 이용되는 물질은 안료와 염료이다. 안료는 물, 에탄올, 기름 등에 녹지 않지만 염료는 잘 녹는다. 안료는 염색성은 없지만 표면에 피복이 가능하기 때문에 모발을 착색시킬 수 있다. 염료는 피복력이 없고 다양한 색상으로 모발을 염색할 수 있다. 따라서 안료는 주로 모발 표면의 색깔을 변화시키는데 이용되고, 염료는 모발 내부까지 침투시킴으로서 모발 염색제로 이용된다. 이러한 염색제의 염료는 크게 2가지, 즉 천연염료와 합성염료로 구분할 수 있다. 천연염료는 식물성염료, 동물성염료, 광물성염료 등이 있고, 합성염료는 산화염료, 이온성염료(산성 및 염기성염료), 반응성염료, 금속성염료 등이 있다.

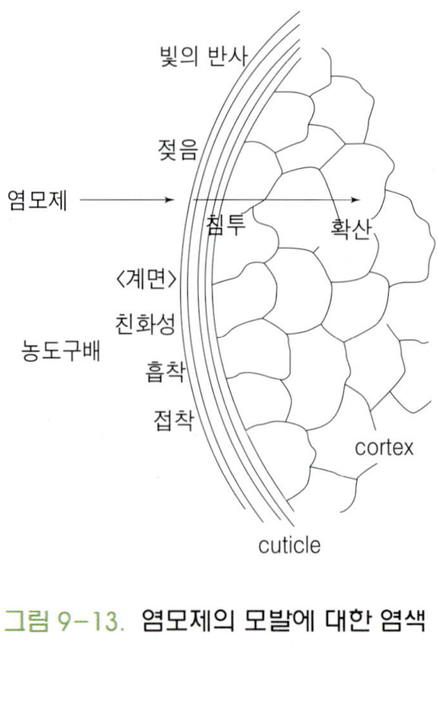

그림 9-13. 염모제의 모발에 대한 염색

모발 염색은 염색의 지속성, 견뢰도에 의하여 크게 3가지, 즉 일시적인 염색, 반영구적인 염색, 영구적인 염색으로 분류할 수 있다. 염모제의 모발에 대한 염색 작용은 모발의 염착된 부위와 이용되는 염료의 물리, 화학적 작용에 의한다.

염모제의 모발에 대한 염색은 색재와 모발의 가장 바깥 표면, 즉 모표피(*cuticle*)의 최외표피(*epicuticle*)와의 접촉에서 시작된다. 1차적으로 액체-고체의 계면에서 젖음, 흡착 등의 계면현상을 볼 수 있다. 다음으로 세포막복합체(CMC)를 통하여 모표피(*cuticle*), 모피질(*cortex*) 내로의 침투, 확산 현상이 일어난다. 마지막으로 모피질 내에 침투된 염료의 중합반응으로 모발이 염색된다.

2-1. 일시적인 모발 염색(temporary hair coloring)

2-1-1. 모발의 염색 특성

모표피(*cuticle*)의 최외표피(*epicuticle*)에 안료 또는 염료를 고정시킴으로서 모발을 염색한다. 고정하는 단계에 따라 컬러스틱은 유지로 부착시키고, 칼라 젤은 수용성 고분자의 젤로 부착시키며 컬러 스프레이나 컬러 무스는 고분자 수지로 접착시킨다. 또

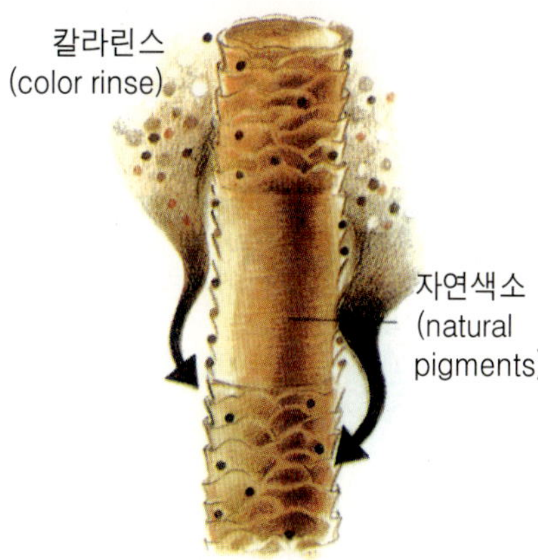

그림 9-14. 모발에 대한 일시적인 염색 작용

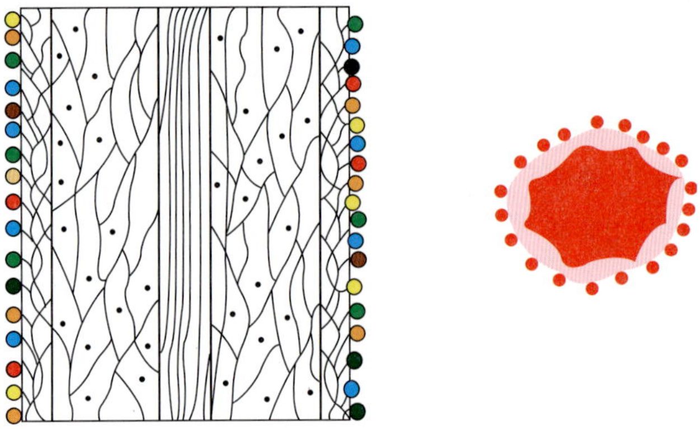

그림 9-15. 일시적인 모발의 염색

한 젤 상이면서 색재가 배합되어 있지만 모표피 전체를 덮는 양은 안되고, 젤 베이스 자체를 코팅하여 빛의 반사로 인하여 백발이 눈에 띄지 않도록 하는 제품도 있다.

안료를 주성분으로 하는 일시적인 염모제는 수지 또는 접착제와 혼합시켜 쵸크나 크레용 혹은 스프레이 상으로 제조하여 모발에 도포 혹은 분무한다. 일반적인 색상에서 특이한 색상에 이르기까지 모발의 색을 일시적으로 쉽게 변화시킬 수 있고, 사용법이 간단하여 누구나 사용할 수 있는 장점이 있다. 또한 안전성이 높은 특징이 있고, 샴푸로 쉽게 제거할 수 있다.

암모니아나 과산화수소가 함유되지 않기 때문에 여러 번 사용할지라도 모발이 건조해지거나 쉽게 부스러지지 않는다. 그러나 금분, 은분이라고 하는 브론즈나 알루미늄 등의 금속성분을 함유하는 안료를 사용하는 경우에는 샴푸 후에도 모발 속에 잔류되는 경향이 있다. 이러한 경우 콜드퍼머넌트 웨이브 용제나 모발 염색의 약제가 미량의 금속분과 우선적으로 작용하여 기술적 문제가 어려워지기도 한다. 즉 과산화수소는 금속가루와 민감하게 반응하는데 발열반응이며 급격하게 분해된다. 모발을 지나치게 손상시킬 수 있기 때문에 주의하여야 한다.

일시적인 염모제에 배합되는 색재는 카본블랙 등의 안료가 주성분이고, 산성염료가 이용되는 경우도 있다. 일시적인 염모제는 유성염모제라고도 하며, 컬러스틱, 컬러무스, 컬러크레용, 컬러스프레이, 헤어메니큐어 등이 있다.

2-1-2. 일시적인 염모제의 종류

1) 컬러스틱

스틱형성제에 안료를 분산시킨 형태의 일시적인 염모제로 부분적인 백발염색에 사용한다.

2) 컬러스프레이

에어졸 타입으로 밝은 패션컬러로 연출하는데 이용되는데, 백발의 부분 염색용으로 사용된다. 주로 컬러스프레이 원액을 에어졸 용기에 충전하여 사용된다. 안료와 수지를 혼합하여 제조하기 때문에 수지가 안료를 모발의 표면에 고착시킨다.

3) 액상 타입

병에 담아 브러시를 이용하여 모발을 부분적으로 염색 한다

표 9-7. 컬러스틱 제품의 처방 예

성 분	함 량(%)
카본블랙	2.0
밀랍	15.0
목납	10.0
피마자유	66.8
POE(20)세스퀴올레인산에스테르	1.2
향료	5.0
산화방지제	적당량

표 9-8. 컬러스프레이의 처방 예

성 분		함 량(%)
(원액)		
	안료	1.0
	아크릴수지알칸올아민액(50%)	6.0
	에틸알코올	93.0
	향료	적당량
30.0		
	원액	70.0
	LPG	30.0

표 9-9. 액상타입의 처방 예

성 분	함 량(%)
안료	1.0
아크릴수지알칸올아민액(50%)	8.0
에틸알코올	91.0
향료	적당량

2-2. 반영구적인 모발 염색 (semipermanent hair coloring)

반영구적인 염색은 2~6주 동안 염색이 지속되며, 샴푸 회수에 영향을 받지만 염색을 위하여 과산화수소를 사용하지 않는다. 즉 모발의 기본적인 구조를 변화시키지 않고, 모발의 자연색을 탈색시키지 않는다. 보통 액상, 젤상, 크림상의 제품이 있다.

반영구적인 염색은 이온성염료로서 크게 2가지, 즉 산성염료와 염기성염료가 이용된다. 이온성염료와 모발의 상호작용은 이온성계면활성제와 모발의 상호작용과 유사하다. 이는 칼라린스나 반영구 모발염료로서 사용되는데 그렇게 자주 사용되지는 않는다.

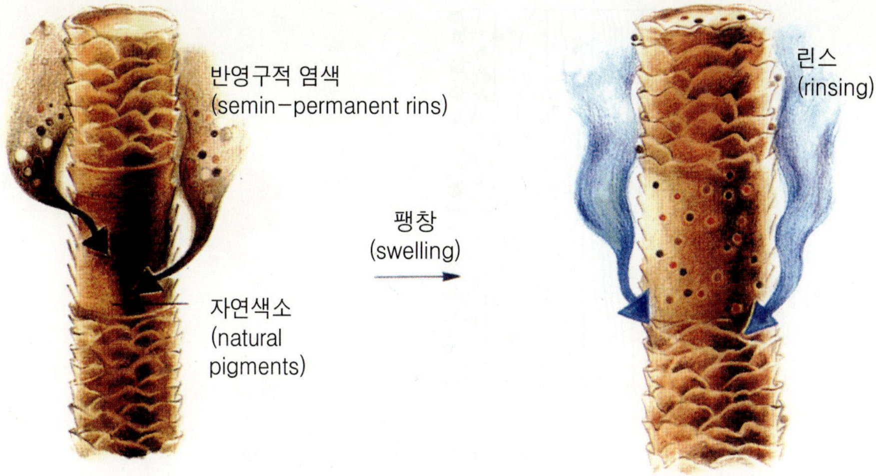

그림 9-16. 모발에 대한 반영구적인 염색 작용

2-2-1. 산성염료

산성염료는 주로 술폰산기 및 아조기나 안트라퀴논기와 같은 발색단을 가지며 pH 2.5~4의 수용액으로서 사용한다. 산성염료는 분자가 크기 때문에 침투성을 좋게 하는 침투제가 사용된다. 산성염료의 침투제로는 벤질알코올, 페닐에틸알코올, N-메틸피롤리돈 등이 이용된다.

산성 상태에서 염모 효과가 높기 때문에 보통 구연산 등으로 pH를 조절한다. 모발의 모표피를 수축시키고 트리트먼트 성분을 흡착하여 모발의 윤기와 감촉을 좋게 하는 헤어컬러제이다. 산성컬러는 모발이나 피부 오염을 유발시키고 쉽게 제거되지 않으며 지속성이 산화염료에 비하여 짧은 단점이 있다.

젤(*gel*) 상은 사용 시 흘러내리지 않도록 산탄 검이나 카르복시메틸셀룰로오스와 같은 증점제가 이용된다. 부분염색 혹은 모발 전체 염색용으로 사용된다.

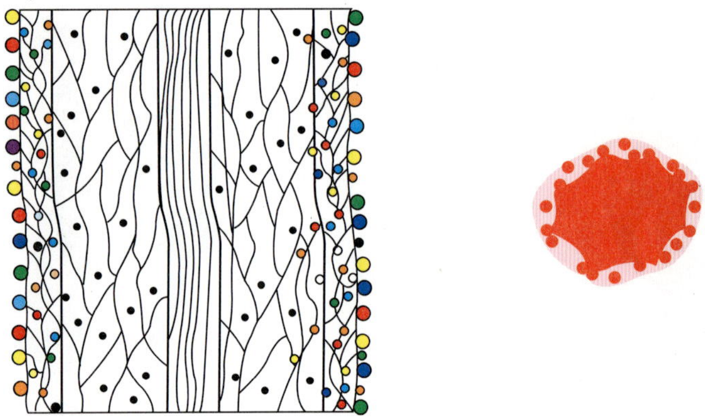

그림 9-17. 반영구적인 모발의 염색

2-2-2. 염기성염료

염기성염료는 지방족 아민유도체나 4급 암모늄화합물을 포함하며 일반적으로 pH 7~10의 알칼리성 상태에서 사용한다. 샴푸에 첨가해서 컬러샴푸로 사용되기도 한다. 다양한 색깔을 발색시키기 위해서 3~10 종류의 염료를 혼합하여 사용하는 경우가 있다. 일반적으로 많이 사용되는 염모제는 아니다.

반영구적인 염모제의 구성성분은 염료, 계면활성제, 증점제, 용매 등이 이용된다. 염료는 니트로페닐렌디아민(*nitrophenylenediamine*), 니트로아미노페놀(*nitroamino-phenol*), 아미노안트라퀴논(*aminoanthraquinone*) 등이 비이온성염료로 사용된다. 아조계의 염료에서는 용매로 이소프로필알코올, 벤질알코올 등이 있다. 계면활성제는 염료의 침투제로서 역할을 하고, 카르복시메틸셀룰로오스, 하이드록시에틸 셀룰로오스 등의 증점제는 흘러내리는 것을 방지하는 역할을 한다. 또한 모발의 손상을 막기 위하여 폴리비닐피롤리돈 등의 모발보호제 등이 이용된다.

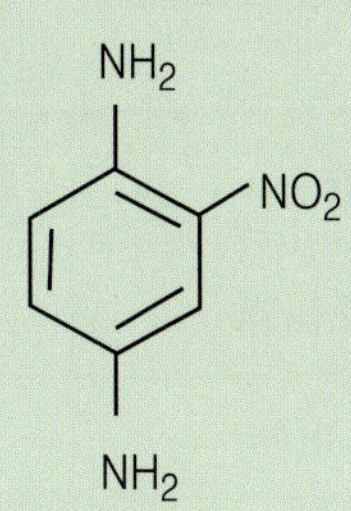

2-nitro-p-phenylenediamine(red)

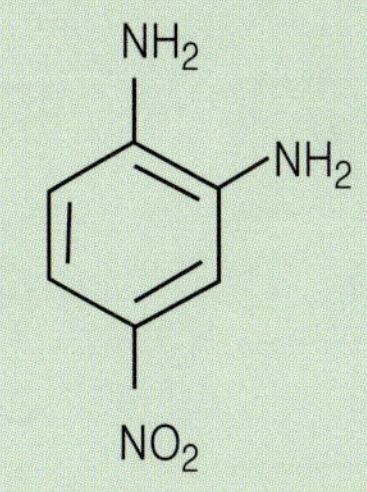

2-nitro-o-phenylenediamine (yellow-orange)

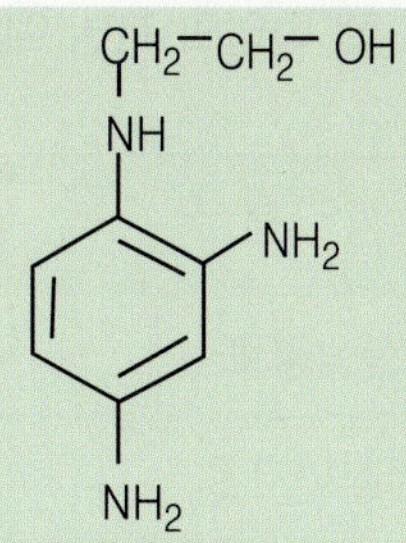

HC red No 3.

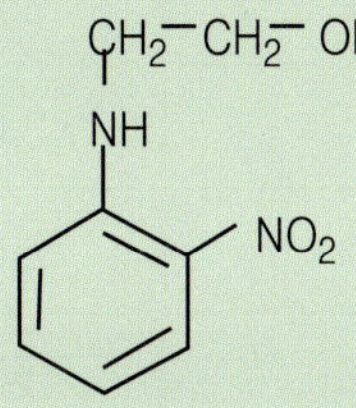

HC yellow No 2.

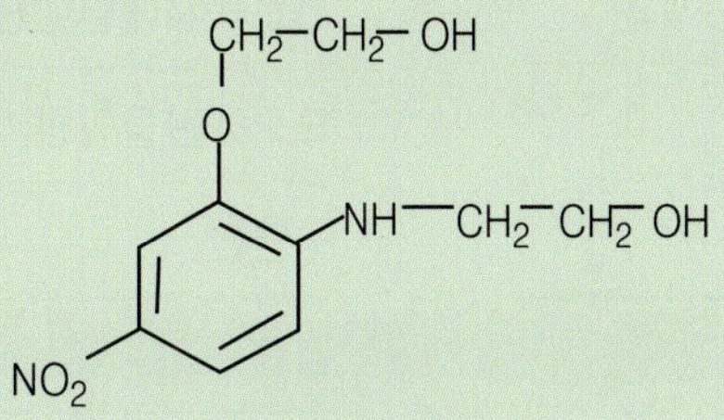

HC yellow No 4.

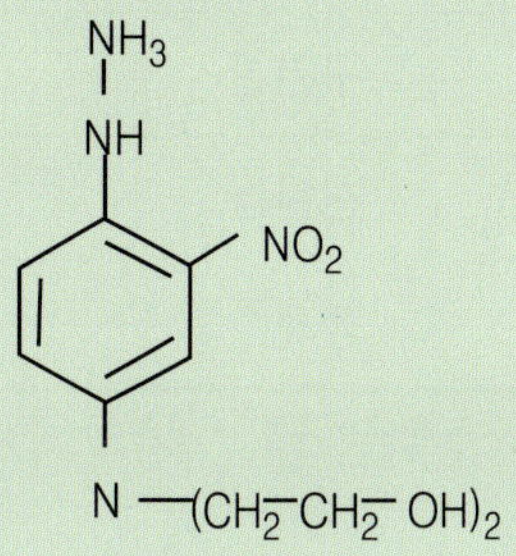

HC blue No 1

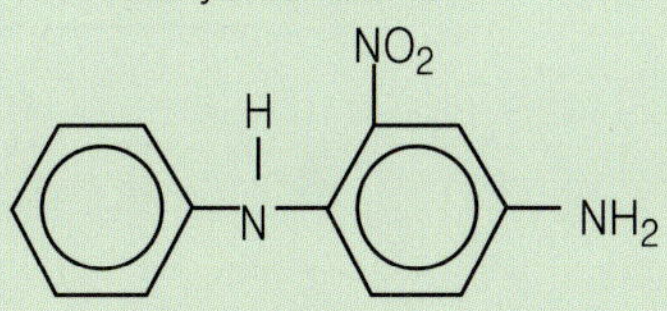

HC red No 1

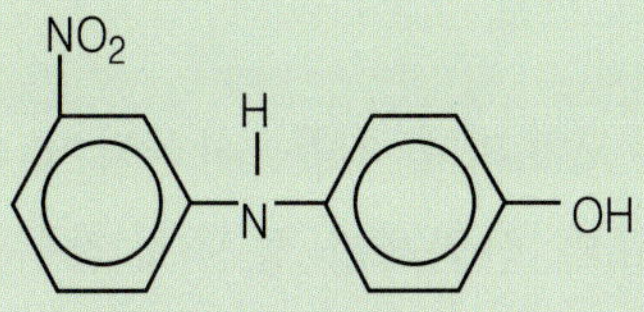

HC orange No 1

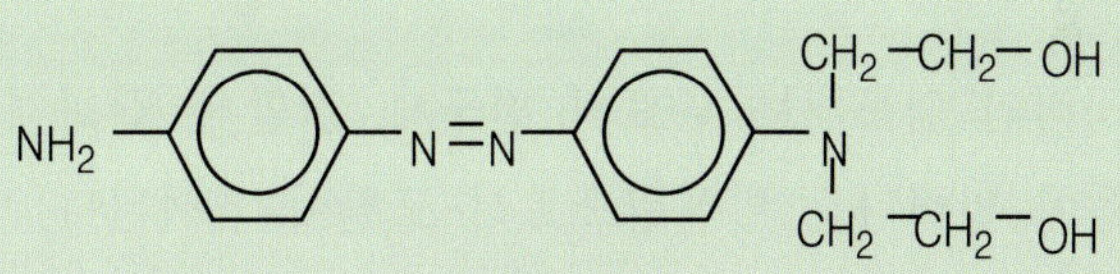

disperse black 9

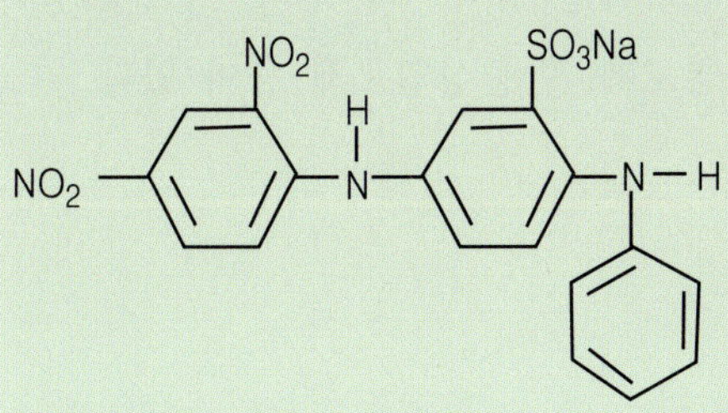

a cid orange 3

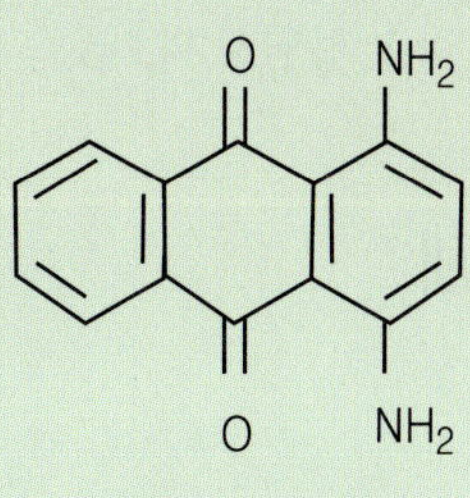

disperse violet 1

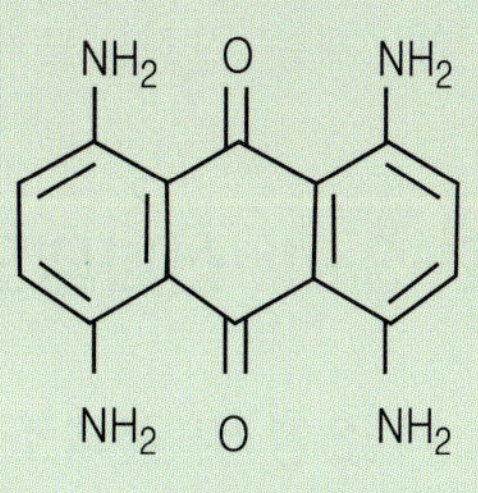

disperse blue 1

그림 9-18. 반영구염모제로 사용되는 염료

표 9-10. 젤 타입의 처방 예

성 분	함 량(%)
산성염료	1.0
벤질알코올	6.0
이소프로필알코올	20.0
구연산	0.3
산탄검	1.0
정제수	71.7

표 9-11. 염기성 염모제의 처방 예

성 분	함 량(%)
라우릴황산나트륨염	1.0
라우르아미드 DEA	2.0
프로필렌글리콜	4.0
카르복시메틸셀룰로오스	3.0
모노에탄올아민	3.0
구연산	2.0
염료	적당량
정제수	to 100

2-3. 영구적인 모발 염색(permanent hair coloring)

영구적인 염모제는 염료의 전구체, 결합체, 산화제가 모표피에 침투, 확산되어 중합반응이 일어나고 발색됨으로서 모발이 염색된다. 염료와 산화제가 동시에 침투함으로써 탈색도 되고 착색도 된다. 염색효과가 일시적인 염색이나 반영구적인 염색보다 모발의 염색이 지속적이다. 따라서 이를 영구적인 염색이라 하며, 이에 사용되는 염모제는 산화염모제, 식물성염모제, 금속성염모제, 반응성염모제 등이 있다.

2-3-1. 산화염모제

1) 조성 및 염색조건

산화염모제는 크게 3가지 주요성분, 즉 활성중간체를 형성하는 염료 전구체(*dye precursors*), 활성중간체와 축합반응을 하는 염료 결합체(*dye couplers*), 주로 과

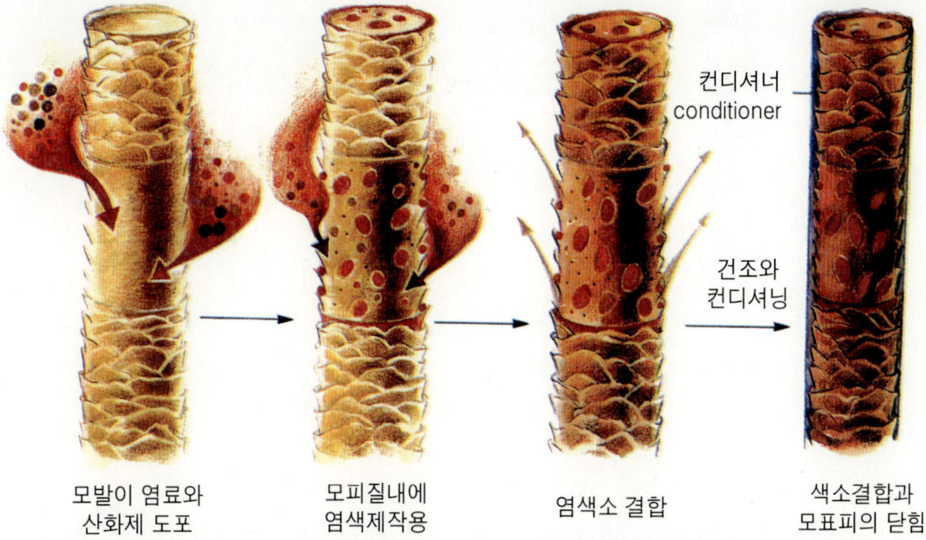

그림 9-19. **영구적인 염모제의 모발 염색 과정**

산화수소(H_2O_2)가 이용되는 산화제(*oxidizing agent*)이다. 이 외에 계면활성제, 방부제, pH 조절제, 콘디셔닝제 등이 첨가된다.

일반적으로 이들의 반응은 pH 8~10의 알칼리성 상태에서 이루어진다. 염료전구체, 결합체 및 산화제의 비율을 조정함으로써 모발을 1단계로 밝게 하거나 어둡게 할 수 있다.

산화염료 전구체는 아닐린유도체이며, 이들은 분자량이 작고 색깔이 거의 없는 상태이다. 이와 같은 산화염료 전구체는 2관능성의 오르토(*ortho-*; o-) 또는 파라-디아민(*para- or p-diamine*)이거나 아미노페놀(*aminophenol*)이며 디이미늄 이온(*diiminium ion*) 또는 퀴논이미늄 이온(*quinoniminium ion*)으로 산화된다. 이들 디이미늄 이온 또는 퀴논이미늄 이온은 산화염료에서 활성중간체이다.

결합체(*coupler*)는 전자밀도가 높은 방향족화합물이다. 일반적으로 레조르시놀(*resorcinol*) 또는 m-페닐렌디아민(*m-phenylenediamine*)이 보통 아민기 또는 페놀기의 파라 위치에 치환된다.

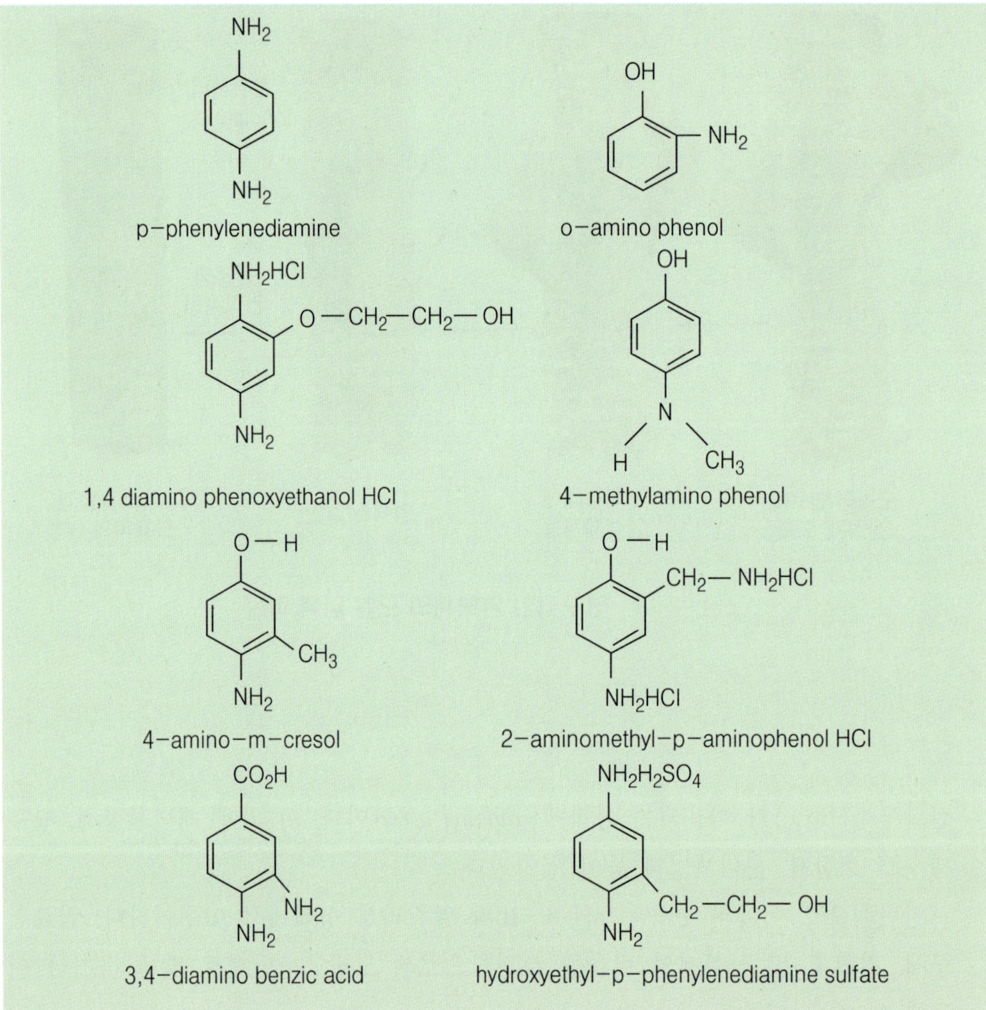

그림 9-20. **산화염료전구체**

산화염료전구체는 결합체가 없는 상태에서 산화되면 통상 회색 또는 흑갈색을 띠는 화합물을 형성한다. 또한 결합체 자신을 산화시켜도 일반적으로 색깔 변화는 거의 없으나 전구체와 산화제 존재하에서 산화하면 중합반응이 일어남으로써 발색된다.

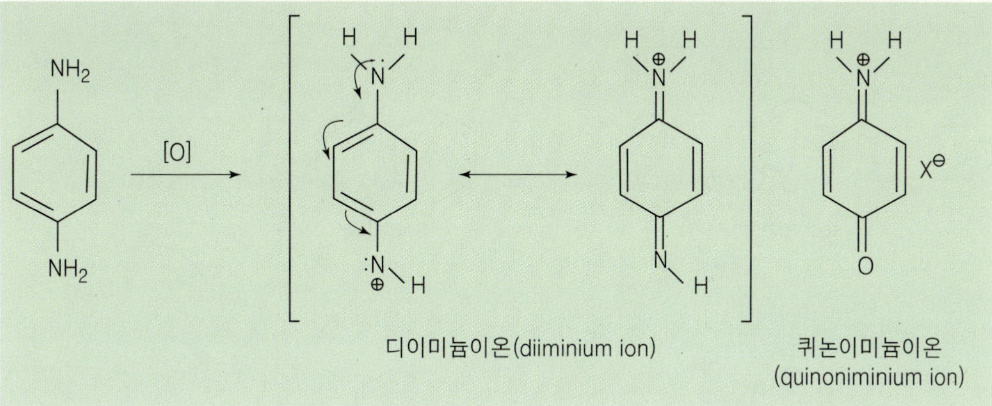

그림 9-21. 염료 전구체의 산화반응에 의한 활성중간체

산화염모제는 염료전구체 또는 결합제로서 작용하는 5~7가지 또는 그 이상의 원료를 배합한다. 모발 염료에서도 몇 가지 반응이 일어나 여러 종류의 염료생성물을 형성한다. 과산화수소는 산화염모제의 산화제로서 많이 사용된다. 그러나 전자밀도가 높은 염료전구체에서는 과산화수소의 반응에 의한 산화나 자동산화 또는 공기에 의한 산화반응이 일어날 수 있다. 제형은 분말, 용액, 크림 등이 있고, 현재는 용액과 크림의 형태가 주류를 이루고 있다.

산화염모제는 분말타입의 경우 공기 중 산화반응 때문에 1제 형식을 취하고 있다. 그러나 나머지는 대부분 2제 형식, 즉 제1제와 제2제로 구성되며 산화염료인 제1제와 산화제인 제2제를 혼합하여 사용한다. 산화염모제 사용 시 염료에 의하여 알레르기를 유발할 수 있기 때문에 반드시 첩포 시험(*patch test*)을 하고 사용하여야 한다.

제1제에는 산화염료, 알칼리제, 계면활성제 등이 배합된다. 산화염료에는 염료전구체와 염료결합체가 있다. 알칼리제는 염색효과를 향상시키는 목적과 모발 속의 멜라닌 과립의 산화반응으로 분해시켜 동시에 밝은 색조를 얻을 목적으로 배합된다. 그러나 알칼리제는 모발에 대한 손상이 크기 때문에 중성~약산성 상태의 염모제를 사용되는 경우도 있다.

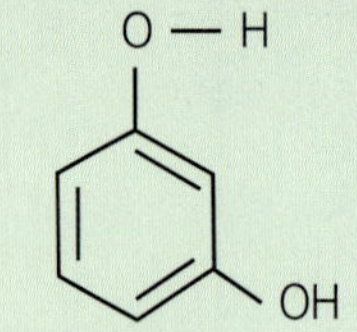

resorcinol

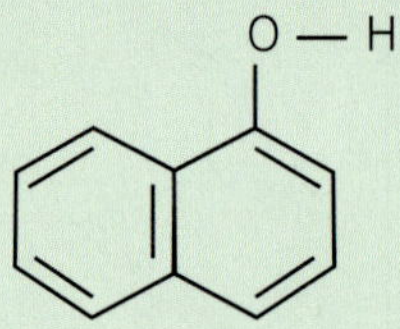

l−naphthol

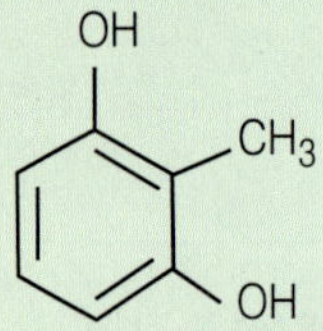

2−methylresorcinal

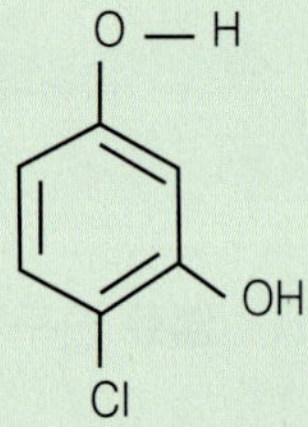

4−chlororesorinol

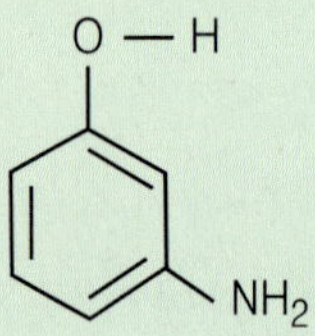

m−amino phenol

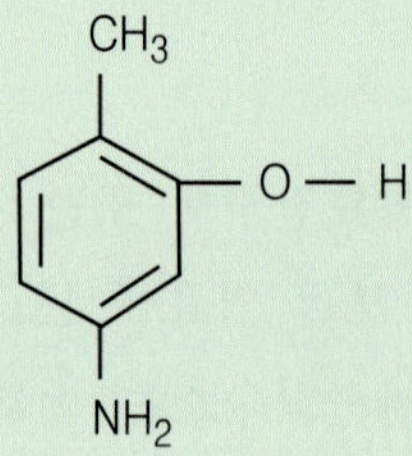

4−amino−2−hydroxytoluens

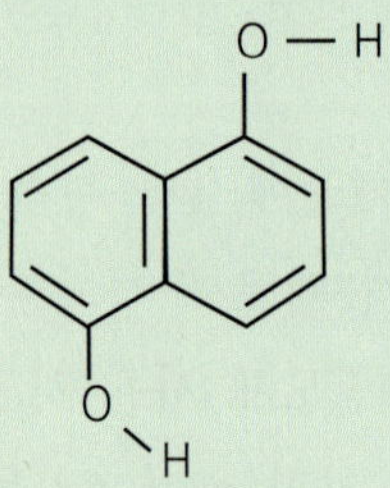

1,5−naphthalenediol

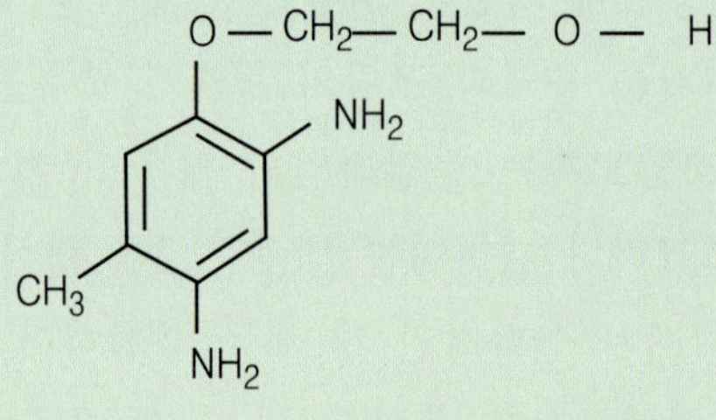

2,4−diamin−5−methtl phenoxyethanol

그림 9−22. 산화염료 결합제

표 9-12. **염료의 주요성분과 특성**

구 분	주요성분	특 성
제1제	염 료	- 전구체와 결합체로 구성 • p-phenylenediamine : 검정 • p-toluenediamine : 갈색 • m-dihydroxybenzene : 회색 • p-aminophenol : 붉은 갈색 - 전구체나 결합체 자체는 무채색이고 분자크기가 작지만 이들이 산화되어 중합되면 분자의 크기가 커지고, 유채색으로 모발의 모피질 내에 착색하게 됨
	알칼리제	- 주로 물과 암모니아의 암모니아수 - 모표피를 팽윤시켜 염료와 산화제의 침투를 용이하게 함 - 산화제인 과산화수소의 반응성을 높임 • 멜라닌 색소의 산화반응을 촉진
	산화방지제	- 염모제의 산화를 방지하여 제품의 변질을 예방 - 모발 호보 및 염모제 도포 후 샴푸 시 염색제의 제거를 용이하게 하기 위한 거품제 포함
제2제	과산화수소	- 우리나라의 경우 3~6% 과산화수소가 이용, 외국의 경우 사용목적에 따라 3~12% 과산화수소 사용 가능 - 제2제의 주요성분 • 전구체와 결합체를 산화시켜서 중합반응 유발 • 모피질 내의 멜라닌 색소를 산화시켜 탈색 유발 - 광선이나 산소 등에 불안정한 물질로서 주의를 요함

제2제는 산화제로서 과산화수소가 주로 이용된다. 과산화수소는 분해되기 쉽기 때문에 킬레이트제, pH 조절제 등이 배합된다.

대부분 제조사의 지시에 따르지만 일반적으로 제1제와 제2제를 1:1의 비율로 혼합하여 사용하며, pH는 9~10 정도이다. 보통 산화염색은 전 과정이 25~35분 정도 소요된다.

산화염모제의 경우 작용기전은 크게 3단계로 구분된다. 1단계는 알칼리제의 작용으로 모표피가 팽윤되어 염료전구체, 염료결합체, 산화제가 모피질 내에 침투

표 9-13. 액상타입 제1제의 처방 예

성 분	함 량(%)
파라페닐렌디아민	3.0
레조르신	0.5
올레인산	20.0
폴리옥시에틸렌(10)올레일 알코올에테르	15.0
이소프로필알코올	10.0
암모니아수(28%)	10.0
정제수	41.5
산화방지제, 킬레이트제	적당량

표 9-14. 액상타입 제2제의 처방 예

성 분	함 량(%)
과산화수소(30%)	20.0
정제수	80.0
안정화제	적당량

한다. 2단계는 과산화수소에 의하여 모피질 내의 멜라닌의 산화에 의하여 탈색된다. 3단계는 염료전구체가 과산화수소에 의해 산화되어 활성중간체인 디이미늄이온을 형성한다. 이어서 그 활성중간체가 전자밀도가 높은 염료결합체와 축합하여 이량체를 형성하고, 더욱 축합산화 반응이 일어나 삼량체, 중합체의 인도염료 혼합물이 형성된다. 모발 중의 구핵성기가 인도염료에 부가하여 염료분자와 모발 사이에 공유결합을 형성한다. 염료전구체나 결합체는 모발 속으로 침투할 수 있는데 이때 일어나는 축합반응은 확산보다도 빠르므로 침투는 모발의 외측영역에 한정된다. 모발 속에 생성된 분자량이 큰 축합물은 샴푸에 의하여 씻겨나가지 않기 때문에 모발 염색이 지속된다. 또한 모발 염색 시에는 수용성이었던 것이 서서히 불용성으로 되어 샴푸를 하더라도 씻겨나가지 않는다.

제1제와 제2제를 혼합하면 곧 산화가 시작되기 때문에 너무 오랫동안 혼합액을 방치하여 두면 불용성의 색소가액 중에 생성되어 모피질에 침투가 어려워 염색되지 않는다. 물론 이러한 불용성의 입자가 생성되기 위해서는 시간이 걸리기

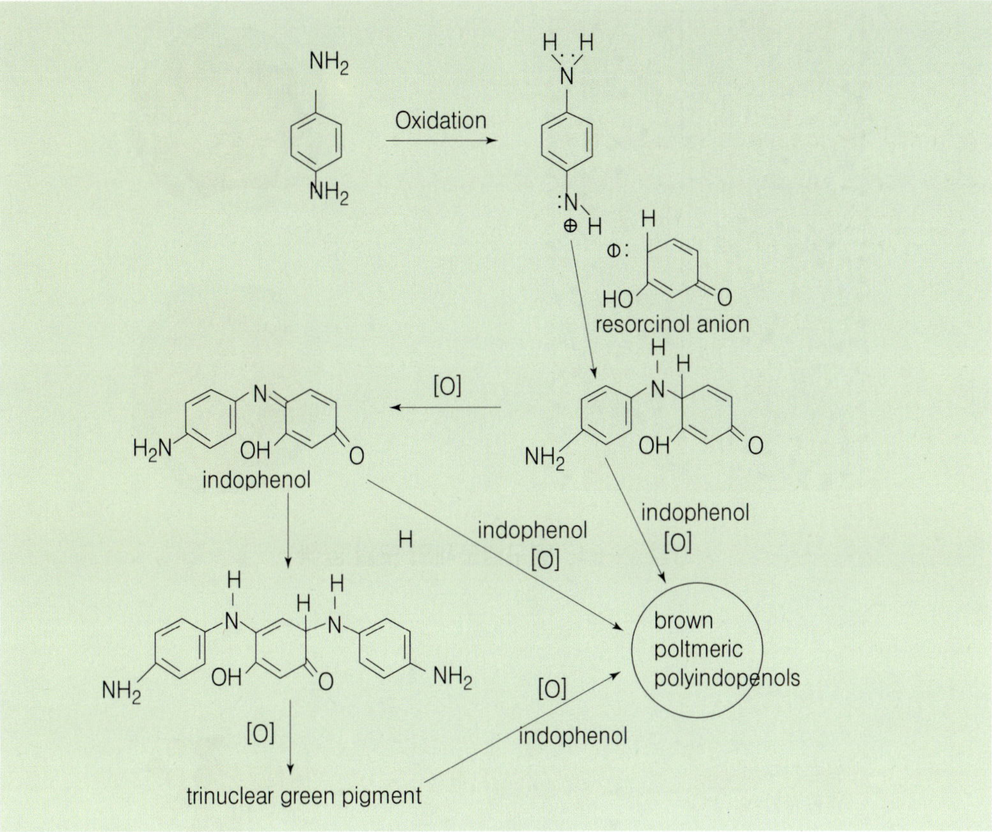

그림 9-23. **산화염료의 중합과정**

때문에 혼합 직후에 바로 중합되지는 않는다. 그리고 산화염료 도포 직후에는 과잉의 과산화수소가 먼저 멜라닌을 탈색시키고, 외부에서 전달된 염료전구체와 결합체가 산화되어 인공색소를 발색시킨다. 그러나 염색은 탈색과 같이 케라틴도 파괴되며 모질을 손상시키는 원인이 된다.

모발의 염색은 모발의 성질에 따라 원하는 색깔이 나타나지 않을 수도 있고, 온도 조건, 제2제의 배합량, 농도 등에 따라서도 다르다. 또한 염료전구체인 디아민계에 의하여 알레르기 등의 염증을 유발할 수 있다.

처음 염색을 할 경우에는 첩포시험을 할 필요가 있다. 염증은 접촉성피부염과 알레르기성 피부염이 있다. 접촉성피부염은 알레르기 피부염 약물의 접촉 자극에

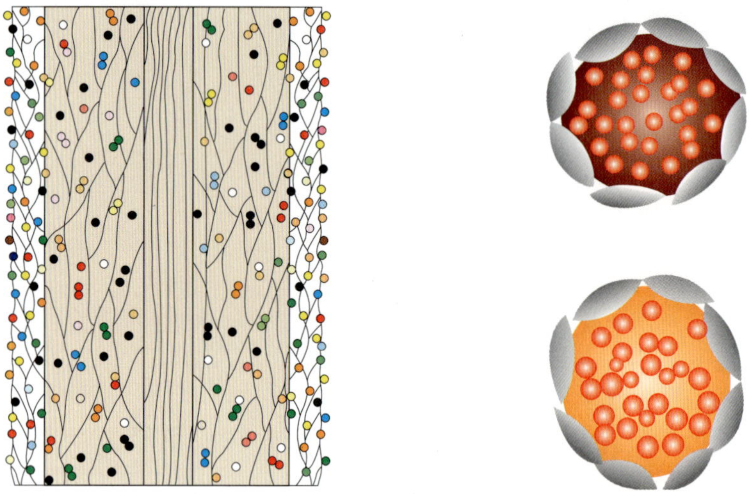

그림 9-24. 영구염모제의 모발 염색

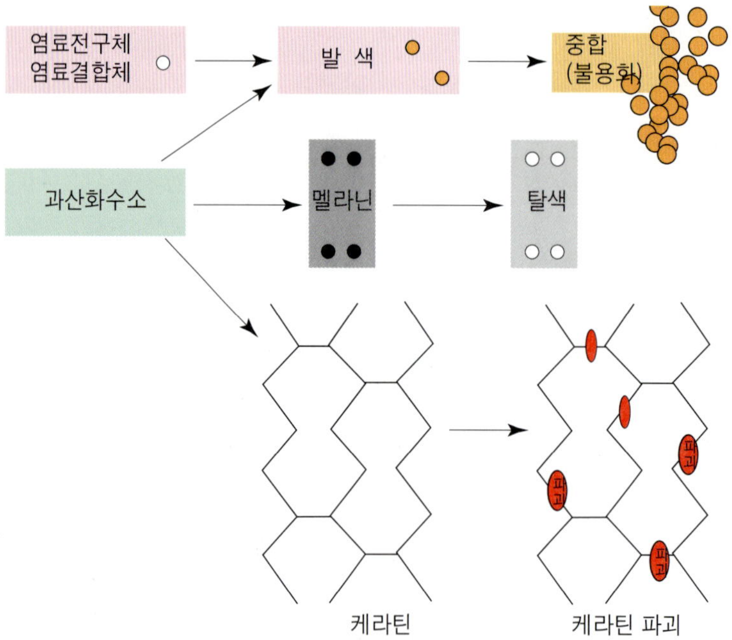

그림 9-25. 산화염모제에서 과산화수소의 작용

의하여 단시간 내에 피부에 반응이 일어나 붉게 되거나 우둘투둘하게 피부에 발진이 일어난다. 콜트퍼머넌트 웨이브 용제에 의한 염증은 거의 접촉성피부염이고, 퍼머를 할 경우에는 피부가 약한 사람에게 테스트할 경우 단 시간에 나타난다. 그러나 염색은 디아민계 염료의 경우에 알레르기성피부염을 유발하는 경우가 많다. 약액이 흘러내린 것도 아닌데 얼굴 전체가 바위덩어리같이 부어 오르고, 전신에 발진이 생길 수 있다. 따라서 첩포시험은 팔 안쪽의 부드러운 피부에 약을 조금 바른 뒤 그 위에 가제를 덮고 반창고로 고정시킨다. 그리고 24~48시간 뒤에 반응을 조사한다.

만일 산화염색과 콜드퍼머넌트 웨이빙을 동시에 요구한다면 가능할까? 만약 가능하다면 어떠한 순서로 하여야 할까? 그 이유는 무엇일까? 주의해야 할 사항이 있다면 무엇일까?

2) 산화염료의 산화반응에 의한 생성물

① 반드로프스키염기

p-페닐렌디아민(*p-phenylenediamine*)이 모피질 속으로 침투하여 과산화수소에 의하여 산화반응이 일어나면 디이민(*diimine*)이 되고, 이어서 p-페닐렌디아민과 축합하여 흑갈색의 인도염료인 반드로프스키 염기(*Bandrowski' s base*)가 생성한다. 반드로프스키 염기는 모발염색시의 부반응의 최종생성물이며 모발을 p-파라페닐렌디아민에 의하여 염색했을 때의 주된 착색물은 아니다. 최근의 산화염료에서 반드로프시키염기의 생성은 극히 적다.

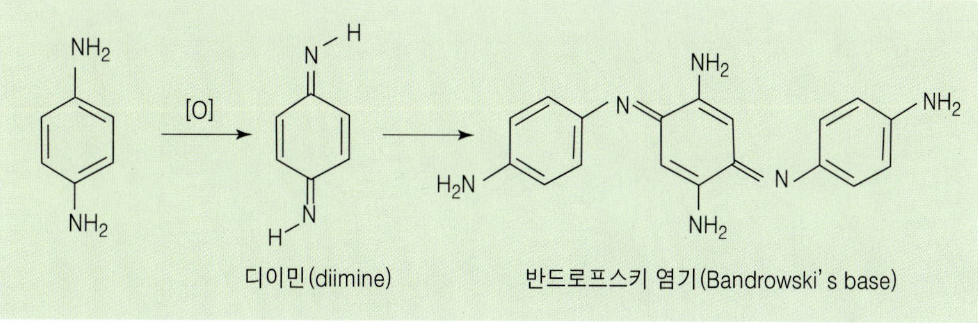

그림 9-26. p-페닐렌디아민의 산화 반응에 의한 반드로프스키 염기

② 레조르신과 p-페닐렌디아민으로부터 폴리인도페놀의 생성

레조르신은 산화염료의 성분으로서 많이 사용하며, 가장 널리 사용되는 산화 염료결합체이다. 염색제에 페놀류가 존재하지 않으면 p-페닐렌디아민이 산화되어 반드로프스키염기이 생성되었으나 레조르신이 존재하면 폴리인도페놀이 생성되며 매우 적게 반드로프스키염기이 생성된다. 이들 갈색의 폴리인도페놀 색소 고분자이다.

또한 p-페닐렌디아민과 레조르신의 혼합물로 염색한 모발에는 녹색의 색소인 삼량체의 인도페놀이 생성된다.

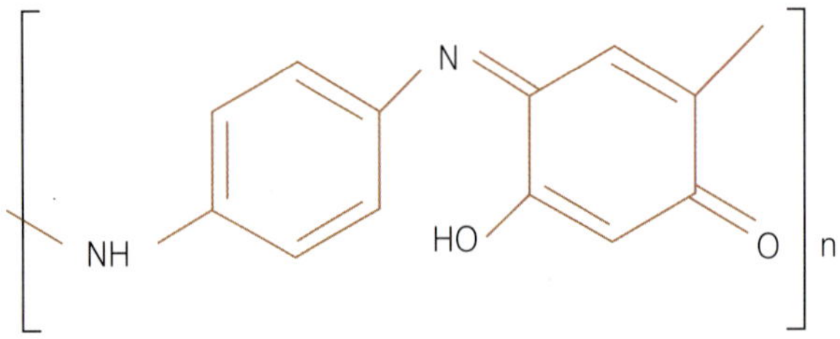

폴리인도페놀 색소 고분자

③ m-페닐렌디아민으로부터 인다민의 생성

레조르신 외에 4-메톡시-m-페닐렌디아민도 중요한 염료결합체이며 대표적인 m-페닐렌디아민계의 결합체이다. 이들 염료결합체는 염료전구체와 반응하여 청자색의 염료를 생성한다. 이 청자색 염료는 2-아미노인다민이다. 2-

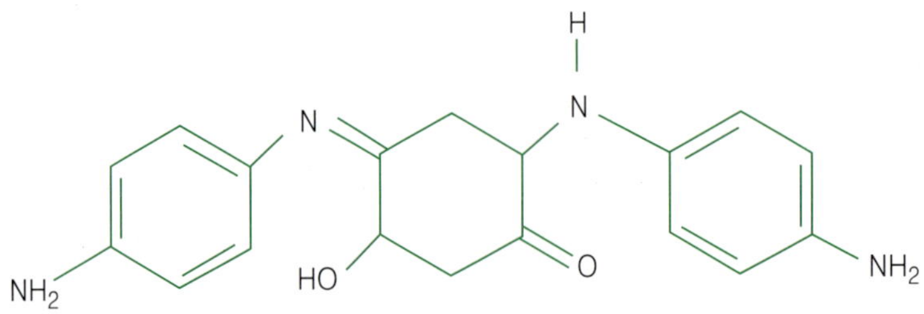

삼량체의 인도페놀

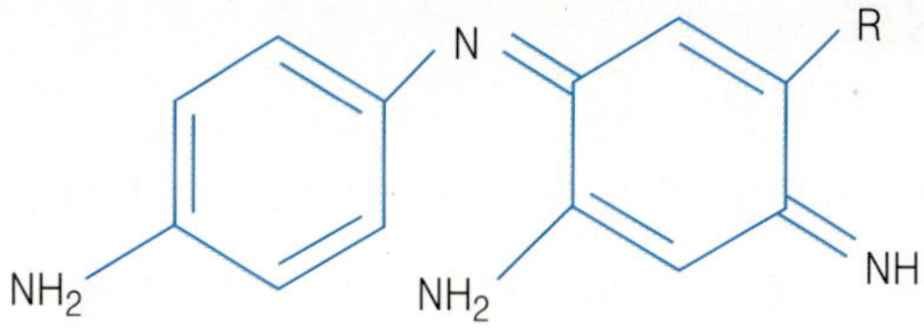

2-아미노인다민

아미노인다민류의 생성은 인도페놀류의 생성 메커니즘과 같으며, R기가 메톡시기이면 p-페닐렌디아민과 4-메톡시-m-페닐렌디아민으로부터 생성하는 2-아미노인다민이다. 이는 비교적 안정한 염료이다.

2-3-2. 금속성염료

납, 은, 비스무트, 코발트, 구리, 철, 수은 등의 금속염은 지금까지 모발염색에 사용되었다. 이들 중에서 납은 오늘날에도 사용되고 있다. 납 염료는 초산납 및 황을 포함하며 모발과 처리하면 황화납이나 산화납이 모발표면에 생성되어 서서히 검어진다. 이들 제품은 착색이 서서히 일어나므로 남성에게 많이 사용된다. 그러나 색상배합이 한정되어 있으며 탈색이나 퍼머넌트 웨이브 용제와 처리하면 반응하여 문제가 야기된다. 다른 모발염료와 반응할 수도 있다.

또 다른 형태의 금속성염료는 금속전처리 염료이다. 이들 화합물은 음이온염료와 크롬, 코발트 등의 금속의 착체화합물이며 일반적으로 금속과 염료의 비율이 1:2인 화합물이다. 이들 염료는 일반적으로 금속성염료라기보다는 오히려 산성염료로 분류되어 있으나 흡착성 및 결합 메커니즘을 생각하면 금속성염료와 더욱 유사하다. 이들 염료는 Irgalan, Cibalan, Lanasyn, Isolan 등의 상품명으로 시판되고 있다. 금속전처리염료의 모발에 대한 반응은 특허 등록되어 있다. 벤질 또는 아밀알코올 등의 알코올 공존 하에서 금속전처리 염색하는 방법은 용매보조 염색이라 부르며 순수한 물 용매에서보다도 염료의 흡착이 좋아진다.

2-3-3. 식물성염료

식물로부터 얻는 천연유기물은 가장 오래전부터 알려진 모발염료이지만 지금까지 오랫동안 시도된 많은 물질 중에서 현재에도 어느 정도 사용되고 있는 것은 헤나(*hena*)와 카모마일(*camomile*) 뿐이다.

헤나의 활성 염료성분은 2-하이드록시-1,4-나프타퀴논이다. 이 물질은 이집트 쥐똥나무라 불리 우는 관목의 헤나로부터 얻는 염료의 주성분이며, 고대 이집트시대로부터 모발이나 손톱의 염색에 사용되었다. 이 물질은 헤나의 잎에 존재하며 일반적으로 탄산수소나트륨 수용액으로 추출한다. 헤나는 단백질 중에서 황색으로부터 붉은 기를 띠는 색조를 보이며 보통은 산성용액 중에서 사용한다.

Camomile은 꽃으로부터 얻는 활성 있는 염색물질이며, 폴리하이드록시플라본류(*polyhydroxy flavone*)의 하나인, 4',5,7-트리하이드록시플라본(4',5,7,-*trihydroxy flavone*)이다. 이 물질은 파슬리 중에도 있으며 아피기닌(*apiginin*)이라 부른다. 식물 중에는 다른 폴리하이드록시플라본류도 존재한다. 이들은 일반적으로 글루코시드류(*glucosides*) 또는 람노시드류(*rhamnosides*)가 결합되어 있으며, 보통 황색을 띤다. 이들 물질은 직물이나 모발의 염색에 사용되며 직물염색에서는 크롬, 주석 또는 철염을 이용하여 매염한다. 이 방법은 염료의 모발에 대한 결합거동을 변화시키는 동시에 색조를 변화시킨다. 이들 두 염료는 화학적으로는 **α**, **β**-불포화화합물이며 모발단백질의 유리아미노기 등 구핵성 잔기와 1, 4-위치 부가반응을 일으킨다.

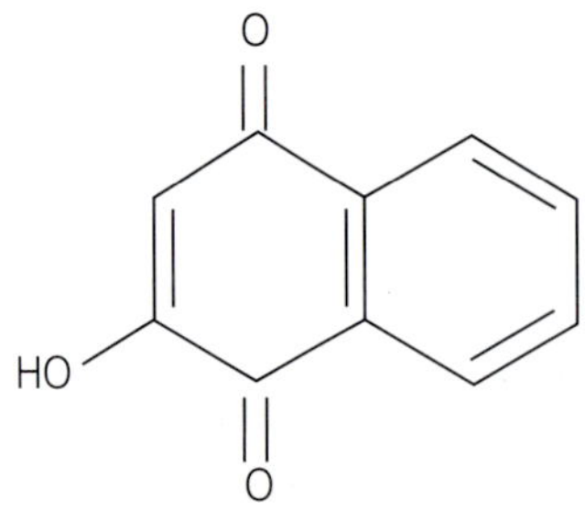

2-하이드록시-1,4-나프타퀴논(2-hydroxy-1,4-naphthaquinone)

2-3-4. 반응성염료

반응성염료는 케라틴 단백질과 공유결합을 한다. 일반적으로 그 공유결합은 케라틴의 아미노기, 구아니디노기, 수산기 또는 메르캅토기에 의하여 염료의 할로겐 또는 황산기에 대한 친핵치환반응을 하거나 활성화된 올레핀에 친핵부가반응에 의하여 형성된다. 이 종류의 염료는 시판중인 모발 염색제 중에는 사용되지 않는다. 이들 염료는 환원되지 않은 케라틴과도 반응하는데 환원전처리하면 메르캅토기가 형성되어 염색을 촉진한다.

단백질 변성과 모발 손상

Protein Denaturalization and Human Hair Damage

10

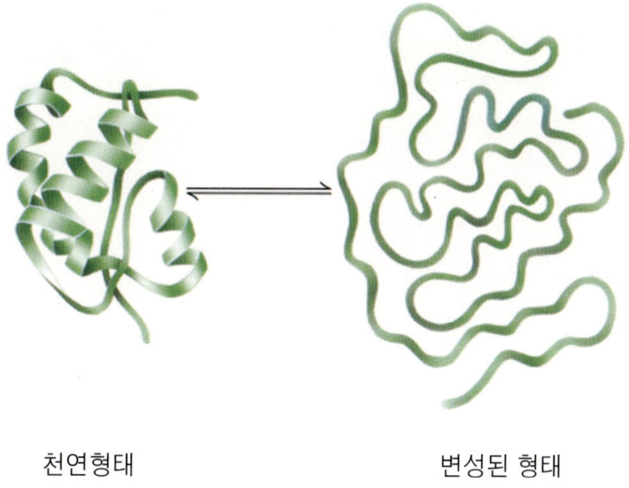

모발은 우리 인체의 일부분으로서 외모 등 첫인상에 영향을 미칠 뿐만 아니라 두피를 보호하고 심리적인 부분에 이르기까지 내·외적으로 중요한 역할을 한다. 또한 동일한 사람일지라도 두상의 부위에 따라서, 한 가닥의 모발이라 할지라도 모발의 부위(모발 끝부분, 중간 부분, 모발 뿌리부분)에 따라서 모발의 굵기와 모발의 상태가 다르다. 이와 같은 현상은 여러 가지 외부 환경이나 화학처리 등 외부 자극을 받기 쉽기 때문에 모발이 손상되는 등 모발의 상태가 다르게 나타난다.

모발이 손상되는 원인은 샴푸와 빗질 그리고 퍼머넌트 웨이브 용제와 염색과 탈색제 등의 여러 가지 물리·화학적 요인이 있다. 그러나 근본적으로 모발은 단백질로 구성되어 있기 때문에 단백질의 변성에 영향을 미치는 요인과 모발의 손상에 대하여 알아보고자 한다.

1. 단백질의 변성(denaturalization)

동식물에 존재하는 천연단백질은 그 구성 아미노산의 펩티드결합에 의해 연결되는 1차 구조 이외에 단백질 분자 내의 수많은 곁사슬을 구성하는 알킬기(-R) 사이의 이온결합, 수소결합, 이황화결합 등에 의한 단백질 고유의 형태, 즉 고차구조(입체구조)가 유지된다. 그러나 이러한 고차구조는 가열을 비롯한 물리적 작용, 산·알칼리와 같은 화학적 작용, 효소학적, 생물학적 작용에 의하여 천연단백질의 특유한 고차구조가 변하는 경우가 있다. 이와 같은 단백질의 구조 변화에 따라 그의 성질도 변하게 되는데 이러한 현상을 변성(*denaturalization*)이라 한다. 이러한 작용에 의하여 생성된 단백질을 변성단백질(*denatured protein*)이라 한다.

대부분 구형의 천연단백질은 변성에 의하여 그 분자 형태가 풀어지게(*unfolding*) 된다. 즉 단백질에 묽은 산이나 묽은 알칼리를 가하면 해리기의 하전이 변화하여 분자 내의 이온결합이 파괴된다. 요소를 가하면 펩티드사슬 사이의 수소결합이 절단되어 단백질의 입체구조가 변한다. 다시 말하면 단백질의 2차 구조와 3차 구조가 변하여 변성전의 상태와는 다른 상태로 이행하여 단백질의 고유 특성을 잃게 된다. 그러나 1차, 2차, 3차 구조는 변화가 없고, 4차 구조만 변화는 경우는 변성이라 하지 않고 해리와 회합(*dissociation and reassociation*)이라 한다.

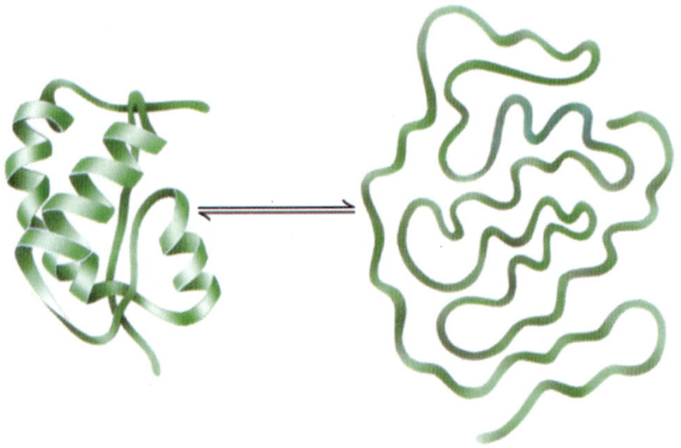

그림 10-1. **단백질의 변성**

변성단백질은 천연단백질과 비교하여 물리화학적 성질이 달라진다. 즉 용해도의 감소, 응고와 겔화 및 선광도의 변화, 분자량 및 분자형의 변화, 등전점의 이동현상이 일어난다. 생물학적으로는 항원성의 소실, 효소활성을 잃게 되고, 독성 및 면역성 등 단백질 특유의 성질을 상실한다. 단백질 용액의 자외선 흡수도 변성에 따라 단파장으로 이동되는데, 이러한 현상을 변성청색이동이라 한다.

변성단백질은 천연단백질의 형태가 풀려서 히드록시기(-OH), 티올기(-SH), 카르복시기(-COOH), 아민기(-NH_2) 등 작용기의 수가 급증하게 되며, 이들 작용기들은 다시 서로 2차적인 화학결합을 하여 불용성 단백질을 형성하는 경우가 많다. 변성된 단백질은 효소작용을 받기 쉽기 때문에 소화가 잘 되지만 지나치게 변성되면 효소작용을 받기 어려움으로 소화가 잘 되지 않는다. 생달걀이나 완숙보다 반숙이 더 소화가 잘 되는 것은 바로 이러한 이유 때문이다.

변성은 어느 한도에서 가역적으로 일어나고 천연단백질과 변성단백질이 평형상태로 유지되다가 변성도가 심하면 비가역적으로 된다. 그러나 적당한 변성조건에 따라서 적당하게 처리하면 천연단백질 구조로 변화시킬 수 있다. 이를 재생(*renaturation*)이라 한다.

단백질을 변성시키는 물리적 요인으로는 가열, 광선, 표면장력의 증대, 가압, 진동, 동결 등이 있으며, 화학적 요인으로는 강산과 강알칼리, 고농도의 염류, 유기용매, 중금속, 계면활성제, 요소 등이 있다.

1-1 물리적 요인에 의한 변성

1-1-1. 열

일반적으로 단백질은 열에 의하여 대부분 응고되는 것이 많기 때문에 응고가 변성이라 생각한다. 그러나 단백질이 응고되기 전에 용액 중에서 분자의 형태가 변하고 분자량이 증가하기 때문에 열에 의한 변성은 분자의 변형, 회합, 응고의 3단계를 거치게 된다. 달걀흰자의 단백질은 가열에 의하여 쉽게 변성되고, 휘저어서 거품을 일게(whip)하면 표면장력에 의하여 변성된다.

단백질은 수분이 많은 경우 비교적 저온에서 열에 의한 변성이 일어나지만 수분이 적으면 고온에서 응고한다. 건열살균이 습윤 살균에 비하여 고온을 필요로 하는 것은 이러한 이유 때문이다. 가열에 의한 단백질의 변성은 물 분자의 운동이 왕성해짐으로써 폴리펩티드 사슬간의 수소결합이 파괴되고, 폴리펩티드 사슬이 풀리거나 응집할 때 사슬의 움직임을 쉽게 하기 때문이다. 가열변성은 pH, 가열방법, 염, 탄수화물, 지질과 같은 공존물질 등의 영향을 받는다.

열변성은 등전점에서 가장 일어나기 쉬우며, 단백질의 등전점은 대개 산성 쪽에 있다. 그러므로 용액을 산성으로 하면 열변성 온도가 낮아진다.

단백질은 염화물, 황산염, 인산염, 젖산염 등 소량의 전해질 존재 하에서 열변성이 촉진된다. 이것은 중성 부근의 pH에서 단백질이 가지는 음(-) 전하를 염의 양이온이 중화하여 단백질을 등전점에 이르게 하기 때문이다. 알부민을 투석하여 염을 제거하면 등전점에서 먼 pH에서는 100℃로 가열할 경우 열변성이 일어나지만 응고하지는 않는다. 여기에 소량의 소금을 넣으면 바로 응고하게 된다.

단백질 용액을 가열한 경우 단백질 분자는 응고하여 침전되지 않고, 용액 전체가 겔화되는 경우가 많다. 이것은 변성된 폴리펩티드 사슬 사이의 상호작용에 의하여 그물모양의 구조가 형성되고, 그 속에 물이 함유되기 때문이다. 불용성의 결정성을 가진 콜라겐을 가열하면 변성, 분해되어 가용성 젤라틴(*gelatin*)이 된다.

1-1-2. 광선 등 기타

단백질은 광선에 의하여 3차구조의 화학결합이 파괴되어 변성된다. 특히 α선, β선, γ선 및 X선 조사에 의하여 변성되며, 상온에서 자외선을 조사하면 등전점에서 불용성이 된다.

단백질에 5,000~10,000 기압으로 압력을 가하면 응고되고, 음파나 초음파 그리고 분쇄에 의해서도 응고 변성된다.

1-2. 화학물질에 의한 변성

1-2-1. 산·알칼리에 의한 변성

단백질 용액에 산 또는 알칼리를 가하면 양(+), 음(-) 전하가 변하기 때문에 이온결합에 변화를 일으켜 단백질이 변성된다. 즉 pH에 따라 단백질 측쇄의 수소결합과 염 결합이 파괴된다. 단백질이 등전점에 가까워지면 불용성으로 변하여 침전된다. 그러나 강산이나 강염기에서는 단백질이 가수 분해된다.

1-2-2. 환원제에 의한 변성

티오글리콜산이나 시스테인과 같은 환원제는 이황화결합을 메르캅탄(*mercaptane*, 티올기; *thiol*, -SH)으로 전환시킨다. 환원된 단백질은 원래 단백질의 고유 특성이 달라지게 된다. 이와 같은 작용을 이용하여 모발의 컬 형성에 이용한다.

1-2-3. 유기용매에 의한 변성

에탄올과 같은 수용성 유기용매(*organic solvent*)는 소수성 상호작용을 방해한다. 왜냐하면 이 용매는 무극성의 R기와 상호작용하고 극성의 단백질과 물 분자가 수소결합을 하기 때문이다. 또한 무극성 용매도 소수성 상호작용을 파괴한다.

1-2-4. 세제에 의한 변성

단백질에는 친수성 부분과 소수성 부분이 있으며, 이들이 서로 상호작용하여 단백질이 2차 구조나 3차 구조를 하고 있다. 세제에는 계면활성제가 함유되어 있고, 이러한 계면활성제에도 단백질과 마찬가지로 친수성 부분과 소수성 부분이 있기 때문에 소수성끼리는 소수성끼리 친수성끼리는 친수성끼리 작용하여 단백질의 구조가 파괴된다. 결과적으로 접혀 있는 단백질 구조가 풀어지게 됨으로써 변성된다. 완전히 펴지려면 이황화결합까지도 파괴되어야 한다. 이로써 원래의 단백질의 화학적 물리적 성질이 다르게 된다.

1-2-5. 중성염에 의한 변성

NaCl, Na_2SO_4, $(NH_4)_2SO_4$ 등의 중성염의 농도에 따라 단백질의 용해도는 현저히 변한다. 즉 섬유상 단백질은 물에 거의 녹지 않는다. 소량의 중성염을 첨가하면 용해도가 현저히 향상되는데, 이를 염용(*salting in*)이라 한다. 머리카락이 바닷물에 노출되었을 때 손상을 받는 이유는 이러한 현상 때문이다. 염 이온이 단백질의 이온결합에 결합하면 단백질 분자 상에 서로 반대되는 전하를 띤 그룹 사이에 상호작용이 감소한다. 이 때 물 분자는 이들 전하를 띤 그룹 주위에 용매화 구형(*solvation sphere*)을 형성한다. 많은 양의 중성염을 첨가하면 단백질이 용액으로부터 침전된다. 많은 양의 염 이온은 물 분자에 대해 단백질과 경쟁, 즉 단백질의 이온화 그룹을 에워싸고 있는 용매화 구형이 제거된다. 이 때 단백질 분자들은 응집하여 침전하는데 이러한 현상을 염석(*salting out*)이라 한다.

1-2-6. 중금속 이온에 의한 변성

수은이나 납 같은 중금속이온은 단백질 구조에 영향을 미친다. 이들은 음전하와 이온결합을 함으로써 염다리 형성을 방해한다. 또한 중금속은 티올기(-SH)와 결합하여 단백질의 구조와 기능에 변화를 준다. 예를 들면 납은 헴 합성과정에 관련된 두 효소의 티올기와 결합한다. 그 결과 헤모글로빈 합성이 감소되어 심한 빈혈을 일으킨다.

1-3. 효소에 의한 변성

펩신(*pepsin*), 트립신(*trypsin*), 파파인(*papain*) 등의 단백질 분해 효소는 단백질을 분해시킨다. 단백질의 분해는 효소의 종류에 따라 분해 정도가 달라지며, 효소 분해는 완화한 조건으로 이루어지므로 아미노산의 파괴나 라세미화(*racemization*)가 일어나지 않고 유리 아미노산이 생성된다.

2. 모발 손상(human hair damage)

2-1. 모발의 손상 특성

모간은 모발의 수명이나 길이에 따라서 빠지고 새로 나기도 한다. 또한 커트할 때까지 샴푸, 드라이기의 열, 빗질, 퍼머, 염색과 탈색 등의 미용학적 처리나 건조, 자외선, 해수, 수영장의 석회 등 환경적 스트레스에 끊임 없이 노출되어 있다. 특히 모간부의 외측을 둘러싸고 있는 모표피(*cuticle*)는 이와 같은 스트레스의 영향을 직접적으로 받음으로서 복합적으로 누적된 손상을 받게 된다.

이와 같은 모발 손상은 크게 두 가지, 즉 형태학적 손상과 역학적 손상으로 분류할 수 있다. 형태학적 손상은 주로 모표피가 변형됨으로써 육안이나 감촉 그리고 전자현미경으로 관찰할 수 있고, 이는 모발의 광택이나 촉감, 빗질감 등에 영향을 미

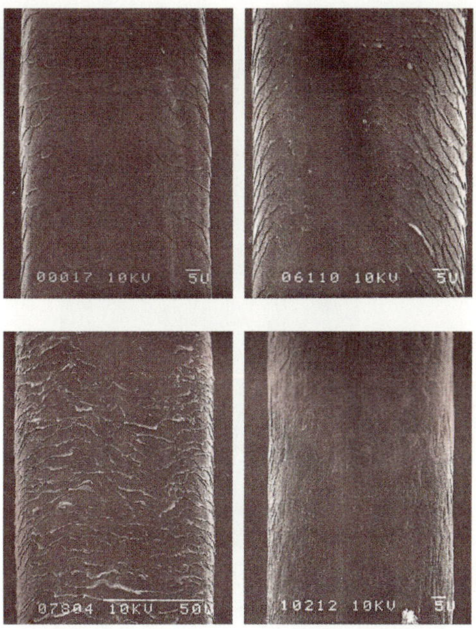

건강한 모발 / 약간 상한 모발 / 상한 모발 / 상당히 상한 모발

그림 10-2. 손상된 모발의 모표피

치는 모발손상이다. 그리고 역학적 손상은 모피질을 구성하고 있는 케라틴 섬유나 세포간충 물질의 파괴나 용출로 인하여 모발의 탄력성이나 인장강도 그리고 신장률 등에 영향을 미치는 모발손상이다. 이와 같은 모발의 형태학적 손상과 역학적 손상으로 인하여 모발의 광택이나 촉감, 탄력성, 모발의 상태 등을 직·간접으로 예측할 수 있다.

일반적으로 건강한 모발은 모표피의 끝부분이 매끄럽고 문리가 규칙적이다. 반면에 다소 손상된 모발은 모표피 끝부분의 일부가 박리 혹은 탈락된 현상을 볼 수 있다. 손상된 모발은 모표피의 끝부분이 상하거나 부분적인 박리 혹은 탈락이 한층 진

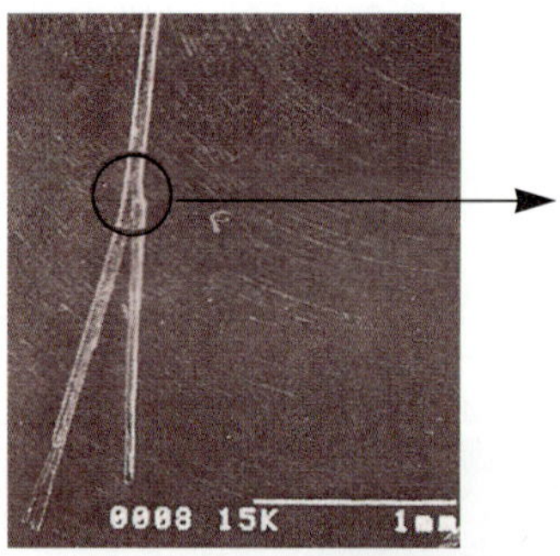

갈라진 모(×150)

갈라진 모의 확대(×800)

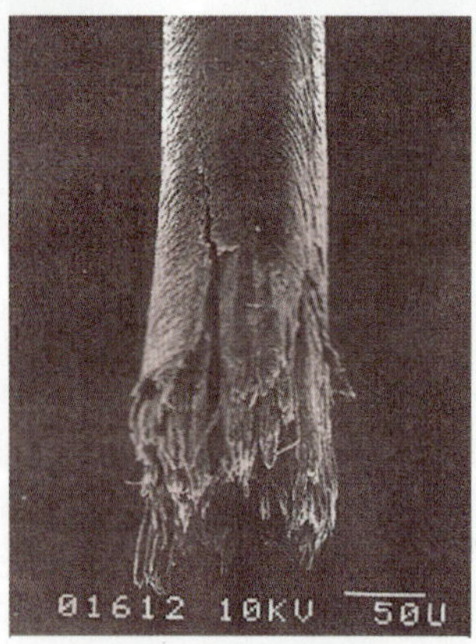

끊어진 모(×800)

그림 10-3. **갈라지고 끊어진 모발**

전되어 있다. 이와 같은 모발에서는 빛이 난반사하기 때문에 광택을 잃고 부드러움도 없어진다. 손상이 심한 모발에는 모표피의 대부분이 탈락되고 모발표면에 잔주름이 생기거나 상처가 생기며, 내부의 모피질(*cortex*)이 노출된다. 이와 같은 모발은 갈라지거나 끊어지기 쉽다.

모간부에 여러 가지 손상 요인이 누적되어 모발이 갈라지고 끊어지게 된다. 갈라진 모발은 부위에 따라 모표피의 수가 다르다. 즉 모발 끝으로 갈수록 모표피의 수가 감소하여 결국 갈라진 모발의 끝은 모표피(*cuticle*)가 거의 없어진다. 이러한 결과는 장기간 동안 물리화학적 요인에 의하여 모표피의 수가 감소하기 때문이다.

2-2. 모발 손상 요인

모발이 손상되면 눈에 보이게 푸석푸석해지고 팽팽함, 힘, 광택이 없다. 그리고 헤어스타일이 정돈되지 않고 유지되지 않으며 붉어지는 등 모발의 색깔이 변한다. 또한 갈라지고 끊어지는 모발이 발생하는 등의 현상이 일어나고, 모발 본래의 아름다움을 손상시키는 여러 가지 문제를 일으키게 된다. 이와 같은 모발 손상을 일으키는 요인은 다양하다. 즉 물리적인 요인, 화학적인 요인, 환경적인 요인, 생리적인 요인 등이 모발 손상에 기여한다.

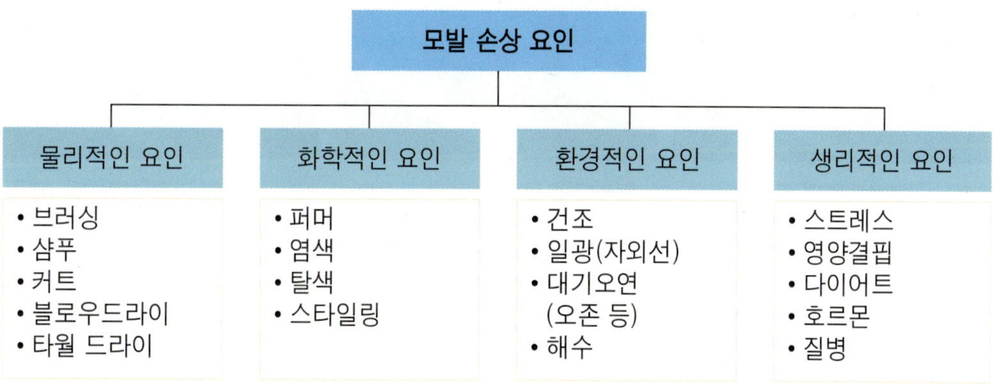

그림 10-4. 모발의 손상 요인

2-2-1. 물리적인 요인

거친 샴푸질이나 빗질, 젖은 상태에서 블로우 드라이(*blow dry*), 커트, 전기를 이용한 아이론이나 세팅기 등이 모발 손상의 물리적인 요인에 해당되고, 이들은 모두 모표피(*cuticle*)의 탈락을 촉진한다. 모간의 모표피는 외부 환경에 노출되어 있기 때문에 이와 같은 외부 자극으로부터 충분히 견딜 수 있도록 경케라틴(*hard keratin*)이 4~8 겹으로 중첩되어 있다. 특히 모표피는 시스틴 함량이 많기 때문에 딱딱하여 물리적인 요인에 의하여 마모되거나 탈락 그리고 부러지기 쉽다.

샴푸와 빗질은 머리카락을 손질할 때 매일 사용하는 행위이지만 모발과 모발을 너무 문지르는 등 모발과의 심한 마찰에 의하여 모표피가 차례로 벗겨져 나가거나 끊어지게 된다. 샴푸는 마찰이외에도 오염물질을 제거할 때 모발에 필요한 천연보습인자(NMF)까지 제거된다. 따라서 샴푸 뒤에는 크림린스나 헤어 콘디셔닝에 의한 트리트먼트가 필요하다.

빗질에 의한 손상은 딱딱한 빗과 모발 표면의 기계적 마찰에 의한 것이기 때문에 힘을 강하게 할수록 모발이 손상된다. 특히 빗질은 매일 실시하고 반복 횟수가 많을 뿐만 아니라 퍼머를 하거나 염색과 탈색을 함으로써 모발의 상태가 약할 경우에 빗질에 의한 마찰은 모발 손상에 큰 요인이 된다.

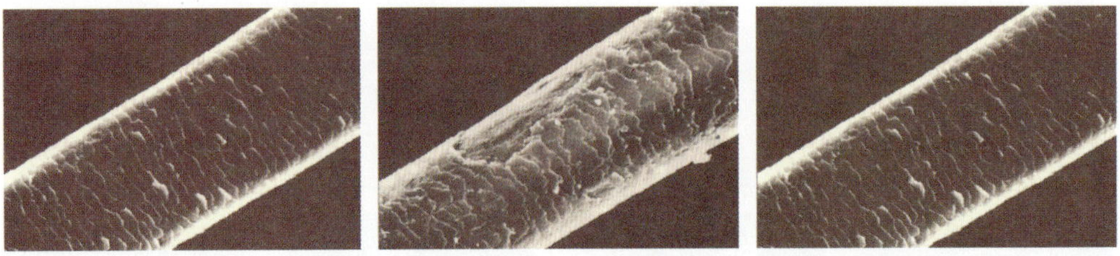

모표피층의 들뜸 모표피의 들뜸이 심한 피질층 심한 마찰에 의한 표피 제거모발

그림 10-5. **마찰에 의한 모표피 손상**

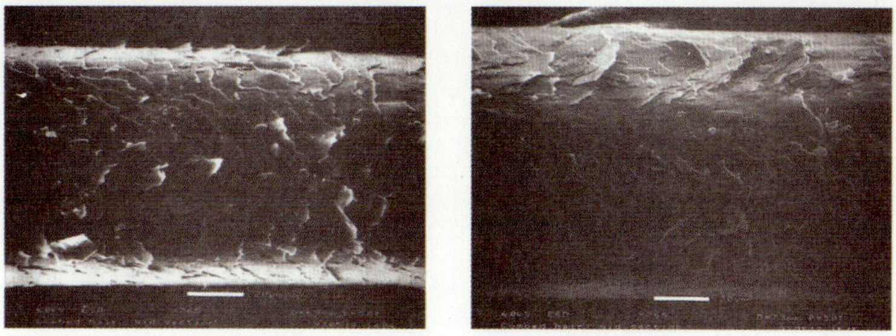

그림 10-6. **빗질에 의한 모발 손상**

모발의 뿌리에서 빗을 넣어 빗질을 할 경우 모발 다발에서 빠지려는 순간, 즉 모발 끝에서 2~5cm되는 곳에서 가장 강한 힘이 걸린다. 이는 여성들이 빗질을 하여 끊어지는 모발을 모아서 그 길이 별로 나누어 모발의 길이를 측정한 결과 2~4cm가 가장 많았다. 빗질 횟수가 많을수록 지모와 단모의 숫자도 급격하게 증가한다. 즉 샴푸만 하는 경우는 린스나 트리트먼트를 동시에 하는 경우에 비하여 단모의 수가 훨씬 증가한다.

건조한 모발에 빗질을 할 경우 모발에는 양(+) 전하로 하전 되고 마찰전기가 유발된다. 이때 빗에는 음(-) 전하가 발생하여 정전기가 발생한다. 한때 미국에서 모발표면에서 발생하는 양(+) 전하가 모근의 끝 부분에 방전되어 탈모의 원인이라는 주장도 있었다. 피부의 경우에도 모발과 같이 정전기가 발생하는데, 각질층과 나이론으로 된 속옷 사이에서 피부에 양(+)전하가 발생하기 때문이다. 전기적으로 모발이나 피부는 양(+) 전하가 높으면 전기 생리학적으로 체내의 칼슘이온이 줄어들어 건강상 좋지 않음을 시사한다. 결국 공기가 건조한 경우 빗질에 의하여 모발에 정전기가 발생하기 쉽고, 마찰이 심하면 모발손상을 유발시킨다. 따라서 정전기 방지제를 도포하여 빗질을 할 필요가 있다.

일반적으로 모발은 약 10% 전후의 수분을 함유하지만 샴푸 후에는 30%에 가까운 수분을 함유한다. 수분이 함유된 모발은 촉촉하고 부드러움을 유지한다. 그러나 천연보습인자(NMF)를 잃거나 공기가 너무 건조하면 수분 함유량이 감소되어 푸석푸석한 촉감이 든다. 샴푸 후 모발이 젖어 있을 때 이를 건조시키기 위하여 60℃ 전

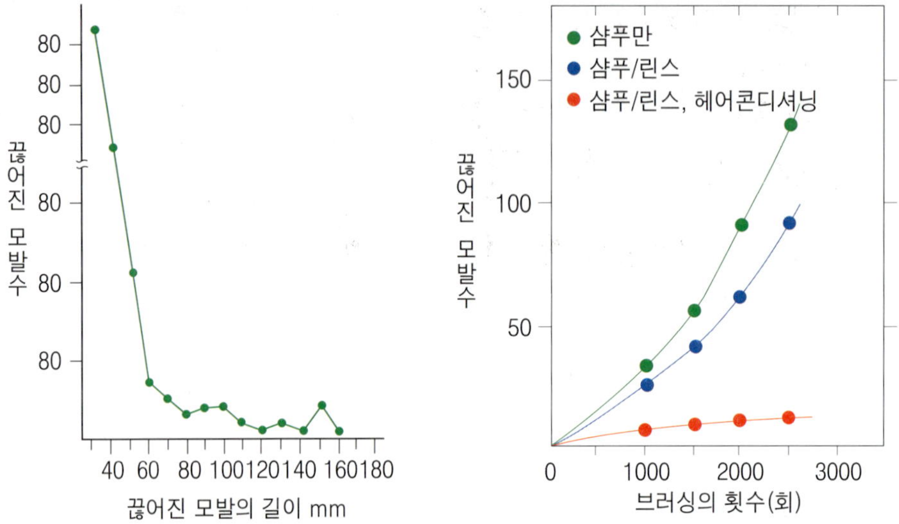

그림 10-7. 끊어진 모발의 길이 분포와 빗질 횟수의 의한 단모 수

후의 온도에서 드라이기를 이용하는 경우는 별 문제가 없다. 그러나 60℃ 이상의 경우에는 인장강도와 신장율에 다소 변화를 보이게 되고, 100℃가 넘으면 확실한 변화가 나타난다. 특히 알칼리성 상태에서는 저온에서도 변화가 나타난다. 보통 드라이기로 모발을 건조시켜 마무리 할 경우 모발에서 5cm 정도 떨어진 곳에서 모발의 표면 온도는 90℃ 정도가 되기 때문에 주의하여야 한다. 모발 표면의 온도가 140℃ 이상으로 되면 모발 단백질은 열변성을 일으켜 경화되고 약해짐과 동시에 흡수성과 약품에 대한 반응성이 저하된다. 200℃ 정도부터는 암모니아와 황화수소를 발생하여 검게 팽화되고, 270~300℃ 정도가 되면 모발은 열분해 되기 시작한다.

모발이 젖은 상태에서 드라이기로 건조시키면서 빗질을 조작하는 블로우드라이는 모피질이 물에 팽윤되기 쉬운데 반하여 모표피는 팽윤되기 어렵기 때문에 모표피에 무리한 힘이 가해져서 벗겨지기 쉽다. 블로우드라이를 할 때에는 모발을 타월로 충분히 말려서 적당히 건조시킨 후에 손질하는 것이 중요하다. 그 외에 전기아이론, 전기 세팅기 등의 열기구를 사용하는 경우는 적정 온도 이상을 사용함으로써 모발의 손상을 가져 올 수 있다. 열기구의 사용은 모발의 수분을 증발시켜 건조한 모발이 되고 모발이 건조하게 되면 모발 손상이 더 쉽게 일어난다. 특히 열을 이용하

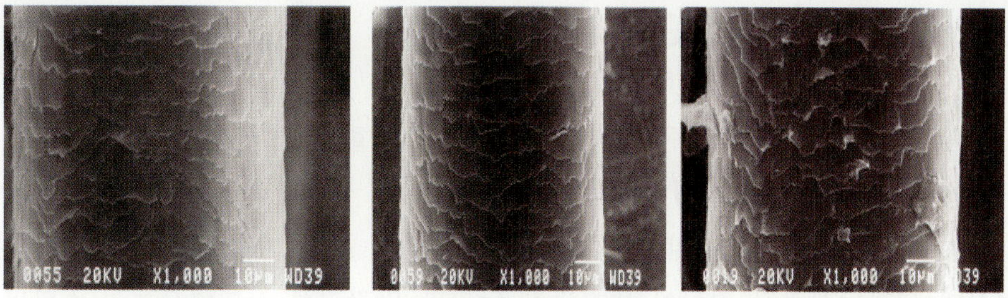

건강모발　　180℃에서 플렛아이론처리　　퍼머 후 180℃에서 플렛아이론처리

그림 10-8. **플렛아이론 처리 모발의 문리 상태**

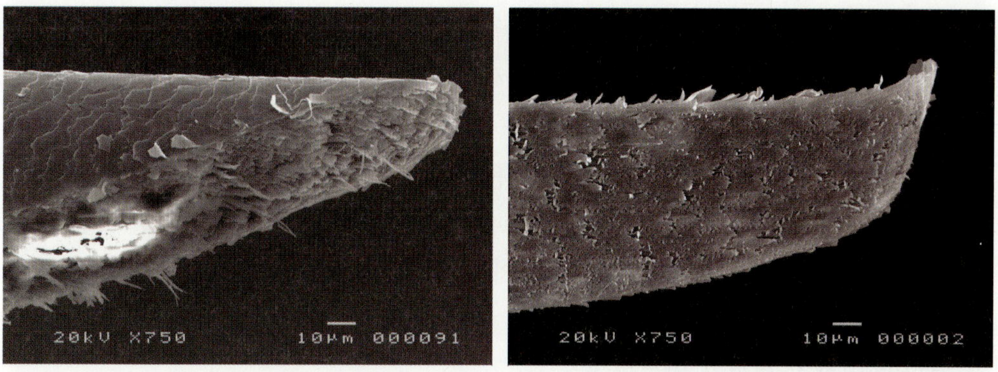

가위(scissor)에 의한 커트 단면　　레져(razor)에 의한 커트 단면

그림 10-9. **커트에 의한 모발 손상**

여 모간을 건조하거나 수분에 젖은 상태에서 손질하는 경우에 모발의 변성이 다르기 때문에 모발이 손상되는 정도도 다르다.

커트 기술의 미숙과 불량한 가위나 레져(*razor*)를 이용하여 커트한 경우에 모발 손상을 초래한다. 커트로 인한 모발의 물리적인 손상 부위로부터 수분 손실과 여러 가지 화학 처리제의 침투가 쉽게 됨으로써 모발이 더욱 손상된다. 따라서 커트할 때 사용 커트 기구나 기법 등에 따라 모발의 손상정도가 다르기 때문에 주의하여야 한다.

2-2-2. 화학적인 요인

모발의 등전점에서 케라틴은 가장 안정한 구조를 한다. 그러나 등전점의 pH를 벗어난 상태, 즉 알칼리성 상태에서는 연화, 팽윤되고 산성상태에서는 응고되어 딱딱하게 된다. 단 강산이나 강알칼리성에 노출될 경우 모두 가수 분해되어 용해된다. 산성상태에서는 시스틴 결합이 변화되지 않지만 알칼리성 상태에서는 시스틴의 분해 반응이 촉진된다. 특히 알칼리성 상태에서 가열될 경우 가수분해 되는 경우가 있기 때문에 드라이기를 이용하여 모발을 건조시킬 때 주의하여야 한다.

약산의 구연산(*citric acid*)이나 포도산(*tartaric acid*)은 산성 린스의 성분으로 많이 이용되지만 적당한 농도의 경우 알칼리성 상태의 모발을 약산성 상태로 전환시키는데 효과적이다. 그러나 산의 농도가 너무 높을 경우에는 모발이 응고되어 딱딱해진다. 또한 젖산(*lactic acid*)과 살리실산(*salicylic acid*)은 각질연화제이기 때문에 구연산, 글루타민산 등과 다른 영향을 받을 수 있다. 따라서 젖산은 모발을 연화할 경우에 사용되고 살리실산은 두피의 비듬제거에 이용된다.

또한 유기 용제 중 에탄올이 두발에 사용되는 경우가 많다. 즉 알코올 농도가 높을 경우에는 인장강도와 신장율이 다소 저하되고 모발이 거칠게 된다. 그러나 보통 사용되는 토닉이나 스프레이에 알코올이 함유되었다고 할지라도 모발에 손상을 미칠 정도의 영향은 미치지 않는다.

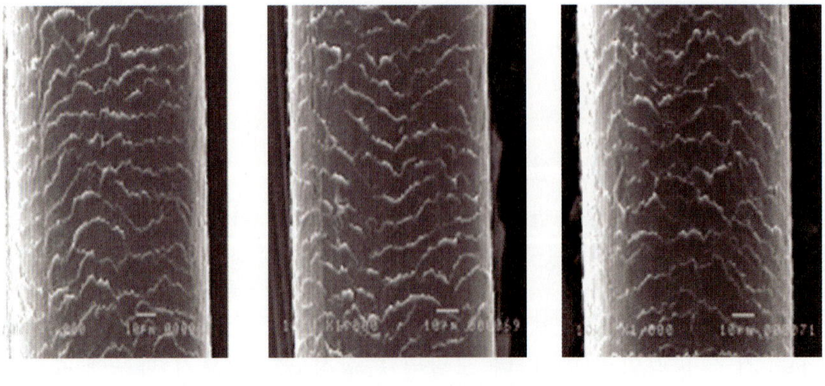

그림 10-10. 퍼머넌트 웨이브 용제 처리 후의 모발

퍼머넌트웨이브 용제나 염색과 탈색제 등은 모발을 손상시키는 가장 큰 요인 중 하나이다. 이러한 용제는 모표피(*cuticle*)와 모표피 사이의 세포막복합체(*cell membrane complex*, CMC)를 통과하고, 모피질(*cortex*) 내의 세포막복합체를 통하여 모발 내부에 침투 확산됨으로써 영향을 미친다. 즉 CMC 자체가 녹아나오거나 분자량이 작은 케라틴 단백질이 녹아 나온다. 모피질에 모발의 수분을 유지하는 역할을 하는 CMC나 내부 단백질이 녹아 나오면 그 기능을 할 수 없다. 그 결과 습도 변화의 영향을 받기 쉽게 되고, 푸석푸석해지거나 헤어스타일의 유지가 나빠지게 된다.

1) 퍼머넌트 웨이브 용제에 의한 손상

현재 2욕식 콜드퍼머넌트 웨이브 용제가 주로 사용된다. 이때 용제의 선정, 처리시간, 온도, 방법, 용량 등은 모발 손상을 유발시키는 가장 큰 요인이 된다. 특히 제1제를 과도하게 도포하거나 처리시간이 너무 초과(*overtime*)될 경우 모발이 너무 심하게 팽윤되는 경우가 있다. 즉 모발 케라틴이 시스틴 결합이 절단되면 모발은 고무줄과 같이 탄성이 커지고 잡아당길 경우 신장률이 커진다. 반면에 인장강도는 저하되어 알칼리 용해성이 높아진다.

특히 2욕식 콜드퍼머넌트 웨이브 용제를 처리한 후 가온기 등을 사용한 경우나 모발의 질에 대한 약제를 잘못 선정한 경우에 과잉으로 반응하여 모발 손상을 초래하게 된다.

또한 와인딩 후 고무 밴드 처리가 너무 강할 경우 고무에 의한 물리적 자극에 의하여 모표피가 벗겨지기도 하고, 용제가 고여 모표피가 손상된다. 로드 제거

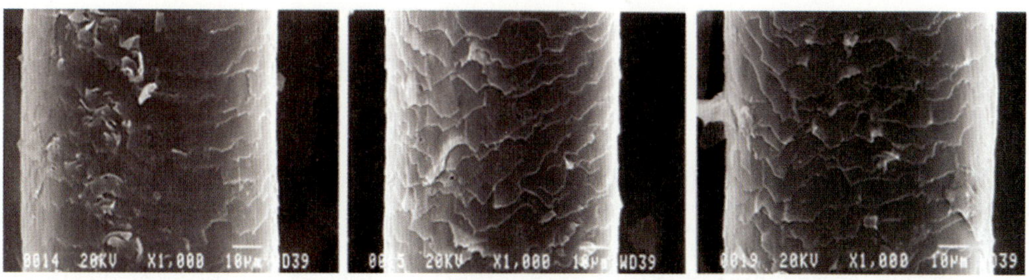

그림 10-11. 퍼머 후의 플렛아이론 처리 모발

후에 물을 사용하여 충분히 용제를 제거하지 못하고 모발에 잔류되면 2차적으로 케라틴 단백질의 변성과 멜라닌 색소가 파괴되어 모발이 퇴색된다. 따라서 염색하지 않아도 퍼머를 자주하게 되면 모발의 색이 변하게 된다. 따라서 퍼머 후 용제를 충분히 제거하여야 하며, 이때에도 모발의 산성린스를 사용하여 pH를 조절할 필요가 있다.

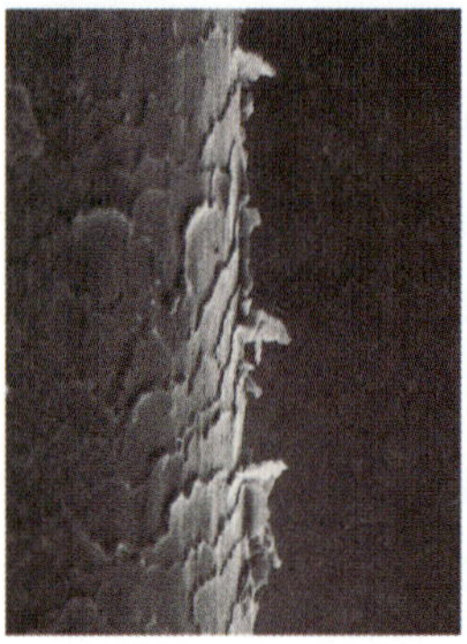

그림 10-12. 고무에 의한 모발의 손상

요약하면 제1제에 의한 케라틴의 변성이나 제2제에 의한 산화반응으로 시스틴 결합이 100% 복원되지 않기 때문에 탄력성이나 인장강도가 저하되는 것은 약품의 본질적인 작용으로 부득이하다. 그러나 이러한 이유보다는 모발의 상태에 따른 부적절한 웨이브 용제를 사용하거나 오버타임에 의한 모발 표면의 주름 형성과 와인딩의 서투름에 의한 단모 등의 기술적인 손상이 보다 더 큰 모발 손상의 원인이 된다.

2) 염색과 탈색제 의한 모발 손상

염색과 탈색제에는 알칼리제 이외에도 과산화수소가 함유되어 있기 때문에 멜라닌 색소를 파괴함과 동시에 알칼리제에 의한 모발의 화학결합을 파괴하거나 약화시킴으로써 모발이 손상된다. 특히 강한 산화제는 모발의 손상도에 미치는 영향이 가장 큰 요인 중 하나이며, 대표적으로 과산화수소와 오존을 들 수 있다. 그러나 콜드웨이브제의 제2제로 사용되는 브롬산칼륨, 브롬산나트륨은 온화한 산화제이다. 과산화수소는 멜라닌색소를 산화 반응하여 파괴시킬 뿐만 아니라 케라틴의 시스틴 결합을 절단하여 시스테인산을 생성시킨다. 아울러 폴리펩티드의 주사슬인 펩티드결합도 절단되기 때문에 모발이 손상된다. 과산화수소에 비하여 브롬산염의 산화작용은 약하기 때문에 모발손상에 미치는 영향은 적다. 그러나 과량의 브롬산염을 사용하여 모발에 잔류한 상태에서 가온시키면 모발손상에 영향을 미칠 수 있기 때문에 콜드웨이브의 제2제 처리 후에는 따뜻한 물로 충분히 제거할 필요가 있다.

염색과 탈색을 하는 연령층이 점점 낮아지고 있고, 단기간 내에 시술 회수를 거듭 반복하면 모발도 팽윤 연화가 반복되어 모표피가 왜곡됨으로써 모발 손상이 심해진다.

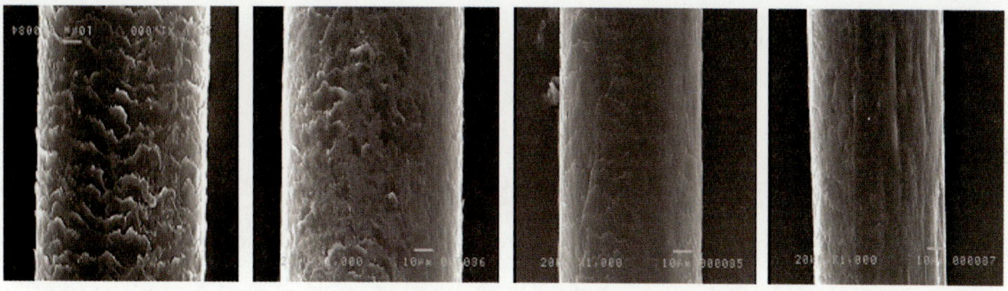

그림 10-13. 과도한 염색과 탈색으로 인한 모발 손상

2-2-3. 환경적인 요인

환경적인 요인으로는 자외선, 공기 오염에 의한 아황산이나 질소산화물, 오존(O_3) 등이다. 자외선은 수분과 공존하면서 모발 중의 이황화결합을 파괴시키고 시스테인산을 생성시킴으로써 모발의 인장강도를 저하시키고 모발손상을 일으킨다. 그러나 과산화수소에 의한 손상정도에 비하여 심하지 않다. 또한 모발의 적색화도 유발된다. 이것은 모발 중의 유멜라닌이 자외선에 의하여 산화분해 됨으로써 야기된 것이다. 그러나 광선 중 적외선의 경우는 모간에 미치는 영향은 없지만 두피에 조사할 경우 말초혈관의 혈액순환을 활성화시키기 때문에 탈모방지, 육모 등에 도움이 된다. 특히 해변이나 수영장에서 이와 같이 모발의 변색이나 손상이 발생하는데 자외선과 밀접한 관련이 있으며 해수나 물의 조건 하에서 가속된다.

생활환경이 개선됨으로써 한 겨울에도 수영장을 가게 되는데 수영장의 소독용으로 사용되는 화학약품에 모발이 노출될 경우 모발이 손상된다. 또한 공장의 연소 가스와 자동차 배기가스 중 아황산가스(SO_3)나 질소산화물(NO, NO_2) 등의 화학적 손상이 유발되고, 대기 중의 오존(O_3)도 강력한 산화제로서 모발의 손상 요인 중의 하나이다. 그리고 바닷물에 모발이 노출된 경우나 스프레이, 무스 등 헤어스타일링 제의 사용 후 불결한 상태가 모발의 물리화학적 손상의 원인이 된다. 염분은 모발 단백질을 응고시키고 딱딱하게 한다. 해수욕 등으로 염분을 흡수한 뒤에는 충분히 따뜻한 물로 제거하여야 한다. 특히 칼슘염이 남아 있으면 광택도 없어지고 콜드웨이브와 샴푸 시 방해가 된다. 칼슘은 산성 린스로 제거할 수 있다.

2-2-4. 생리적인 요인

모발의 구성성분 중 80~90%가 단백질이며, 단백질은 아미노산으로 구성되어 있다. 따라서 모발이 정상적으로 발생하고 성장하기 위해서는 식품으로부터 단백질을 충분히 섭취하여야 한다. 섭취된 단백질은 단백질 분해 효소에 의하여 아미노산으로 분해되고 소장에서 흡수되어 혈액을 통해 모모세포에 전달됨으로써 모발이 생성된다. 이러한 일련의 생리작용과 대사가 일어남으로서 경케라틴(*hard keratin*)이 합성되는데, 이와 같은 과정에는 영양소 중 비타민이나 미네랄이 요구된다. 그러나 다이어트나 심한 편식으로 인하여 영양소가 결핍되면 모발의 성장과 기능이 약화되어 여러 가지 모발 손상에 영향을 미치게 된다. 따라서 대두, 멸치, 우유, 달걀, 고기 등 모발에 영향을 미치는 여러 가지 종류의 아미노산이 함유된 단백질을 균형 있게 섭취하는 것이 중요하며, 비타민이나 철과 아연 등의 미네랄도 요구된다. 비타민 A와 D는 비듬과 탈모를 예방하고, 탈모 후 모발의 재생에 영향을 미친다. 파셀린, 딸기, 호박, 채소 등 비타민과 미네랄이 함유된 식품을 섭취하는 것이 효과적이다.

한편 뇌하수체에서 분비되는 각종 호르몬도 모발의 성장과 멜라닌 색소 합성에 관여하기 때문에 호르몬과 관련된 질환이나 과도한 스트레스로 인하여 호르몬의 분비가 약화되거나 억제되면 모발 손상이 유발되는 원인이 된다.

2-3. 모발의 상태 분석

2-3-1. 시진과 촉진

질의응답에 의한 문진법과 모발의 표면을 눈으로 보고 판단하는 시진법과 손으로 만져서 느끼는 촉진법을 통하여 모발의 상태를 1차적으로 파악한다. 그러나 이러한 방법은 주관적인 모발의 상태 분석 방법이기 때문에 보다 정확하고 객관적인 모발의 상태를 분석하기 위해서는 기기를 활용한다. 그러나 연구 목적이 아닌 미용 산업 현장에서는 실제적으로 주관적인 판단을 주로 사용하기 때문에 모발의 상태를 정확하게 판단할 수 있는 능력을 기르는 것이 중요하다. 기름기의 정도나 탄력성 그리고 빗질감 등으로 모발의 상태를 파악할 수 있다. 모발의 광택이 있는 경우는 모표피가 균질함으로서 빛의 난반사가 적기 때문에 모발의 손상이 적을 경우에 나타나는 현상이고, 모표피의 손상이 클 경우 마찰저항이 크게 된다. 결국 모발의 표면이 조밀하게 되어 손에 느껴지는 감촉과 빗질감이 나쁘게 된다.

2-3-2. 모발 상태의 기기 분석

1) 모발의 팽윤도

일반적으로 모발은 그 중량의 25~30%의 수분을 흡수하고 포화상태가 된다. 포화상태 이상에서는 모발을 물속에 침적시킨다 하더라도 그 이상 흡수하지 않고, 동일한 사람의 모발은 모발의 상태가 일정할 경우 동일한 양의 수분을 흡수한다. 그리고 젖은 모발을 건조시키면 서서히 수분의 함량은 감소되며, 처음에는 급속하게 수분이 감소하는데 수분의 함량이 5% 이하가 되면 이 속도는 저하된다. 이것은 수분의 존재 양식이 다르기 때문이다. 즉 젖은 모발의 경우 수분 함유량이 25~30%이상은 단지 모발에 수분이 흡착되어 있는 것에 지나지 않기 때문에 흡착수, 5~25%의 수분은 모발의 모피질 내의 작은 구멍에만 채워지기 때문에 침투수, 5% 이하의 수분은 케라틴 친수기에서 화학적 결합을 하는 결합수이다. 따라서 모발 표면에 흡착되어 있는 수분을 원심분리기로 제거한 모발의 중량과 건조한 모발의 비율을 환산할 수 있는데, 이를 모발의 수분에 의한 기초팽윤도 혹은 제1차 팽윤도라고 한다. 그러나 모발이 손상, 즉 다공성모로 되면 포화상태의 수분 흡수량은 증가하며 기초팽윤도도 변하는데 이를 제2차 팽윤도라 한다. 이와 같은 팽윤도를 이용하여 간접적으로 모발의 손상을 측정할 수 있다.

2) 모발의 알칼리 용해도

건강한 모발을 0.4% 수산화나트륨 용액에 30분 동안 침적시킨 다음 따뜻한 물로 세척하여 무게를 측정하면 처음 무게의 약 3%정도가 용해되어 모발의 중량이 감소된다. 손상된 모발의 경우는 알칼리에 대한 저항력이 없기 때문에 용해되는 정도가 증가하여 모발 중량의 감소량이 많아진다. 모발의 빗질에 의한 모발의 손상도 등을 측정할 수 있다.

3) 아미노산 분석

모발을 가수 분해시켜서 아미노산의 조성의 변화를 분석한다. 즉 손상도가 증가하면 시스틴의 함량이 감소하고, 시스테인산의 함량이 증가한다.

4) 전자현미경적 분석

모발 표면의 구조나 손상 정도를 광학현미경이나 주사전자현미경(*scanning electron microscope*, SEM)을 통하여 세밀하게 관찰할 수 있고, 모피질의 조직은 투과전자현미경(*transmission electron microscope*, TEM)을 이용하여 관찰할 수 있다.

5) 역학적 특성 분석

모발의 인장강도(*tensile strength*)는 양쪽을 고정하고 잡아 당겼을 때 끊어지지 않고 견디는 강도이고, 신장률(*elongation*)은 끊어지지 않고 원래의 길이에 비하여 늘어나는 비율을 의미한다. 즉 모발의 양쪽을 고정하고 서서히 힘을 가하여 늘리면 모발이 늘어나면서 힘을 받게 되고, 견딜 없을 정도로 힘이 가해지면 결국 모발은 끊어지게 된다. 이때의 강도를 인장강도라 한다. 이와 같은 인장강도와 신장률은 모발의 굵기와 모발의 수분 흡수 및 약액의 처리 등 모발 상태에 따라 다르다. 즉 구조적으로 모표피의 탈락이나 박리 혹은 약품, 열, 자외선 등에 의한 모피질 성분의 변화는 인장강도가 낮아지는 원인이 된다. 또한 모발의 신장율은 α-케라틴에서 β-케라틴으로 변형이 되고, 수소결합이 느슨해지며 염결합과 시스틴결합이 파괴됨으로써 모발의 신장률은 증가한다. 따라서 이와 같은 역학적 특성은 모발의 표면 상태, 모피질의 조직 상태와 밀접한 관련을 가지고 있고, 모피질의 손상도를 간접적으로 측정하는데 응용할 수 있다. 이에 대한 구체적인 설명은 다음 장에서 논의하겠다.

모발의 역학적 특성과 미용상 거동

The Mechanical Properties and Cosmetic Behavior of Human Hair

11

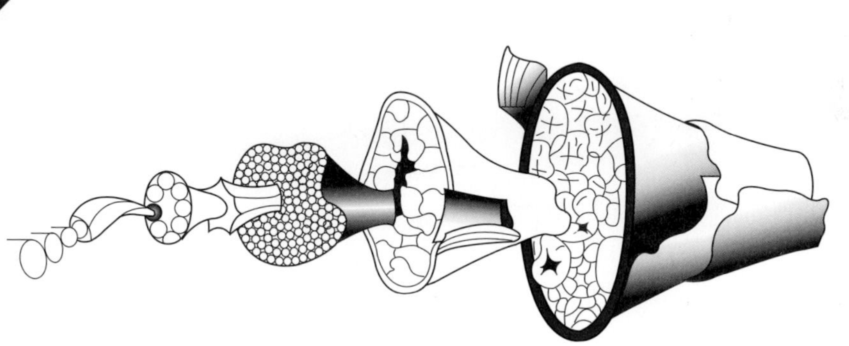

일반적으로 모발이라고 하는 모간은 외부 환경과 직접 접촉하고 있는 모표피(*cuticle*)와 모피질(*cortex*) 그리고 모수질(*medula*)로 구성되어 있다. 이와 같은 모발의 구조 중 모피질(*hair cortex*)은 모발의 85~90%를 차지하고 있고, 모발의 유연성, 탄력성, 강도, 질감, 색상 등의 물리적 특성과 모발 염색 등의 화학적 특성을 좌우하는 중요한 부분이다. 모피질은 모표피(*hair cticle*)의 안쪽에 있으며, 피질세포와 핵의 잔사, 멜라닌과립 그리고 세포간충물질(*inter-macrofibril material*)로 구성되어 있다. 케라틴으로 구성된 피질세포(*cortical cell*)는 길이가 약 100㎛, 직경이 약 1~6㎛이며 CMC로 둘러싸인 부분인데 중앙에 핵의 잔해가 남아있고, 모발의 길이 방향으로 비교적 규칙적인 배열을 하고 있는 세포집단이다. 피질세포는 섬유상 단백질인 다수의 거대섬유(*macrofibril*, MF)와 기질(*matrix*)로 구성되어 있다. 피질의 세포막은 거의 소멸되어 세포와 세포사이에는 섬유상 간충물질에 의하여 강하게 연결되어 있다. 모피질에서 세포막복합체는 거대섬유 및 그것들이 모인 피질세포와 피질세포 사이를 연결하며, 세포간충물질(*inter-MF material*)은 거대섬유사이와 피질세포 사이를 메우고 있는 물질이다.

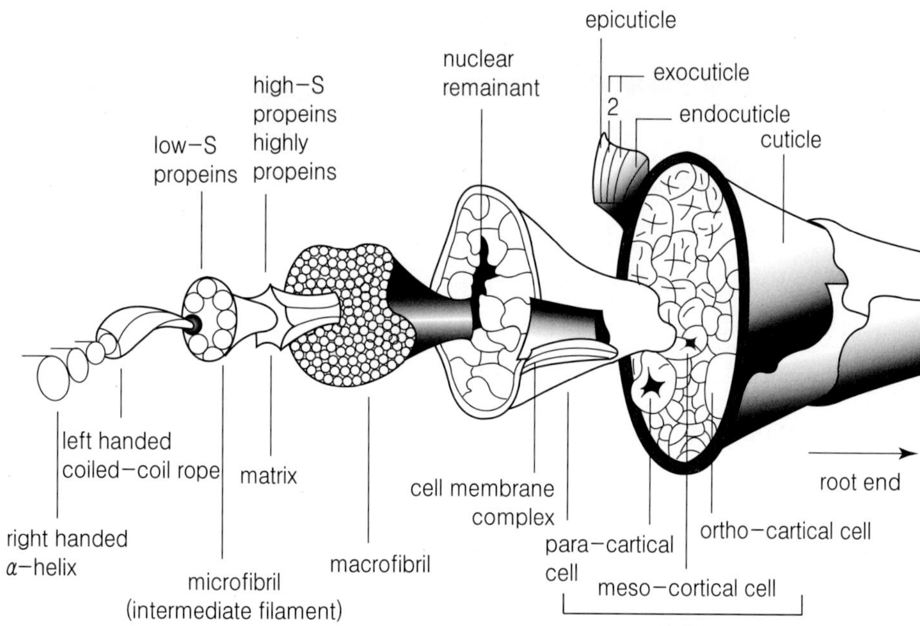

그림 11-1. 모발 섬유의 구조

거대섬유(*macrofibril*, MF)는 가늘고 조직화된 미세섬유(*micro fibril*)와 조직화되지 않은 기질(*matrix*)로 둘러 싸여 있다. 특히 기질은 다른 부분 혹은 섬유전체보다 황 함량, 즉 시스틴 함량이 높다. 기질을 구성하는 단백질은 어느 정도 조직화된 단백질이만 대부분 비결정성이다. 미세섬유는 원섬유(*protofibril*)의 다발로 구성되어 있고, 원섬유는 3가닥으로 된 이중나선형 구조(*α-helix*)의 단백질로 구성되어 있다.

모피질은 피질세포의 결정성영역과 세포간충물질의 비결정성영역으로 구성되어 있다. 결정성영역은 폴리펩티드(*polypeptide*)가 규칙적으로 배열되어 있고, 많은 수소결합으로 인하여 화학반응이 어려운 영역이다. 비결정성영역은 분자량이 적은 폴리펩티드로 된 이중나선형 구조의 단백질이 불규칙적으로 배열된 영역으로 기질(*matrix*)이라고도 한다. 이러한 비결정성영역은 긴 측쇄(*side chain*)의 이온결합(*ionic bond*)이 많아 인접한 폴리펩티드와는 거리가 멀고 수소결합도 약하기 때문에 유연하고 화학적 반응을 받기 쉬운 영역이다. 이러한 두 영역의 상태에 따라 모발의 화학적, 물리적, 역학적 특성이 달라질 수 있다. 특히 비결정질영역의 세포간충물질(*inter-macrofibril material*)은 손상을 받기 쉽기 때문에 모발 손상의 최대 원인이 되는 부분이다.

세포간충물질에는 비결정형의 케라틴 단백질 이외에 천연보습인자(*natural moisture facture*, NMF)가 함유되어 있다. 천연보습인자에는 아미노산이나 젖산 등의 염류 혼합물로 모발의 수분을 일정하게 유지하는 역할을 한다. 모발은 적당량의 수분을 함유하므로 촉촉하고 부드럽게 느껴지지만 수분이 감소되면 푸석푸석해진다. 외부 환경이 건조하면 수분이 증발되기 쉽기 때문에 천연보습인자가 수분 증발을 막아준다. 그러나 천연보습인자는 수분을 흡수하지만 물에 녹기도 쉽다. 따라서 샴푸의 잘못된 습관으로 수분을 잃게 되는 경우도 있다.

이와 같이 모발을 구성하는 **α**-케라틴(*α-keratin*)뿐만 아니라 거미줄의 피브로인(*fibroin*)은 잘 늘어나는 섬유상 단백질이다. 콜라겐도 마찬가지로 늘어나는 섬유상 단백질로 사람의 피부나 힘줄 같은 연결 구조에 있는 성분이다. 이러한 섬유상 단백질은 폴리펩티드 사슬의 생체 고분자로 물리적 특성이 우수하다. **α**-케라틴(*α-keratin*) 섬유의 우수한 물리적 특성은 늘려진 외피 세포의 2가지 성분과 잘 정렬된 중간체 필라멘트 그리고 중간체 필라멘트가 끼워진 기질(*matrix*)과 관련이 있다.

일반적으로 모발의 성질은 크게 화학적 성질과 물리적 성질 그리고 섬유의 성질로 구분할 수 있다. 화학적 성질은 산과 알칼리에 대한 저항성, 용매 저항성, 내 일

표 11-1. 모발의 성질

구 분	특 성
화학적 성질	– 산, 알칼리 저항성 – 용매 저항성, 내 일광성 – 퍼머넌트 웨이브 특성, 염색성 등
물리적 성질	– 기계적 성질 · 인장강도, 신장률 · 탄력성, 굽힘과 비틀림, 마찰 – 열적 성질 – 전기적 성질 등 · 정전기
모발의 성질	– 광택, 촉감, 흡습성, 형태 안정성 – 빗질 용이성 등

광성, 퍼머넌트 웨이브 특성, 염색성 등이다. 물리적 성질은 역학적 특성, 즉 인장강도, 신장률, 탄력성 등이고, 열적성질 및 전기적 성질이다. 그리고 섬유의 성질은 광택, 촉감, 흡습성, 형태 안정성 등을 말한다.

단섬유의 특성으로서는 탄성변형, 마찰, 직경(단면적), 정전기, 윤기가 중요하다. 탄성변형에는 섬유의 길이 방향 변형인 신축, 굴곡, 경도(*hardness*), 비틀림, 강성이 포함된다. 단면적, 단면현상, 마찰, 밀도, 정전하도 중요한 특성이며, 또한 윤기, 빗질 용이성, 질감(*body*), 형태(*style*) 유지성, 정돈의 용이성 등의 특성이 중요하다. 따라서 본 장에서는 주로 모발의 성질이 미용학적 측면에 미치는 특성에 대하여 다루고자 한다.

1. 역학적 특성(mechanical properties)

탄성체(*elastic substance*)는 외력을 가하면 변형에 대응하여 원래의 상태로 되돌아가려는 응력(*stress*)이 존재한다. 응력은 단위 면적당 받는 힘(*force*)이고, 단위는 (F/A)이다. 즉 고무나 스프링에 힘을 주면 늘어나지만 힘을 빼면 원래의 상태로 되돌아가는 현상이 탄성체의 성질이다. 이때 원래의 상태로 되돌아 갈려는 힘이 응력이다. 그러나 계속하여 힘을 가하여 외력을 더 이상 가하지 않아도 원래의 상태로 되돌아가지 않고 변형되는데, 이를 탄성변형이라 하고 탄성한계 이상에서 나타나는 현상이다.

가장 일반적인 변형은 원래의 길이에 대한 길이 증가율을 신장율(*elongation*), 원래의 길이에 대한 길이 감소율을 압축율(*compression ratio*), 물체의 단면에 반대 방향인 한 쌍의 힘을 평행하게 작용시키면 물체가 그 면을 따라 미끄러져서 절단되는 전단(*shear*), 굴곡(*flection*), 비틀림(*torsion*)이다. 이들 중 굴곡과 비틀림은 신장, 압축, 전단의 조합이다.

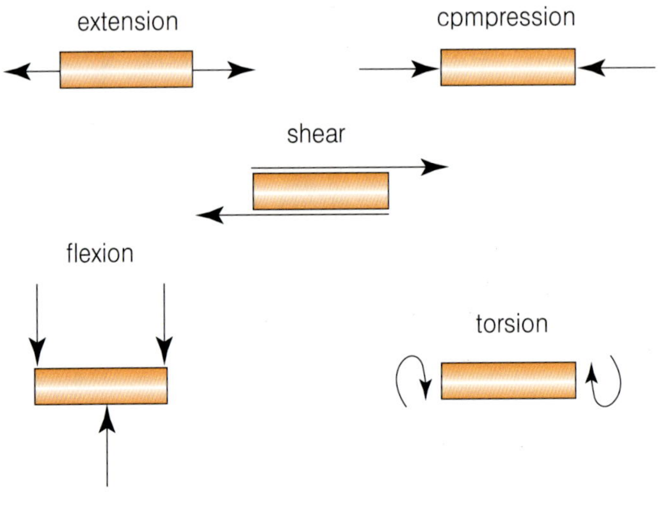

그림 11-2. 모발의 외력에 의한 변형

모발의 역학적 특성(*mechanical properties*)은 모발에 가해지는 외력과 변형과의 관계로부터 유도되는 성질이다. 모발에 가해지는 외력의 종류에 따라서 인장(*tensile*), 굽힘(*bending*), 비틀림(*torsion*), 전단(*shear*) 등이다. 이와 같은 모발의 역학적 성질은 모발을 구성하는 섬유 구조의 변형과 섬유의 손상 특성에 의하여 영향을 받기 때문에 모발 손상을 간접적으로 파악할 수 있다. 모발의 역학적 성질 중에서 가장 중요한 성질은 인장강도(*tensile strength*)와 신장률(*elongation*)이다.

1-1. 인장특성

1-1-1. 인장강도와 신장률

모발의 인장특성은 축 방향으로 힘(*stress*)을 작용시켜서 인장시킬 때 작용하는 힘과 변형(*deformation*)과의 관계 또는 축 방향으로 신장시킬 때 신장(*strain*)과 힘(*stress*)과의 관계를 나타내는 특성이다. 모발은 늘어나는 길이나 절단될 때의 힘 등이 측정시간에 따라 달라지기 때문에 모발을 신장시키는 방법이 시험결과에 미치는 중요한 인자 중의 하나이다.

모발의 인장특성을 평가하는 일반적인 방법은 하중-신장 혹은 응력(*stress*)/변형(*strain*)법이다. 즉 60%의 상대습도에서 5cm의 모발을 0.25cm/min의 속도로 서서히 연신하여 인장특성을 측정한다. 이러한 인장특성은 측정조건, 모발의 수분율, 모발의 전처리 이력, 모발의 길이, 모발의 굵기, 시험 속도, 시험실의 온도와 습도, 모발의 손상 정도 등에 따라 인장강도(*tensile strength*)가 달라진다. 따라서 인장 특성을 측정할 때는 일정한 조건을 유지하여야 하며, 달리 측정하고자 할 경우에는 측정 조건을 명시한다.

모발에 점점 힘을 가하여 늘리면 늘어남과 동시에 굵기는 가늘어지다가 결국은 끊어진다. 이와 같은 모발의 인장특성은 모표면 특성과는 달리 모발 전체의 특성이며, 모표피보다는 모피질의 특성에 의하여 영향을 크게 미친다. 이는 모발에 힘을 주어 당길 때 늘어나는 과정에서 케라틴의 **α-β** 전이가 일어나기 때문이다.

모발을 연신하였을 때 하중-신장 곡선은 세 가지의 다른 영역으로 구분된다. 탄성영역, 항복영역, 후항복영역이다. 하중-신장곡선에서 탄성영역은 Hooke영역이라고도 하며, 거의 직선이다. 이 영역에서 응력의 변형에 대한 비율이 탄성계수(E_∞)이며, 통상 영률(*Young's Modulus*)이라 부른다. 탄성계수는 일반적으로 dyn/cm^2의 단위로 나타내며, 다음 간단한 식으로 계산한다.

그림 11-3. 인장시험기기

$$E = HgL/A\Delta L$$

여기서, H : Hooke의 기울기 (g/mm)

g : 중력상수 (980.6cm/sec^2)

L : 섬유의 길이 (cm)

ΔL : 섬유의 늘어난 길이 (cm)

A : 섬유의 단면적 (cm^2)

하중-신장 곡선에서 (A)는 Hooke의 탄성한계 혹은 항복점, (B)는 전이점, (C)는 절단점이다. 항복점은 모발을 신장시켜서 힘을 제거하면 원래의 위치로 되돌아갈수

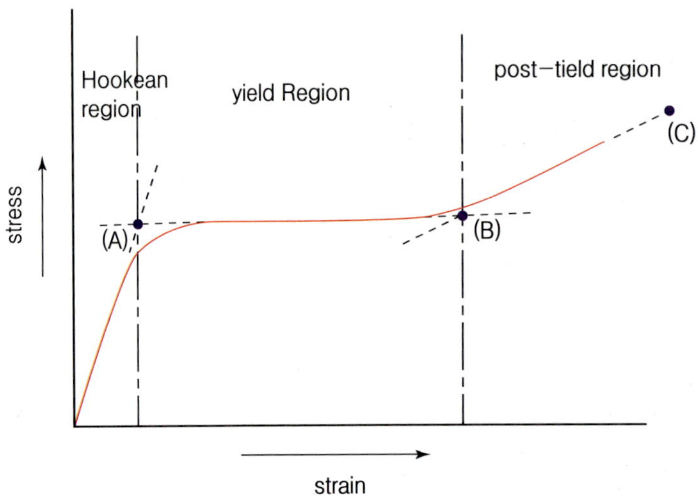

그림 11-4. 모발의 하중-신장 곡선

있는 영역의 한계점이고, 전이점은 가해진 힘이 적을 지라도 신장률이 커지는 지점이며, 절단점은 모발을 늘리다가 끊어졌을 때의 하중으로 인장강도 혹은 절단하중이라 한다. 후항복계수(응력/변형)는 후항복영역에서 그래프의 기울기이고, 신장에 의한 일은 하중-신장곡선 하부의 전체면적이다. 처음 모발에 외력을 작용시켜서 응력을 가하면 변형률도 증가하여 응력과 변형률이 직선관계를 이룬다. 임의의 한 점에서의 기울기를 섬유의 탄성계수(*elastic modulus*)라 하고, 직선이 끝나고 모발의 쉽게 변형되기 시작하는 점이 항복점(*yield point*)이다.

금속과 같은 시료의 항복점은 뚜렷하지만 모발과 같은 고분자 물질의 항복점을 결정하기가 쉽지 않다. 항복점까지는 탄성이 있으므로 모발을 항복점까지 변형시킨 후 외력을 제거하면 변형이 완전히 회복된다. 그러나 항복점을 넘는 외력을 받은 경우는 외력을 제거하여도 변형이 완전히 회복되지 않고 영구변형(*permanent deformation*)이 되는데, 이 점을 후항복점이 된다. 모발에 후항복점 이상의 외력을 더 가하면 결국 모발이 끊어지는데, 이를 절단점이라 하고 모발의 절단은 크게 4가지 유형이 있다. 이와 같은 절단 유형은 모발 손상, 상대습도, 섬유가 꼬이거나 흠(*flaw*)이 있는 경우에 따라 다르다.

모발의 뿌리부분에서 끝부분에 이르기까지 모피질과 모표피의 상태가 양호한 경

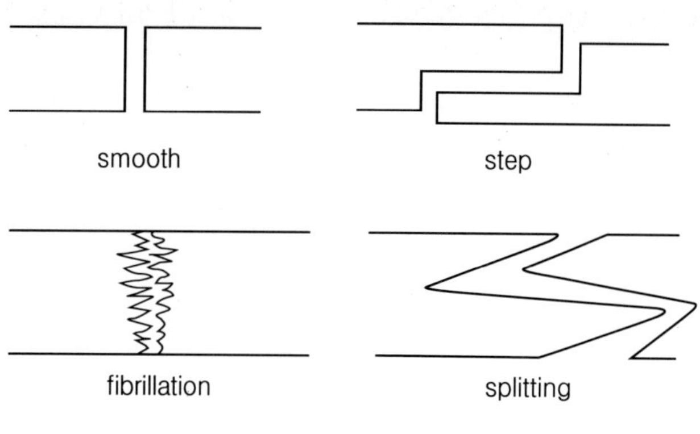

그림 11-5. 모발의 절단 유형

그림 11-6. 모발의 계단(step)식 절단

A 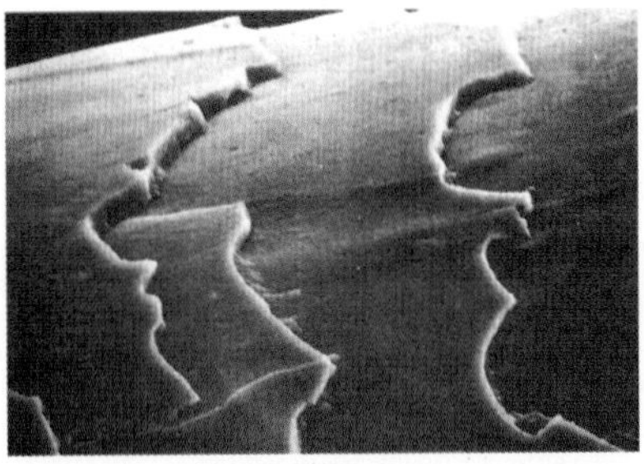 B 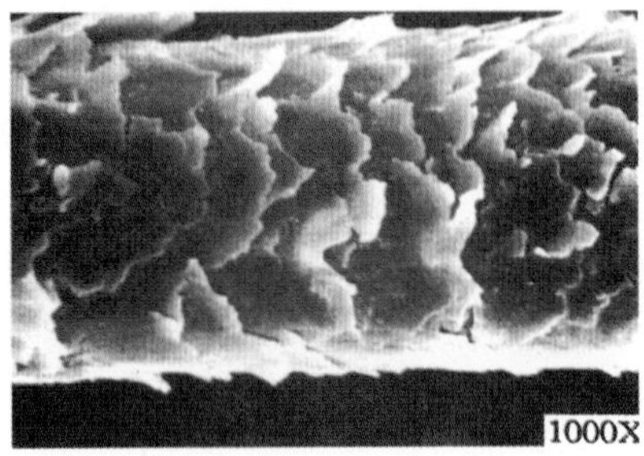

그림 11-7. (A) 정상 모발의 문리 상태, (B) 낮은 상대습도에서 신장된 모발의 문리 상태

$$\text{인장강도(g/d, g/tex)} = \frac{\text{절단하중}}{\text{섬도}}$$

$$\text{신장률(\%)} = \frac{\text{모발이 절단될 때까지 늘어난 길이}}{\text{모발의 원래의 길이}} \times 100$$

우에는 모발의 단면이 매끈하고 평탄(*smooth*)하게 절단된다. 상대습도가 90% 이하에서 모발이 건조하게 되면 가장 보편적으로 계단(*step*) 형태로 절단된다.

연축(*fibrillation*)이나 파편(*splitting*) 형태의 절단은 모피질의 손상 혹은 섬유가 꼬이거나 곱슬 모발의 경우 그리고 상대습도가 낮거나 건조한 모발의 경우에 주로 나타나는 현상이다. 이러한 현상은 모피질이 모표피보다 덜 신장되기 때문이다.

45% 상대습도에서 10%에서 20% 신장률로 모발을 잡아당기면 모표피가 들뜬 현상을 보인다. 이는 모발을 잡아당기면 각 층이 힘의 방향으로 끌려갈려는 부분과 고정된 부분, 즉 모발의 하부 층과 모표피가 가장 약한 구조를 하고 있는 엔도큐티클 층 혹은 세포막복합체에서 분리되기 때문에 나타나는 현상이다.

인장강도(*tensile strength*)는 금속이나 다른 물질들은 단위 면적당 절단하중(kg/m^2)으로 나타내지만 모발의 경우는 모발의 단위 섬도(*fineness*)에 대한 절단하중(g/d 혹은 g/tex)으로 나타낸다. 절단점에서의 응력을 절단응력(*breaking stress*) 또는 강도라 한다. 신장률(*elongation* ; %)은 모발이 신장된 길이와 모발의 원래 길이의 비를 백분율로 나타낸 것이다.

전형적인 강도-신도 곡선의 특성은 각각 다음과 같은 의미를 갖는다.

- 곡선 Ⅰ : 딱딱하고 부러지기 쉽다.
- 곡선 Ⅱ : 딱딱하고 질기다.
- 곡선 Ⅲ : 부드럽고 질기다.
- 곡선 Ⅳ : 부드럽고 약하다.

모발을 물속에서 연신하였을 때와 65%의 상대습도에서 연신하였을 때의 하중-신장 곡선을 비교하였다. 그 결과 동일한 모발이라 할지라도 모발의 수분 함유량이 많을 경우 인장강도는 낮고 신장률이 높지만 수분의 함유량이 적을 경우에는 많을 경우에 비하여 인장강도는 높고 신장률은 낮다. 이와 같은 결과는 케라틴의 수소결합과 이온결합이 파괴됨으로써 나타나는 현상이다.

65% 상대습도(*relative humidity*, RH)에서 모발을 끌어당겨 뽑는데 필요로 하는 에너지는 Hooke의 탄성한계(항복값)와 거의 같으며 절단강도보다 작다. 즉 모발을 인장하면 끊어지지 않고 뽑히는 수가 많다. 실제로 2~3명의 머리를 빗질한 경우 모발의 절반 정도는 모근을 동반하고 있어 뽑혀지는 경우가 많다.

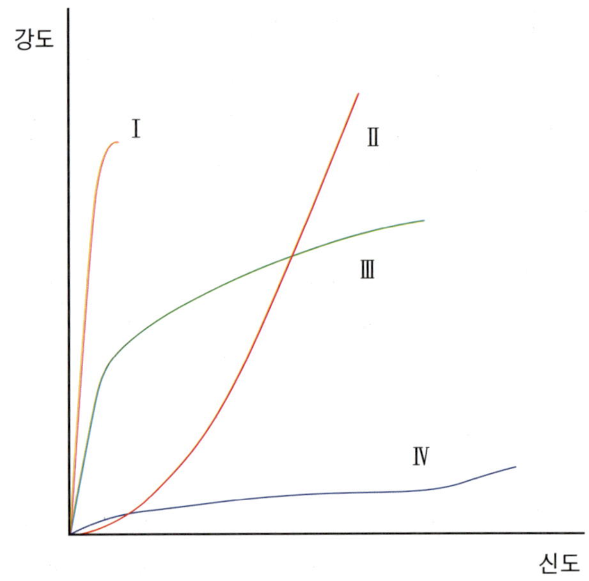

그림 11-8. 전형적인 강도-신도 곡선

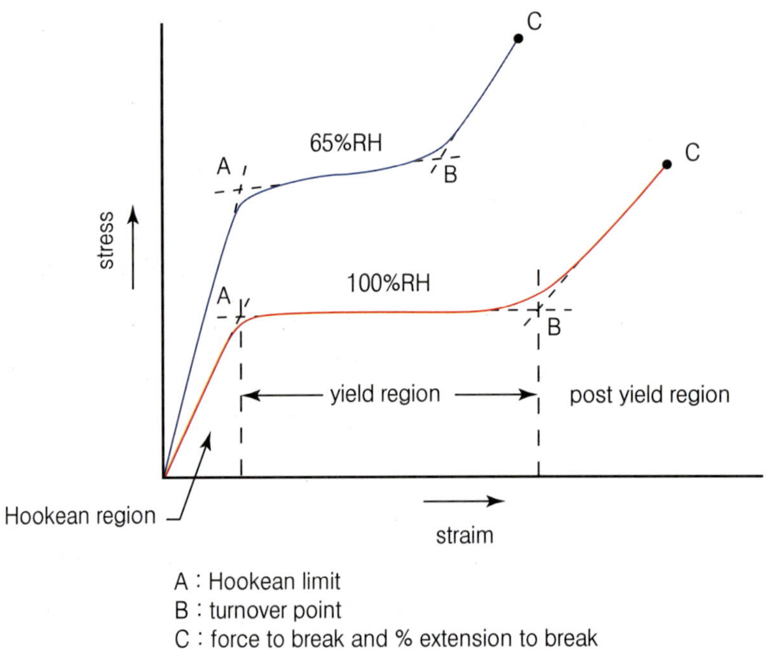

그림 11-9. 수분 함유량이 다른 모발의 하중-신장 곡선

모발을 물속에서 30% 연신한 후 힘을 제거하면 원래의 길이로 되돌아간다. 신장에 요하는 일(*work*)은 회복에 요하는 일보다 항상 크다. 즉 히스테리시스 (*hysteresis*)가 존재하며, 이 2가지 일의 비율은 탄성율(*resilience ratio*) 혹은 히스테리시스 비율(*hysteresis ratio*)이라 하며 중요한 하중-신장 파라미터이다.

1-1-2. 하중-신장 특성에 영향을 미치는 인자

1) 상대습도 또는 수분 함유량

모발 내의 수분 함유량은 상대습도(RH)에 따라 변화하며, 상대습도가 증가하면 수분 함유량은 증가한다. 상대습도가 증가함에 따라 최대신장(절단시의 신장율)도 증가한다.

즉 100% RH(물속)에서 모발의 인장특성은 65% 상대습도(RH)에 비하여 최대신장이 보다 크고, 탄성계수가 보다 작아진다. 일반적으로 높은 습도 하에서 모발의 신장율은 커지고 인장강도는 작아진다. 모발의 동적 탄성계수도 상대습도 변화와 유사하게 거동한다.

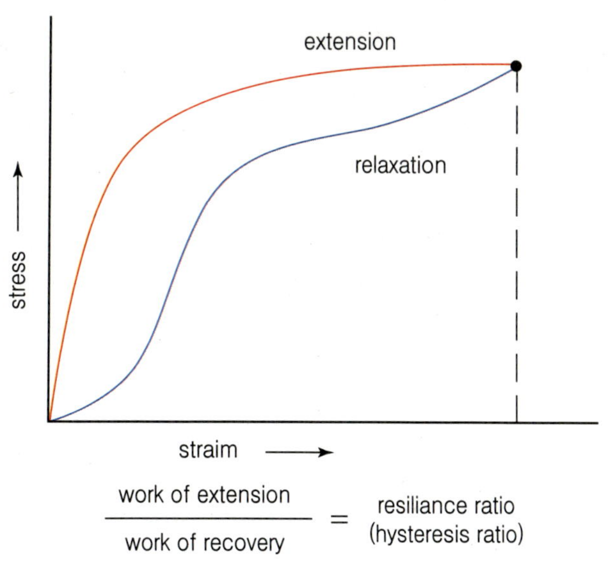

그림 11-10. 모발의 하중-신장과 회복 곡선

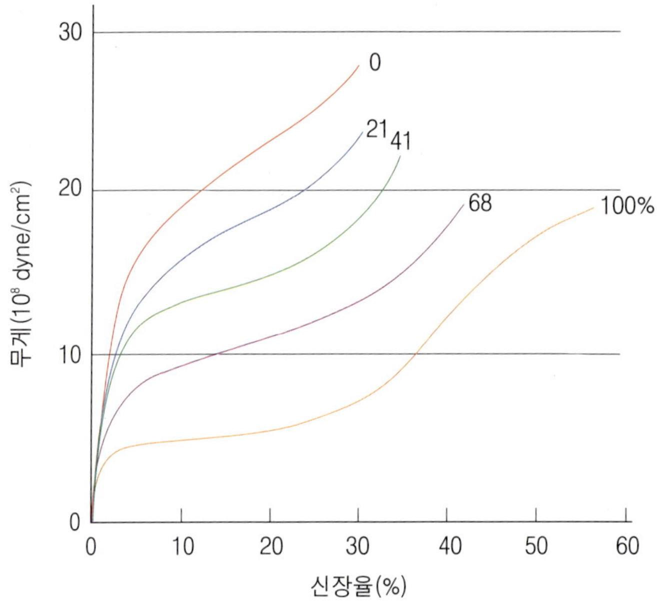

그림 11-11. 습도와 신장률

2) 섬유직경

모발의 습윤 상태 및 건조 상태의 인장특성은 섬유직경에 비례한다. 62% 상대습도에서의 섬유 선밀도와 Hooke의 기울기와의 관계에서 선밀도는 단면적 및 직경에 비례하므로 인장특성도 섬유직경에 비례한다. 습윤 상태이든 건조 상태이든 인장특성은 섬유직경에 비례하므로 습윤 상태와 건조 상태의 특성은 서로 비례하게 된다.

3) 온도

온도가 높아지면 하중-신장 곡선의 모양이 습도가 증가할 때와 같은 경향을 보인다. 즉 모발의 탄성계수는 온도가 높아짐에 따라 감소하는데, 어느 온도에서나 사람의 모발보다 양털이 작다. 이는 양털의 가교도가 낮기 때문이다.

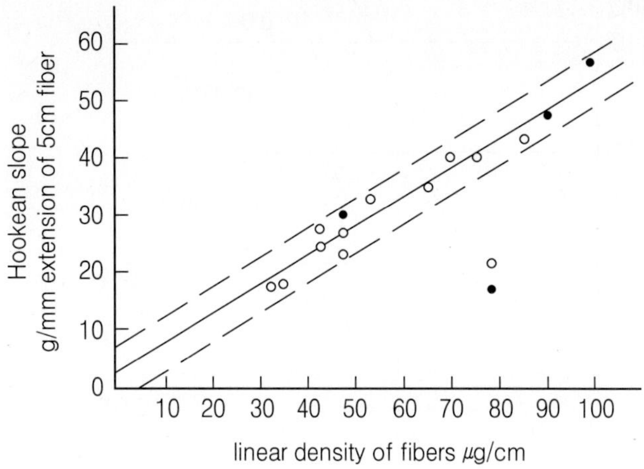

그림 11-12. 모발의 선밀도와 후크 기울기

표 11-2. 모발과 메리노 양모의 탄성계수와 상대습도 비교

구 분	65% 상대습도(RH)		100% 상대습도(RH)		비율 (65% RH/ 100%RH)
	인모	양모	인모	양모	
탄성계수 (mg/㎠)	55	31	21	12	인모 2.62 양모 2.58

따라서 온도가 높아짐에 따라 후항복역 계수와 섬유강도는 감소하고 최대신장은 증가한다. 후항복점 혹은 전위점은 처리 않은 양털에서는 85.5℃, 부분적으로 환원시킨 양털에서 66℃이다. 이와 같은 결과는 고온에서 이황화결합(-S-S-)과 티올(-SH)로의 상호전환 메커니즘으로 설명된다. 즉 모발에 온도를 높이면 고온에서 이황화결합이 완화되고 전환되어 변형이 없는 상태로 전이되는 것이다. 퍼머 처리한 모발은 열의 영향을 보다 받기 쉬운데, 20%의 신장률에서 응력은 미처리 모발의 경우 4%에 반하여 퍼머처리인 경우 약 7%의 감소를 보였다.

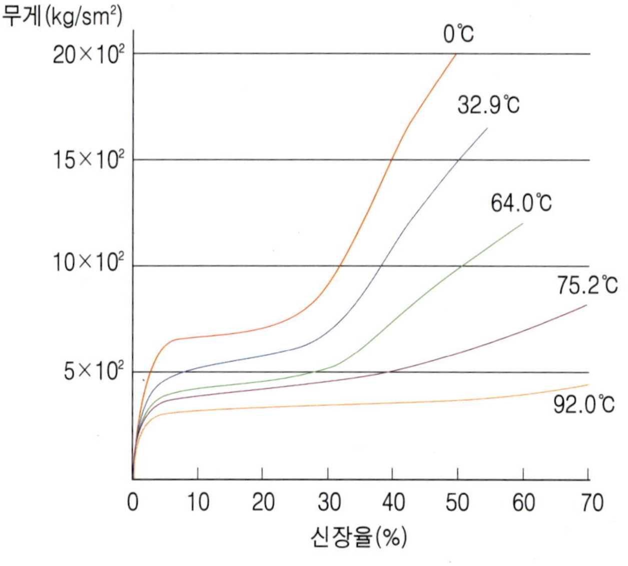

그림 11-13. 온도와 신장률

4) 탈색처리

모발의 탈색과정에서 주된 부반응은 시스틴의 S-S결합이 시스테인산으로 되는 산화반응이다. 이러한 가교결합의 파괴는 모발의 습윤 상태에서 인장특성에 큰 영향을 미친다. 즉 습윤 상태에서 모발의 강도는 이황화결합에 크게 의존하며 시스틴함량 감소와 더불어 거의 직선적으로 감소한다. 그러나 건조 상태에서 모발의 강도는 이황화결합의 양에 거의 의존하지 않는다. 실제적으로 건조 상태에서 모발의 강도저하는 시스틴 가교결합의 60% 이상이 파괴되었을 때에 나타난다.

습윤 상태에서 동일인의 모발을 강하게 탈색처리하고 백발상태로 했을 때의 모발은 시스틴결합이 파괴되고, 인장특성도 거의 50~60% 정도 감소한다. 건조 상태에서는 Resilience비율 이외의 인장특성 감소율은 10% 이하이다. 이와 같은 결과는 건조 및 습윤 상태에서의 모발 강도는 펩티드결합(*peptide bend*)의 파괴여부에 영향을 받기 때문이다. 즉 탈색처리는 알칼리성의 과산화물계이며, 펩티드결합의 개열이 일어난다. 따라서 건조 상태에서의 절단강도 감소가 근소하며 시스틴함량 감소율과 습윤 상태의 절단강도 감소율이 거의 같아지게 된다. 건조 상

표 11-3. 사람 모발의 응력과 신장에 미치는 온도의 영향

온 도(℃)	pH 7		
	탄성계수 (dyne × 10^{-10}cm^2)	절단하중 (dyne × 10^{-10}cm^2)	최대신장(%)
21	2.08	0.168	48
35	1.77	0.129	
50	1.67	0.125	50
70	1.64	0.140	
90	1.36	0.099	72

태에서의 *resilience* 비율의 변화율, 즉 항복영역까지 연신한 후 모발의 회복력은 시스틴결합 감소율과 거의 같다. 일반적으로 행하는 탈색처리는 통상 인장특성을 최대 25%까지 감소시키며, 모발이 강하게 탈색되었을 때는 감소의 폭이 보다 더 증가된다.

5) 퍼머 처리

퍼머 처리는 이황화결합의 환원반응 및 색도 면에서 모발에 응력을 부여하게 되는시스테인잔기(-SH)와 시스틴잔기의 이황화결합(-S-S-)의 교환반응이다. 이들 반응은 환원반응 후 및 다시 산화반응 후의 어떤 경우에도 섬유의 인장특성의 변화에 영향을 미친다. 즉 퍼머를 시술한 모발의 경우 일반적으로 인장특성이 감소한다. 시판 중인 가정용 퍼머 용제를 4:1로 혼합하여 퍼머를 한 경우 약 5-20%의 인장특성 감소를 보였다. 일반적으로 퍼머를 한 경우 약 20%의 이황화결합이 환원과정에서 절단되어 모발의 인장특성 감소가 일어난다.

메르캅탄 농도, pH 및 모발에 대한 용액의 비율이 높으면 지나치게 환원반응이 일어나기 때문에 인장특성의 감소가 크다. 건조한 상태의 인장특성 감소는 습윤 상태의 경우보다 적다. 이러한 결과는 모발이 환원반응이 일어난 후 메틸화(*methylation*)하여 케라틴 섬유 속의 이황화결합을 최대 60% 감소시켜도 65% RH에서의 인장특성에 거의 영향을 미치지 않는다. 그러나 습윤 상태의 인장특성은

표 11-4. 탈색 모발의 인장 특성

모발 상태	인장파라미터	인장특성		인장특성 감소율(%)	시스틴함량 감소율(%)
		미탈색 모발	탈색모발		
젖은 모발	20% 신장일 후크 기울기 후크 한계 20% 신장힘 resilience ratio	13.34 13.25 13.30 16.67 0.587	5.50 5.79 5.19 7.01 0.585	59 56 61 58 0	48 48 48 48 48
건조 모발 (55%RH)	20% 신장일 20% 신장힘 resilience ratio	32.06 36.71 0.173	30.84 33.80 0.115	4 8 44	48 48 48

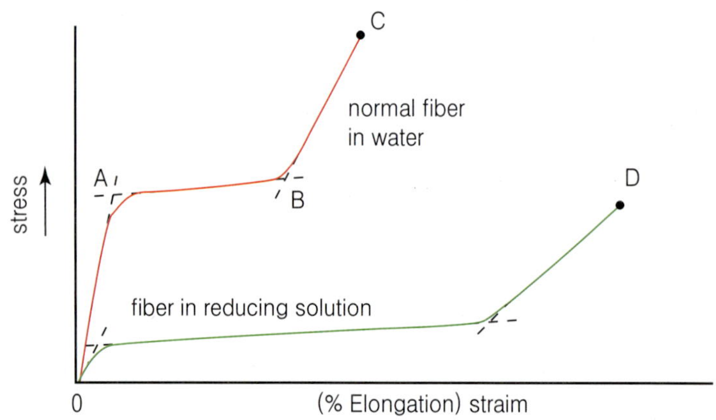

0 to C : stress strain curve of hair fiber in water
0 to D : stress strain curve of hair fiber in reducing agent
0 to A(slope) : Hookean slope
A to B(slope) : yield slope
B to C(slope) : post yield slope

그림 11-14. 퍼머넌트 웨이브 용제 중 제1제와 수분에 젖은 모발의 하중-신장곡선

폴리펩티드 사이의 수소결합이 물 분자와 교환하는 것을 방해한다. 이 결합이 개열하면 물 분자가 침투하기 쉬워지고, 수소결합 교환을 쉽게 하므로 건조한 상태에서 보다 습윤 상태에서 인장특성을 보다 저하시킨다.

환원제 수용액 속에서 모발을 연신하였을 경우 일정한 변형을 얻는데 필요로 하는 응력은 물속에 비하여 작아진다. 이는 disulfide결합, 수소결합 등의 파괴 및 분자의 재배열에 의한 것이다. 다시 산화제로 처리하면 인장특성은 환원되며 거의 원래의 미처리 모발과 같아진다.

하중-신장 및 응력완화 측정은 메르캅탄에 의한 케라틴섬유의 환원과정을 추적하는데 이용할 수 있다. 이황화결합은 후항복역에서의 연신을 방해하므로 응력/변형 곡선의 이 영역에서 환원반응을 행하면 크게 변한다. 습윤 상태의 인장특성은 모발의 환원, 재산화 및 퍼머 처리과정의 영향을 연구하기 위한 유용한 수단이다.

6) 염료 및 활성제

모발의 염색에는 방향족 아민류, 페놀류 등의 산화염료가 널리 이용되고 있으며, 이들은 축중합하거나 모발의 전자밀도가 높은 측쇄부분과 반응한다. 이들 약제는 모발에 침투하기는 하나 그 양은 작으며, 그 반응은 S-S 결합을 개열하는 것보다는 아민기(-NH_2), 수산기(-OH) 등으로의 부가반응에 의한 것이다. 따라서 이들 약제와 염료에 의한 인장특성은 매우 작게 감소한다.

그러나 산화염료는 과산화수소가 존재한 상태의 pH 10 부근에서 모발의 염색이 이루어진다. 따라서 과산화물과 알칼리의 농도는 염색 전의 모발의 색 및 염

표 11-5. 퍼머가 모발의 인장특성에 미치는 영향

구 분	인장강도		20% 신장율	
	건조모발(65%RH)	젖은 모발	건조모발(65%RH)	젖은 모발
가정용 퍼머넌트 웨이브 용제 사용	−7%	−15%	−11%	−18%

색하고자 하는 모발의 색에 의하여 결정되므로 이황화결합의 산화반응 정도에 따라 인장특성이 변하게 된다. 일반적으로 어두운 색의 모발을 밝게 염색할 경우는 밝은 색을 어둡게 염색하는 경우보다 인장특성의 감소가 크다. 이는 밝은 색으로 염색하려면 탈색처리에 의하여 탈색이 필요하기 때문에 모발의 손상이 커진다.

보통 음이온성 또는 양이온성 계면활성제나 염료로 처리한 경우의 모발 인장특성 의 변화는 거의 없다.

7) pH

모발은 pH에 따라 팽윤도가 크게 4가지 영역으로 달라진다. 즉 모발을 장시간 넣어 두면 pH 4~9에서의 팽윤은 최소이고, pH 10 이상에서의 팽윤은 크게 증가하다가 용해된다. pH 3~1에서의 팽윤은 근소하게 증가를 보이다가 pH 1 이하에서는 팽윤은 근소하게 감소한다.

pH 10 이상에서 팽윤의 큰 증가는 모발 속의 2산성 아미노산잔기의 이온화 및 케라틴이 가수 분해되기 때문이다. pH 3~1의 팽윤 증가는 2염기 아미노산의 결합, 또한 pH 1 이하에서의 팽윤감소는 아마도 불가역적인 구조변화 때문이다.

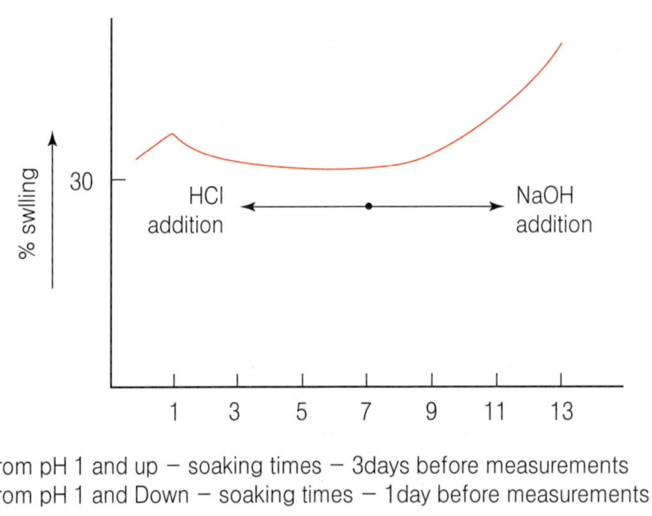

그림 11-15. pH에 따른 모발의 팽윤

모발을 pH 2 이하의 용액 속에 하룻밤 넣어 두면 비가역적인 구조변화가 일어나고, 인장특성이 감소하게 된다. 이 결과는 pH1 이하에서 팽윤이 감소하는 점과 모순된다. 장시간(3일간) 높은 pH용액에 넣어 둔 모발의 팽윤이 큰 점은 아마도 펩티드결합이 가수 분해되기 때문이다.

8) 일광 조사

모발에 자외선을 조사하여 아미노산을 분석하면 모발의 끝은 뿌리부분에 비하여 시스테인함량이 높고, 시스틴함량이 적다. 이는 시스틴이 자외선에 의하여 분해되기 때문이다. 따라서 모발은 자외선에 의하여 인장강도가 감소된다.

9) 생리학적 이상

갑상선 기능부전(*hypothyroidism*) 및 머리와 수족이 비대해지는 선단비대증(*acromegaly*) 환자의 모발은 낮은 습도 하에서의 응력/변형 곡선의 항복 영역에서 특이한 거동을 보인다. 그리고 선천성 외배엽 형성 장해 환자의 모발은 절단강도가 낮다.

1-2. 굴곡(bending)과 모발의 경도(stiffness)

모발을 구부릴 경우 크게 3가지 영역으로 구분하여 케라틴의 길이 변화가 달라진다. 즉 호(arc)의 바깥층(A)은 연신되고, 안쪽층(C)은 압축되며 가운데 부부인 중심면(B)은 길이의 변화가 없다. 모발의 경도(*stiffness*)는 굴곡에 대한 저항성이며 모발섬유의 기본적 특성이다. 이와 같은 모발의 굴곡과 경도는 와인딩에 의한 퍼머나 세팅에서 흔히 나타날 수 있는 물리적 특성이다.

굴곡시험법은 섬유의 양 끝에 무게가 가볍고 동일한 하중을 부여한다. 즉 섬유의 끝을 짧은 플라스틱 튜브에 통과시키고 점점 가늘어지는 금속 제핀을 튜브의 다른 한쪽 끝으로부터 삽입하여 섬유를 고정하는(핀과 튜브를 합한 중량은 이미 알고 있으며 이것이 추가 됨) 섬유를 가늘은 철사 갈고리(*wire-hook*)에 매달고 수직하게 늘어뜨려진 두 섬유사이의 거리(d)를 측정한다. 거리(d)가 섬유경도의 지수가 되며, 굴곡변형에 대한 힘의 비율인 경도 계수(G)는 섬유사이의 거리(d)로부터 계산이 가능하다.

$$G = Td^2/8$$

T는 각 섬유 끝에 걸리는 힘이고, dyne($g \times 980.6cm/sec^2$)으로 나타낸다. 굴곡의 탄성계수(E)도 섬유사이의 거리(d)로부터 계산할 수 있다. A는 섬유단면적이며, 직경 또는 선밀도로부터 구할 수 있다.

$$EB = \pi Td^2/2A^2$$

섬유에 걸린 하중이 크면 모발섬유의 경도지수는 작아진다. 통상적인 측정에서는 전체하중을 0.2g(섬유하나당 0.1g)으로 하고, 직경 0.77mm의 wire hook를 사용한다. 직경 50㎛ 이하의 가는 섬유일 경우는 하중이 보다 작은 쪽이 좋다.

상대습도가 증가함에 따라 모발의 경도는 유연해진다. 각종 처리에 의한 모발섬유의 경도변화는 인장 특성과 거의 유사하게 나타난다.

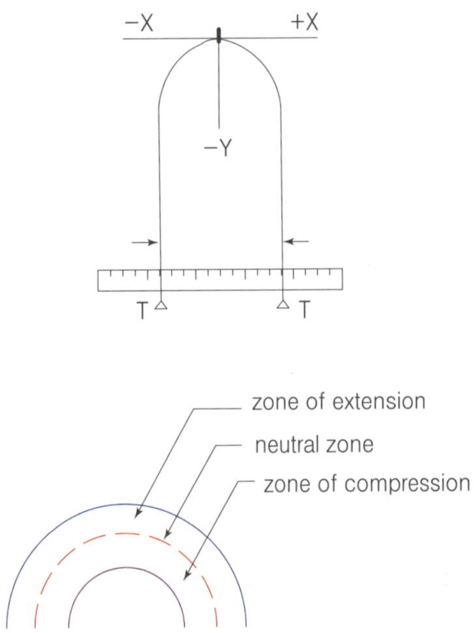

그림 11-16. 모발의 굽힘 시험과 굽힘에 의한 모발 섬유의 길이 변화

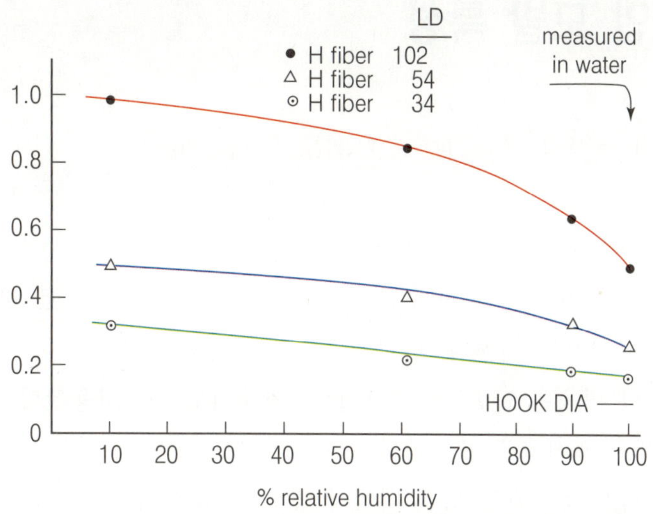

그림 11-17. 상대습도의 변화에 대한 모발의 경도 변화

1-3. 비틀림(torsion)과 모발의 강성률(rigidity)

일반적으로 모발은 빗질과 세트(*set*)할 때 비틀어진다. 비틀림에 대한 저항은 비틀림 강성률(*torsional rigidity*)이라 한다. 강성률은 1cm당 1회전의 비틀림을 일으키는데 필요한 힘(*torque*)이다. 비틀림 강성률은 굴곡에서의 경도와 유사하며 화장품과학에서도 필요한 기본적인 역학적 특성 중의 하나이다.

모발의 경우 60~65% RH에서 비틀림 계수는 신장계수 및 굴곡계수보다 작다. 그러나 물은 신장이나 굴곡특성보다 비틀림 특성에 대하여 큰 영향을 미친다. 퍼머처리 모발과 처리하지 않은 모발의 비틀림 특성의 경우 처리모발의 강성률은 상대습도가 낮을 때는 처리하지 않은 모발보다 크고, 90% 이상의 상대습도에서는 보다 작아진다. 습윤 상태에 대한 건조 상태의 비틀림 계수의 비율을 취하면 습도의 영향은 처리하지 않은 모발보다 처리한 모발이 보다 더 크다. 이와 같은 현상은 신장의 경우에도 유사하지만 그 정도는 다르다.

2. 일반적인 모발 특성

2-1. 모발의 광택(luster or hair shine)

빛이 어떤 표면에 입사하면 그 일부는 입사각과 동일한 각도로 반사가 되는데, 이를 정반사라 한다. 그리고 다른 일부의 빛은 입사각과 다른 각도로 반사가 되는데, 이를 난반사 혹은 확산 반사한다. 일반적으로 정반사와 난반사가 동시에 일어난다. 정반사와 난반사의 비율은 일반적으로 모발의 광택척도로서 사용된다.

모발에 빛을 쬐면 입사광은 표면에서 반사하거나 굴절한다. 굴절된 입사광의 일부는 모발 내에 들어가 흡수되어 모발 내에서 반사, 굴절된 후 다시 모발 밖으로 산란된다.

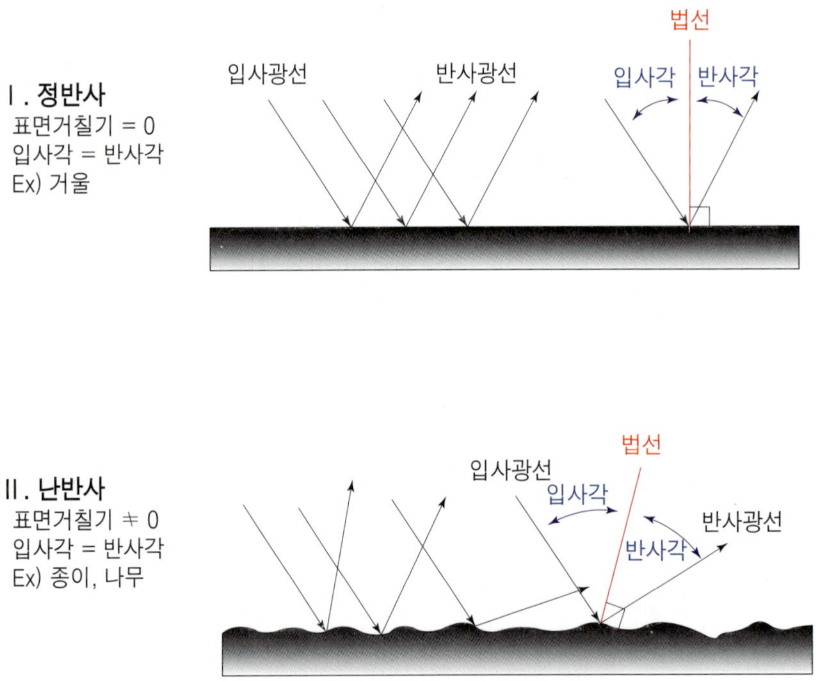

그림 11-18. 빛의 정반사와 난반사

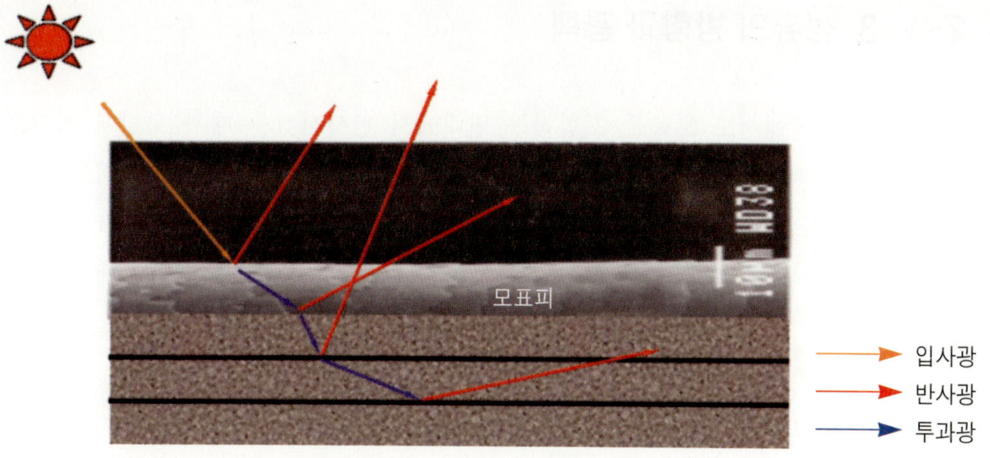

그림 11-19. 모발의 빛의 흡수와 반사

2-1-1. 광택측정법

모발의 광택평가에는 2가지 방법, 즉 모발 다발의 반사광을 측정하는 방법과 단섬유의 반사광을 측정하는 방법이 있다. 모발을 직경 10cm의 원통에 정렬시켜 감은 모발 다발에 빛을 조사한다. 그리고 수광기를 입사 광속에 대하여 160°의 위치에 두고 시료모발을 회전시켜 최대치를 읽는다. 광원은 시료모발로부터 10cm의 거리로 고정한다. 수광기까지의 거리(X)를 2곳 이상 바꾸어 반사광강도를 측정함으로써 정반사(S)와 난반사(D)를 계산할 수 있다. 이 경우에 cos C는 80°의 코사인(*cosine*)이다.

$$반사광의\ 강도 = S(DcosC/X^2)$$

2-1-2. 섬유의 나란함과 광택

모발의 섬유가 평행하게 나란히 있을 때 정반사광은 최대가 되며, 난반사 광은 최소가 된다. 모발 다발 또는 머리 부분의 모발섬유를 정확히 갈도록 정돈할 수 있는지가 광택 평가에 크게 영향을 미치며, 모발의 광택이 근소하게 변하는 것을 측정하기는 어렵다.

2-1-3. 섬유의 방향과 광택

한 가닥의 모발에서도 모축을 포함하는 면내에서 반사시켰을 때가 모발에 직각으로 반사시켰을 때보다 광택이 있다. 모소피 방향으로 빛이 입사하면 모소피의 역방향으로부터 입사했을 때보다 반사광은 커지며 난반사광은 작아진다. 섬유가 닳을락 말락한 각도로부터 빛을 비추어 보면 보다 큰 각도로부터 빛을 비추었을 때보다 광택이 있다.

2-1-4. 섬유의 색 또는 염색과 광택

어두운 색깔의 모발은 밝은 색깔의 모발보다 광택이 있는 것처럼 보이는 수가 많다. 빛의 일부는 섬유표면에서 반사하고 나머지는 섬유 속으로 들어가 내부의 불규칙한 반사에 의하여 산란되어 다시 나오는 때에는 난반사광이 증가한다. 섬유에 색깔이 있거나 염색한 모발의 경우에는 이 난반사광의 일부는 섬유로부터 나오기 전에 흡수되어 약해지므로 염색하지 않은 모발이나 금발보다 광택이 있는 것처럼 보인다.

2-1-5. 기타 요인과 광택

피지 또는 비누 샴푸는 모발의 광택을 감소시킨다. 비누 효과는 경수에서만 보이는데, 100ppm 정도의 낮은 경도뿐만 아니라 300ppm의 경도에서 비누 샴푸가 동일 효과가 있다. 즉 피지 및 샴푸로부터 부착된 비누 분은 모발의 광택을 감소시킨다. 이와 같은 효과는 양이온성 고분자를 함유하는 샴푸로 씻은 모발에 대해서도 관찰되었다. 이들 성분은 모발에 균일하게 부착되어 있지 않으므로 난반사를 증가시키는데 부착물의 증가에 따라 정반사광이 감소한다.

정반사광/난반사의 비율(대비광택도)은 헤어스프레이 원액의 농도 및 사용된 수지의 종류에 따라 다르지만 2~14% 감소하였다.

시판 중인 가정용으로 퍼머처리한 암갈색 모발 다발은 미처리한 것보다 약간 광택이 감소한 것으로 평가되었다. 또한 색깔이 약간 밝아진다는 변화도 확인되었다.

모발을 마모시키면 대비광택도는 감소하고, 그 양은 마모의 정도에 의존한다. 반사광의 총량과 정반사 성분이 함께 증가한 경우도 있으나, 대비광택도는 항상 감소한다. 이러한 결과는 모발에 심하게 빗질하면 모소피 끝을 박리시켜 모발표면을 불규칙하게 함으로써 모발의 광택을 감소시킨다.

2-2. 빗질의 용이성(combing ease)

빗질의 용이성은 모발 다발의 섬유를 빗으로 평행하게 정렬시키는 용이성이다. 이는 단섬유의 성질이라고 생각할 수 있으나, 섬유다발의 성질이라고 생각할 수 있다. 빗질의 용이성에 관계된 섬유의 성질은 마찰계수, 섬유의 경도, 정전기, 섬유곡률, 직경, 길이 등이다. 섬유곡률, 길이, 마찰, 정전기가 증가하면 빗질이 나빠지고, 섬유의 경도, 직경이 증가하면 빗질이 용이해진다. 경도, 직경의 변화는 다른 성질 변화에 비하여 빗질용이성에 대한 영향이 적다.

2-2-1. 빗질의 용이성 측정법

모발다발을 반복하여 빗고 데이터를 non-parametric한 통계처리로 평가하는 방법은 적절하게 사용하면 신속하고 감도 및 재현성이 높으므로 유용한 방법이다. 그러나 기기에 의한 정량적인 측정법도 이용하고 있다. 이들 방법의 원리는 작은 모발다발을 변형계(예를 들면, Instron식 인장시험기의 변형계)에 취부하고 일정조건으로 모발다발에 빗을 통과시키는데 필요한 힘 및 일의 량을 측정하는 것이다. 그 외에 진동법이 있는데, 빗의 이(*tooth*)가 모표피를 마찰할 때 발생하는 진동주파수를 검출한다.

표 11-6. 빗질감의 용이성과 관련된 단섬유 특성

빗질감 용이	빗질감 좋지 않음
경도(stiffness) 직경(diameter) 응집성(cohesion)	굴곡(curvature) 마찰(friction) 길이(length) 정전하(static charge)

2-2-2. 빗질의 용이성에 대한 각종처리의 영향

퍼머처리 및 탈색처리에 의하여 모발의 빗질용이성은 나빠진다. 퍼머처리에 의하여 섬유곡률 및 섬유상호간 마찰이 증가하는 점이 모발의 빗질용이성을 나쁘게 하는 최대요인이다. 탈색처리한 경우는 마찰의 증가가 최대요인이다. 탈색처리에 의한 곡률변화는 없고, 경도, 직경, 정전하의 변화도 거의 없다.

크림린스나 컨디쇼너는 퍼머처리나 탈색처리와는 반대로 섬유간의 마찰을 감소시켜 빗질을 좋게 한다. 또한 대전방지효과도 있어 건조시의 빗질을 쉽게 한다.

샴푸에는 여러 가지가 있는데, 모발의 빗질을 좋게 하는 것도 있고 나쁘게 하는 것도 있다. 세정력이 높은 샴푸는 모표피나 유분을 제거하여 섬유 상호간의 마찰을 증가시키므로 더러워진 모발보다 빗질을 나쁘게 한다. 그러나 컨디쇼닝 샴푸에서는 모발표면의 마찰을 감소시키는 성분이 모발에 흡착되어 빗질이 좋아지는 것이 있다. 또한 샴푸는 모발의 대전성을 저하시킨다. 한편 컨디쇼닝 샴푸는 모발표면을 미끈미끈하게 하여 빗질을 좋게 할 뿐만 아니라 대전성을 감소시키므로 모발의 부풀림(*flyaway hair*)을 억제하여 건조시의 빗 통과를 쉽게 한다. 시판중인 샴푸를 사용했을 때의 모발섬유의 경도, 곡률, 직경의 변화는 거의 없으므로 이들 특성은 빗질용이성에는 관계가 없다.

2-3. 모발의 질감(hair body)

질감(*body*)은 섬유산업에서 섬유의 원료(*textile stock*) 또는 직물(*fabric*)의 촘촘함(*compact*), 부드러움(*soft*), 견고한 느낌(*firm-feel*)이라는 감촉적인 성질(*tactile properties*)이다. 모발의 경우는 시각 및 감촉의 양쪽에는 평가되는 모발의 양 또는 겉보기 상의 모발 전체 용적으로서 정의한다. 탄력성도 질감과 관계가 있다.

질감은 단섬유의 마찰과 응집(*cohesion*), 경도, 곡률, 단면적 또는 직경, 중량, 길이 등에 관련된 복잡한 성질이다.

질감의 변화를 위해서는 처리 중에 변하지 않는 성질, 즉 모발의 밀도나 길이 등을 무시할 수 없다. 모발의 경도를 보다 더 높게 하거나 직경 또는 곡률을 크게 하

표 11-7. 모발의 질감과 관련된 단섬유 특성

질감의 증가	질감의 감소
경도(stiffness) 직경(diameter) 굴곡(curvature)	마찰(friction) 응집성(cohesion) 무게(weight)

거나 섬유 간의 마찰력을 크게 하면 모발의 body감은 증가한다. 따라서 질감을 결정하는 5가지 요인은 모발의 밀도, 경도, 직경, 섬유간의 상호작용, 곡률이다.

그 외에 질감에 영향을 미치는 모발의 각종 처리는 다음과 같다.

(1) 퍼머처리 및 탈색처리는 그 메커니즘은 다르지만 모발의 질감을 증가시킨다. 퍼머처리는 섬유의 곡률 및 마찰을 크게 하며 질감을 증가시킨다. 탈색처리는 섬유의 곡률은 증가시키지 않지만 섬유 간 마찰을 크게 한다. 이들 성질은 질감을 증가시키는 주요요인이다.

(2) 크림린스는 모발을 찰싹 들러붙게 한다고 생각되나 이는 질감과는 반대의 관계에 있다. 이는 크림린스의 성분이 섬유간의 마찰을 감소시키기 때문이다.

(3) 컨디쇼너는 질감을 증가시키는 동시에 빗질을 쉽게 하는 것이 있다. 이는 습윤 시, 건조 시의 동적마찰력을 감소시켜 건조 후에는 정지된 마찰력 및 섬유 간 점착력을 증가시키기 때문이다. 헤어스프레이 중에도 이러한 거동을 하는 것이 있다. 컨디쇼너나 헤어스프레이를 사용 후 충분히 빗질하여 모발 전체에 고루 퍼지게 하면 겉보기 섬유직경을 증가시킬 수 있다.

(4) 샴푸의 질감에 대한 영향은 다양하다. 세정력이 높은 샴푸는 더러워진 모발의 유분을 제거하여 섬유 간 단위 접촉면적당의 마찰력을 크게 하여 질감을 증가시킨다. 컨디쇼닝 샴푸는 크림린스의 작용과 비슷하게 섬유간의 마찰력을 감소시켜 모발을 찰싹 들러붙게 할 수 있다.

2-4. 스타일유지성

스타일유지성은 헤어스타일을 만든 후 모발을 그대로의 상태로 유지하는 능력이며, 시간 의존성이 있다. 모발의 컬(*curl*) 또는 웨이브(*wave*)를 오래 동안 유지하는 것도 스타일유지성과 관계가 있다. 스타일유지성은 단섬유의 성질로 나타낼 수도 있고, 섬유 다발의 성질로 취급해도 좋다. 스타일유지성은 컨디쇼너나 wave-set, 퍼머, 헤어스프레이의 성능으로서 중요하다.

스타일유지성에 영향을 미치는 단섬유의 성질은 마찰, 경도, 곡률, 중량이다. 섬유의 경도 및 중량이 증가하면 스타일유지성이 감소한다.

모발의 중량은 스타일유지성에 큰 영향을 미치나, 경도는 거의 영향을 미치지 않는다. 일반적으로 모발을 물로 적셔서 set하여 바라는 모발유형으로 만드는데, 이는 자연적인 곡률과는 다르다. 습도를 증가시키면 물에 의한 set는 흐트러지기 쉬워지며 서서히 자연적인 곡률로 변한다. Set한 헤어스타일은 마찰력 및 점착력으로 유지되고, 섬유의 경도가 높아지면 그만큼 마찰력을 물리적 스타일이 보존되지 않는다.

희망하는 스타일로 맞추어 섬유곡률을 최대로 하면 섬유의 엉클어짐이 최대가 되며 최대의 스타일유지성을 얻을 수 있다. 일반적으로, 섬유곡률이 증가하면 스타일유지성은 증가하나, 희망하는 헤어스타일이 자연적인 곡률보다 모발을 펴지게 할 경우(*straight hair style*)의 스타일유지성을 증가시키려면 섬유곡률을 감소시킬 필요가 있다.

스타일유지성에 미치는 영향은 다양하다. 희망하는 스타일을 만들기 위하여 모발의 자연적인 곡률보다 더욱 큰 곡률이 필요할 때는 퍼머처리하면 스타일유지성을 개선할 수 있다. 컬을 만드는 기구의 종류와 크기에 의하여 헤어스타일이 결정되므

표 11-8. 스타일유지성과 관련된 단섬유 특성

스타일 유지의 증가	스타일 유지의 감소
마찰(friction, low road) 응집성(cohesion) 굴곡(curvature)	굴곡(curvature) 경도(stiffness) 무게(weight)

로 이들은 희망하는 헤어스타일에 필요한 곡률과 일치시킬 필요가 있다. 퍼머처리에 의하여 섬유 간 마찰도 증가시키므로 스타일유지성이 좋아진다.

탈색처리도 섬유 간 마찰을 증가시키므로 스타일유지성을 좋게 한다. 크림린스의 성분은 탈색처리와의 반대로 섬유 간 마찰을 감소시켜 스타일유지성을 나쁘게 한다.

컨디쇼너 세트, 세트 로션, 헤어스프레이는 모두 섬유 간 힘을 증가시켜 스타일의 유지성을 좋게 한다. 이 효과는 중량 증가에 의한 스타일유지성의 감소보다 훨씬 크다.

세정력이 높은 샴푸에서 유성의 모발을 씻으면 마찰력이 증가하여 스타일 유지성이 개선된다. 그러나 컨디쇼닝 샴푸 중에는 높은 세정력이 제품에 비하여 마찰력을 감소시켜 스타일유지성을 나쁘게 하는 것도 있다.

2-5. 정돈 용이성

모발의 정돈 용이성은 모발을 적당한 장소에 낙착시키는 것 및 이를 동일 장소에 머무르게 하는 능력이다. 정돈용이성은 질감과 유사하게 단섬유의 성질, 즉 마찰, 경도, 정전기, 곡률, 중량, 길이 등의 복합적인 성질이다. 정전기, 동적마찰력, 경도, 중량이 증가하면 모발의 정돈용이성이 감소하고, 이들 중 특히 정전기 및 동적마찰력이 미치는 영향이 크다. 또한 정지된 마찰력이나 점착력이 증가하면 모발은 정돈하기 쉬워지며, 섬유의 곡률을 변화시켜 모발이 원하는 스타일에 비하여 너무 펴지게(*hair straight*) 되거나 지나치게 컬(*curl*)을 하게 되면 모발은 정돈하기 어려워진다.

모발의 정돈용이성에 대한 여러 가지 모발 처리가 미치는 영향은 다양하다. 정돈용이성이란 모발을 정해진 장소에 낙착시키는 것 및 모발을 그 장소에 유지시키는 것인데, 이들 두 성질은 서로 반대의 성질이므로 정돈용이성을 좋게 하기 위해서는 이들 중 어느 쪽이 요구되는가를 판단할 필요가 있다.

퍼머처리는 섬유마찰 및 섬유곡률을 증가시켜 유지성을 증가시키는데, 섬유곡률을 크게 하면 모발의 엉클어짐이 증가하고 정해진 장소에 모발을 낙착시키는 힘은 저하한다. 모발을 정해진 장소에 유지시키는 것이 정해진 장소에 낙착시키는 것보다 중요한 경우에 퍼머처리는 정돈용이성을 개선할 수 있다. 그러나 반대의 것이 요구될 경우에는 퍼머처리는 정돈용이성을 감소시킨다. 퍼머처리에 만족하는 사람에게는 모발을 정해진 장소에 유지시키는 것에 관심을 가지는 사람이 많고, 퍼머처리

후의 모발이 보다 정돈하기 쉬워졌다고 느낀다. 퍼머처리에 의한 정돈용이성에 만족하지 못한 경우는 크림 린스로 섬유의 마찰을 감소시킬 수 있다.

크림린스 성분은 동적 마찰력을 감소시키며, 정지된 마찰력도 상당히 감소시키는 경우가 많다. 또한 모발의 정전하도 감소시켜 모발의 부풀림(*flyaway*)도 적게 한다. 크림린스에 만족하는 사람에게는 정해진 장소에 모발을 낙착시키는 것에 관심을 가지는 사람이 많고, 크림린스를 사용하면 자신의 모발이 보다 정돈하기 쉬워진다고 느낀다.

컨디쇼너, 세트 로션, 헤어스프레이를 사용하여 만족하는 사람은 정해진 장소에 모발을 유지시키는데 관심이 있다. 즉 이들 제품에 의한 섬유 간 점착력이 증가하여 정해진 장소에 모발을 낙착시키기 어려워져도 스타일유지성을 중시한다. 그러나 이들 제품 중 컨디쇼너에는 동적마찰력을 감소시켜 정돈용이성을 개선할 수 있다.

세정력이 높은 샴푸로 더러워진 모발을 씻으면 마찰력을 증가시켜 정해진 장소에서의 모발 유지성을 개선할 수 있다. 이러한 샴푸에 만족하고 다른 모발제품을 사용하지 않는 사람은 일반적으로 모발을 정해진 장소에 낙착시키는 것보다 스타일유지성에 관심을 가진다. 세정력이 높은 샴푸와 크림린스를 함께 사용하는 사람, 또는 강한 컨디쇼닝 샴푸를 사용하는 사람은 정해진 장소에 모발을 낙착시키는 것에 관심을 가지고 있다고 할 수 있다.

참고문헌

Alexander, P. Amer. Perfumer Cosmet. 82: 31(1967).

Alexander, P.: et al. Wool, Its Chemistry and Physics, 2d ed., pp. 61~65. Franklin Publishihg Co. NJ (1963).

Alexander, P.: et al. Wool, Its Chemistry and Physics, pp. 7~8. Franklin, NJ(1963).

Allworden, K.Z. Angew. Chem. 29: 77(1916).

Amro, B.I.N.: et al. J. Soc. Cosmet. Chem. 45: 159(1994).

Anzuino, G.: Robbins, C.R. J. Soc. Cosmet. Chem. 22: 179(1971).

Bailey, J.G.: Schliebe. S.A. Int. Symp. Forensic Hail Comparisons, Quantico, VA(1985).

Barnett, R.J.,: Seligman, A.M. Science 116: 323(1952).

Beyak, R.: et al. J. Soc. Cosmet. Chem 22: 667(1971).

Birbeck, M.S.C.: Mercer, E.H. J. Biophys. Biochem. Cytil. 3: 203(1956).

Blankenburg, G.: Philippen, H. SCC Annual Meeting, New York(1984).

Bradbury, J.H.: et al. Nature 210: 1333(1966).

Breuer, M.M. J. Soc. Cosmet. Chem. 23: 447(1972).

Brow, J. J. Soc. Cosmet. Chem. 18: 225(1967).

Chao, J.: et al. J. Soc. Cosmet. Chem. 30: 401(1979).

Clairol. U.S. patent 5, 173, 085(1992).

Cleland, W. Biochemistry 3: 480(1964).

Cook, M. Drug Cosmet. Indust. 6(1): 25(1956).

Cook, M. Drug Cosmetic Indust. 101: 40(1967).

Corbett J. J. Soc. Cosmet. Chem 24: 103(1973).

Corbett, J. J. Soc. Cosmet. Chem. 20: 853(1968).

Corbett, J. J. Soc. Dyers Col. 84: 556(1968).

Courtois, M.: et al. Int. Fed. SCC, pp. 407~424, Paris(1982).

CTFA Cosmetic Ingredigent Dictionary, Estrin N., ed., Cosmetic., Toiletry and Fragrance Association, Washington, DC(1973).

Danehy, J.P. In The Chemistry of Organic Sulfur Compounds, vol. 2, Kharasch: Meyers eds., p. 337. Pergamon Press, New York(1966).

DeNavarre, M.G. Am Perfumer 46: 49(1944).

Fraser, R.D.B.: et al. In Keratins, Their Composition, Structure, and Biosyn-thesis, Chapter 4. Thomas, Springfield, IL(1972).

Freytag, H. J. Soc. Cosmet. Chem. 15: 265(1964).

Garcia, M.L.: et al. J. Soc. Cosmet. Chem. 29: 115(1978) and references therein.

Gershbein, L.: O'Neill, H.J. J. Invest. Dermatol. 47: 16(1966).

Gershbein, L.L.: Matcalf, L.D. J. Invest. Dermatol. 46: 477(1966).

Gerstein, T. Cosmet. Toiletries 101: 21(1986).

Gillespie, J.M.: et al. Aust. J. Biol. Sci. 17: 548(1964).

Gillespie, J.M.: Marshall. R.C. J. Invest. Dermatol. 80: 195(1983).

Gjesdal, F. Acta Pathol. Micribiol. Scand. 133: 1~112(1959).

Griffin, J.E.: et al. Am. J. Physiol. 243: E81(1982).

Hamilton, J.B. Am. J. Anat. 71: 451(1942).

Harris, M.: Brown, A.E. Symp. Fibrous Proteins, Leeds J. Soc. Dyers Col, pp. 203~206(1946).

Huck, P.: Baddiel, C. J. Soc. Cosmet. Chem 22: 401(1971).

Hunter, L.: et al. Textile Res. J. 44: 136(1974).

Jurdana, L.E.; Leaver, I.H. Text. Res. J. 62(8): 463(1992).
Kamath, Y.; Weigann, H.D. J. Appl. Poly. Sci. 27: 3809(1982).
Kamath, Y.; Weigann, H.D. J. Soc. Cosmet. Chem. 35: 21(1984).
Kassenbeck, P. In Hair Research, Orfanos, C.; Montagna, w.; Stuttgen, G. eds., pp. 52~64. Springer-Verlag, Berlin(1982).
Kidd, F. Proc. 3rd Int. Wool Text. Res. Conf. (Paris) I: 221(1965).
Kolthoff, I.M.; et al. J. Amer. Chem. Soc. 77: 4733(1955).
Langermalm, G.; Philip, B. Textile Res. J. 20: 668(1950).
Launer, H.F. Textile Res. J. 35: 395(1965).
leeder J.D.; et al. Tokyo Wool Res. Conf.(Tokyo) 145~152(1985).
Lindberg, J.; et al. Nature 162: 458(1948).
Menefee, E. Textile Res. J. 38: 1149(1968).
Menkart, J.; et al. J. Soc. Cosmet. Chem. 17: 769(1996).
Mercer, E.H. Textile Res. J. 53: 402(1983).
Mercer, J.B.; et al. Nature Genet. 3: 20(1993).
Nachtigal, J.; Robbins, C. Textile Res. J. 40: 454(1970).
Negri, A.; Cornell, H. Textile Res. J. 63: 109(1993).
Negri, A.; et al. Textile Res. J. 63(2): 109(1996).
Negri, A.; et al. Textile Res. J. 66(8): 491(1996).
Nicolaus, R.A. In Advances in Biology of Skin: The Pigmentary System, vol. 8, Montagna, W.; Wu, Y., eds., pp. 294-312. Pergamon Press, New York(1996), and references therein.
Piper, L.P.S. J. Text. Inst. 57T: 185(1966).
Piper, L.P.S. J. Textile Inst. 57T: 185(1966).
Prota, G.J. Invest. Dermatol. 75: 122(1980).
Randebrook, R.; Eckert, L. Fette Seifen Anstrichmittel 67: 775(1965).
Randebrook, R.; Eckert, L. Fette Seifen Anstrichmittel 67: 775(1965).
Randebrook, R.J. J. Soc. Cosmet. Chem. 15: 169(1964).
Rebenfeld, L.; Dansizer, C. Textile Res. J. 33: 458(1963).
Rebenfeld, L.; et al. J. Soc. Cosmet. Chem. 17: 525(1966).
Robbins, C.R. J. Soc. Cosmet. Chem. 22: 339(1971).
Robbins, C.R. Textile Res. J. 37: 811(1967).
Robbins, C.R.; Bahl, M. J. Soc. Cosmet. Chem. 35: 379(1984).
Robbins, C.R.; Fernee, K.M. J. Soc. Cosmet. Chem. 34: 21(1983).
Robbins, C.R.; Kelly, C.H. Textile Res. J. 40: 891(1970).
Rogers, G.E. In The Epidermis, Montagna, W.; Ellis, R. eds., p. 205. Academic Press, New York(1964).
Rundall, K.M. Proc. Leeds Phil. Soc. 4: 13(1941).
Savige, W.E.; et al. Tetrahedron Lett. 44: 3289(1964).
Savige, W.E.; Maclaren, J.A. In The Chemistry of Organic Sulfut Compounds, Vol. 2, Kharasch, N.; Meyers, F.J., end., pp. 367~402. Pergamon Press, New York(1996).
Sawaya, M.; et al. J. Invest. Derm. 91: 101(1988).
Scott, G.V.; Robbins, C.R. J. Soc. Cosmet. Chem. 29: 469(1978).
Shah, M.J.; et al. J. Soc. Cosmet. Chem. 23: 853(1972).
Simmonds, D.H. Textile Res. J. 52: 84(1952).
Slawinska, D.; Slawinski, J. Physiol. Chem. Phys. 14: 363(1982).
Sneath, R.L. 8th Int. Hair Science Symp. German Wool Research Institute, Kiel, Germany (1992).
Stamm, R.F.; et al. J. Soc. Cosmet. Chem. 28: 571(1977).
Steinhardt, J.; et al. J. Res. Natl. Bur. Stand. 25: 519(1940).
Stoves, J. J. Soc. Dyers Col. 63: 65(1947).
Suter, M.J. J. Soc. Cosmet. Chem. 1: 103(1949).

Swift, J.: Bews, B. J. Soc. Cosmet. Chem. 25: 13(1974).
Swift, J.: Bews, B. J. Soc. Cosmet. Chem. 25: 355(1974).
Swift, J.A. 8th Int. Hair Scence Symp. of the DWI. Kiel. Germany(1992).
Tolgyesi, E.: et al. J. Soc. Cosmet. Chem. 34: 361(1983).
Vincent. U.: Bordin, G.: Rodriguez, A.R. J. Cosmet. Sci. 50: 231(1999).
Wall, F.E. In Cosmetics Science and Technology, Sagarin, E., ed., Chap. 21. Inter-sciece, New York(1957).
Ward, T.: Benerito, R. Textile Res. J. 35: 271(1965).
Wolfram, L.J.: Lindemann, M. J. Soc. Cosmet. Chem. 22: 839(1971).
Zahn, H.: et al 4th Int. Hair Sci. Symp., Syburg, w. Germany(1984).
Zahn, H.: et al. J. Textile Inst. 51: T740(1960).
최근희 외 11인, 모발과학, 수문사, 2001.
김상용 외 2인, 섬유물리학, 반도출판사, 1997.
안영무, 섬유학, 학문사, 2000.
국제미용교육포럼학술위원회, 모발학, 청구문화사, 2004.
김주덕 외 5인, 신화장품학 2판, 동화기술, 2004.
황희순 외 4인, 퍼머넨트웨이브 및 헤어컬러링, 청구문화사, 1995.
大門一夫, 모발대전과, 한국모발과학협회, 2000.
조성일, 두피 & 탈모관리학, 리그라인, 2006.
곽형심 외 7일, 모발과학, 수문사, 2005.

찾아보기

『ㅂ』

『ㅅ』

『ㅇ』

『ㅎ』

INDEX

『A』

『B』

『C』

『D』

「E」

「F」

「G」

「H」

「I」

지은이

강미영(대구산업정보대학)
김윤정(명지전문대학)
범희주(순천청암대학)
유현주(원광보건대학)
이부형(창원전문대학)
이혜정(명지전문대학)
정숙희(경남정보대학)
권대순(세경대학)
김한석(광주여자대학교)
송희라(대원대학)
윤수용(마산대학)
이수경(구미1대학)
장미라(목포과학대학)
정용성(서울호서전문학교)
김영미(전남과학대학)
김혜정(서라벌대학)
심선녀(동우대학)
이대천(부산정보대학)
이은숙(대구한의대학교)
전선정(강릉영동대학)
최영희(건국대학교)

미 용 과 학 II

2010년 8월 10일 초판인쇄
2010년 8월 20일 초판발행

지은이 : 강미영 · 권대순 · 김영미 · 김윤정 · 김한석 · 김혜정 · 범희주
송희라 · 심선녀 · 유현주 · 윤수용 · 이대천 · 이부형 · 이수경
이은숙 · 이혜정 · 장미라 · 전선정 · 정숙희 · 정용성 · 최영희

펴낸이 : 이상태

펴낸곳 : 청구문화사

디자인 : 박휘연

주 소 : 120-831 서울특별시 서대문구 연희 1동 436-1

전 화 : 02-332-0541(代) FAX : 02-337-9577

등 록 : 1990년 11월 2일 제9-247호

가격 38,000원

ISBN 978-89-5616-388-8 93590